国家工科基础课程力学教学基地系列教材

工程流体力学

（水力学）

第五版

禹华谦　主编
陈春光　麦继婷　罗忠贤　编
西南交通大学国家工科基础课程力学教学基地　组编

微信扫描二维码获取本书数字资源

西南交通大学出版社
·成都·

图书在版编目（CIP）数据

工程流体力学．水力学／禹华谦主编．—5 版．—成都：西南交通大学出版社，2022.2
ISBN 978-7-5643-8587-3

Ⅰ．工… Ⅱ．①禹… Ⅲ．①工程力学－流体力学－高等学校－教材②水力学－高等学校－教材 Ⅳ．①TB126②TV13

中国版本图书馆 CIP 数据核字（2022）第 008618 号

Gongcheng Liuti Lixue (Shuili Xue)
工程流体力学（水力学）
第五版
禹华谦 主编
*
策划编辑 万 方
责任编辑 王 蕾
特邀编辑 麦继婷
封面设计 何东琳设计工作室
西南交通大学出版社出版发行
四川省成都市金牛区二环路北一段 111 号西南交通大学创新大厦 21 楼
邮政编码：610031 发行部电话：028-87600564
http: //www.xnjdcbs.com
四川煤田地质制图印刷厂印刷
*
成品尺寸：185 mm×260 mm 印张：18.75
字数：467 千字
2002 年 12 月第 1 版 2007 年 2 月第 2 版
2013 年 6 月第 3 版 2018 年 8 月第 4 版
2022 年 2 月第 5 版 2022 年 2 月第 22 次印刷
ISBN 978-7-5643-8587-3
定价：49.80 元

第五版前言

本书作为西南交通大学“国家工科基础课程力学教学基地系列教材”之一，于2018年8月第四版以来，被国内众多高等院校土建类专业广泛选作工程流体力学或水力学课程教材和硕士研究生入学考试参考书。现根据学科的发展及教学实践的需要再次进行修订。

本次修订仍保持第四版的章节、顺序及主要特色。除对部分内容作了适当补充、部分例题作了精选和部分数字课程资源做了补充完善外，主要新增了部分概念性较强的客观性习题，以期新版教材更能适应教学的需要，并可供有关科技人员报考硕士研究生或参加国家注册工程师执业资格考试进行自修或作参考书之用。

本书由西南交通大学禹华谦教授主编。参加本书修订工作的有：禹华谦（第一、二、三、八、十章）、陈春光（第四、六、九章）、麦继婷（第五、七章）和罗忠贤（全书数字课程资源和第二章部分内容）。

由于编者水平有限，书中仍不免有疏漏和不足之处，恳请读者继续给予批评指正。编者邮箱：hqyu@163.com

编 者

2021年12月

第四版前言

本书作为西南交通大学"国家工科基础课程力学教学基地系列教材"之一，自2013年6月出版第三版以来，被国内众多土建院校广泛选作工程流体力学或水力学课程教材和硕士研究生入学考试参考书。现根据学科的发展及教学实践的需要再次进行修订。

本次修订仍保持第三版的章节、顺序及主要特色。除对部分内容作了适当补充、部分例题及习题作了精选外，主要考虑随着高新技术特别是数字化和网络技术的发展，增加了与教材配套的数字课程资源内容，以期新版教材更能适应教学的需要，并可供有关科技人员报考硕士研究生或参加国家注册工程师执业资格考试进行自修或作参考书之用。

本书由西南交通大学禹华谦教授主编，参加本书修订工作的有：禹华谦（第一、二、三、八、十章）、陈春光（第四、六、九章）、麦继婷（第五、七章）和罗忠贤（全书数字课程资源）。

在数字课程资源建设方面，得到了西南交通大学出版社李文熠老师的指导和帮助，在此表示衷心感谢！

由于编者水平有限，书中仍不免有疏漏和不足之处，敬请读者继续给予批评指正。编者邮箱：hqyu@163.com。

编　者

2018年6月

第三版前言

本书自2007年3月再版以来，再次被国内多所高等院校的土建类专业广泛选作工程流体力学或水力学课程教材以及硕士研究生入学考试的指定参考书，并被部分省市高等教育自学考试委员会指定为相关专业的自学考试教材。该书于2008年获第八届全国高校出版社优秀畅销书二等奖。现根据学科发展、编者的教学实践心得和读者建议等对本书再次进行修订。

本次修订仍保持第二版的章节、顺序及主要特色，但对部分内容作了适当补充，部分例题和习题作了精选，并对原书进行了勘误。为便于阅读，新增了教材所用主要符号表。另外，为使新版教材更能适应教学需要，便于有关科技人员参加国家注册工程师执业资格基础考试，对原书明渠恒定非均匀流动和渗流等章节中有关水面（或浸润）曲线的分区及各型曲线名称改为与国内外同类教材一致，局部水头损失 h_m、临界水深 h_K 两个符号分别改为 h_j 和 h_C。

本书由禹华谦教授主编，参加本书修订工作的仍为第二版的编者：禹华谦（第一、二、三、八、十章）、陈春光（第四、六、九章）和麦继婷（第五、七章）。

黄宽渊教授对本书修订提出了不少指导性意见，高迅、杨庆华、王耀琴、罗忠贤、郭瑞、武小菲等老师参加了修订工作讨论，另外，本次修订也吸取了部分兄弟院校教师和读者提出的宝贵意见，在此一并表示衷心感谢！

由于编者水平有限，书中仍不免有疏漏和不足之处，敬请读者继续给予批评指正。

编　者

2013年2月于西南交通大学

第二版前言

本书第一版自 1999 年问世以来，被西南交通大学、重庆大学、兰州交通大学、福州大学、西南石油大学等多所高等院校的土建类专业广泛用作工程流体力学或水力学课程教材以及硕士研究生入学考试的指定参考书。现根据学科的发展及教学实践的需要修订再版。

本次修订保持了原来的章节和顺序，但对部分内容作了改写和适当补充，以期新版教材更能适应教学的需要。

本书由禹华谦主编，参加本书修订工作的仍为第一版编者：禹华谦（第一、二、三、八、十章）、陈春光（第四、六、九章）和麦继婷（第五、七章）。

由于编者水平有限，书中仍难免有错误和缺点，恳请读者继续给予批评指正。

编　者

2007 年 2 月于西南交通大学

前　　言

工程流体力学（水力学）是高等学校土建类各专业的一门重要技术基础课。面对科学技术的不断发展，为了更好地适应21世纪人才培养的要求，工程流体力学（水力学）课程的改革势在必行。本教材就是根据高等学校土建类专业的水力学教学基本要求和作者们多年的教学实践，并考虑目前加强理论基础、拓宽基础知识面、按大类培养的教改思想编写的。教材系统地阐述了工程流体力学（水力学）的基本概念、基本理论和基本工程应用。在基本理论的论述上采用总流分析与流场分析相结合的方法，并将控制体概念贯穿全书。在内容选择上力求贯彻“少而精”原则，以恒定不可压缩流体为主，同时对可压缩气体动力学基础知识作了适当介绍。在计算方法上，以常见的传统方法为主，考虑到学生编程上机能力的普遍提高，并适当增加了电算要求。另外，在编写中，还力求做到基本原理、概念阐述正确清晰，重点突出，文字简明，富有启发性，便于教学和适当反映本门学科的先进水平。

为了巩固基础理论和培养学生分析计算能力，各章均精选了一定数量的例题和习题。为便于应用，书末附有习题答案。

本教材可作为高等学校土建类的土木工程、给水排水工程、环境工程、市政工程、建筑环境与设备工程和地质工程等有关专业的本科、专科（包括自学考试、函授）的教材，也可作为其他相近专业的教材和参考书。由于书中包含了土建类各专业所需要的内容（其中打 * 者为加深加宽内容），使用时，可根据专业要求和学时多少做必要的取舍。

本教材采取集体讨论、分工执笔的方式完成。初稿完成后，几经试用，并经多次讨论和修改，最后才形成定稿。全书由禹华谦主编，参加编写工作的有禹华谦（第一、二、三、八、十章）、陈春光（第四、六、九章）和麦继婷（第五、七章）。还有高迅、綦小平等参加了讨论工作。

黄宽渊教授、姜兴华副教授等对本书初稿提出了不少宝贵意见，另外，西南交通大学出版社对本书的出版给予了大力支持，在此一并表示衷心感谢！

由于编者知识和水平有限，书中错误与缺点在所难免，恳请读者批评指正。

编　者

1999年9月于西南交通大学

AR 超媒体数字资源目录

序号	章	节	资源名称	资源类型	页码
1	第一章 绪论	1—3 流体的主要物理性质	牛顿平板实验	模型	*P*5
2			牛顿内摩擦定律	模型	*P*6
3	第二章 流体静力学	2—5 流体的相对平衡	等角速旋转容器内液体的相对平衡	动画	*P*23
4		2—8 潜体和浮体的平衡与稳定性	潜体的平衡及稳定性	模型	*P*31
5	第三章 流体动力学 理论基础	3—2 研究流体运动的若干基本概念	流谱	动画	*P*43
6		3—6 动量方程	欧拉型动量方程	动画	*P*60
7			平板射流	模型	*P*62
8			矩形断面平坡渠道水流	动画	*P*63
9		3—8 流体微团运动的分析	无旋流动与有旋流动	动画	*P*69
10		3—9 恒定平面势流简介	二元半体绕流	动画	*P*76
11	第四章 量纲分析与 相似理论	4—3 流动相似性原理	动力相似	动画	*P*92
12	第五章 流动阻力与 水头损失	5—2 实际流体流动的两种模型	雷诺实验	动画	103
13		5—5 圆管中的紊流运动	黏性底层	动画	112
14		5—7 边界层理论简介	二元均匀流绕圆柱体流动	动画	123
15		5—8 局部水头损失	紊流状态的局部水头损失	动画	126

续表

序号	章	节	资源名称	资源类型	页码
16	第六章 孔口、管嘴和有压管道流动	6—1 孔口及管嘴恒定出流	薄壁小孔口恒定出流	动画	*P*141
17			管嘴出流	动画	*P*144
18		6—6 离心式水泵及其水力计算	离心式水泵工作原理	动画	*P*164
19		6—7 水击简介	水击的发生过程及分析	动画	*P*169
20	第七章 明渠恒定流动	7—3 明渠恒定非均匀流动的若干基本概念	河渠架桥的非均匀流动	动画	*P*189
21			明渠中的急流与缓流的水流现象	动画	*P*194
22		7—6 棱柱形渠道中恒定非均匀渐变流的水面曲线分析	水流的渐变流段与局部现象	动画	*P*201
23	第八章 堰流	8—1 堰流的定义及堰的分类	堰的分类	动画	*P*223
24		8—3 薄壁堰	矩形薄壁正堰的溢流	动画	*P*225
25		8—5 宽顶堰	自由式宽顶堰的水流现象	动画	*P*229
26			淹没式宽顶堰的水流现象	动画	*P*229
27		8—6 小桥孔径水力计算	自由式小桥过水	动画	*P*233
28			淹没式小桥过水	动画	*P*233
29	第九章 渗流	9—1 渗流基本规律	常水头实验法	动画	*P*244
30			变水头实验法	动画	*P*246
31		9—3 集水廊道和井	集水廊道	动画	*P*250
32			完全潜水井	动画	*P*251
33			大口井的渗流	动画	*P*254
34		9—5 流网及其在渗流计算中的应用	有板桩的混凝土坝坝基和闸基渗流	动画	*P*257
35	第十章 可压缩气体的一元恒定流动	10—1 音速和马赫数	扰动在气流中的传播情况	动画	*P*265

主 要 符 号 表

本表包括各章通用的主要符号的意义,其他局部使用的符号则在出现时说明。

1. 英文字符号

a	加速度;墩形系数;水击波速;声速
A	面积;逆坡渠道水面曲线
b	宽度;渠道底宽
B	渠道液面宽度;桥梁(涵洞)标准孔径
C	常数;谢才系数;临界坡渠道水面曲线
Ca	柯西数
C_D	绕流阻力系数
d	管径
D	管径
e	断面单位能量(断面比能)
E	单位重量流体的机械能;弹性模量
Eu	欧拉数
f	单位质量力
f_x, f_y, f_z	单位质量力在 x, y, z 坐标方向的分量
F	力
F_D	绕流阻力
Fr	弗劳德数
g	重力加速度
G	重力
h	水深;高度;液柱高度
h_0	正常水深(均匀流水深)
h_c	收缩水深
h_C	临界水深
h_{f}	沿程水头损失
h_{j}	局部水头损失
h_{p}	水银测压计读数
h_{W}	总水头损失
h_{v}	真空高度(真空度)
H	高度;水深;总水头;水泵扬程;平坡渠道水面曲线;含水层厚度
H_0	作用水头

i	渠道底坡
i_C	临界坡度
I	惯性矩
J	水力坡度
J_p	测压管水头线坡度
k	渗流系数
K	体积弹性模量;流量模数
l	长度;普兰特混合长度
L	长度;集水廊道影响距离
m	质量;边坡系数;流量系数
M	力矩;缓坡渠道水面曲线
Ma	马赫数
n	粗糙系数(糙率);转速;迭代循环次数
N	功率
N_e	有效功率(输出功率)
N_x	轴功率(输入功率)
p	压强;相对压强(计示压强、表压强);堰高
p'	绝对压强
p_a	大气压强
p_v	真空压强(真空值)
P	压力
q	单宽流量
Q	(体积)流量
r	半径
r_0	圆管半径;井的半径
R	半径;水力半径;阻抗;井的影响半径;气体常数
Re	雷诺数
s	沿流程坐标
S	距离;比阻;急坡渠道水面曲线;井的水位降深
t	时间;摄氏温度;承压含水层厚度
T	绝对温度
u	点流速
v_*	剪切速度
u_{max}	过流断面上最大流速;管轴线上的流速
U	速度
v	断面平均流速
V	体积
V_P	压力体体积
W	质量力势函数

We	韦伯数
x,y,z	笛卡尔坐标
y_C	形心坐标
y_D	压力中心坐标
z	位置水头

2. 希腊字符号

α	角度;动能修正系数;充满度
β	动量修正系数
χ	湿周
δ	边界层厚度;堰顶厚度
δ_l	黏性底层厚度
Δ	下游水位高出堰顶的高度;绝对粗糙度
ε	侧向收缩系数
φ	速度势函数;流速系数
φ_n	管嘴流速系数
γ	重度;角变形速度;比热比
γ_p	水银重度
η	效率
κ	体积压缩系数
λ	沿程阻力系数;比尺
μ	动力黏度;流量系数
μ_n	管嘴流量系数
ν	运动黏度
π	圆周率
θ	角度
ρ	密度;定倾半径
σ	表面张力系数;淹没系数
τ	切应力
τ_0	边壁切应力
ω	角速度
ψ	流函数;垂向收缩系数
ζ	局部阻力系数

目　　录

第一章　绪　论 …… 1
§1-1　工程流体力学的任务及发展简史 …… 1
§1-2　流体的连续介质模型 …… 2
§1-3　流体的主要物理性质 …… 3
§1-4　作用在流体上的力 …… 9
§1-5　工程流体力学的研究方法 …… 10
习　题 …… 11
第二章　流体静力学 …… 13
§2-1　平衡流体中的应力特征 …… 13
§2-2　流体平衡的微分方程及其积分 …… 15
§2-3　重力作用下流体静压强的分布规律 …… 17
§2-4　流体压强的测量 …… 21
§2-5　液体的相对平衡 …… 23
§2-6　静止液体作用在平面上的总压力 …… 24
§2-7　静止液体作用在曲面上的总压力 …… 27
§2-8　潜体和浮体的平衡与稳定性 …… 30
习　题 …… 34
第三章　流体动力学理论基础 …… 40
§3-1　描述流体运动的方法 …… 40
§3-2　研究流体运动的若干基本概念 …… 42
§3-3　流体运动的连续性方程 …… 47
§3-4　理想流体的运动微分方程及其积分 …… 50
§3-5　伯努利方程 …… 52
§3-6　动量方程 …… 59
§3-7　动量矩方程 …… 65
§3-8　流体微团运动的分析 …… 65
§3-9　恒定平面势流简介 …… 71
习　题 …… 77
第四章　量纲分析与相似理论 …… 84
§4-1　量纲分析的概念和原理 …… 84
§4-2　量纲分析法 …… 86

§4-3 流动相似性原理 …… 90
§4-4 相似准则 …… 92
§4-5 模型试验设计 …… 95
习 题 …… 98
第五章 流动阻力与水头损失 …… 102
§5-1 流动阻力与水头损失的两种形式 …… 102
§5-2 实际流体流动的两种型态 …… 103
§5-3 均匀流动的沿程水头损失和基本方程式 …… 105
§5-4 圆管中的层流运动 …… 106
§5-5 圆管中的紊流运动 …… 108
§5-6 沿程阻力系数的变化规律及影响因素 …… 115
§5-7 边界层理论简介 …… 123
§5-8 局部水头损失 …… 125
§5-9 紊流扩散 …… 132
*§5-10 绕流问题 …… 134
习 题 …… 136
第六章 孔口、管嘴和有压管道流动 …… 141
§6-1 孔口及管嘴恒定出流 …… 141
*§6-2 孔口(或管嘴)的变水头出流 …… 145
§6-3 短管的水力计算 …… 146
§6-4 长管的水力计算 …… 152
§6-5 管网水力计算基础 …… 158
§6-6 离心式水泵及其水力计算 …… 164
*§6-7 水击简介 …… 167
习 题 …… 170
第七章 明渠恒定流动 …… 177
§7-1 明渠的分类 …… 177
§7-2 明渠均匀流 …… 178
§7-3 明渠恒定非均匀流动的若干基本概念 …… 189
§7-4 水跃和跌水 …… 196
§7-5 明渠恒定非均匀渐变流的基本微分方程 …… 200
§7-6 棱柱形渠道中恒定非均匀渐变流的水面曲线分析 …… 201
§7-7 棱柱形渠道中恒定非均匀渐变流水面曲线的计算 …… 207
*§7-8 天然河道中水面曲线的计算 …… 214
习 题 …… 217
第八章 堰 流 …… 222
§8-1 堰流的定义及堰的分类 …… 222
§8-2 堰流基本公式 …… 223
§8-3 薄壁堰 …… 225

*§8-4 实用断面堰 …… 228
§8-5 宽顶堰 …… 229
§8-6 小桥孔径水力计算 …… 232
§8-7 消力池水力计算 …… 237
习 题 …… 240
第九章 渗 流 …… 243
§9-1 渗流基本定律 …… 243
§9-2 地下水的均匀流和非均匀流 …… 246
§9-3 集水廊道和井 …… 250
§9-4 井 群 …… 254
*§9-5 流网及其在渗流计算中的应用 …… 256
习 题 …… 260
第十章 可压缩气体的一元恒定流动 …… 263
§10-1 音速与马赫数 …… 263
§10-2 理想气体一元恒定流动的基本方程 …… 266
§10-3 滞止参数 …… 268
§10-4 可压缩气体在等截面管道中的恒定流动 …… 270
习 题 …… 273
附录Ⅰ 本书常用的国际单位与工程单位对照表 …… 275
附录Ⅱ 各种粗糙面的粗糙系数 n …… 276
习题答案 …… 277
参考文献 …… 282

第一章　绪　论

§1-1　工程流体力学的任务及发展简史

工程流体力学是研究流体机械运动规律及其实际应用的一门科学。它是工程力学的一个分支。

自然界物质存在的主要形式是固体、液体和气体。液体和气体统称为流体。从力学分析的角度看，流体与固体的主要差别在于它们对外力抵抗的能力不同。固体可以抵抗一定的拉力、压力和剪力。而流体则几乎不能承受拉力，处于静止状态下的流体还不能抵抗剪力，即流体在很小剪力作用下将发生连续不断的变形。流体的这种宏观力学特性称为易流动性。易流动性既是流体命名的由来，也是流体区别于固体的根本标志。至于气体与液体的差别则主要在于气体易于压缩，而液体难于压缩。本书主要探讨液体的运动规律，在最后一章，也简单介绍一些可压缩气流的基础知识。

同其他自然科学一样，工程流体力学也是随着生产实践而发展起来的。早在几千年前，由于治河、农业、航运、交通等事业的发展，人们开始了解一些水流运动的规律。如相传4000多年前的大禹治水，表明我国古代进行过大规模的治河工作。秦代在公元前256—前210年间修建了都江堰、郑国渠和灵渠三大水利工程，说明当时对明渠水流和堰流已有一定的认识。又如距今已近1400年而依然保持完好的赵州桥，在主拱圈两边各设有两个小腹拱，既减轻了主拱的负载，又利于泄洪，说明当时人们对桥涵水力学已有相当的认识。一般认为，工程流体力学萌芽于公元前250年左右希腊科学家阿基米德(Archimedes)写的《论浮体》，该文对静止时液体的力学性质作了第一次科学总结。

16世纪以后，资本主义制度兴起，生产力迅速发展，自然科学(如数学、力学)亦发生了质的飞跃。这些都给工程流体力学的发展提出了要求和创造了条件。18世纪，在伽利略-牛顿力学基础上形成的古典流体力学(或称古典水动力学)得到了发展。它用严格的数学分析方法建立了流体的基本运动方程，为工程流体力学奠定了理论基础。但古典流体力学或由于理论的假定与实际不尽相符，或由于求解上的数学困难，尚难以解决各种实际问题。为了满足生产发展的需要，依靠实验和实测资料而形成的实验流体力学相应得到了发展，它为人们提供了许多计算有压管流、明渠水流、堰流等实际问题的经验公式和图表。但实验流体力学由于理论指导不足，其成果往往具有一定的局限性，难以解决复杂的工程问题。

19世纪末以来，随着生产技术的发展，尤其是航空方面的理论和实验的迅速发展，导致了古典流体力学与实验流体力学的日益结合，逐渐形成了理论与实验并重的现代流体力学(或称流体力学)。它是建立在古典流体力学的基础上，根据古典流体力学的基本理论和现代的紊流理论、边界层理论以及量纲分析与相似理论等，结合实验、实测数据和经验公式，来探索实际流体运动的基本规律。一般将侧重于理论方面的流体力学，称为理论流体力学；侧重于应用的，称为工程流体力学或应用流体力学。若研究对象主要是液流，且又侧重于应用的，则称为工程流体力学(水力学)。

近几十年来，流体力学学科随着现代生产建设的迅速发展和科学技术的进步而不断发展，研究范围和服务领域越来越广，新的学科分支亦不断涌现，如现已派生出计算流体力学、随机流体力学、环境流体力学、能源流体力学、工业流体力学等新的学科分支。所以，流体力学既是一门古老的学科，又是一门富有生机的学科。

本书根据土建专业大类的需要，主要介绍一些工程流体力学(水力学)的内容。

工程流体力学在土建工程中有着广泛的应用。如城市的生活和工业用水，一般都是从水厂集中供应，水厂利用水泵把河、湖或井中的水抽上来，经过净化和消毒处理后，再通过管路系统把水输送到各用户，有时，为了均衡负荷，还需要修建水塔。这样，就需要解决一系列工程流体力学问题，如取水口的布置、管路布置、水管直径和水塔高度等的计算，水泵容量和井的产水量计算等等。又如在供热通风及燃气工程设计中，同样需要解决一系列工程流体力学问题，如热的供应、空气的调节、燃气的输配、排毒排湿、除尘降温的设计计算等等。在修建铁路及公路、开凿航道、设计港口等工程时，也必须解决一系列工程流体力学问题，如桥涵孔径的设计，站场、路基排水设计，隧道及地下工程通风和排水设计以及高速铁(公)路隧道洞型设计等等。

随着生产的发展，还将会不断地提出新的课题。相信在今后的经济建设中，工程流体力学将会发挥更大的作用，学科本身也将会得到更大的发展。

§1-2 流体的连续介质模型

流体是由大量不断地作无规则热运动的分子所组成。从微观的角度看，由于分子之间存有空隙，因此，流体的物理量(如密度、压强、流速等)在空间上的分布是不连续的；同时，由于分子作随机热运动，又导致物理量在时间上的变化也不连续。

现代物理学研究表明，在标准状况下，1 cm^3 液体中约含有 3.3×10^{22} 个分子，相邻分子间的距离约为 3.1×10^{-8} cm；1 cm^3 气体约含有 2.7×10^{19} 个分子，相邻分子间的距离约为 3.2×10^{-7} cm。可见，分子间的距离是相当微小的，在很小的体积中已包含了难以计数的分子。在一般工程中，所研究流体的空间尺度远比分子尺寸大得多，而且要解决的实际工程问题又不是流体微观运动的特性，而是流体的宏观特性，即大量分子运动的统计平均特性。基于上述原因，1753 年，瑞士学者欧拉(L. Euler)提出了一个基本假说，即认为流体是由其本身质点毫无空隙地聚集在一起、完全充满所占空间的一种连续介质。把流体视为连续介质后，流体运动中的物理量均可视为空间和时间的连续函数，这样，就可利用数学中的连续函数分析方法来研究流体运动。实践证明，采用流体的连续介质模型，解决一般工程(包括土木工程)中的流体力学问题是可以满足要求的。

为了深入了解连续介质的概念，现讨论某点处流体的密度。如图 1-1(a)所示，取包含 $A(x,y,z)$点的微元体积 ΔV，在此体积中的流体质量为 Δm，则其相应的平均密度为 $\Delta m/\Delta V$。图 1-1(b)示出了平均密度 $\Delta m/\Delta V$ 对 ΔV 的实验结果。

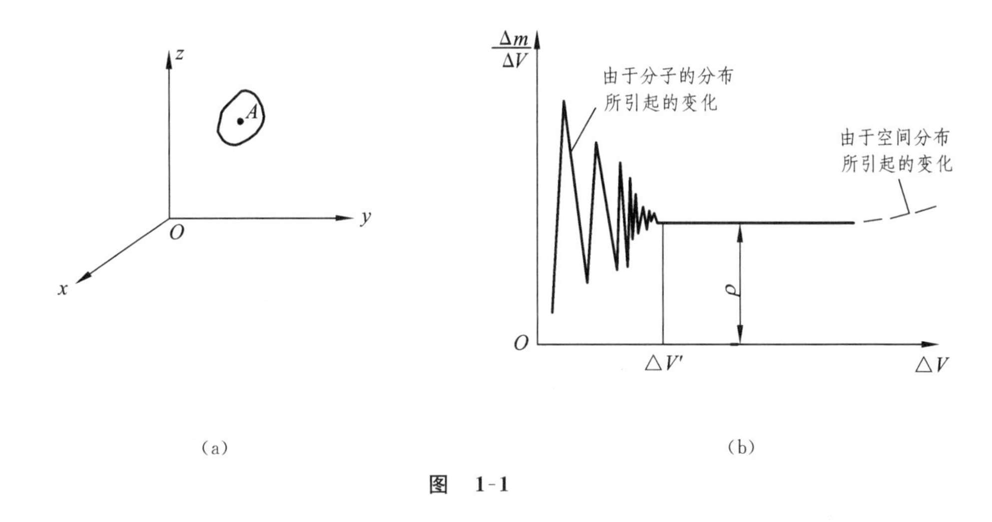

图 1-1

当 ΔV 过大时，由于物质在空间分布的不均匀性，引起 $\Delta m/\Delta V$ 的变化，如曲线右端所示；当 ΔV 逐步缩小时，起初，$\Delta m/\Delta V$ 随 ΔV 的缩小趋于一确定的极限值，这是因为 ΔV 越小，包含于 ΔV 内的分子愈来愈均匀之故。但是，当 ΔV 进一步收缩到比 $\Delta V'$ 更小时，其中所含的分子数较少，由于随机进出微元体积的分子数不能随时平衡，使其所含质量 Δm 时大时小，从而导致平均密度 $\Delta m/\Delta V$ 也时大时小，表现出分子的随机运动特性。由此可见，$\Delta V'$ 是一种几何尺寸非常小但仍包含有大量分子的特征体积(或界限体积)，在此体积中，流体的宏观密度就是其中足够多分子的统计平均值。

我们把 $\Delta V'$ 中所有流体分子的集合称为流体质点或流体微团。因此，连续介质中的一“点”，实际上是指一块微小的流体团，而连续介质本身则是由无限多微团所组成。由此，我们定义 A 点处的密度为

$$\rho=\lim_{\Delta V\to\Delta V'}\frac{\Delta m}{\Delta V} \tag{1-1a}$$

在宏观上 $\Delta V'$ 可以视为 0，则上式表示为

$$\rho=\lim_{\Delta V\to 0}\frac{\Delta m}{\Delta V}=\frac{\mathrm{d}m}{\mathrm{d}V} \tag{1-1b}$$

在任意时刻，空间任意点上流体质点的密度都具有确定数值，一般可写为

$$\rho=\rho(x,y,z,t)$$

即密度是空间点坐标(x,y,z)和时间 t 的函数。流体的其他宏观物理量也可做类似的分析和表述。

§1-3 流体的主要物理性质

流体运动的规律，除与外部因素(如边界的几何条件及动力条件等)有关外，更重要的是取决于流体本身的物理性质。因此，在研究流体的平衡与运动规律之前，首先讨论流体的主要物理性质。

1. 惯 性

与固体一样,流体也具有惯性。

质量是惯性的度量。单位体积流体所具有的质量称为密度。对于均质流体,设体积为 V 的流体具有的质量为 m,则密度 ρ 为

$$\rho=\frac{m}{V} \tag{1-2}$$

密度的量纲为 ML^{-3},其国际单位为千克/米^3(kg/m^3)。密度也称体积质量。

单位体积流体所具有的重量称为重度,对于均质流体,其重度

$$\gamma=\frac{mg}{V}=\rho g \tag{1-3}$$

重度(或称容重、体积重量)的量纲为 $ML^{-2}T^{-2}$,其国际单位为牛顿/米^3(N/m^3)。由于重度与重力加速度 g 有关,所以随在地球上的位置而变化。在工程流体力学计算中一般采用 $g=9.80\ m/s^2$。

纯净水在 1 个标准大气压①条件下,其密度和重度随温度的变化见表 1-1。几种常见流体的重度见表 1-2。在工程计算中,为简便起见,通常取淡水的密度 $\rho=1\ 000\ kg/m^3$,重度 $\gamma=9.80\ kN/m^3$。

表 1-1　水的密度和重度随温度的变化

温度(℃)	0	4	10	20	30
密度(kg/m^3)	999.87	1 000.00	999.73	998.23	995.67
重度(N/m^3)	9 798.73	9 800.00	9 797.35	9 782.65	9 757.57
温度(℃)	40	50	60	80	100
密度(kg/m^3)	992.24	988.07	983.24	971.83	958.38
重度(N/m^3)	9 723.95	9 683.09	9 635.75	9 523.94	9 392.12

表 1-2　几种常见流体的重度

流体名称	空　气	水　银	汽　油	酒　精	四氯化碳	海　水
重度(N/m^3)	11.82	133 280	6 664～7 350	7 778.3	15 600	9 996～10 084
温度(℃)	20	0	15	15	20	15

2. 黏　性

流体在运动状态下抵抗剪切变形速率能力的性质,称为黏滞性或简称黏性。黏性是流体的固有属性,是运动流体产生机械能损失的根源。

现用牛顿(I. Newton)平板实验来说明流体的黏性。

① 1 标准大气压=101 325 帕(Pa)。

设面积为 A 的两平行平板相距 h，其间充满了流体，下板固定不动，上板受拉力 T 的作用，以匀速 U 向右运动(见图 1-2)。由于流体质点黏附于板壁上，故下板上的流体质点的速度为零，而上板上的流体质点的速度为 U。当 h 或 U 不是太大时，两平板间沿板的法线方向，流速呈线性变化，如图 1-2 所示，即

$$u(y)=\frac{U}{h}y \tag{1-4}$$

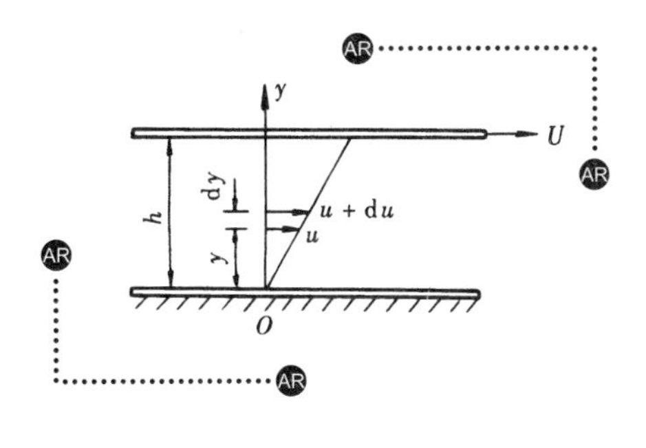

图 1-2

实验表明，对于大多数流体(包括水在内)存在下列关系：

$$T\propto\frac{AU}{h}$$

若引用一比例系数 μ，称为黏度(也称黏性系数)或动力黏度，上式改写为

$$T=\mu\frac{AU}{h}$$

则得黏附于上板的流层的切应力 τ 为

$$\tau=\frac{T}{A}=\mu\frac{U}{h} \tag{1-5}$$

再研究任一流层上的切应力。在距下板 y 处做一个同上下板平行的平面，取上部流体为隔离体，如图 1-3 所示，由平衡条件得

$$R=T$$

由此可知，任一流层上的切应力均为 τ。

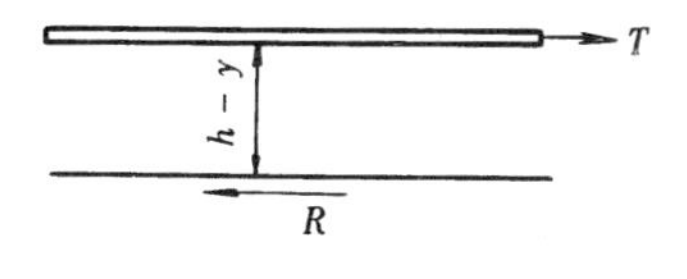

图 1-3

由图 1-3 可知，力 R 是下部流体对上部流体的阻力，其方向与 U 相反。根据牛顿第三定律，上部流体对下部流体的作用力亦为 R，但方向与 U 相同，上下部流体在 y 平面上的这一对相互作用的剪力，即为黏滞力或摩擦力。由此可见，流体做相对运动时，必然在内部产生剪力以抵抗流体的相对运动，流体的这一特性，即为黏性。

由于两平板间的流速分布为线性关系，故有

$$\frac{du}{dy}=\frac{U}{h}$$

因此可将式(1-5)改写成

$$\tau=\mu\frac{du}{dy} \tag{1-6a}$$

式(1-6a)即为著名的牛顿内摩擦定律。式中 du/dy 为流速梯度,它表示流速沿垂直于流动方向 y 的变化率,实质上它代表流体微团的剪切变形速率。现证明如下：

设 t 时刻在运动流体中相距 dy 的两流层间取矩形微团 $abcd$,如图 1-4 所示。经过 dt 时段后,该流体微团运动至 $a'b'c'd'$,因流层间存在流速差 du,微团除平移运动外,还有剪切变形,即由矩形 $abcd$ 变成平行四边形 $a'b'c'd'$。ad 和 bc 都发生了角变形 $d\theta$,其角变形速率为 $d\theta/dt$。因 dt 为微分时段,$d\theta$ 亦为微量,故有

$$d\theta\approx\tan d\theta=\frac{du\,dt}{dy}$$

由此得 $$\frac{du}{dy}=\frac{d\theta}{dt}$$

可见,流速梯度等于角变形速率,因为它是在切应力作用下发生的,故亦称为剪切变形速率。因此,牛顿内摩擦定律式(1-6a)又可写成

$$\tau=\mu\frac{d\theta}{dt} \tag{1-6b}$$

此式表明黏性即为运动流体抵抗剪切变形速率的能力。

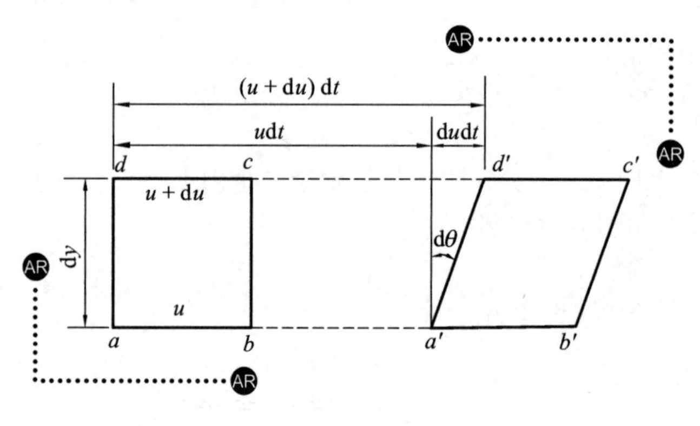

图 1-4

牛顿内摩擦定律仅适用于一般流体,而对某些特殊流体是不适用的。一般把符合牛顿内摩擦定律的流体称为牛顿流体,如水、空气、汽油、煤油、乙醇等;不符合牛顿内摩擦定律的流体,称为非牛顿流体,如聚合物溶液、泥浆、血浆、新拌水泥砂浆、新拌混凝土、泥石流等。牛顿流体与非牛顿流体的区别,可用图 1-5 表示,其中 τ_0 为初始(屈服)切应力。本书只讨论牛顿流体。

流体的黏性可用黏度 μ 来量度。μ 值愈大,流体抵抗剪切变形的能力就愈大。μ 的量纲为 $ML^{-1}T^{-1}$,国际单位为牛顿·秒/米^2(N·s/m^2)或帕·秒(Pa·s)。黏度主要与流体的种类和温度有关。对于液体来说,μ 值随着温度的升高而减小,对于气体,则反之。这是因为黏性是流体分子间的内聚力和分子不规则的热运动产生动量交换的结果。温度升高,分子间的

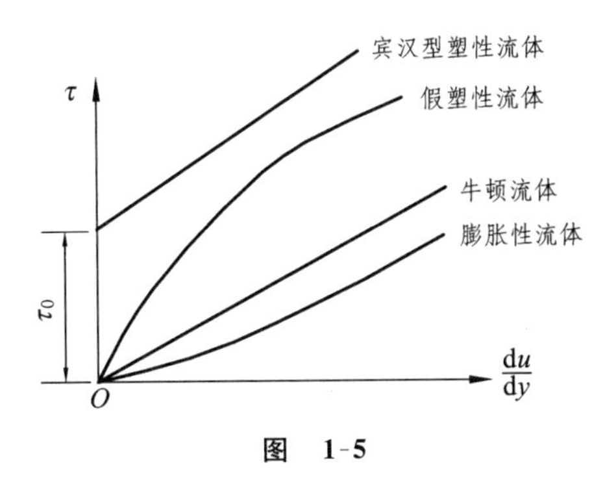

图 1-5

内聚力降低，而动量交换加剧。对于液体，因其分子间距较小，内聚力是决定性的因素，所以液体的黏性随温度的升高而减小；而对于气体，由于其分子间距较大，分子间热运动产生的动量交换是决定性的因素，因此气体的黏性随温度的升高而增加。

流体的黏性还可以用动力黏度 μ 与流体密度 ρ 的比值即 $\nu=\mu/\rho$ 来表示，ν 称为运动黏度，其量纲为 L^2T^{-1}，国际单位为米²/秒（m^2/s）。水的运动黏度可用下列经验公式计算

$$\nu=\frac{0.01775}{1+0.0337t+0.000221t^2}\quad(cm^2/s) \tag{1-7}$$

式中，t 为水温，以 ℃计。其他流体的黏度可查阅有关流体计算手册。

通过以后有关流体运动的讨论可以了解，考虑流体黏性后，将使流体运动的分析变得很复杂。在工程流体力学中，为了简化分析，有时对流体的黏性暂不考虑，从而引出不考虑黏性的理想流体模型。在理想流体模型中，黏度 $\mu=0$，按照理想流体模型得出的流体运动的结论，应用到实际流体时，必须考虑黏性而进行修正。

3. 压缩性

当作用在流体上的压强增大时，流体的宏观体积将会减小，这种性质称为流体的压缩性。压缩性的大小可以用体积压缩率 κ 或体积模量（亦称体积弹性系数，也记为 E_V）K 来量度。设压缩前的体积为 V，压强增加 dp 后，体积减小 dV，则体积压缩率定义为

$$\kappa=-\frac{dV/V}{dp} \tag{1-8}$$

由于 dp 与 dV 符号始终相反，故上式等号右端加一负号，以保持 κ 为正值。κ 值越大，则流体的压缩性越大。κ 的单位为米²/牛顿（m^2/N）。因为体积 V 与质量 m 和密度 ρ 有 $V=m/\rho$ 的关系，且 m 为常量，故体积压缩率 κ 又可写成

$$\kappa=\frac{d\rho/\rho}{dp} \tag{1-9}$$

体积模量 K 定义为体积压缩率 κ 的倒数，即

$$K=\frac{1}{\kappa}=-\frac{dp}{dV/V}=\frac{dp}{d\rho/\rho} \tag{1-10}$$

其单位为帕（Pa）。

流体的 κ 或 K 值一般与流体的种类、压强和温度等有关。但液体的 κ 或 K 值随压强和温度的变化不大，因此，液体并不完全符合弹性体的胡克定律。

液体的压缩性很小，例如在10℃时水的体积模量 $K \approx 2 \times 10^9$ Pa。此值说明，每增加一个大气压，水的体积相对压缩值（dV/V）约为二万分之一。所以，在一般工程设计中，认为水的压缩性可以忽略，相应的水的密度和重度可视为常数。但在讨论管道中水流的水击问题时，水的压缩性则必须考虑。

至于气体，其压缩性要比液体大。气体的压缩性一般还与压缩过程有关。对于理想气体（亦称完全气体），密度与压强和温度的关系遵循状态方程

$$\frac{p}{\rho}=RT \tag{1-11}$$

式中，T 为热力学温度（亦称绝对温度，$T=273+t$，这里 t 为摄氏温度）；R 为气体常数，单位为 J/(kg·K)，空气的 R 值为 287 J/(kg·K)。

理想气体的另一个基本方程为

$$\frac{p}{\rho^n}=C\ (\text{常数}) \tag{1-12}$$

式中，指数 n 取决于气体的压缩过程，例如 $n=1$ 为等温过程；$n=k$ 为等熵过程，这里 k 为绝热指数（亦称等熵指数），对于空气，$k=1.4$。

对式(1-12)求导并代入式(1-10)，可得

$$K=np \tag{1-13}$$

可见气体体积模量 K 与压强 p 成正比，且与压缩过程有关。

但需指出，在低温、低压、低速条件下的气体运动，如隧道施工及运营通风、低压气体输运、低温烟道流动等，其气流速度远小于音速，气体压缩性对气流流动的影响也可以忽略。亦就是说，此时的气体也可视为不可压缩的。否则，必须考虑气体的压缩性。

实际流体都是可压缩的，但在可以忽略流体压缩性时，引出不可压缩流体模型，可使流动分析简化。

4. 表面张力

表面张力是液体自由表面在分子作用半径范围内，由于分子引力大于斥力而在表层沿表面方向产生的拉力。表面张力 σ 定义为自由表面内单位长度上所受的横向拉力，其量纲为 MT^{-2}，国际单位为牛顿/米(N/m)。σ 值随流体的种类和温度而变化，如对20℃的水，$\sigma=0.074$ N/m，对水银 $\sigma=0.54$ N/m。σ 也叫表面张力系数。

表面张力的数值并不大，在工程流体力学中一般不考虑它的影响。但在某些情况下，如当内径较小的管子插在液体中时，由于表面张力会使管中的液体自动上升或下降一个高度，这种所谓的毛细管现象，是工程流体力学实验中使用测压管时所必须注意的。另外，在研究水深很小的明渠水流和堰流时，其影响也是不可忽略的。

5. 汽化压强

液体分子逸出液面向空间扩散的过程称为汽化，液体汽化为蒸汽。汽化的逆过程称为凝结，蒸汽凝结为液体。在液体中，汽化和凝结同时存在，当这两个过程达到动平衡时，宏观的汽化现象停止，此时液体的压强称为饱和蒸汽压强或汽化压强。液体的汽化压强与温度有关，水的汽化压强值见表1-3。

表 1-3　水的汽化压强

水温(℃)	0	5	10	15	20	25	30
汽化压强(kPa)	0.61	0.87	1.23	1.70	2.34	3.17	4.24
水温(℃)	40	50	60	70	80	90	100
汽化压强(kPa)	7.38	12.33	19.92	31.16	47.34	70.10	101.33

当液体某处的压强低于汽化压强时，在该处发生汽化，形成空化现象，将对液体运动和液体与固体相接触的壁面均产生不良影响。因此，在工程中应当避免空化现象的发生。

以上讨论了流体的主要物理性质。在工程流体力学中所称的流体(实际流体)，一般系指易流动(静止时不能承受切应力)、具有黏性、不易压缩、均质的连续介质。在以后的讨论中，如没有特别说明，即认为是对上述流体而言。

§1-4　作用在流体上的力

作用在流体上的力，按其物理性质来看，有重力、摩擦力、弹性力、表面张力、惯性力等。但在工程流体力学中分析流体运动时，主要是从流体中取出一封闭表面所包围的流体，作为隔离体来分析。从这一角度出发，可将作用在流体上的力分为表面力和质量力两大类。

1. 表面力

作用于流体隔离体表面上、其大小与作用面积成比例的力称为表面力，它是相邻流体之间或其他物体与流体之间相互作用的结果。根据连续介质的概念，表面力连续分布在隔离体表面上，因此，在分析时常采用应力的概念。与作用面正交的应力称为压应力或压强，与作用面平行的应力称为切应力。

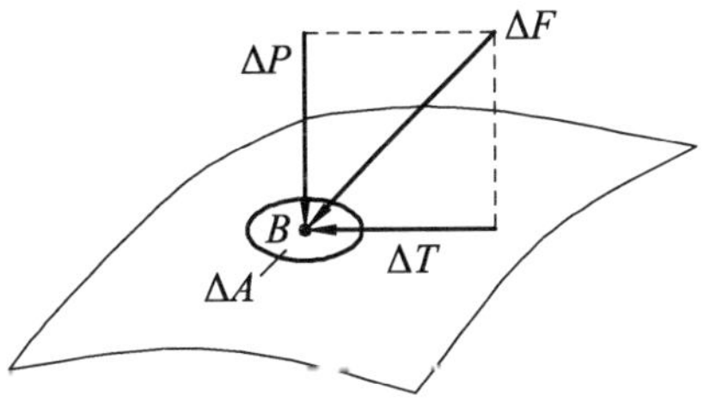

图 1-6

如图 1-6 所示，在流体隔离体表面上取包含 B 点的微小面积 ΔA，作用在 ΔA 上的法向力为 ΔP，切向力为 ΔT，则 B 点处的压强 p 及切应力 τ 分别为

$$p=\lim_{\Delta A\to 0}\frac{\Delta P}{\Delta A}=\frac{\mathrm{d}P}{\mathrm{d}A} \tag{1-14}$$

$$\tau=\lim_{\Delta A\to 0}\frac{\Delta T}{\Delta A}=\frac{\mathrm{d}T}{\mathrm{d}A} \tag{1-15}$$

p 及 τ 的量纲为 $\mathrm{ML^{-1}T^{-2}}$，国际单位为帕斯卡(Pa)，简称帕，$1\ \mathrm{Pa}=1\ \mathrm{N/m^2}$。

顺便指出，在静止流体中，流体间没有相对运动，即流速梯度 $\mathrm{d}u/\mathrm{d}y=0$，或者在理想流体中，黏度 $\mu=0$。两种情况均有 $\tau=0$，作用在 ΔA 上的表面力只有法向压力 ΔP。

2. 质量力

作用于流体隔离体内每个流体微团上，其大小与流体质量成比例的力称为质量力。最常见的质量力是重力；此外，对于非惯性坐标系，质量力还包括惯性力。

在工程流体力学中，质量力常用单位质量力来量度。若隔离体中的流体是均质的，其总质量为 m，所受总质量力为 $\boldsymbol{F}$，则单位质量力 $\boldsymbol{f}$ 为

$$\boldsymbol{f}=\frac{\boldsymbol{F}}{m} \tag{1-16}$$

若总质量力 $\boldsymbol{F}$ 在坐标轴上的投影分别为 F_x,F_y,F_z，单位质量力 $\boldsymbol{f}$ 在相应坐标轴上的投影为 f_x,f_y,f_z，则有

$$\left.\begin{aligned}f_x&=\frac{F_x}{m}\\f_y&=\frac{F_y}{m}\\f_z&=\frac{F_z}{m}\end{aligned}\right\} \tag{1-17}$$

单位质量力与流体的种类无关，其量纲为 LT^{-2}，与加速度的量纲相同。

§1-5 工程流体力学的研究方法

工程流体力学与其他科学一样，其研究方法一般有实验研究、理论分析和数值模拟三种。

工程流体力学理论的发展，在相当程度上取决于实验观测的水平。古代流体力学的知识多半是直接从生产实践中积累起来的。在以系统研究自然规律为直接目的的科学实验出现后，便扩大和加深了实践的范围，并在此基础上形成了近代流体力学的系统理论。在工程流体力学中实验观测的方法主要有三个方面：一是原型观测，对工程实践中的流体流动直接进行观测；二是系统实验，在实验室内对人工流动现象进行系统研究；三是模型实验，在实验室内，以流动相似理论为指导，将实际工程缩小为模型，通过在模型上预演或重演相应的流动现象来进行研究。这三个方面有计划地进行，可以取得相互配合、补充和验证的效果。

当掌握了相当数量的试验资料后，就可以根据机械运动的普遍原理，运用数理分析的方法来建立流体运动的系统理论，并在指导生产实践的过程中加以检验、补充和发展。由于流体运动的复杂性，实际解决工程问题时，单纯依靠数理分析有时往往还很难得到所需要的具体结果，因此，必须采用数理分析与试验观测相结合的方法。在工程流体力学中，有时先推导理论公式再用经验系数修正；有时是应用半经验半理论的公式；有时是先定性分析然后直接采用经验公式进行计算。

从 20 世纪 60 年代以后，随着现代电子计算机技术及其应用的飞速发展，在工程流体力学的研究中已形成了一门重要的分支学科——计算流体力学或计算水力学。它广泛地采用有限差分法、有限单元法、边界元法以及谱方法等将工程流体力学中一些难以用解析法求解的线性

或非线性偏微分方程离散为数值模型，进行数值计算。虽然数值计算结果是近似的，但一般都能达到工程上要求的精度。

数值计算一般比物理模型实验在人力物力上较为节省，还具有不像物理模型受相似律限制的优点。但数值模型必须建立在物理概念正确和力学规律明确的基础上，而且需要天然或实验资料的检验。所以对于一些重要的工程流体力学问题的研究，通常采用理论分析、数值模拟和实验研究相结合的途径。本书主要介绍理论分析和实验研究方法。至于数值计算，本书不做介绍，读者可参阅有关计算流体力学或计算水力学书籍。

习　　题

一、单项选择题

1-1　理想流体是指忽略(　　)的流体。

A. 密度　　B. 密度变化　　C. 黏度　　D. 黏度变化

1-2　下列关于流体分类的说法中，不正确的是(　　)。

A. 按形态可分为液体和气体

B. 按状态可分为静止流体和运动流体

C. 按压缩性可分为可压缩流体和不可压缩流体

D. 按黏性可分为牛顿流体和非牛顿流体

1-3　下列关于流体黏性的说法中，不正确的是(　　)。

A. 黏性是流体的固有属性

B. 流体的黏性具有传递运动和阻碍运动的双重性

C. 黏性是运动流体产生机械能损失的根源

D. 流体的黏性随着温度的升高而降低

1-4　下列各组流体中，属于牛顿流体的是(　　)。

A. 水、汽油、酒精　　B. 水、新拌浇筑砂浆、新拌混凝土

C. 水、气体、油漆　　D. 水石流、泥石流、血浆

1-5　单位质量力是指作用在单位(　　)流体上的质量力。

A. 面积　　B. 体积　　C. 质量　　D. 重量

1-6　在静止状态下，水银与水两种流体的单位质量力之比为(　　)。

A. 1　　B. 9.8　　C. 12.6　　D. 13.6

二、计算分析题

1-7　某种汽油的重度 $\gamma=7.20\ \mathrm{kN/m^3}$，求其密度 ρ。

1-8　若水的体积模量 $K=2.2\times10^9\ \mathrm{Pa}$，欲减小其体积的 0.5%，问需增加多大的压强？

1-9　20℃的水 2.5 $\mathrm{m^3}$，当温度升至 80℃时，其体积增加多少？

1-10　当空气温度从 0℃增加至 20℃时，运动黏度 ν 增加 15%，重度 γ 减少 10%，问此时动力黏度 μ 增加多少(百分数)？

1-11　两平行平板相距 0.5 mm，其间充满流体，下板固定，上板在 2 $\mathrm{N/m^2}$ 的力作用下以 0.25 m/s 匀速移动，求该流体的动力黏度 μ。

1-12　已知某液流的黏性切应力 $\tau=5.0\ \mathrm{N/m^2}$，动力黏度 $\mu=0.1\ \mathrm{Pa\cdot s}$，试求该液流的剪切变形速率 $\frac{\mathrm{d}u}{\mathrm{d}y}$。

1-13　如图所示直径为 d、间隙为 δ 的上下两平行圆盘，间隙中流体的动力黏度为 μ，若下盘不动，上盘以角速度 ω 旋转，不计空气摩擦力，试求所需力矩 M 的表达式。

1-14　如图所示自由液面流动，已知水深为 h，液面流速为 $u_{\max}$，若设断面流速分布为 $u=a+by+cy^2$，① 试求常系数 a、b、c；②试画出断面上流速 u 和切应力 τ 的分布图示。

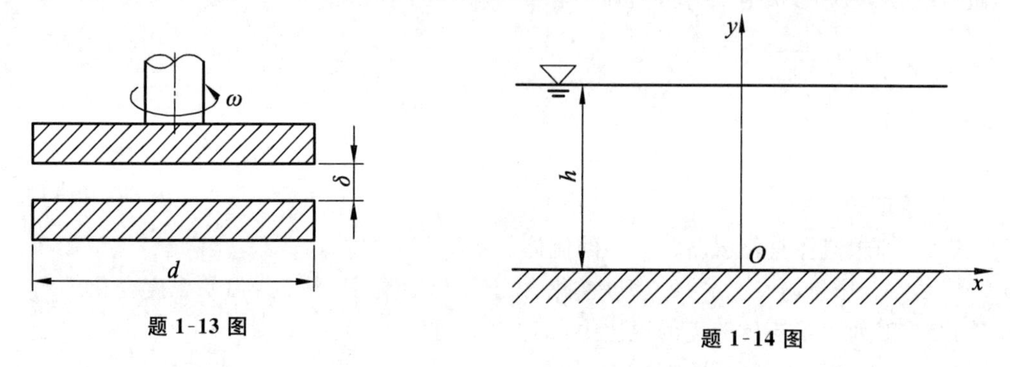

题 1-13 图　　题 1-14 图

1-15　一封闭容器盛有水或油，在地球上静止时，其单位质量力为若干？当封闭容器从空中自由下落时，其单位质量力又为若干？

第二章　流体静力学

流体静力学是研究流体处于平衡时的力学规律及其在实际工程中的应用。

流体的平衡包括流体在惯性坐标系中处于静止或做匀速直线运动，也包括流体在某一非惯性坐标系中处于相对静止(亦称相对平衡)。

平衡流体的共性是流体质点之间没有相对运动。在绪论中曾经指出，流体质点之间没有相对运动时，流体的黏滞性便不起作用，故平衡流体不呈现切应力。又由于流体几乎不能承受拉应力，所以，平衡流体质点之间的相互作用是通过压应力(称为流体静压强)形式呈现出来。因此，流体静力学的主要任务便是研究流体静压强在空间的分布规律，并在此基础上解决一些工程实际问题。

§2-1　平衡流体中的应力特征

当流体处于平衡状态时，其应力具有两个重要特征。

1. 平衡流体中的应力垂直于作用面，并沿作用面的内法线方向

在平衡流体中取出一块流体，用任意曲面 $N—N$ 将其切割成两部分，则切割面上的作用力就是流体之间的相互作用力。现取下半部分为隔离体，如图 2-1 所示。假如切割面上某一点 A 处的应力 p 的方向不是内法线方向而是任意方向，则 p 可以分解为切向分量 τ 和法向分量 p_n。从绪论中知道，平衡流体既不能承受剪切力也不能承受拉力，否则将破坏平衡。所以必有 $\tau=0$，即 p 唯一可能的方向就是与作用面的内法线方向一致。这种法向压应力 p 称为压强，而平衡流体中的压强称为流体静压强。

2. 平衡流体中任一点的静压强大小与其作用面的方位无关

为了证明这一特性，在平衡流体中任取一点 O，并设直角坐标系 $Oxyz$。在该坐标系上，取包括点 O 在内的边长各为 $\mathrm{d}x$、$\mathrm{d}y$、$\mathrm{d}z$ 的微小四面体 $OABC$，如图 2-2 所示。以 p_x、p_y、p_z 和 p_n 分别表示各坐标面和斜面 ABC 上的平均流体静压强，f_x、f_y、f_z 分别表示单位质量力在各坐标轴方向的分量，建立作用于微小四面体 $OABC$ 上各力的平衡关系。

由流体静压强的第一特性知，作用在四面体 $OABC$ 上的表面力只有压力。用 P_x、P_y、P_z、P_n 分别表示垂直于 x、y、z 平面和斜平面上的流体静压力，则有

$$P_x=p_x\cdot\frac{1}{2}\mathrm{d}y\mathrm{d}z$$

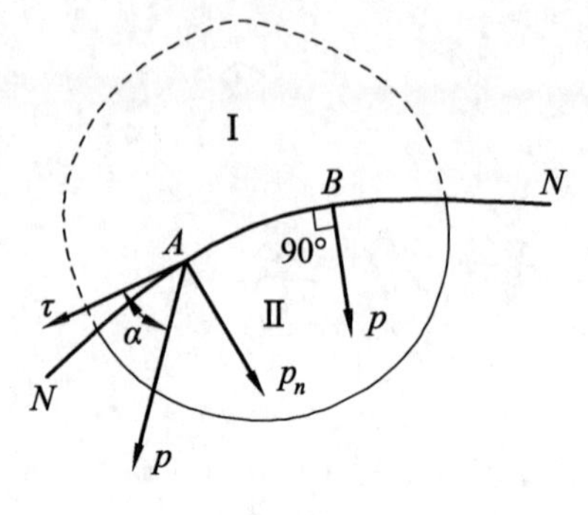

图 2-1

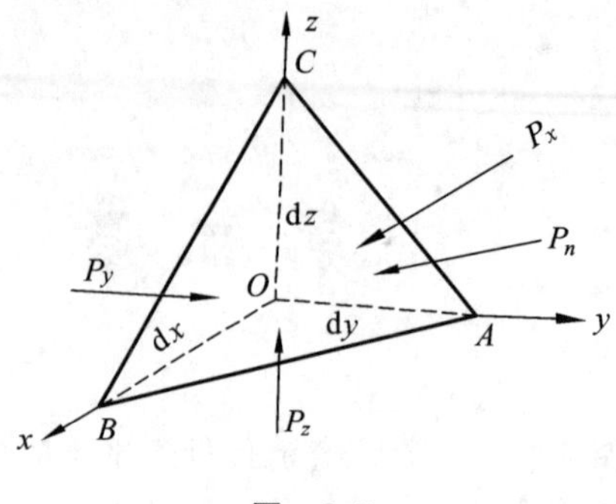

图 2-2

$$P_y = p_y \cdot \frac{1}{2}\mathrm{d}z\mathrm{d}x$$

$$P_z = p_z \cdot \frac{1}{2}\mathrm{d}x\mathrm{d}y$$

$$P_n = p_n \cdot \mathrm{d}A \quad (\mathrm{d}A\ 为斜平面\ ABC\ 的面积)$$

四面体 $OABC$ 除了受到表面力作用外，还受有质量力的作用。四面体的体积为 $\frac{1}{6}\mathrm{d}x\mathrm{d}y\mathrm{d}z$，流体密度以 ρ 表示，则作用在四面体上的质量力在各坐标轴方向的分量分别为

$$F_x = f_x \cdot \rho\frac{1}{6}\mathrm{d}x\mathrm{d}y\mathrm{d}z;F_y = f_y \cdot \rho\frac{1}{6}\mathrm{d}x\mathrm{d}y\mathrm{d}z;F_z = f_z \cdot \rho\frac{1}{6}\mathrm{d}x\mathrm{d}y\mathrm{d}z$$

由于四面体 $OABC$ 在表面力和质量力作用下处于平衡，因此，根据诸力在 x 方向的平衡条件有

$$p_x \cdot \frac{1}{2}\mathrm{d}y\mathrm{d}z - p_n \cdot \mathrm{d}A\cos(\boldsymbol{n},\boldsymbol{x}) + f_x \cdot \rho\frac{1}{6}\mathrm{d}x\mathrm{d}y\mathrm{d}z = 0$$

式中，$\mathrm{d}A\cos(\boldsymbol{n},\boldsymbol{x}) = \frac{1}{2}\mathrm{d}y\mathrm{d}z$ 为斜平面 ABC 在 yOz 坐标面上的投影面积，将其代入上式，化简后得

$$p_x - p_n + f_x \cdot \rho\frac{1}{3}\mathrm{d}x = 0$$

同理，根据诸力在 y 方向和 z 方向的平衡条件，可分别得

$$p_y - p_n + f_y \cdot \rho\frac{1}{3}\mathrm{d}y = 0$$

$$p_z - p_n + f_z \cdot \rho\frac{1}{3}\mathrm{d}z = 0$$

当四面体无限缩小到 O 点时，p_x、p_y、p_z 和 p_n 变为作用于同一点 O 而方向不同的流体静压强，且上面三式的最后一项便趋近于零，于是得到

$$p_x = p_y = p_z = p_n \tag{2-1}$$

这就证明了在平衡流体中，任一点的流体静压强与其作用面的方位无关。至于不同空间点的流体静压强，一般说来是各不相同的，即流体静压强是空间坐标的连续函数

$$p = p(x,y,z) \tag{2-2}$$

§2-2　流体平衡的微分方程及其积分

1. 流体平衡的微分方程

在平衡流体中任取一边长为 $\mathrm{d}x$、$\mathrm{d}y$、$\mathrm{d}z$ 的微小平行六面体，如图 2-3 所示。设其中心点 $O'(x,y,z)$ 的密度为 ρ，流体静压强为 p，单位质量力为 f_x、f_y、f_z。以 x 方向为例，过点 O' 作平行于 x 轴的直线与六面体左右两端面分别交于点 $M\left(x-\frac{1}{2}\mathrm{d}x,y,z\right)$ 和 $N\left(x+\frac{1}{2}\mathrm{d}x,y,z\right)$。因流体静压强是空间坐标的连续函数，又 $\mathrm{d}x$ 为微量，故点 M 和 N 的静压强，按泰勒级数展开并略去二阶以上微量后，分别为

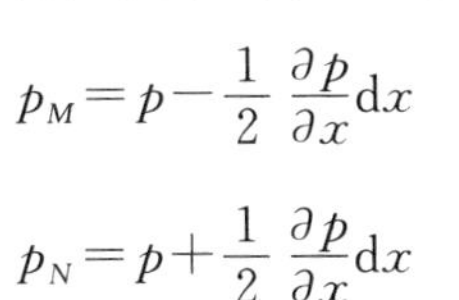

$$p_M=p-\frac{1}{2}\frac{\partial p}{\partial x}\mathrm{d}x$$

$$p_N=p+\frac{1}{2}\frac{\partial p}{\partial x}\mathrm{d}x$$

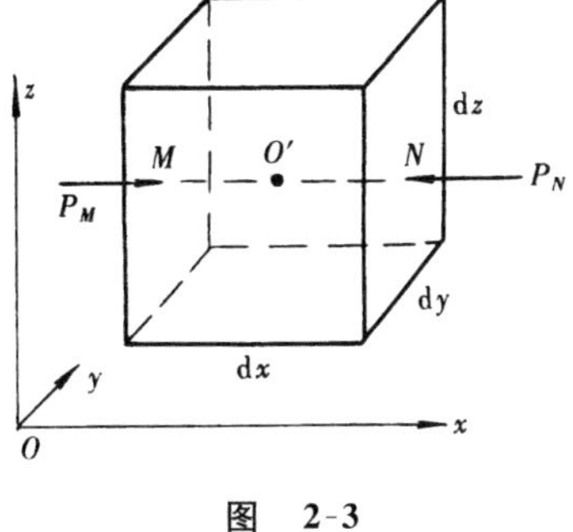

图　2-3

由于六面体各面的面积微小，可以认为平面中点的静压强即为该面的平均静压强，于是可得作用在六面体左右两端面上的表面力为

$$P_M=\left(p-\frac{1}{2}\frac{\partial p}{\partial x}\mathrm{d}x\right)\mathrm{d}y\mathrm{d}z$$

$$P_N=\left(p+\frac{1}{2}\frac{\partial p}{\partial x}\mathrm{d}x\right)\mathrm{d}y\mathrm{d}z$$

此外，作用在六面体上的质量力在 x 方向的分量为 $f_x\cdot\rho\mathrm{d}x\mathrm{d}y\mathrm{d}z$。

根据流体平衡条件，作用在六面体上的表面力和质量力在 x 方向投影的代数和应为零，即

$$\left(p-\frac{1}{2}\frac{\partial p}{\partial x}\mathrm{d}x\right)\mathrm{d}y\mathrm{d}z-\left(p+\frac{1}{2}\frac{\partial p}{\partial x}\mathrm{d}x\right)\mathrm{d}y\mathrm{d}z+f_x\cdot\rho\mathrm{d}x\mathrm{d}y\mathrm{d}z=0$$

化简上式并整理得

$$f_x-\frac{1}{\rho}\frac{\partial p}{\partial x}=0$$

同理，考虑 y，z 方向可得

$$\left.\begin{aligned}&f_y-\frac{1}{\rho}\frac{\partial p}{\partial y}=0\\&f_z-\frac{1}{\rho}\frac{\partial p}{\partial z}=0\end{aligned}\right\}\tag{2-3a}$$

上面三式也可用矢量方程表示为

$$\boldsymbol{f}-\frac{1}{\rho}\nabla p=0\tag{2-3b}$$

式中，$\boldsymbol{f}=f_x\boldsymbol{i}+f_y\boldsymbol{j}+f_z\boldsymbol{k}$ 为单位质量力矢量，$\nabla=\frac{\partial}{\partial x}\boldsymbol{i}+\frac{\partial}{\partial y}\boldsymbol{j}+\frac{\partial}{\partial z}\boldsymbol{k}$ 为那勃勒(Nabla)算子，∇p 为流体静压强梯度。式(2-3a)即为流体平衡的微分方程，它是1775年由瑞士学者欧拉(L. Euler)首先提出的，故又称为欧拉平衡微分方程。由于在推导过程中对流体的密度未加限制，故欧拉平衡微分方程对不可压缩和可压缩流体均适用。

2. 流体平衡微分方程的积分

在给定质量力的作用下，对式(2-3a)积分，便可得到平衡流体中压强 p 的分布规律。为便于积分，将式(2-3a)依次乘以任意的 $\mathrm{d}x$、$\mathrm{d}y$、$\mathrm{d}z$，然后相加，得

$$\frac{\partial p}{\partial x}\mathrm{d}x+\frac{\partial p}{\partial y}\mathrm{d}y+\frac{\partial p}{\partial z}\mathrm{d}z=\rho(f_x\mathrm{d}x+f_y\mathrm{d}y+f_z\mathrm{d}z)$$

因 $p=p(x,y,z)$，故上式左端为 p 的全微分 $\mathrm{d}p$，于是上式成为

$$\mathrm{d}p=\rho(f_x\mathrm{d}x+f_y\mathrm{d}y+f_z\mathrm{d}z) \tag{2-4}$$

式(2-4)称为流体平衡微分方程的综合式。

对于不可压缩流体，$\rho=$常数，可将式(2-4)写成

$$\mathrm{d}\left(\frac{p}{\rho}\right)=f_x\mathrm{d}x+f_y\mathrm{d}y+f_z\mathrm{d}z$$

上式左端为全微分，根据数学分析理论可知，它的右端也必须是某一坐标函数 $W(x,y,z)$ 的全微分，即

$$\mathrm{d}W=f_x\mathrm{d}x+f_y\mathrm{d}y+f_z\mathrm{d}z \tag{2-5}$$

又

$$\mathrm{d}W=\frac{\partial W}{\partial x}\mathrm{d}x+\frac{\partial W}{\partial y}\mathrm{d}y+\frac{\partial W}{\partial z}\mathrm{d}z$$

故有

$$f_x=\frac{\partial W}{\partial x};\quad f_y=\frac{\partial W}{\partial y};\quad f_z=\frac{\partial W}{\partial z} \tag{2-6a}$$

或写成矢量形式

$$\boldsymbol{f}=\nabla W \tag{2-6b}$$

由理论力学知道，若某一坐标函数对各坐标的偏导数分别等于力场的力在对应坐标轴上的投影，则称该坐标函数为力的势函数，而相应的力称为有势力。由式(2-6)可知，坐标函数 W 正是力的势函数，而质量力则是有势力。由此可见，流体只有在有势的质量力作用下才能保持平衡。

将式(2-5)代入式(2-4)，得

$$\mathrm{d}p=\rho\mathrm{d}W \tag{2-7}$$

积分上式，得

$$p=\rho W+C$$

式中，C 为积分常数，可由流体中某一已知边界条件决定。若已知某边界的力势函数 W_0 和静压强 p_0，则由上式可得

$$p=p_0+\rho(W-W_0) \tag{2-8}$$

这就是不可压缩流体平衡微分方程积分后的普遍关系式。通常在实际问题中，力的势函数 W 的一般表达式并非直接给出，因此实际计算流体静压强分布时，采用综合式(2-4)进行计算较式(2-8)更为方便。

3. 帕斯卡定律

在式(2-8)中，因 $\rho(W-W_0)$ 项是由流体密度和质量力的势函数所决定的，而与 p_0 的大小无关，倘若 p_0 值有所改变，则平衡流体中各点的压强 p 也将随之有相同大小的变化，这就是著名的压强传递的帕斯卡(B. Pascal)定律。该定律在水压机、水力起重机等水力机械设计的工作原理中有广泛的应用。

4. 等压面

平衡流体中压强相等的点所组成的平面或曲面称为等压面。例如，两种不相混合的流体的交界面就是等压面。在等压面上，$p=C$ 或 $\mathrm{d}p=0$，将其代入式(2-4)可得等压面微分方程

$$f_x\mathrm{d}x+f_y\mathrm{d}y+f_z\mathrm{d}z=0 \tag{2-9a}$$

或写成矢量形式

$$\boldsymbol{f}\cdot\mathrm{d}\boldsymbol{s}=0 \tag{2-9b}$$

式中 $\mathrm{d}\boldsymbol{s}=\mathrm{d}x\boldsymbol{i}+\mathrm{d}y\boldsymbol{j}+\mathrm{d}z\boldsymbol{k}$ 为等压面上任一线矢。

等压面具有如下两个性质：

(1) 等压面与等势面重合

因在等压面上 $\mathrm{d}p=0$，由式(2-7)知，$\rho\mathrm{d}W=0$，而 $\rho\neq0$，故有 $\mathrm{d}W=0$ 或 $W=C$。由此可见，在平衡流体中，等压面就是等势面。

(2) 等压面恒与质量力正交

这一性质可用等压面微分方程(2-9b)证明。因为单位质量力矢量 $\boldsymbol{f}$ 与等压面上任一线矢 $\mathrm{d}\boldsymbol{s}$ 的标量积等于零，说明两矢量相互垂直。根据这一性质，可以由已知的质量力矢量确定等压面的形状。例如，在惯性坐标系下的平衡流体，质量力只有重力，其等压面近似是一个与地球同心的球面，但在工程实际中，这个球面的有限部分可以看成是水平面。

§2-3 重力作用下流体静压强的分布规律

1. 流体静力学基本方程

在工程实际中，经常遇到作用在流体上的质量力只有重力的情况，此时的平衡流体即所谓静止流体。在这种情况下，作用在流体上的单位质量力在各坐标轴方向的分量分别为

$$f_x=0;f_y=0;f_z=-g$$

代入式(2-4)得

$$\mathrm{d}p=-\rho g\mathrm{d}z=-\gamma\mathrm{d}z$$

对于不可压缩均质流体，重度 γ 为一常数，积分上式得

$$p=-\gamma z+c'$$

或 $$z+\frac{p}{\gamma}=C \tag{2-10}$$

式中，C、c'为积分常数，可根据边界条件确定。式(2-10)即为重力作用下的流体静力学基本方程。

对于静止流体中任意两点，式(2-10)可写成

$$z_1+\frac{p_1}{\gamma}=z_2+\frac{p_2}{\gamma} \tag{2-11}$$

或 $$p_2=p_1+\gamma(z_1-z_2) \tag{2-12}$$

式中，z_1、z_2 分别为静止流体中任意两点在铅垂方向的坐标值；p_1、p_2 分别为相应于 z_1、z_2 的静压强。

对于气体，因为重度 γ 值较小，由式(2-12)可知，在两点间高差 z_1-z_2 不大时，任意两点的静压强可以认为相等。对于液体，如图 2-4 所示，若液面压强为 p_0，则由式(2-12)可知液体内任一点的静压强为

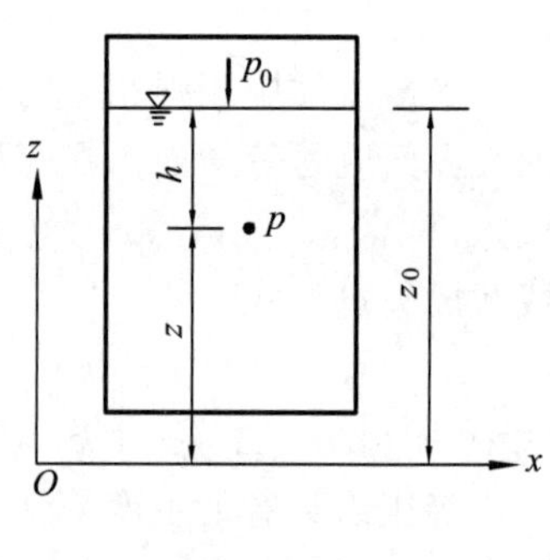

图 2-4

$$p=p_0+\gamma(z_0-z)=p_0+\gamma h \tag{2-13}$$

式中，h 为从液面算起的计算点的淹没深度。式(2-13)为不可压缩静止液体的压强计算公式，通常亦称为水静力学基本方程。它表明：① 在静止液体中，压强随淹没深度按线性规律增加，且任一点的压强 p 恒等于液面压强 p_0 和该点的淹没深度 h 与液体重度 γ 的乘积之和；② 静止液体的等压面为水平面(等高面)，这一特性在液体静压强的计算中将经常用到。

通常建筑物表面和自由液面上都作用着当地大气压强 p_a。当地大气压强值一般随海拔高程和气温的变化而变化。由于各地海拔高程和气温不同，因此，各地的大气压强也稍有不同。为便于计算，在工程技术中，当地大气压的大小常用一个工程大气压(相当于海拔 200 m 处的正常大气压强)来表示。一个工程大气压强(at)的大小规定为相当于 735 mmHg 或 10 mH_2O 对其柱底所产生的压强。

在我国法定计量单位中，压强的单位规定为牛顿/米²(N/m^2)即帕斯卡(Pa)。在工程流体力学(水力学)中，为了方便有时也用米水柱(mH_2O)高来表示压强。在过去旧的单位制中，压强单位还有千克力/厘米²(kgf/cm^2)和工程大气压。它们之间的换算关系为

$$1\ \text{at}=98\ \text{kN/m}^2=98\ \text{kPa}=1.0\ \text{kgf/cm}^2=10\ \text{mH}_2\text{O}$$

2. 绝对压强、相对压强、真空值

压强的大小根据计量基准的不同有两种表示方法。

以设想没有大气分子存在的绝对真空为基准计量的压强，称为绝对压强，用 p' 表示。以当地大气压强 p_a 为基准计量的压强，称为相对压强，用 p 表示。在实际工程中，建筑物表面和自由液面多为当地大气压强 p_a 作用，所以，对建筑物起作用的压强仅为相对压强。

绝对压强和相对压强是按两种不同基准计量的压强，它们之间相差一个当地大气压强 p_a 值，即

$$p = p' - p_a \tag{2-14}$$

绝对压强 p' 总是正值，而相对压强 p 则可正可负。如果流体内某点的绝对压强小于当地大气压强 p_a，即其相对压强为负值，则称该点存在真空。当流体存在真空时，习惯上用真空值 p_v 来表示。真空值 p_v 是指该点绝对压强 p' 小于当地大气压强 p_a 的数值，即

$$p_v = p_a - p' \tag{2-15}$$

上述绝对压强、相对压强及真空值三者的关系，如图 2-5 所示。

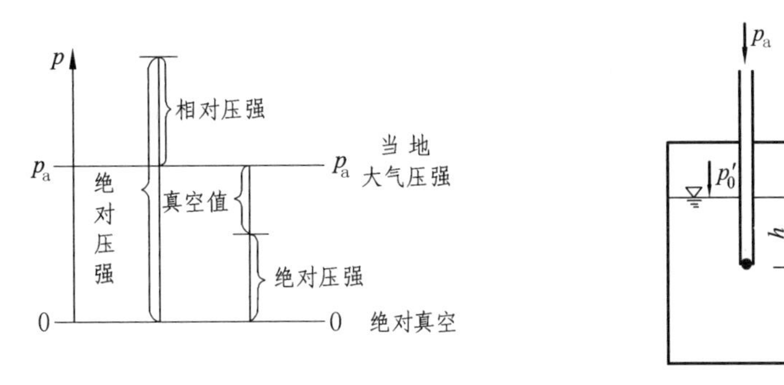

图 2-5　　　　图 2-6

【例 2-1】 图 2-6 所示封闭盛水容器的中央玻璃管是两端开口的。已知玻璃管伸入水面以下 1.5 m 时，既无空气通过玻璃管进入容器，又无水进入玻璃管。试求此时容器内水面上的绝对压强 p_0' 和相对压强 p_0。

解　将式(2-13)用于玻璃管底部一点，有

$$p_a = p_0' + \gamma h$$

故水面上的绝对压强为

$$p_0' = p_a - \gamma h = 98\ 000 - 9\ 800 \times 1.5$$

$$= 83\ 300\ \text{N/m}^2 = 83.3\ \text{kN/m}^2 = 83.3\ \text{kPa}$$

容器内水面上的相对压强可由式(2-14)求得，即

$$p_0 = p_0' - p_a = -\gamma h$$

$$= -9\ 800 \times 1.5 = -14\ 700\ \text{Pa} = -14.7\ \text{kPa}$$

由于 $p_0 < 0$，说明容器内水面存在真空，其真空值为

$$p_v = p_a - p_0' = \gamma h = 14.7\ \text{kPa}$$

3. 流体静压强分布图

在工程实际中，常用流体静压强分布图来分析问题和进行计算。流体静压强分布图就是根据流体静力学基本方程和流体静压强的两个特性绘出作用在受压面上各点的静压强大小及方向的图示。对于气体，静压强分布图很简单。因此，下面仅对液体静压强分布图绘制方法进行介绍。

为简单起见，在静止液体中任取一铅直壁面 AB，以静压强 p 为横坐标，淹没深度 h 为纵

坐标，如图 2-7 所示。

对于液体，因重度 γ 为常量，p 与 h 呈线性关系，所以只要任取两对 p 与 h 的值，连成一直线，就可以绘出相对压强 $p=\gamma h$ 的图示。例如，在自由液面上 $h=0$，$p=0$，在任意深度 h 处，$p=\gamma h$，这两对 p 和 h 的值，便决定了三角形 ABC 的图形。其中矢线的长短表示压强的大小，箭头的方向即为压强的方向，垂直于受压面。

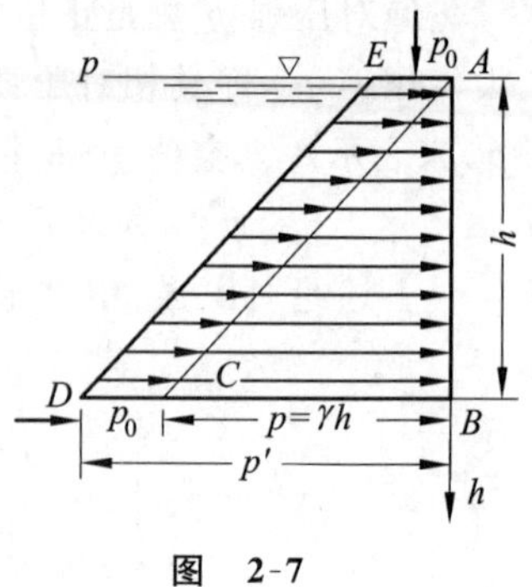

图 2-7

至于表面压强 p_0，则按帕斯卡定律等值传递，故压强图形为 $ACDE$。

对实际工程计算有用的一般是相对压强 $p=\gamma h$ 的图示（为什么？请思考）。

同理，可以绘出斜面、折面以及曲面上的静压强（相对压强）分布图，如图 2-8 所示。

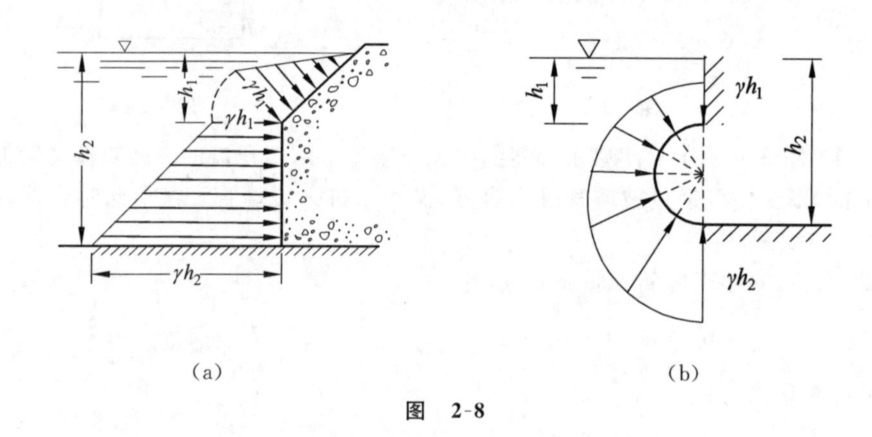

图 2-8

4. 测压管高度、测压管水头及真空度

前面曾经指出，流体中任一点的压强还可以用液柱高度表示，这种方法，在工程技术上，特别是测量压强时，显得十分方便。

如图 2-9 所示盛水封闭容器，若在器壁任一点 A 处开一小孔，连上一根上端与大气相通的玻璃管，称为测压管，在 A 点压强的作用下，液体将沿测压管升至 h_A 高度。从测压管方面看，A 点的相对压强为 $p_A=\gamma h_A$，即

$$h_A=\frac{p_A}{\gamma} \tag{2-16}$$

可见，液体中任一点的相对压强可以用测压管内的液体高度（称为测压管高度）来表示。

在工程流体力学（水力学）中，把任一点的相对压强高度（即测压管高度）p/γ 与该点相对于基准面的位置高度 z 之和称为测压管水头。如图 2-9 中 A 点的测压管水头便为 z_A+p_A/γ。

从式(2-10)可知，在连续均质的静止流体中，各点的测压管水头保持不变。

对于式(2-15)所表示的真空值 p_v，亦可用液柱高度 $h_v=p_v/\gamma$ 表示，h_v 称为真空度，即

$$h_v=\frac{p_v}{\gamma}=\frac{p_a-p'}{\gamma} \qquad (2\text{-}17)$$

由式(2-17)可知,当绝对压强 $p'=0$ 时(此时称为绝对真空),其真空度为

$$h_v=\frac{p_a-0}{\gamma}=\frac{98\ 000}{9\ 800}=10\ \mathrm{mH_2O}$$

这是理论上的最大真空度。绝对真空在理论上是可以分析的,但在实际上把容器抽成绝对真空是难以做到的,尤其是当容器盛有液体时,只要容器内液体的压强低于其饱和压强时,液体便开始汽化,压强就不会再往下降了。

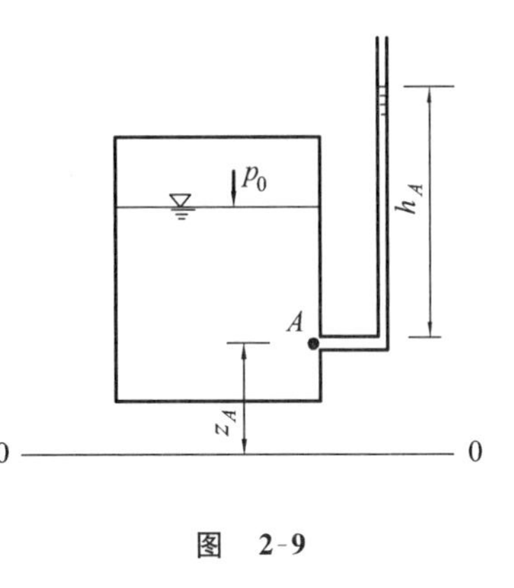

图 2-9

§2-4 流体压强的测量

测量流体压强的仪器类型很多,主要是在压强的量程大小和测量精度上有差别。常见的仪器有液柱式测压计、金属测压表和电测式仪表等。液柱式测压计的测压原理是以流体静力学基本方程为依据的。下面介绍几种常用的液柱式测压计。

1. 测压管

测压管是一根等径透明玻璃管,直接连在需要测量压强的容器上,如图 2-9 所示。测压管一般都是开口的,测出的是绝对压强与当地大气压强之差即相对压强,在图 2-9 中读出测压管中液柱高度 h_A 后,就可算出 A 点的相对压强 γh_A。

测压管的优点是结构简单,测量精度较高;缺点是只能测量较小的液体压强。当相对压强大于 0.2 个工程大气压时,就需要 2 m 以上高度的测压管,使用很不方便。

2. U 形管测压计

当被测流体压强较大或测量气体压强时,常采用图 2-10 所示的 U 形管测压计。U 形管中的液体,根据被测流体的种类及压强大小不同,一般可采用水、酒精或水银。由测压计上读出 h、h_p 后,根据流体静力学基本方程式(2-13)有

$$p_1=p_A+\gamma h$$

$$p_2=\gamma_p h_p$$

由于 U 形管 1、2 两点在同一等压面上,$p_1=p_2$,由此可得 A 点的相对压强

$$p_A=\gamma_p h_p-\gamma h \qquad (2\text{-}18)$$

当被测流体为气体时,由于气体重度较小,上式最后一项 γh 可以忽略不计。

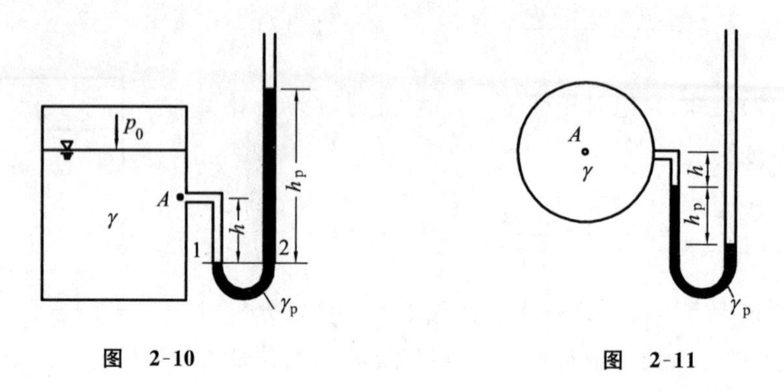

图 2-10　　　　图 2-11

3. U形管真空计

当被测流体的绝对压强小于当地大气压强时,可采用图 2-11 所示的 U 形管真空计测量其真空压强(即真空值)。计算方法与 U 形管测压计类似,图中 A 点的真空值为

$$p_v = \gamma_p h_p + \gamma h \tag{2-19}$$

同样,若被测流体为气体时,上式最后一项可忽略不计。

4. U形管差压计

在需测定流体内两点的压强差或测定测压管水头差时,采用图 2-12 所示的 U 形管差压计极为方便。由图知

$$p_M = p_A + \gamma(h + h_p)$$

$$p_N = p_B + \gamma(\Delta z + h) + \gamma_p h_p$$

因为水平面 MN 为等压面,故 $p_M = p_N$,即

$$p_A + \gamma(h + h_p) = p_B + \gamma(\Delta z + h) + \gamma_p h_p$$

整理上式,可得 A、B 两压源的压强差为

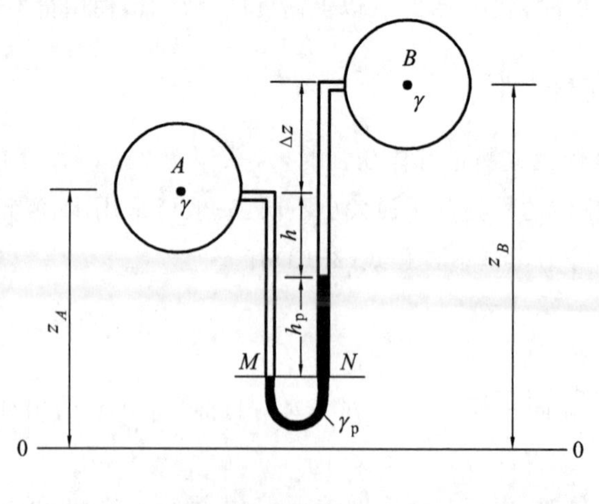

图 2-12

$$p_A - p_B = \gamma \Delta z + (\gamma_p - \gamma) h_p \tag{2-20}$$

若将 $\Delta z = z_B - z_A$ 代入上式，化简整理可得 A、B 两压源的测压管水头差为

$$\left(z_A + \frac{p_A}{\gamma}\right) - \left(z_B + \frac{p_B}{\gamma}\right) = \left(\frac{\gamma_p}{\gamma} - 1\right) h_p \tag{2-21}$$

【例 2-2】 图 2—13 所示密闭盛水容器侧壁上方装有读数 $h_p = 20$ cm 的 U 形管水银测压计，试求安装在液面下 $h = 3.0$ m 处的金属压力表读数。

解 据 U 形管水银测压计可得容器液面相对压强

$$p_0 = 0 - \gamma_p h_p$$

则金属压力表读数

$$\begin{aligned} p = p_0 + \gamma h &= -\gamma_p h_p + \gamma h \\ &= \gamma\left(h - \frac{\gamma_p}{\gamma} h_p\right) \\ &= 9\ 800 \times (3.0 - 13.6 \times 0.2) = 2\ 744\ \text{Pa} \end{aligned}$$

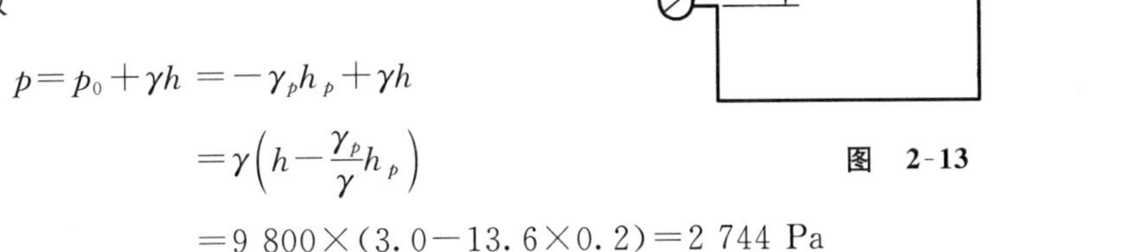

图　2-13

§2-5　液体的相对平衡

若液体相对于地球虽有运动，但液体本身各质点之间却没有相对运动，这种运动状态称为相对平衡。例如，相对于地面作等加速（或等速）直线运动或等角速旋转运动的容器中的液体，便是相对平衡液体的实例。

研究处于相对平衡的液体中的压强分布规律，最好的方法是采用理论力学中处理相对运动问题的方法，即将坐标系置于运动容器上，液体相对于该坐标系是静止的，于是这种运动问题便可作为静力学问题来处理。但须注意：与重力作用下的平衡液体所不同的是，相对平衡液体的质量力除了重力外，还有牵连惯性力。

下面以等角速旋转容器内液体的相对平衡为例，说明这类问题的一般分析方法。

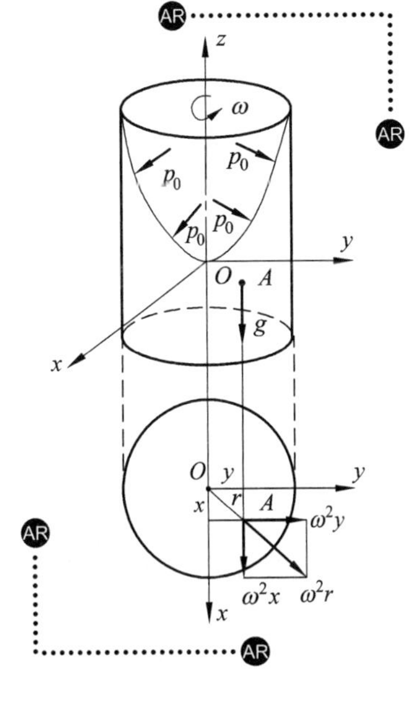

图　2-14

设盛有液体的直立圆筒容器绕其中心轴以等角速度 ω 旋转，如图 2-14 所示。由于液体的黏性作用，液体在器壁的带动下也以同一角速度 ω 随容器一起旋转，从而形成了液体对容器的相对平衡。现将坐标系置于旋转圆筒上，z 轴向上并与中心轴重合，坐标原点位于液面上（见图 2-14）。由于坐标系转动，作用在液体质点上的质量力，除重力外，还有牵连离心惯性力。

对于液体内任一质点 $A(x,y,z)$，其所受单位质量力在各坐标轴方向的分量为

$$f_x=\omega^2 x;\quad f_y=\omega^2 y;\quad f_z=-g$$

将其代入流体平衡微分方程综合式(2-4)，得

$$\mathrm{d}p=\rho(\omega^2 x\mathrm{d}x+\omega^2 y\mathrm{d}y-g\mathrm{d}z)$$

积分上式，得

$$p=\rho\left(\frac{1}{2}\omega^2 x^2+\frac{1}{2}\omega^2 y^2-gz\right)+C$$

式中，C 为积分常数，由边界条件决定。在坐标原点($x=0,y=0,z=0$)处，$p=p_0$，由此得 $C=p_0$。将其代入上式，并注意到 $x^2+y^2=r^2$，$\rho g=\gamma$，得

$$p=p_0+\gamma\left(\frac{\omega^2 r^2}{2g}-z\right)\tag{2-22}$$

这就是等角速度旋转直立容器中液体压强分布规律的一般表达式。

若 p 为任一常数，则由式(2-22)可得等压面族(包括液面)方程为

$$\frac{\omega^2 r^2}{2g}-z=c'\ (\text{常数})\tag{2-23}$$

上式表明，等角速度旋转直立容器中液体的等压面族是一绕中心轴的旋转抛物面。

对于液面，$p=p_0$，代入式(2-22)可得液面方程

$$z_s=\frac{\omega^2 r^2}{2g}\tag{2-24}$$

式中，z_s 为液面上某点的竖直坐标，将其代入式(2-22)，得

$$p=p_0+\gamma(z_s-z)=p_0+\gamma h\tag{2-25}$$

式中，$h=z_s-z$ 为液体中任意一点的淹没深度。上式表明，在相对平衡的旋转液体中，各点的静压强随淹没深度的变化仍是线性关系。但需指出，在旋转平衡液体中各点的测压管水头却不等于常数。

【例 2-3】 有一盛水圆柱形容器，高 $H=1.2$ m，直径 $D=0.7$ m，盛水深度恰好为容器高度的 1/2。试问当容器绕其中心轴旋转的转速 n 为多大时，水开始溢出？

解 因旋转抛物体的体积等于同底同高圆柱体体积的一半，因此，当容器旋转使水上升至容器顶部时，旋转抛物体自由液面的顶点恰好在容器底部，如图 2-15 所示。

在自由液面上，当 $r=\frac{D}{2}$ 时，$z_s=H$，将其代入式(2-24)得

$$\omega=\frac{1}{D}\sqrt{8gH}=\frac{1}{0.7}\sqrt{8\times9.8\times1.2}=13.86\ \text{rad/s}$$

故转速

$$n=\frac{30\omega}{\pi}=\frac{30\times13.86}{3.14}=132.4\ \text{r/min(转/分)}$$

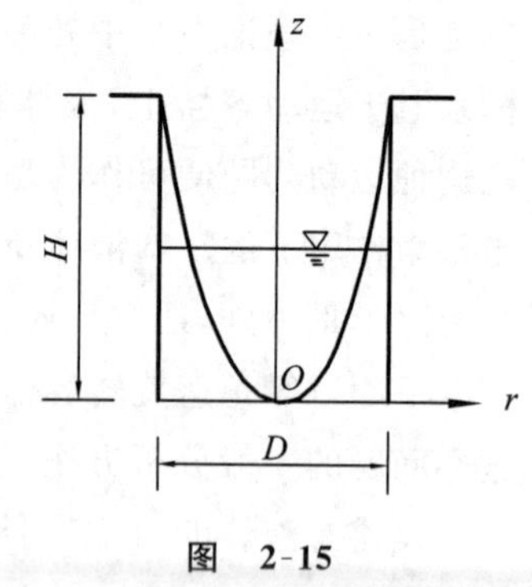

图 2-15

§2-6 静止液体作用在平面上的总压力

确定静止液体作用在平面上的总压力的大小、方向和压力作用点是许多工程技术上(如设计水池、水闸、水坝及路基等)必须解决的工程流体力学问题。确定的方法有解析法和图算法两种。

1. 解析法

设在静止液体中有一与水平面交角为 α、形状任意的平面 ab，其面积为 A，液面上和平面 ab 右侧均作用着大气压强，如图 2-16 所示。为分析方便，将平面 ab 绕 Oy 轴旋转 90°置于纸面上，建立图示 xOy 坐标系。

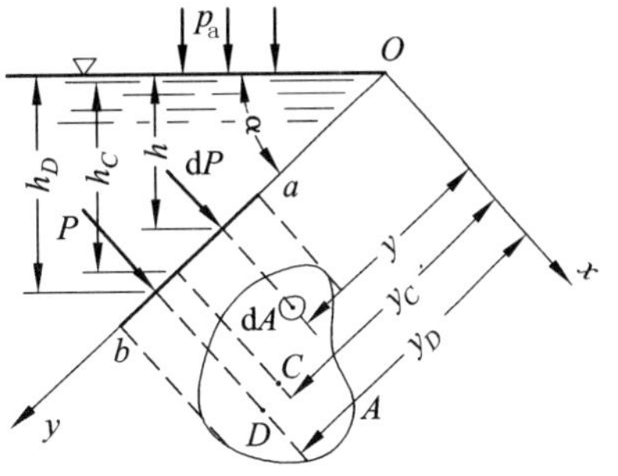

在平面 ab 上任取一微元面积 dA，其中心点在液面以下的深度为 h，到 Ox 轴的距离为 y。由于平面 ab 两侧均受大气压强的作用，故可以不必考虑大气压强对结构物的影响。于是，液体作用在 dA 上的压力为

$$dP = p dA = \gamma h dA = \gamma y \sin\alpha dA$$

图 2-16

因作用在平面 ab 各微元面积上的 dP 方向相同，根据平行力系求和原理，沿受压面 A 积分上式，可得作用在平面 ab 上的总压力为

$$P = \int_A dP = \gamma \sin\alpha \int_A y dA$$

式中，$\int_A y dA$ 是受压面 A 对 Ox 轴的静矩，其值等于受压面面积 A 与其形心坐标 y_C 的乘积。因此

$$P = \gamma \sin\alpha\, y_C A = \gamma h_C A = p_C A \tag{2-26}$$

式中，$h_C = y_C \sin\alpha$ 为受压面形心在液面下的淹深，而 $p_C = \gamma h_C$ 则为受压面形心处的相对压强。从式(2-26)可知，静止液体作用在任意方位(用 α 表示)、任意形状平面上的总压力 P 的大小等于受压面面积与其形心处的相对压强的乘积(对于相对平衡液体，有无此结论？请思考)。换句话说，静止液体中，任意受压平面上的平均压强等于其形心处的压强。

总压力 P 的方向，与 dP 方向相同，即沿着受压面的内法线方向。

总压力 P 的作用点 D(亦称压力中心)位置，可用理论力学中的合力矩定理(即合力对某轴的力矩等于各分力对同一轴的力矩之代数和)求得，即对 Ox 轴有

$$P y_D = \int_A y dP$$

或

$$\gamma \sin\alpha\, y_C A y_D = \gamma \sin\alpha \int_A y^2 dA$$

式中，$\int_A y^2 dA = I_x$ 为受压面 A 对 Ox 轴的惯性矩。化简整理上式，得

$$y_D = \frac{I_x}{y_C A} \tag{2-27}$$

为了使用上的方便，可根据惯性矩平行移轴公式 $I_x = I_C + y_C^2 A$，将受压面 A 对 Ox 轴的惯性矩 I_x 换算成对通过受压面形心 C 且平行于 Ox 轴的轴线的惯性矩 I_C，于是式(2-27)又可写成

$$y_D = y_C + \frac{I_C}{y_C A} \tag{2-28}$$

因 $I_C/(y_C A) \geqslant 0$，故 $y_D \geqslant y_C$。也就是说压力中心 D 一般位于受压面形心 C 的下方。

以上求出了压力中心 D 的 y 坐标 y_D，一般情况下，还需求出它的 x 坐标 x_D 才能完全确

定它的位置。求 x_D 的方法与求 y_D 的方法一样。在实际工程中，常见的受压平面多具有轴对称性(对称轴与 Oy 轴平行)，总压力 P 的作用点必位于对称轴上，此时 y_D 值算出后，压力中心 D 的位置便完全确定。

【例 2-4】 图 2-17 所示铅直矩形闸门，已知 $h_1=1.5\ \text{m}$，$h_2=2\ \text{m}$，闸门宽 $b=1.5\ \text{m}$，试求作用在闸门上的静水总压力及其作用点。

解 总压力由式(2-26)得

$$P=p_CA=\gamma h_CA=\gamma\left(h_1+\frac{h_2}{2}\right)(bh_2)$$

$$=9\ 800\times\left(1.5+\frac{2}{2}\right)\times(1.5\times2)$$

$$=73\ 500\ \text{N}=73.5\ \text{kN}$$

作用点位置由式(2-28)得

$$y_D=y_C+\frac{I_C}{y_CA}=\left(h_1+\frac{h_2}{2}\right)+\frac{bh_2^3/12}{(h_1+h_2/2)(bh_2)}$$

$$=\left(1.5+\frac{2}{2}\right)+\frac{1.5\times2^3/12}{(1.5+2/2)\times(1.5\times2)}=2.63\ \text{m}$$

【例 2-5】 如图 2-18 所示圆形平板闸门，已知直径 $d=1\ \text{m}$，倾角 $\alpha=60°$，形心处水深 $h_C=4.0\ \text{m}$，闸门自重 $G=1\ \text{kN}$。欲使闸门绕 a 轴旋开，在 b 点需施加多大的垂直拉力 T(不计转轴 a 的摩擦阻力)?

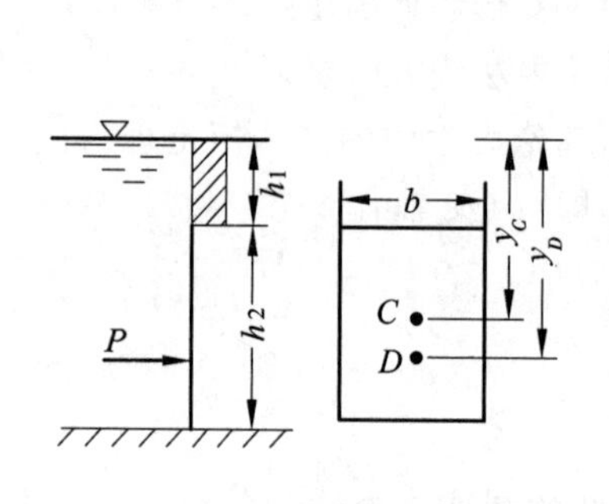

图 2-17

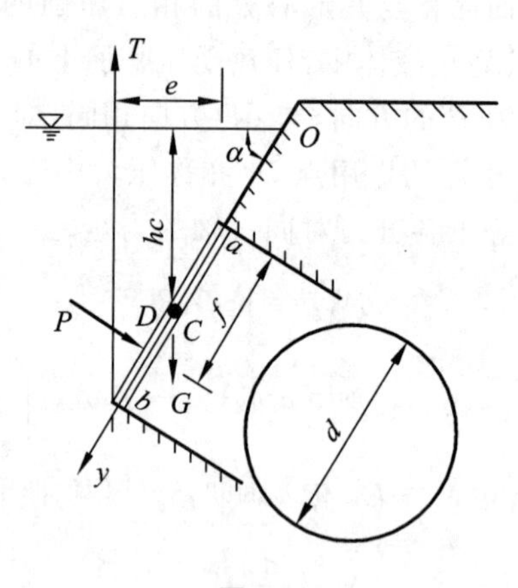

图 2-18

解 欲使闸门绕 a 轴旋开，必须有

$$T\cdot e\geqslant P\cdot f+G\cdot\frac{e}{2}$$

式中 $P=\gamma h_CA=9\ 800\times4.0\times\frac{3.14}{4}\times1^2=30\ 772\ \text{N}=30.77\ \text{kN}$

$$f=\frac{d}{2}+\overline{CD}=\frac{d}{2}+\frac{I_C}{y_C A}=\frac{d}{2}+\frac{\frac{\pi}{64}d^4}{\left(\frac{h_C}{\sin\alpha}\right)\left(\frac{\pi}{4}d^2\right)}$$

$$=\frac{1}{2}+\frac{\frac{1}{64}\times 3.14\times 1^4}{\left(\frac{4.0}{\sin 60°}\right)\left(\frac{3.14}{4}\times 1^2\right)}=0.514\ \text{m}$$

$$e=d\cos\alpha=1\times\cos 60°=0.5\ \text{m}$$

所以

$$T\geqslant\frac{P\cdot f+G\cdot\frac{e}{2}}{e}=\frac{30.77\times 0.514+1.0\times\frac{0.5}{2}}{0.5}=32.13\ \text{kN}$$

2. 图算法

求静止液体作用在矩形平面上的总压力及其作用点问题，采用图算法较为方便。要使用图算法须先绘出流体静压强分布图，然后根据压强分布图计算总压力。

如图 2-19 所示，取高为 h、宽为 b 的铅直矩形平面，其顶面恰与自由液面齐平。引用静止液体作用在平面上的总压力公式(2-26)，有

$$P=p_C A=\gamma h_C A=\gamma\frac{h}{2}bh=\frac{1}{2}\gamma h^2 b$$

式中，$\frac{1}{2}\gamma h^2$ 恰为静压强分布图示的面积(用 A_p 表示)。因此，上式可写成

$$P=A_p b \tag{2-29}$$

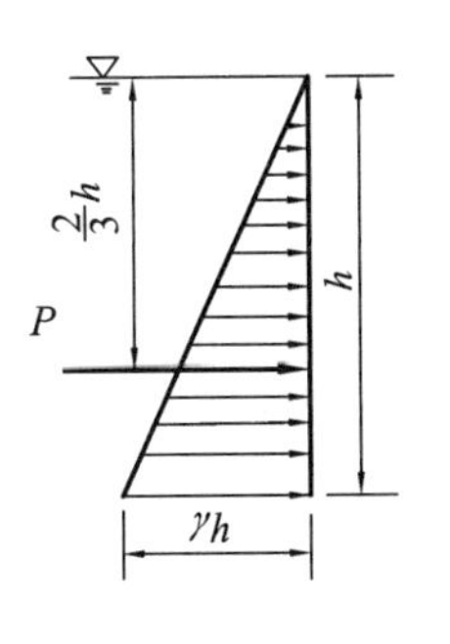

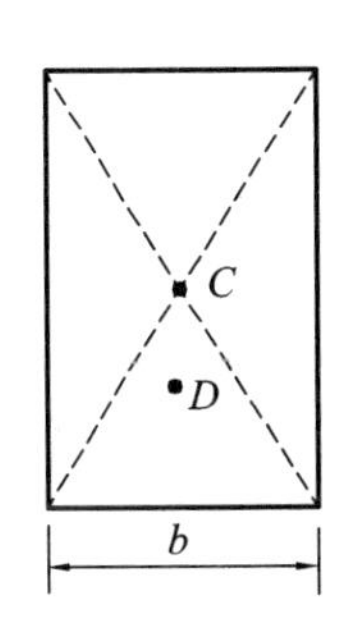

图 2-19

式(2-29)表明，静止液体作用在矩形平面上的总压力恰等于以压强分布图的面积为底，高度为 b 的柱体体积，而通过其重心所引出的水平线与受压面的交点便是总压力的作用点 D。不难看出，在图 2-19 这一具体情况下，D 点位于自由液面下 $\frac{2}{3}h$ 处。

读者可对例 2-4 用图算法重新进行计算，从而便可体会到图算法的方便。

§2-7 静止液体作用在曲面上的总压力

在实际工程中经常遇到受压面为曲面的情况，如弧形闸门、拱坝坝面、贮水池壁面、水管管壁等。由于流体静压强与受压面正交，因此，作用在曲面上各点的压强方向各不相同，它们彼此不平行，也不一定交于一点，故求它们的合力就不能简单地像求平面总压力那样直接积分求其代数和。

本节以工程中应用最多的二向曲面(即具有平行母线的柱面)为例，对曲面总压力的计算方法进行讨论。其实，这些方法也不难推广到三向曲面。

1. 总压力的大小和方向

设有一左侧承受液体静压强的二向曲面 ab,其母线平行于 Oy 轴(垂直于纸面),面积为 A,如图 2-20 所示。若在曲面 ab 上任取一微元面积 $\mathrm{d}A$,其中心点的淹没深度为 h,则作用在该微元面积上的液体压力为 $\mathrm{d}P=p\mathrm{d}A=\gamma h\mathrm{d}A$,它垂直于面积 $\mathrm{d}A$,与水平线成 θ 角。为便于分析,现将 $\mathrm{d}P$ 分解成水平分力 $\mathrm{d}P_x$ 和铅垂分力 $\mathrm{d}P_z$ 两部分

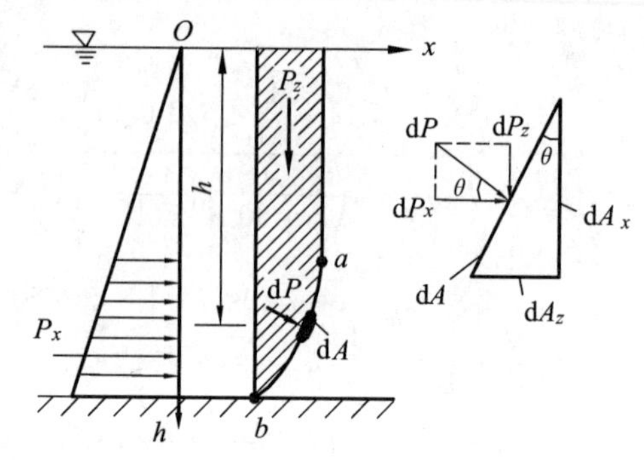

图 2-20

$$\mathrm{d}P_x=\mathrm{d}P\cos\theta=\gamma h\mathrm{d}A\cos\theta$$

$$\mathrm{d}P_z=\mathrm{d}P\sin\theta=\gamma h\mathrm{d}A\sin\theta$$

式中,θ 也是曲面 $\mathrm{d}A$ 与铅垂面的夹角,故 $\mathrm{d}A\cos\theta$ 可以看成是曲面 $\mathrm{d}A$ 在铅垂面 yOz 上的投影 $\mathrm{d}A_x$,$\mathrm{d}A\sin\theta$可以看成是曲面 $\mathrm{d}A$ 在水平面 xOy 上的投影 $\mathrm{d}A_z$。

作用在整个曲面上的水平分力 P_x 为

$$P_x=\int\mathrm{d}P_x=\int_A\gamma h\mathrm{d}A\cos\theta=\gamma\int_{A_x}h\mathrm{d}A_x$$

式中,$h\mathrm{d}A_x$ 为平面 $\mathrm{d}A_x$ 对水平轴 Oy 的静矩,由理论力学知,$\int_{A_x}h\mathrm{d}A_x=h_CA_x$,以此代入上式,得

$$P_x=\gamma h_CA_x \tag{2-30}$$

式中,A_x 为曲面 A 在铅垂面(yOz 平面)上的投影面积;h_C 为 A_x 的形心在液面下的深度。从式(2-30)可知,作用在曲面 ab 上的总压力的水平分力 P_x 恰等于作用于该曲面的铅垂投影面 A_x 上的总压力。

作用在整个曲面上的铅垂分力 P_z 为

$$P_z=\int\mathrm{d}P_z=\int_A\gamma h\mathrm{d}A\sin\theta=\gamma\int_{A_z}h\mathrm{d}A_z$$

式中,$\int_{A_z}h\mathrm{d}A_z$ 为曲面 ab 上的液柱体积(图 2-19 中阴影部分),常称为压力体,记为 V_P,故上式成为

$$P_z=\gamma V_P \tag{2-31}$$

由此可见,作用在曲面 ab 上的总压力的铅垂分力 P_z 恰等于其压力体的液重。

有了 P_x 和 P_z,便可求出总压力 P 的大小和方向

$$P=\sqrt{P_x^2+P_z^2} \tag{2-32}$$

$$\alpha=\arctan\frac{P_z}{P_x} \tag{2-33}$$

式中,α 为总压力 P 的作用线与水平线间的夹角。

2. 总压力的作用点

由于总压力的水平分力 P_x 的作用线通过 A_x 的压力中心,铅垂分力 P_z 的作用线通过压力体 V_P 的重心,且均指向受压面,故总压力的作用线必通过上述两条作用线的交点,其方向

由式(2-33)确定。这条总压力作用线与曲面的交点即为总压力在曲面上的作用点。

3. 关于压力体

压力体是从积分式 $\int_{A_z} h\mathrm{d}A_z$ 得到的一个体积，它是一个纯数学概念，与该体积内是否有液体存在无关。压力体一般是由三种面所围成的封闭体积，即受压曲面、自由液面或其延长面以及通过受压曲面边界向自由液面或其延长面所做的铅垂柱面。在特殊情况下，压力体也可能是由两种面(如浮体)或一种面(如潜体)所围成的封闭体积。

铅垂分力 P_z 的指向取决于液体、压力体与受压曲面间的相对位置。当液体和压力体位于曲面同侧时(图 2-20)，P_z 向下，此时的压力体称为实压力体；当液体和压力体位于曲面的异侧时(图 2-21)，则 P_z 向上，此时的压力体是一个虚拟的压力体，通常称为虚压力体。

下面用压力体概念来讨论静止液体作用在潜体或浮体上的浮力问题。

一个任意形状的物体完全潜没在液体中时，称此物体为潜体[如图 2-22(a)所示]；部分潜没在液体中、部分露出在自由液面之上时，则称其为浮体[如图 2-22(b)]。静止液体作用在潜体或浮体上的总压力可以分解为水平和铅垂两个分力。水平分力因其受压面在铅垂面上的投影面积左右对称、前后对称而相互抵消；铅垂分力则可通过绘制压力体(图 2-22)求得，即

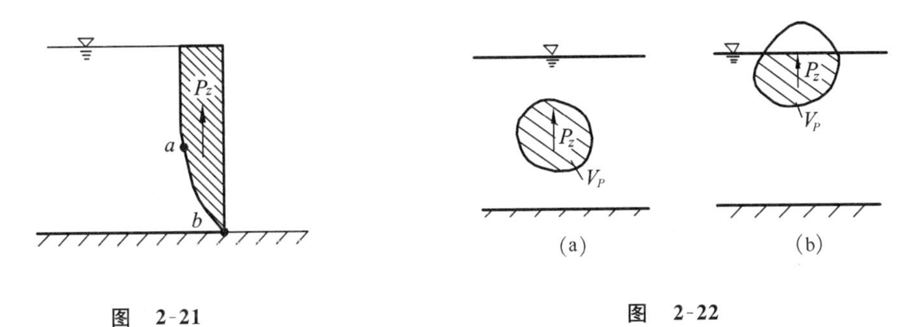

图 2-21　　图 2-22

$$P_z=\gamma V_P$$

式中，V_P 为压力体的体积，也为潜体或浮体排开液体的体积。因为 V_P 为虚压力体，故 P_z 向上。由此可知，静止液体作用在潜体或浮体上的总压力，方向铅垂向上，大小等于潜体或浮体所排开液体的重量。这就是物理学中著名的阿基米德(Archimedes)原理。

由于 P_z 具有把物体推向液体表面的倾向，故又称为浮力。浮力的作用点称为浮心，显然，浮心与所排开液体体积的重心重合。

【例 2-6】 一圆弧形闸门如图 2-23 所示。已知闸门宽度 $b=4$ m，半径 $r=2$ m，圆心角 $\varphi=45°$，闸门旋转轴恰与水面齐平，试求作用在闸门上的静水总压力。

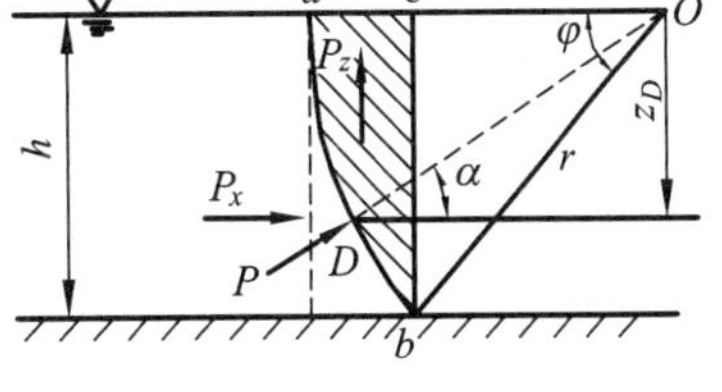

图 2-23

解 闸门前水深为

$$h=r\sin\varphi=2\sin 45°=1.414\ \mathrm{m}$$

作用在闸门上的静水总压力的水平分力为

$$P_x=\gamma h_C A_x=\frac{1}{2}\gamma h^2 b$$

$$=\frac{1}{2}\times 9\ 800\times 1.414^2\times 4=39\ 188\ \text{N}=39.19\ \text{kN}(\rightarrow)$$

铅垂分力为

$$P_z=\gamma V_P=\gamma b A_{acb}=\gamma b(A_{aob}-A_{cob})=\gamma b\left(\frac{1}{8}\pi r^2-\frac{1}{2}h^2\right)$$

$$=9\ 800\times 4\times\left(\frac{1}{8}\times 3.14\times 2^2-\frac{1}{2}\times 1.414^2\right)$$

$$=22\ 356\ \text{N}=22.36\ \text{kN}\quad(\uparrow)$$

故静水总压力的大小和方向分别为

$$P=\sqrt{P_x^2+P_z^2}=\sqrt{39.19^2+22.36^2}=45.12\ \text{kN}$$

$$\alpha=\arctan\frac{P_z}{P_x}=\arctan\frac{22.36}{39.19}=29.70°\approx 30°$$

由于力 P 必然通过闸门的旋转轴 O，因此，其作用点的垂直位置(距水面)为

$$z_D=r\sin\alpha=2\sin 30°=1\ \text{m}$$

【例 2-7】 一内径为 d 的供水钢管，壁厚为 δ，若管壁的允许抗拉强度为$[\sigma]$，试求管中最大允许压强 p 为多少(假定管壁各点压强相同，且忽略管路自重和水重)?

解 为分析钢管的拉力和水压力之间的关系，沿管轴方向取单位长度管段并沿直径将管段切开，取半管如图 2-24 所示，极限状态钢管的拉力 $T=2[\sigma]\delta$。

水压力按曲面压力分析。考虑 x 方向力的平衡，因 $A_x=1\cdot d$，故

$$P_x=pA_x=pd$$

据平衡方程 $\quad T=P_x$

即 $\quad 2[\sigma]\delta=pd$

得 $\quad p=\dfrac{2[\sigma]\delta}{d}$

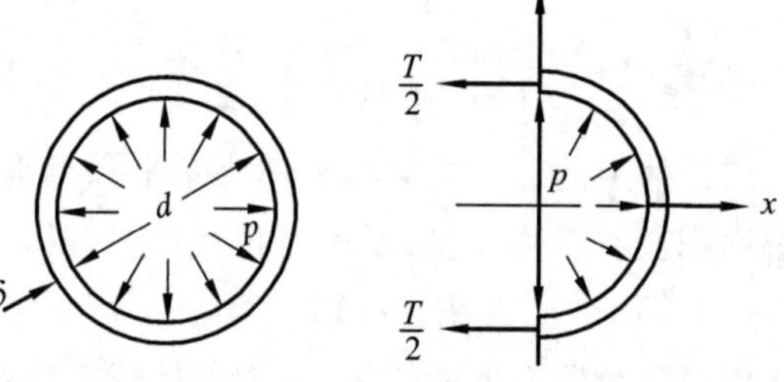

图 2-24

§2-8 潜体和浮体的平衡与稳定性

1. 物体的沉浮

一切沉没于液体中或漂浮于液面上的物体都受有两个力作用，即物体的重力 G 和所受的浮力 P_z。重力的作用线通过重心，竖直向下；浮力的作用线通过浮心，竖直向上。物体的重力 G 与所受浮力 P_z 的相对大小，决定着物体的沉浮：

当 $G>P_z$ 时，物体下沉至底，称为沉体；

当 $G=P_z$ 时，物体潜没于液体中的任意位置而保持平衡，称为潜体；

当 $G<P_z$ 时，物体浮出液面，直至液面以下部分所排开的液体重量恰等于物体的重量才能保持平衡，这称为浮体。船就是其中最显著的例子。

2. 潜体的平衡及稳定性

上面提到的重力与浮力相等，物体既不上浮也不下沉，只是潜体保持平衡的必要条件。若要求潜体在水中不发生转动，还必须重力和浮力对任何一点的力矩矢量和都为零。即重心 C 和浮心 D 在同一铅垂线上。这样，物体潜没在液体中既不发生移动，也不发生转动，潜体保持平衡。但这种平衡的稳定性，也就是遇到外界扰动，潜体倾斜后，恢复到它原来平衡状态的能力，则取决于重心 C 和浮心 D 在铅垂线上的相对位置。

当浮心 D 与重心 C 重合时[图 2-25(a)]，潜体在液体中处于任意方位都是平衡的，称为随遇平衡。

当浮心 D 在重心 C 之上时[图 2-25(b)]，这样的潜体，在去掉使潜体发生倾斜的外力后，力 P_z 和 G 组成的力偶能使它恢复到原来的平衡位置。这种情况下的平衡称为稳定平衡。

当浮心 D 在重心 C 之下时[图 2-25(c)]，潜体在去掉外力后，力 P_z 和 G 组成的力偶能使潜体继续翻转，这种情况下的平衡称为不稳定平衡。

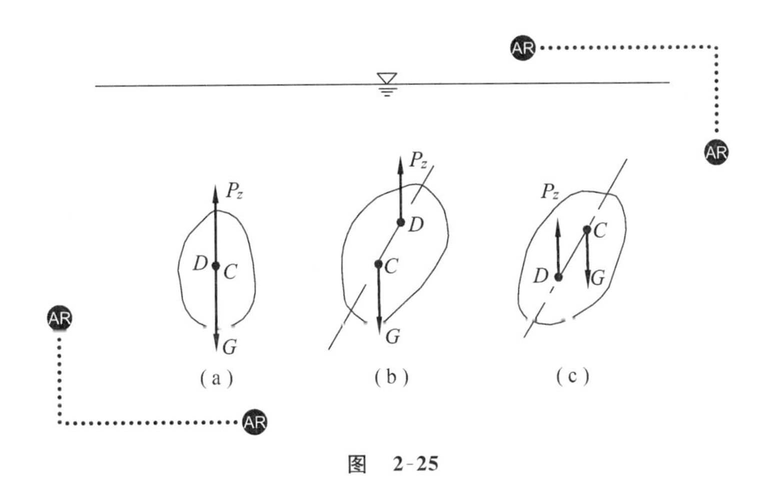

图 2-25

由此可见，要想潜体(如潜艇)处于稳定状态，就必须使重心位于其浮心之下。

3. 浮体的平衡及稳定性

浮体的平衡条件与潜体相同，但它们的稳定性条件是不相同的。

潜体的平衡及稳定性要求重力 G 与浮力 P_z 大小相等，作用在同一铅垂线上，且重心 C 位于浮心 D 之下。

对于浮体，P_z 与 G 相等是自动满足的，这是物体漂浮的必然结果。但是浮体的浮心 D 和其重心 C 的相对位置对于浮体的稳定性，并不像潜体那样，一定要求重心在浮心之下，即使重心在浮心之上也仍有可能稳定。这是因为浮体倾斜后，浮体浸没在液体中的那部分形状改变了，浮心的位置也随之变动，在一定条件下，有可能出现扶正力矩，使得浮体仍可保持其稳定性。

图 2-26 为一对称浮体。通过浮心 D 和重心 C 的连线称为浮轴，在正常情况下，浮轴是铅垂的。当浮体受到某种外力作用(如风吹、浪击等)而发生倾斜时，浮体浸没在液体部分的形状有了改变，从而使浮心 D 的位置移至 D'。此时，通过 D' 的浮力 P_z' 的作用线与浮轴相交于 M 点，称为定倾中心；定倾中心 M 到原浮心 D 的距离称为定倾半径，以 ρ 表示；重心 C 与原浮心 D 的距离称为偏心距，以 e 表示。当浮体倾斜角 α 不太大($\alpha<10°$)的情况下，在实用上，可近似认为 M 点在浮轴上的位置是不变的。

浮体倾斜后能否恢复到原平衡位置，取决于重心 C 与定倾中心 M 的相对位置。如图 2-26(a)所示，浮体倾斜后 M 点高于 C 点，即 $\rho>e$，重力 G 与倾斜后的浮力 P_z' 产生扶正力矩，使浮体恢复到原来的平衡位置，这种情况称为稳定平衡。反之，如图 2-26(b)所示，M 点低于 C 点，即 $\rho<e$，G 与 P_z' 产生一倾覆力矩，使浮体更趋于倾倒，这种情况称为不稳定平衡。当浮体倾斜后，M 点与 C 点重合，即 $\rho=e$，G 与 P_z' 不会产生力矩，此种情况称为随遇平衡。由此可见，浮体保持稳定的条件是：定倾中心 M 高于重心 C，即定倾半径 ρ 大于偏心距 e。

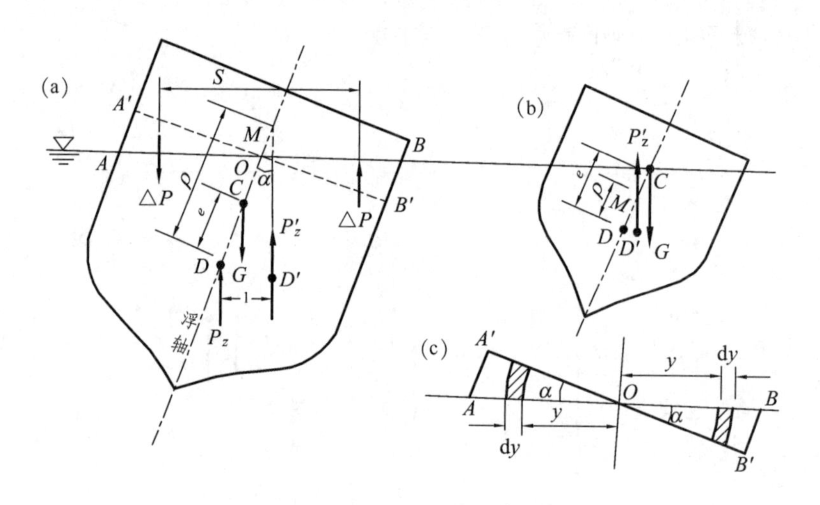

图 2-26

对于重心不变的对称浮体，当浮体的形状和重量一定时，重心与浮心之间的偏心距也就确定了，因而浮体的稳定与否要视定倾半径 ρ 的大小而定。下面讨论确定定倾半径 ρ 的方法。

如图 2-26(a)所示，浮体倾斜一微小角度 α 以后，浮心 D 移动了一个水平距离 l 至 D'。从图中知

$$\rho=\frac{l}{\sin\alpha} \tag{2-34}$$

式中，l 的大小可以通过对浮体倾斜前后所受浮力的分析求得。浮体倾斜后所受浮力 P_z' 可以看成是原浮力 P_z 减去浮出部分 AOA' 失去的浮力，再加上新浸没部分 BOB' 所增加的浮力。

根据阿基米德原理知图中的三棱体 AOA' 与 BOB' 的体积相等，故浮体倾斜后失去的与增加的浮力亦相等，均以 ΔP 表示，则有 $P'_z=P_z+\Delta P-\Delta P$，利用理论力学中的合力矩定理，对原浮心 D 取矩，得

$$P'_z l=P_z\cdot 0+\Delta P\cdot S$$

故

$$l=\frac{\Delta P\cdot S}{P'_z}=\frac{\Delta P\cdot S}{\gamma V_P} \tag{2-35}$$

式中，S 为图中两三棱体形心之间的水平距离；V_P 为浮体所排开的液体体积（即浮体的压力体体积）。

从图 2-26 知，当浮体倾斜角 α 较小时，三棱体的微小体积 dV［见图 2-26(c)中阴影处］所受的浮力为

$$dP=\gamma dV=\gamma\cdot\alpha y\cdot L\cdot dy=\gamma\cdot\alpha y dA$$

式中，L 为浮体纵向长度；$dA=L\cdot dy$ 为原浮面（即浮体与液面相交的平面）上的微小面积，根据合力矩定理，将三棱柱所受浮力对 O 取矩，得

$$\Delta P\cdot S=\int_A y dP=\gamma\alpha\int_A y^2 dA=\gamma\alpha I \tag{2-36}$$

式中，$I=\int_A y^2 dA$ 为全部浮面面积 A 对其中心纵轴 $O\text{-}O$（即浮体倾斜时绕其转动的轴）的惯性矩。

将式(2-35)、(2-36)代入式(2-34)，得定倾半径

$$\rho=\frac{I}{V_P}\frac{\alpha}{\sin\alpha}$$

当浮体倾斜角 α 比较小（$\alpha<10°$）时，$\alpha\approx\sin\alpha$，上式成为

$$\rho=\frac{I}{V_P} \tag{2-37}$$

由此可见，浮体定倾半径 ρ 的大小，与浮面对中心纵轴 $O\text{-}O$ 的惯性矩 I 及浮体所排开的液体体积 V_P 有关。求出定倾半径 ρ 以后，将其与偏心距 e 比较，便可判明浮体是否稳定。

以上讨论是浮体的横向稳定性问题，浮体的纵向稳定性远较其横向稳定性高，一般不必再作检算。

【例 2-8】 一沉箱长度 $L=8$ m，宽度 $b=4$ m，重 $G=1\ 000$ kN，重心 C 距底 1.95 m，如图 2-27 所示。试校核该沉箱漂浮时的稳定性。

解 设沉箱在水面上漂浮时的吃水深度为 h，则据阿基米德原理有

$$G=\gamma V_P=\gamma Lbh$$

故

$$h=\frac{G}{\gamma Lb}=\frac{1\ 000}{9.8\times 8\times 4}=3.19\ \text{m}$$

沉箱浮心 D 距底为 $\frac{h}{2}=\frac{3.19}{2}=1.60$ m，则偏心距

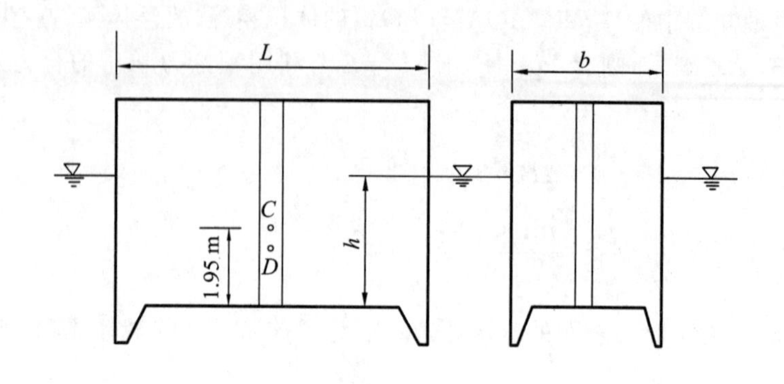

图 2-27

$$e = CD = 1.95 - 1.60 = 0.35\ \text{m}$$

定倾半径

$$\rho = \frac{I}{V_P} = \frac{\frac{1}{12}Lb^3}{Lbh} = \frac{b^2}{12h} = \frac{4^2}{12 \times 3.19} = 0.42\ \text{m}$$

因 $\rho > e$，故沉箱漂浮时是稳定的。

习　　题

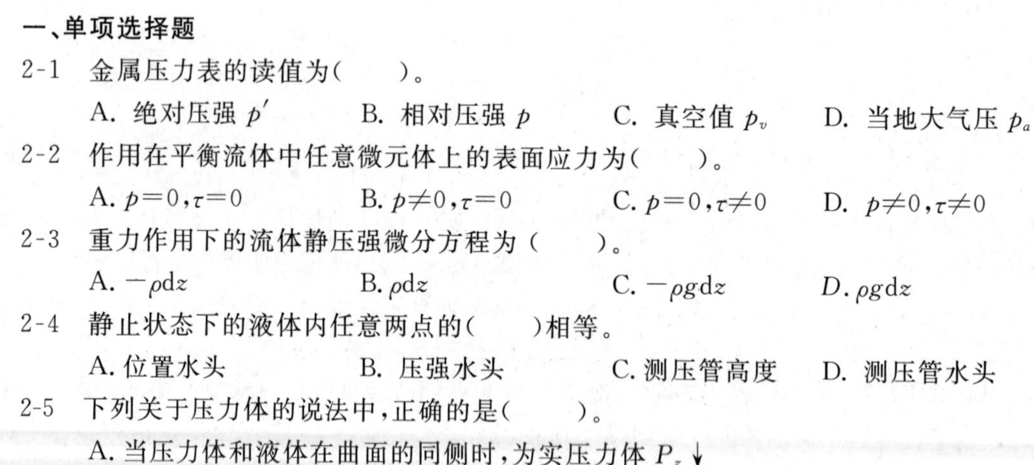

一、单项选择题

2-1　金属压力表的读值为(　　)。

A. 绝对压强 p'　　B. 相对压强 p　　C. 真空值 p_v　　D. 当地大气压 p_a

2-2　作用在平衡流体中任意微元体上的表面应力为(　　)。

A. $p=0, \tau=0$　　B. $p\neq0, \tau=0$　　C. $p=0, \tau\neq0$　　D. $p\neq0, \tau\neq0$

2-3　重力作用下的流体静压强微分方程为 (　　)。

A. $-\rho dz$　　B. ρdz　　C. $-\rho g dz$　　D. $\rho g dz$

2-4　静止状态下的液体内任意两点的(　　)相等。

A. 位置水头　　B. 压强水头　　C. 测压管高度　　D. 测压管水头

2-5　下列关于压力体的说法中，正确的是(　　)。

A. 当压力体和液体在曲面的同侧时，为实压力体 $P_z\downarrow$

B. 当压力体和液体在曲面的异侧时，为虚压力体 $P_z\downarrow$

C. 当压力体和液体在曲面的异侧时，为实压力体 $P_z\uparrow$

D. 当压力体和液体在曲面的同侧时，为虚压力体 $P_z\uparrow$

2-6　球形压力容器上半曲面对应的压力体在相应曲面的(　　)。

A. 上方　　B. 下方　　C. 左方　　D. 右方

二、计算分析题

2-7　一封闭盛水容器如图所示，U 形管测压计液面高于容器液面 $h=1.5\ \mathrm{m}$，求容器液面的相对压强 p_0。

2-8　一封闭水箱如图所示，金属测压计测得的压强值为 4 900 Pa（相对压强），测压计中心比 A 点高 0.5 m，而 A 点在液面下 1.5 m。求液面的绝对压强及相对压强。

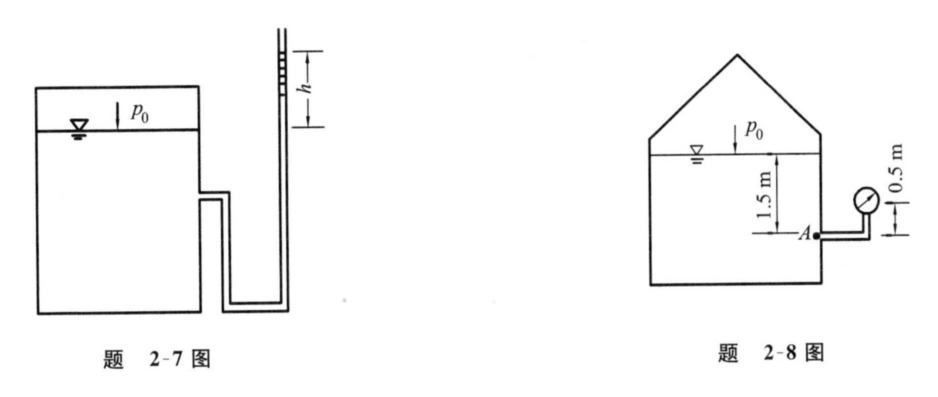

题　2-7 图　　　　题　2-8 图

2-9　一密闭贮液罐，在边上 8.0 m 高度处装有金属测压计，其读数为 57.4 kPa；另在高度为 5.0 m 处也安装了金属测压计，读数为 80.0 kPa。求该贮液罐内液体的重度 γ 和密度 ρ。

2-10　如图所示为量测容器中 A 点压强的真空计。已知 $z=1\ \mathrm{m}$，$h=2\ \mathrm{m}$，求 A 点的真空值 p_v 及真空度 h_v。

2-11　一直立煤气管道如图所示。在底部压力表读数 $p_1=980\ \mathrm{Pa}$，在 $H=20\ \mathrm{m}$ 高度处的压力表读数 $p_2=1\ 127\ \mathrm{Pa}$，管外空气重度 $\gamma_a=12.6\ \mathrm{N/m^3}$，试求管中静止煤气的重度 γ。

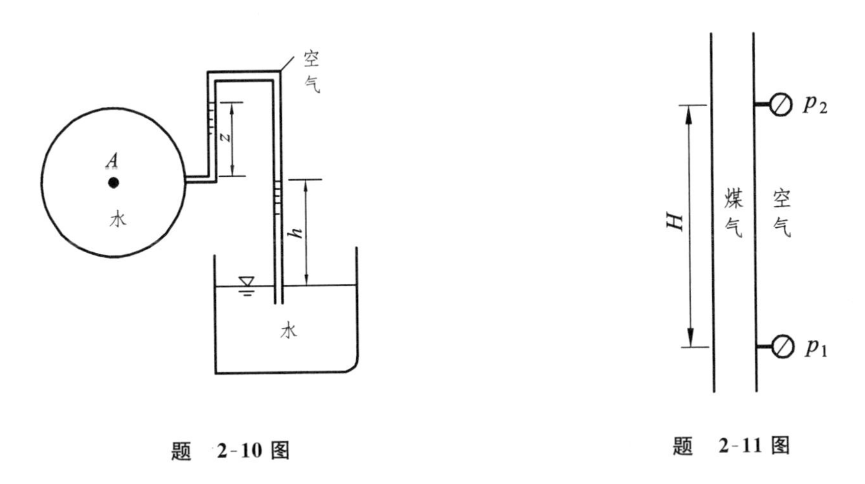

题　2-10 图　　　　题　2-11 图

2-12　如图所示，根据复式水银测压计所示读数：$z_1=1.8\ \mathrm{m}$，$z_2=0.8\ \mathrm{m}$，$z_3=2.0\ \mathrm{m}$，$z_4=0.9\ \mathrm{m}$，$z_A=1.5\ \mathrm{m}$，$z_0=2.5\ \mathrm{m}$，求压力水箱液面的相对压强 p_0（水银的重度 $\gamma_p=133.28\ \mathrm{kN/m^3}$）。

2-13　图中所示给水管路出口阀门关闭时，试确定管路中 A、B 两点的测压管高度和测压管水头。

2-14　如图所示水压机的大活塞直径 $D=0.5$ m，小活塞直径 $d=0.2$ m，$a=0.25$ m，$b=1.0$ m，$h=0.4$ m，试求当外加压力 $P=200$ N 时，A 块受力为多少？（活塞重量不计）

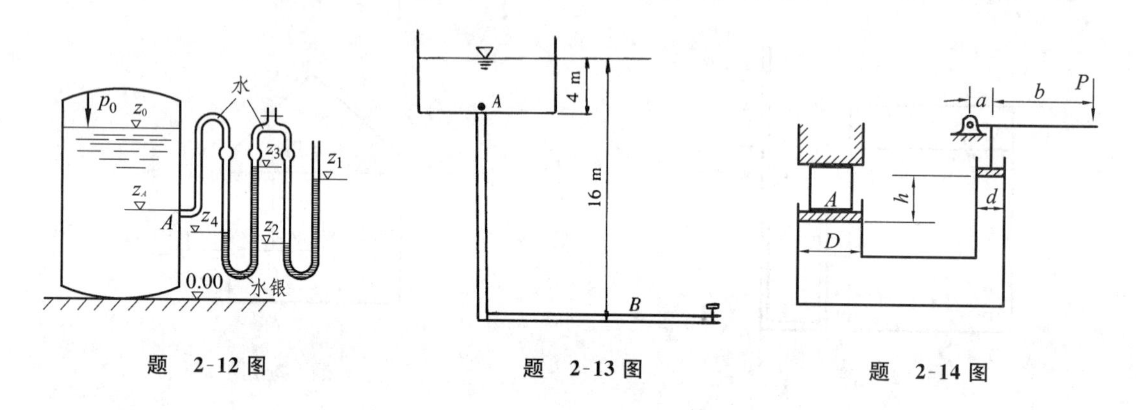

题　2-12 图　　　题　2-13 图　　　题　2-14 图

2-15　如图所示水箱，底部有 4 个支座，试求水箱底面上的静水总压力和 4 个支座的反力，并讨论静水总压力与支座反力不相等的原因。假定水箱自重可略去不计。

2-16　绘出图示 AB 壁面上的相对压强分布图。

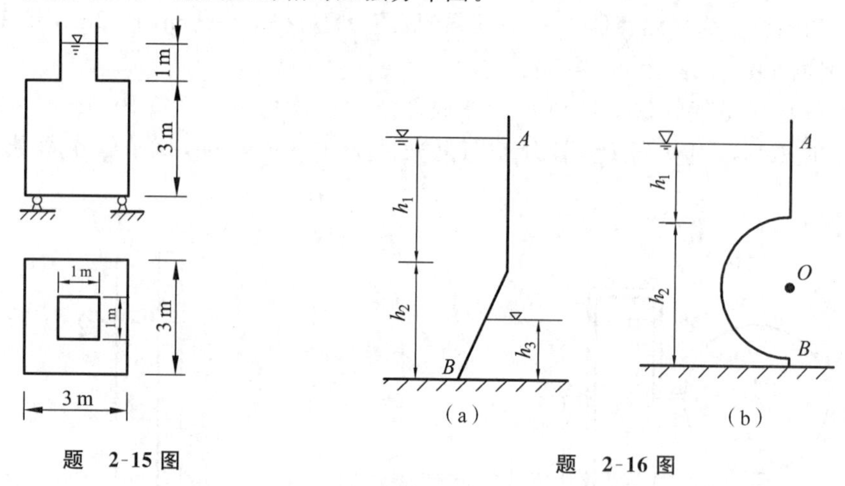

题　2-15 图　　　题　2-16 图

2-17　设有一密闭盛水容器的水面压强为 p_0，试求该容器做自由落体运动时，容器内水的压强分布规律。

2-18　一洒水车以等加速度 $a=0.98\ \mathrm{m/s^2}$ 向前平驶，如图所示。试求车内自由液面与水平面间的夹角 α；若 A 点在运动前位于 $x_A=-1.5$ m，$z_A=-1.0$ m，试求 A 点的相对压强 p_A。

2-19　如图所示一圆柱形敞口容器绕其中心轴作等角速度旋转，已知直径 $D=30$ cm，高 $H=50$ cm，原水深 $h=30$ cm，试求当水恰好升到容器顶边时的转速 n。

2-20　为了提高车轮铸件的质量，常采用离心铸造机进行铸造（如图示）。已知铁水密度 $\rho=7\ 138\ \mathrm{kg/m^3}$，车轮尺寸：直径 $d=800$ mm，厚 $h=250$ mm。试求铸造机以转速 $n=400$ rpm

旋转时，车轮边缘 A 点处的相对压强 p_A。

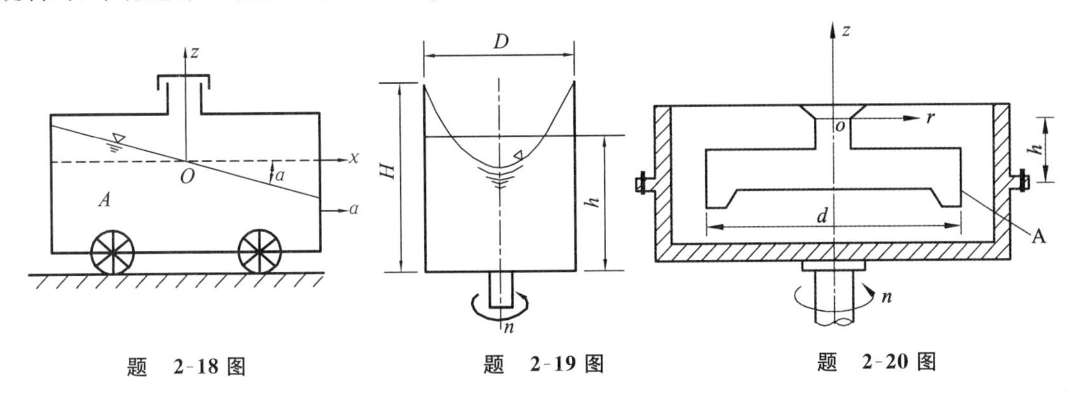

题 2-18 图　　题 2-19 图　　题 2-20 图

2-21　如图所示形状各异的敞口盛水容器的底面积和水深均相同，但盛水量各不相同，试问容器底部受到的静水总压力是否相同？

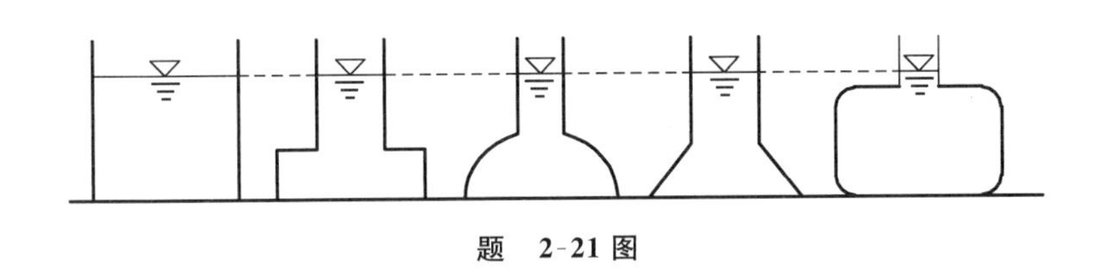

题 2-21 图

2-22　一矩形闸门的位置和尺寸如图所示，闸门上缘 A 处设转轴，下缘连接铰链以备开闭。若忽略闸门自重及转轴摩擦力，求开启闸门所需的拉力 T。

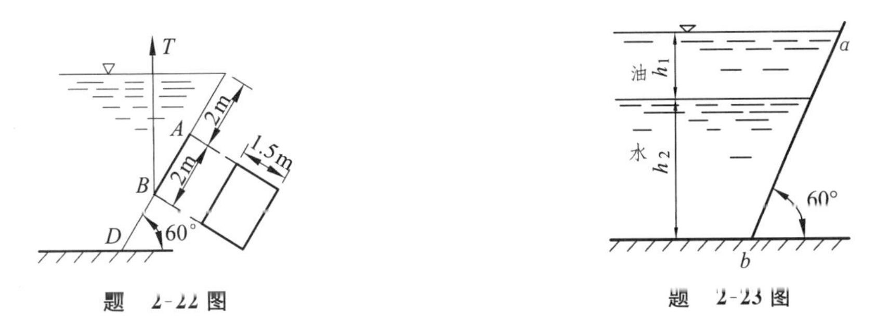

题 2-22 图　　题 2-23 图

2-23　设一受两种液压的平板 ab 如图所示，其倾角 $\alpha=60°$，上部油深 $h_1=1.0$ m，下部水深 $h_2=2.0$ m，油的重度 $\gamma_p=8.0\ \mathrm{kN/m^3}$，试求作用在平板 ab 单位宽度上的流体总压力及其作用点位置。

2-24　如图所示绕铰链 O 转动的倾角 $\alpha=60°$ 的自动开启式矩形闸门，当闸门左侧水深 $h_1=2$ m，右侧水深 $h_2=0.4$ m 时，闸门自动开启，试求铰链至水闸下端的距离 x。

2-25　如图所示一矩形闸门，已知 a 及 h，求证 $H>a+\frac{14}{15}h$ 时，闸门可自动打开。

2-26　如图所示一圆柱，其左半部在水作用下，受有浮力 P_z，问圆柱在该浮力作用下能否绕其中心轴转动不息？

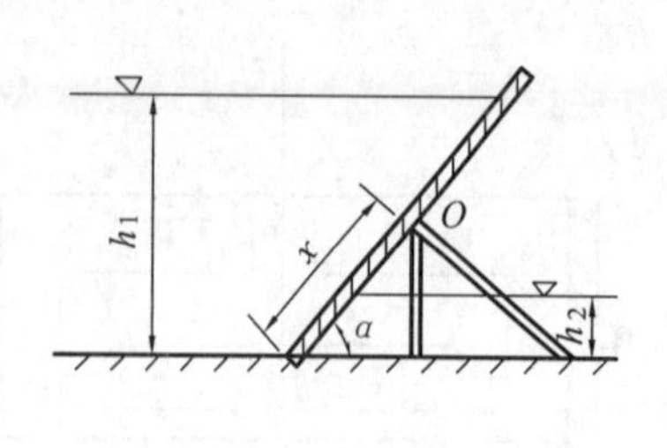

题 2-24 图

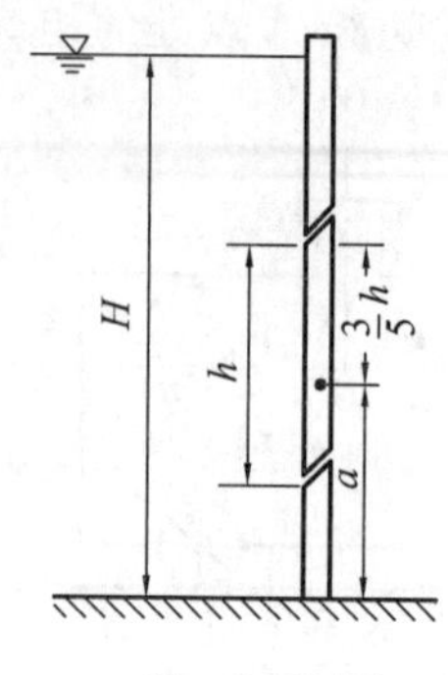

题 2-25 图

2-27 试绘出(a)、(b)图中 AB 曲面上的压力体。

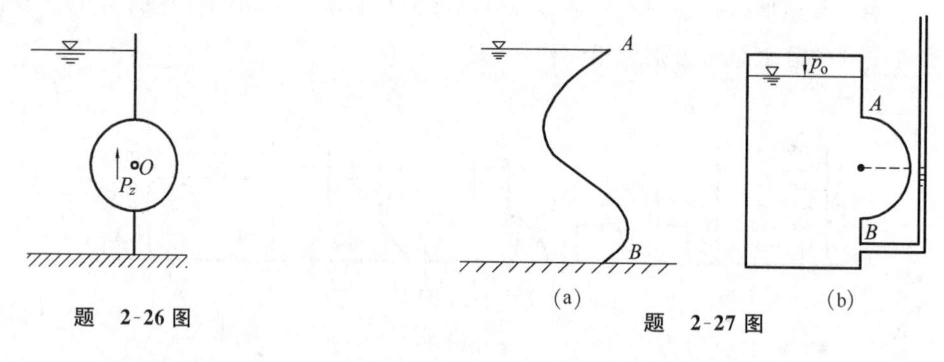

题 2-26 图　　　　题 2-27 图

2-28 一扇形闸门如图所示，宽度 $b=1.0$ m，圆心角 $\alpha=45°$，闸门挡水深 $h=3$ m，试求水对闸门的作用力的大小及方向。

2-29 如图所示两水池隔墙上装一半径 $R=1.0$ m 半球形堵头，已知水银差压计读数 $h=200$ mm，$\rho_{水银}/\rho_{水}=13.6$，试求：(1)水位差 ΔH；(2)作用在半球形堵头的总压力大小和方向。

2-30 如图所示密闭盛水容器，水深 $h_1=60$ cm、$h_2=100$ cm，水银测压计读数 $h_p=25$ cm，试求半径 $R=0.5$ m 的半球形盖 ab 所受总压力的水平分力和铅垂分力。

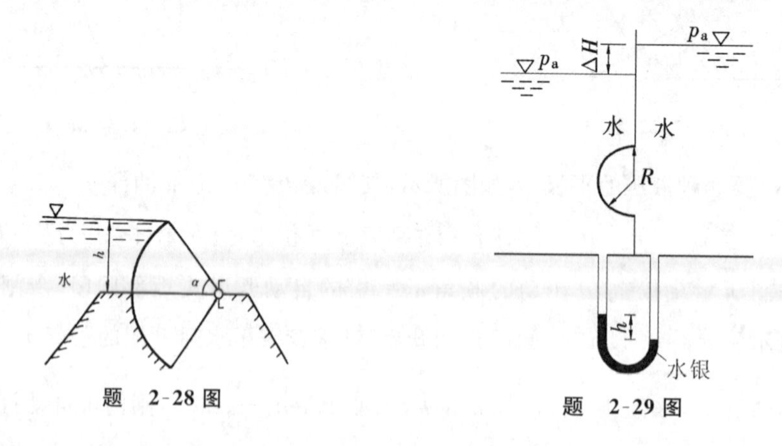

题 2-28 图　　　　题 2-29 图

2-31 图示一球形容器由两个半球用 n 个螺栓连接而成，内盛重度为 γ 的液体，求每一连接螺栓钉所受的拉力。

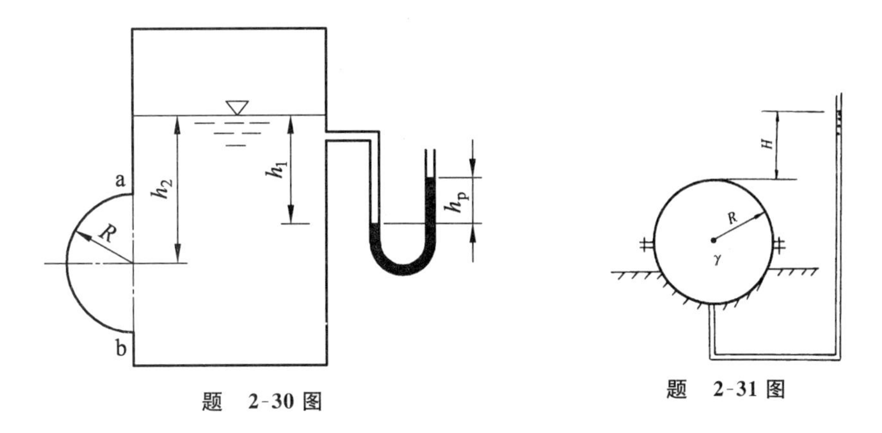

题　2-30 图　　　　题　2-31 图

2-32　图示一跨湖抛物线形单跨拱桥，已知两岸桥基相距 9.1 m，拱桥矢高 $f=2.4$ m，桥宽 $b=6.4$ m，当湖水上涨后，水面高过桥基 1.8 m。假定桥拱不漏水，试求湖水上涨后作用在拱桥上的静水总压力。

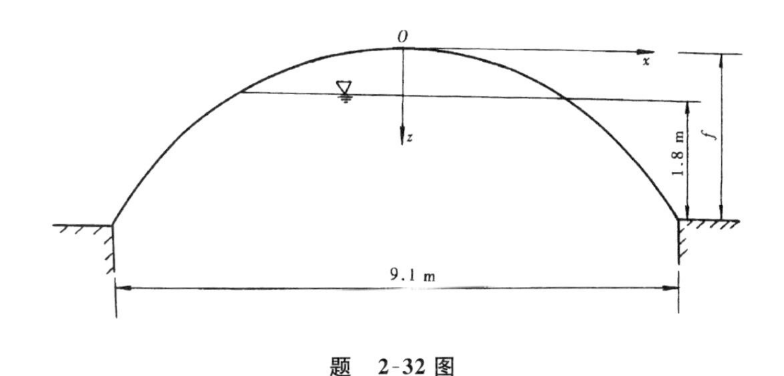

题　2-32 图

2-33　一矩形平底船如图所示，已知船长 $L=6$ m，船宽 $b=2$ m，载货前吃水深度 $h_0=0.15$ m，载货后吃水深度 $h=0.8$ m，若载货后船的重心 C 距船底 $h'=0.7$ m，试求货物重量 G，并校核平底船的稳定性。

2-34　图示半径 $R=1$ m 的圆柱体桥墩，埋设在透水土层内，其基础为正方形，边长 $a=3.3$ m，厚度 $b=2$ m，水深 $h=6$ m。试求作用在桥墩基础上的静水总压力。

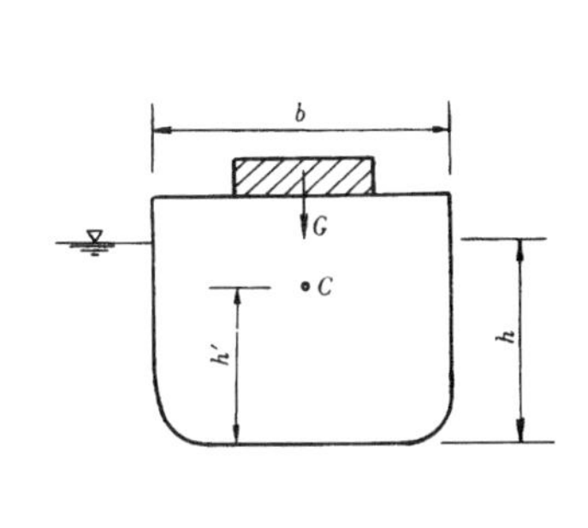

题　2-33 图

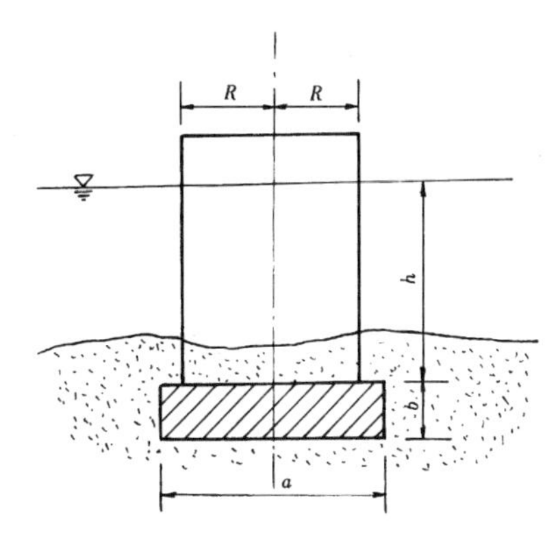

题　2-34 图

第三章 流体动力学理论基础

本章研究流体机械运动的基本规律及其在工程中的初步应用。流体运动和其他物质运动一样，都要遵循物质运动的普遍规律。因此，本章根据物理学和理论力学中的质量守恒定律、牛顿运动定律以及动量定理和动量矩定理等，建立流体动力学的基本方程，为以后各章的学习奠定必要的理论基础。

由于实际流体运动时存在黏性，使得对流体运动的分析十分复杂。为了摆脱黏性在分析流体运动时在数学上的某些困难，在研究方法上，我们先以忽略黏性的理想流体为研究对象，然后在此基础上进一步研究实际流体。在某些工程问题中，可将实际流体近似地按理想流体估算。

§3-1 描述流体运动的方法

描述流体运动的方法有拉格朗日(J. L. Lagrange)法和欧拉(L. Euler)法两种。

1. 拉格朗日法

拉格朗日法着眼于流体各质点的运动情况，研究各质点的运动历程，然后通过综合所有被研究流体质点的运动情况来获得整个流体运动的规律。这种方法与一般力学中研究质点与质点系运动的方法是一样的。

用拉格朗日法描述流体运动时，运动质点的位置坐标不是独立变量，而是起始坐标 a、b、c 和时间变量 t 的函数，即

$$\left.\begin{aligned} x&=x(a,b,c,t)\\ y&=y(a,b,c,t)\\ z&=z(a,b,c,t)\end{aligned}\right\} \tag{3-1}$$

变量 a、b、c、t 统称为拉格朗日变量。显然，对于不同的运动质点，起始坐标 a、b、c 是不相同的。

拉格朗日法尽管对流体运动描述得比较全面，从理论上讲，可以求出每个运动流体质点的轨迹。但是，由于流体质点的运动轨迹非常复杂，用拉格朗日法去分析流体运动，在数学上将会遇到很多困难，同时，实用上一般也不需要知道给定流体质点的运动规律，所以除少数情况(如研究波浪运动)外，在流体力学中通常不采用这种方法，而采用较为简便的欧拉法。

2. 欧拉法

欧拉法只着眼于流体经过流场(即充满运动流体质点的空间)中各空间点时的运动情况，而不过问这些运动情况是由哪些质点表现出来的，也不管那些质点的来龙去脉，然后通过综合流场中所有被研究空间点上各质点的运动要素(即表征流体运动状态的物理量如流速、加速度、压强等)及其变化规律，来获得整个流场的运动特性。

用欧拉法研究流体运动时，运动要素是空间坐标 x,y,z 和时间变量 t 的连续可微函数。变量 x,y,z,t 统称为欧拉变量。因此，流场中各空间点的流速所组成的流速场可以表示为

$$\left.\begin{aligned} u_x&=u_x(x,y,z,t)\\ u_y&=u_y(x,y,z,t)\\ u_z&=u_z(x,y,z,t)\end{aligned}\right\} \tag{3-2}$$

同样，各空间点的压强所组成的压强场可以表示为

$$p=p(x,y,z,t) \tag{3-3}$$

加速度应是速度对时间的全导数。注意到式(3-2)中 x,y,z 是流体质点在 t 时刻的运动坐标，对同一质点来说它们不是独立变量，而是时间变量 t 的函数。因此，根据复合函数求导法则，并考虑到

$$\frac{\mathrm{d}x}{\mathrm{d}t}=u_x;\quad \frac{\mathrm{d}y}{\mathrm{d}t}=u_y;\quad \frac{\mathrm{d}z}{\mathrm{d}t}=u_z$$

可得加速度在空间坐标 x、y、z 方向的分量为

$$\left.\begin{aligned} a_x&=\frac{\mathrm{d}u_x}{\mathrm{d}t}=\frac{\partial u_x}{\partial t}+u_x\frac{\partial u_x}{\partial x}+u_y\frac{\partial u_x}{\partial y}+u_z\frac{\partial u_x}{\partial z}\\ a_y&=\frac{\mathrm{d}u_y}{\mathrm{d}t}=\frac{\partial u_y}{\partial t}+u_x\frac{\partial u_y}{\partial x}+u_y\frac{\partial u_y}{\partial y}+u_z\frac{\partial u_y}{\partial z}\\ a_z&=\frac{\mathrm{d}u_z}{\mathrm{d}t}=\frac{\partial u_z}{\partial t}+u_x\frac{\partial u_z}{\partial x}+u_y\frac{\partial u_z}{\partial y}+u_z\frac{\partial u_z}{\partial z}\end{aligned}\right\} \tag{3-4a}$$

或写成矢量形式

$$\boldsymbol{a}=\frac{\mathrm{d}\boldsymbol{u}}{\mathrm{d}t}=\frac{\partial \boldsymbol{u}}{\partial t}+(\boldsymbol{u}\cdot\nabla)\boldsymbol{u} \tag{3-4b}$$

式中，$\boldsymbol{a}$、$\boldsymbol{u}$ 分别为加速度矢量和流速矢量。由此可见，用欧拉法描述流体运动时，流体质点的加速度由两部分组成：第一部分 $\frac{\partial \boldsymbol{u}}{\partial t}$ 称为当地加速度或时变加速度，它表示通过固定空间点的流体质点速度随时间的变化率；第二部分 $(\boldsymbol{u}\cdot\nabla)\boldsymbol{u}$ 称为迁移加速度或位变加速度，它表示流体质点所在空间位置的变化所引起的速度变化率。例如，由水箱侧壁开口接出一根收缩管(见图 3-1)，水经该管流出。由于水箱中的水位逐渐下降，收缩管内同一点的流速随时间不断

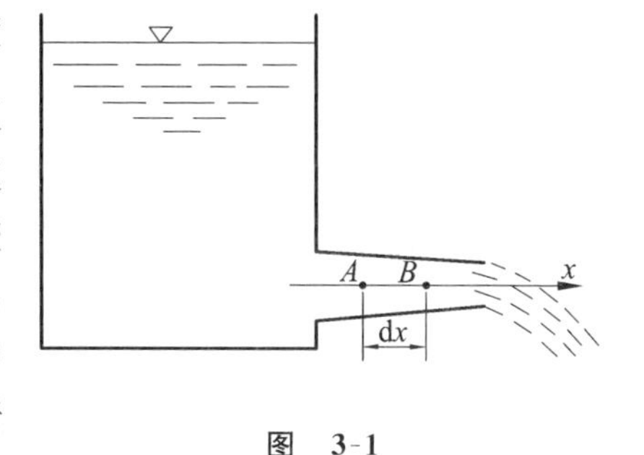

图 3-1

减小；另一方面，由于管段收缩，同一时刻收缩管内各点的流速又沿程增加(理由见§3-3)。前者引起的加速度就是当地加速度(在本例为负值)，后者引起的加速度就是迁移加速度(在本例为正值)。

§3-2 研究流体运动的若干基本概念

1. 恒定流与非恒定流

若流场中各空间点上的一切运动要素都不随时间变化，这种流动称为恒定流，否则就叫作非恒定流。恒定流中一切运动要素只是空间坐标 x、y、z 的函数，而与时间 t 无关，因而有 $\frac{\partial \boldsymbol{u}}{\partial t}=\frac{\partial p}{\partial t}=\frac{\partial \rho}{\partial t}=0$，即各运动要素的当地导数 $\frac{\partial(\cdot)}{\partial t}$ 等于零。

恒定流与非恒定流相比较，少了一个时间变量 t，因而问题要简单得多。在实际工程中，不少非恒定流问题的运动要素随时间变化非常缓慢，则可近似地将其作为恒定流来处理。另外，某些非恒定流当改变坐标系后则可变成恒定流。例如，船在静水中等速直线行驶时，船两侧的水流流动在岸上的人看来(即对于固结在岸上的坐标系来讲)是非恒定流，但站在船上的人看来(即对于固结在船上的坐标系来讲)则是恒定流，它相当于船不动，水流从远处以船行速度向船流过来。

2. 一元流、二元流与三元流

根据流场中各运动要素与空间坐标的关系，可把流体流动分为一元流、二元流和三元流。运动要素仅随一个坐标(包括曲线坐标)变化的流动称为一元流。实际流体力学问题，运动要素大多是三个坐标的函数，属于三元流。但是由于三元流的复杂性，在数学上处理起来有相当大的困难，为此，人们往往根据具体问题的性质把它简化为二元流(运动要素是两个坐标的函数)或一元流来处理。在工程流体力学(水力学)中，经常运用一元分析法方便地解决管道与渠道中的很多流动问题。

3. 流线与迹线

流线是某一时刻在流场中画出的一条空间曲线，在该时刻，曲线上所有质点的流速矢量均与这条曲线相切(见图3-2)。因此，一条某时刻的流线表明了该时刻这条曲线上各点的流速方向。流线的形状一般与固体边界的形状有关，离边界越近，受边界的影响越大。在运动流体的整个空间，可绘出一系列流线，称为流线簇。流线簇构成的流线图称为流谱(见图3-3)。

流线和迹线是两个完全不同的概念。流线是同一时刻与许多质点的流速矢量相切的空间曲线，而迹线则是同一质点在一个时段内运动的轨迹线。前者是欧拉法分析流体运动的概念，时间是参变量，后者则是拉格朗日法分析流体运动的概念，时间是变量。

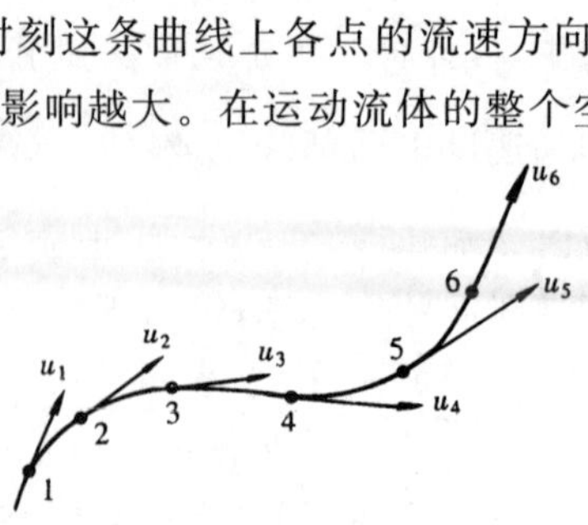

u_1 u_2 u_3 u_4 u_5 u_6 1 2 3 4 5 6

图 3-2

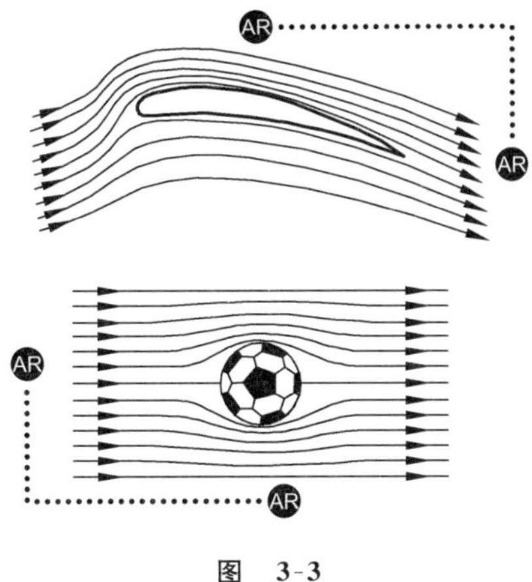

图 3-3

流线具有如下特性：

① 一般情况下，流线不能相交，且只能是一条光滑曲线。否则，在交点[见图 3-4(a)]或非光滑处[见图 3-4(b)]存在两个切线方向，这意味着在同一时刻、同一流体质点具有两个运动方向，这显然是不可能的。

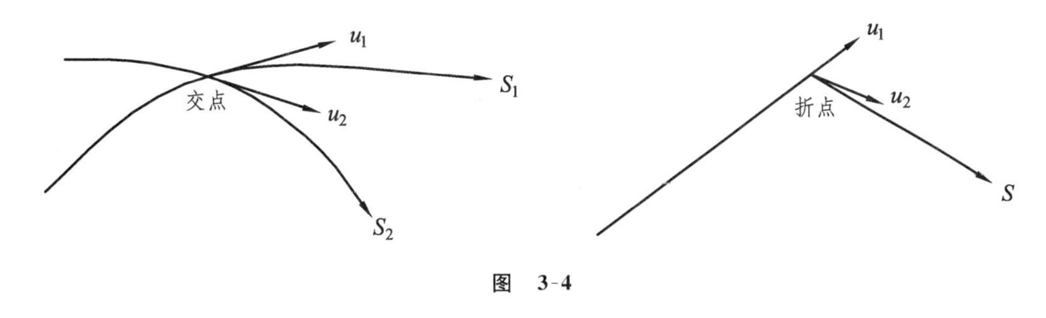

图 3-4

② 流场中每一点都有流线通过，流线充满整个流场，这些流线构成某一时刻流场内的流谱。

③ 在恒定流条件下，流线的形状、位置以及流谱不随时间变化，且流线与迹线重合。

④ 对于不可压缩流体，流线簇的疏密程度反映了该时刻流场中各点的速度大小。流线密的地方速度大，而疏的地方速度小(理由见§3-3)。

实际上，流线是空间流速分布的形象化，是流场的几何描述。它类似于电磁场中的电力线与磁力线。如果能获得某一时刻的许多流线，也就了解了该时刻整个流体运动的图像。

流线的方程，可根据流线的定义得到。设流线上任一点的流速矢量为 $\boldsymbol{u}=u_x\boldsymbol{i}+u_y\boldsymbol{j}+u_z\boldsymbol{k}$，流线上的微元线段矢量为 $\mathrm{d}\boldsymbol{s}=\mathrm{d}x\boldsymbol{i}+\mathrm{d}y\boldsymbol{j}+\mathrm{d}z\boldsymbol{k}$，则根据流线的定义，可得用矢量表示的流线微分方程：

$$\boldsymbol{u}\times\mathrm{d}\boldsymbol{s}=0 \tag{3-5a}$$

写成投影形式，则为

$$\frac{\mathrm{d}x}{u_x}=\frac{\mathrm{d}y}{u_y}=\frac{\mathrm{d}z}{u_z} \tag{3-5b}$$

【例 3-1】 已知流速场为

$$\left.\begin{aligned}u_x&=kx\\u_y&=-ky\\u_z&=0\end{aligned}\right\}\quad(y\geqslant 0)$$

其中，k 为常数，试求流线方程和迹线方程。

解 据 $u_z=0$ 及 $y\geqslant 0$ 可知，流体运动仅限于 xOy 的半平面内。

① 由流线微分方程式(3-5b)有

$$\frac{\mathrm{d}x}{kx}=\frac{\mathrm{d}y}{-ky}$$

积分上式得流线方程为

$$xy=C$$

如图 3-5 所示，该流动的流线为一簇等角双曲线。

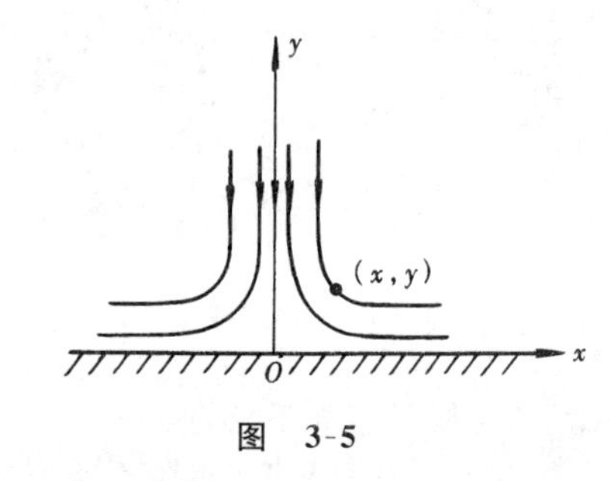

图 3-5

至于流体质点运动的迹线方程，则由理论力学可知

$$\frac{\mathrm{d}x}{u_x}=\frac{\mathrm{d}y}{u_y}=\frac{\mathrm{d}z}{u_z}=\mathrm{d}t \tag{3-6}$$

式中 t 为自变量，x、y、z 是 t 的因变量。

② 由迹线微分方程式(3-6)有

$$\frac{\mathrm{d}x}{kx}=\frac{\mathrm{d}y}{-ky}=\mathrm{d}t$$

积分上式得迹线方程

$$x=C_1e^{kt},y=C_2e^{-kt}$$

改写上式得

$$xy=C_1C_2e^{kt}e^{-kt}=C_1C_2=C$$

与流线方程相同，因本例速度场与时间 t 无关，表明恒定流动时流线与迹线在几何上完全重合。

4. 流管、元流、总流、过流断面

① 流管　流管是在流场中通过任意封闭曲线(非流线)上各点作流线而构成的管状面[见图 3-6(a)]。由于流线不能相交，所以在各个时刻，流体质点只能在流管内部或流管表面流动，而不能穿越流管。因此，流管仿佛就是一根实际的管道，其周界可以视为固壁一样。日常生活中的自来水管的内表面就是流管的实例之一。

② 元流　元流又称微小流束，是充满于流管中的流体[见图 3-6(b)]。元流的极限就是流线。因恒定流流线的形状与位置不随时间变化，故恒定流流管及元流的形状与位置也不随时间变化。

③ 总流　总流是许多元流的有限集合体。如实际工程中的管流(第六章)及明渠水流(第七章)都是总流。

④ 过流断面　过流断面是与元流或总流所有流线正交的横断面，如果流体是水，则通常称为过水断面。过流断面不一定是平面，其形状与流线的分布情况有关。只有当流线相互平行时，过流断面才为平面，否则为曲面（见图 3-7）。

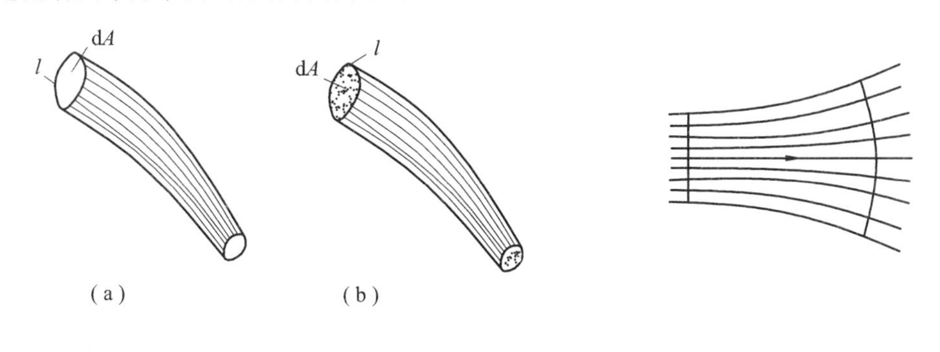

图 3-6　　图 3-7

由于元流的过流断面面积为无限小，因而元流同一断面上各点的运动要素如流速、动压强等，在同一时刻可以认为是相等的，但对总流来说，同一过流断面上各点的运动要素却不一定相等。

5. 流量与断面平均流速

流量是单位时间内通过过流断面的流体量。流体量一般可用体积或质量度量，故流量可相应的分为体积流量 Q（m^3/s 或 L/s）和质量流量 Q_m（kg/s），其中以体积流量用得较多。以后提到"流量"，不加说明时概指体积流量。

对于元流，因过流断面上各点的流速 u 在同一时刻可以认为是相等的，而过流断面又与流速矢量正交，故元流的流量为

$$dQ = u dA \tag{3-7}$$

总流的流量等于所有元流的流量之和，即

$$Q = \int_A dQ = \int_A u dA \tag{3-8}$$

如果已知过流断面上的流速分布，则可利用式(3-8)计算总流的流量。但是，一般情况下断面流速分布不易确定。在工程实际中，为使研究简便，通常引入断面平均流速的概念。

所谓断面平均流速，是指假想均匀分布在过流断面上的流速 v（见图 3-8），其大小等于流经过流断面的体积流量 Q 除以过流断面面积 A，即

$$v = \frac{Q}{A} = \frac{\int_A u dA}{A} \tag{3-9}$$

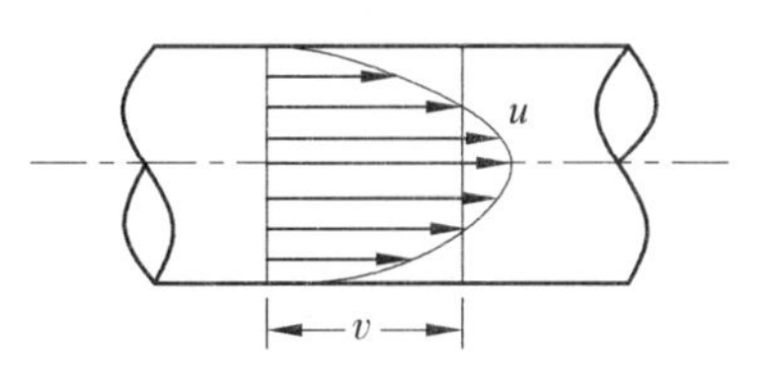

图 3-8

引进断面平均流速后，可将实际的三元或二元问题简化为一元问题，这就是所谓的一元分析法或总流分析法。

6. 均匀流与非均匀流

根据位于同一流线上各质点的流速矢量是否沿流程变化，可将流体流动分为均匀流和非

均匀流两种。若流场中同一流线上各质点的流速矢量沿程不变，这种流动称为均匀流，否则称为非均匀流。均匀流中各流线是彼此平行的直线，各过流断面上的流速分布沿流程不变，过流断面为平面。例如流体在等径长直管道中的流动，或水在断面形式及尺寸沿程不变的长直顺坡渠道中的流动，都是均匀流。

均匀流与恒定流、非均匀流与非恒定流是两种不同的概念。在恒定流中，当地加速度等于零，而在均匀流中，则是迁移加速度等于零。

7. 渐变流与急变流

在工程实际中，大多为流线彼此不平行的非均匀流。为便于研究，通常按流线沿程变化的缓急程度，又将非均匀流分为渐变流和急变流两类。渐变流（又称缓变流）是指各流线接近于平行直线的流动，如图 3-9 所示。也就是说，渐变流各流线之间的夹角 β 很小，而流线的曲率半径 R 又很大；否则称为急变流。渐变流的极限情况就是流线为平行（$\beta=0$）直线（$R\to\infty$）的均匀流。

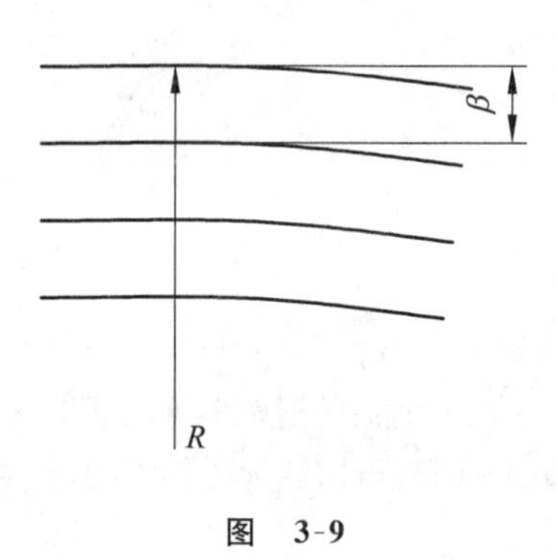

图 3-9

渐变流过流断面具有下面两个性质：

① 渐变流过流断面近似为平面；

② 恒定渐变流过流断面上流体动压强近似地按静压强分布，即同一过流断面上 $z+\frac{p}{\gamma}\approx$ 常数（请读者自行证明）。

在流体动力学问题的研究中，将会经常用到上述两个重要性质。

8. 系统与控制体

用理论分析方法研究流体运动规律时，除了应用上面介绍的一些概念外，还要用到系统和控制体的概念。

质量守恒定律、牛顿运动定律等物质运动的普遍规律的原始形式都是对“系统”表述的。所谓系统，就是包含确定不变的物质的集合。在工程流体力学中，系统就是指由确定的流体质点所组成的流体团（即质点或质点系）。显然，如果使用系统来研究流体运动，意味着采用拉格朗日的方法，即以确定的流体质点所组成的流体团作为研究对象。

对于大多数流体力学的实际问题来说，我们对各个流体质点的运动规律往往并不需要了解，而感兴趣的是流体流过坐标系中某些固定位置时的情况。因此，在处理流体力学问题时，通常采用的是欧拉方法，与此相对应，需引进控制体的概念。控制体是指相对于某个坐标系来说，有流体流过的固定不变的任何体积。控制体的边界称为控制面，它总是封闭表面。占据控制体的流体质点是随时间而改变的。例如，在恒定流中，由流管侧表面和两端面所包围的体积就是控制体，占据控制体的流束即为流体系统。

对于同一流体运动问题，显然，使用拉格朗日方法的系统概念和使用欧拉方法的控制体概念来研究，两者所得结论应该是一致的。以后讨论流体运动的基本方程时可以看出，在恒定流情况下，整个系统内部的流体所具有的某种物理量（即运动要素）的变化，只与通过控制面的流动有关。因此，用控制面上的物理量来表示，而不必知道系统内部流动的详细情况，这将给研究流体运动带来很大的方便。

§ 3-3 流体运动的连续性方程

流体运动的连续性方程是质量守恒定律在工程流体力学中的数学表达式。

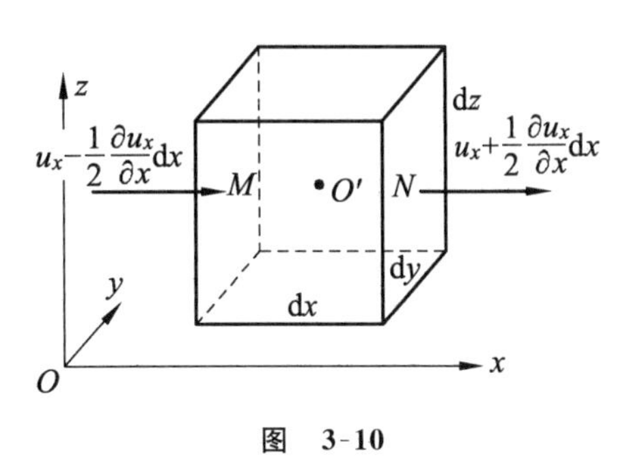

图 3-10

1. 连续性微分方程

在流场中任取一以点 $O'(x,y,z)$ 为中心的微小六面体为控制体，如图 3-10 所示。控制体边长分别为 dx,dy,dz。设某时刻通过 O' 点流体质点的三个流速分量为 u_x,u_y,u_z，密度为 ρ。根据泰勒级数展开，并略去高阶微量，可得该时刻通过各控制面中心点的流体质点运动流速和密度。例如，在 x 方向左右两控制面中心点 M 和 N 的流速、密度分别为 $u_x-\frac{1}{2}\frac{\partial u_x}{\partial x}dx$，$\rho-\frac{1}{2}\frac{\partial \rho}{\partial x}dx$ 和 $u_x+\frac{1}{2}\frac{\partial u_x}{\partial x}dx$，$\rho+\frac{1}{2}\frac{\partial \rho}{\partial x}dx$。由于六面体无限小，可以认为同一控制面上各点的流速、密度均匀分布。因此，单位时间内从左控制面流入控制体的流体质量为

$$\left(\rho-\frac{1}{2}\frac{\partial \rho}{\partial x}dx\right)\left(u_x-\frac{1}{2}\frac{\partial u_x}{\partial x}dx\right)dydz$$

从右控制面流出控制体的流体质量为

$$\left(\rho+\frac{1}{2}\frac{\partial \rho}{\partial x}dx\right)\left(u_x+\frac{1}{2}\frac{\partial u_x}{\partial x}dx\right)dydz$$

则单位时间内在 x 方向流进、流出控制体的流体质量差为 $-\frac{\partial(\rho u_x)}{\partial x}dxdydz$。

同理，单位时间内在 y、z 方向流进和流出控制体的流体质量差分别为 $-\frac{\partial(\rho u_y)}{\partial y}dxdydz$ 和 $-\frac{\partial(\rho u_z)}{\partial z}dxdydz$。

因流体是连续介质，根据质量守恒定律，单位时间内流进、流出控制体的流体质量差应等于控制体内流体因密度变化所引起的质量增量，即

$$-\left[\frac{\partial(\rho u_x)}{\partial x}+\frac{\partial(\rho u_y)}{\partial y}+\frac{\partial(\rho u_z)}{\partial z}\right]dxdydz=\frac{\partial \rho}{\partial t}dxdydz$$

整理上式，得

$$\frac{\partial \rho}{\partial t}+\frac{\partial(\rho u_x)}{\partial x}+\frac{\partial(\rho u_y)}{\partial y}+\frac{\partial(\rho u_z)}{\partial z}=0 \tag{3-10a}$$

或写成矢量形式

$$\frac{\partial \rho}{\partial t}+\nabla \cdot (\rho \boldsymbol{u})=0 \tag{3-10b}$$

这就是流体运动的连续性微分方程的一般形式，它表达了任何可能存在的流体运动所必须满足的连续性条件，即质量守恒条件。

对于恒定流，$\frac{\partial \rho}{\partial t}=0$，上式成为

$$\frac{\partial(\rho u_x)}{\partial x}+\frac{\partial(\rho u_y)}{\partial y}+\frac{\partial(\rho u_z)}{\partial z}=0 \tag{3-11a}$$

或
$$\nabla \cdot (\rho \boldsymbol{u})=0 \tag{3-11b}$$

对于不可压缩流体，ρ= 常数，式(3-9)成为

$$\frac{\partial u_x}{\partial x}+\frac{\partial u_y}{\partial y}+\frac{\partial u_z}{\partial z}=0 \tag{3-12a}$$

或
$$\nabla \cdot \boldsymbol{u}=0 \tag{3-12b}$$

【例 3-2】 假设不可压缩流体的流速场为 $u_x=f(y,z)$，$u_y=u_z=0$。试判断分析该流动是否存在？若存在，则属于何种流动？

解 判断流动是否存在，主要看其是否满足连续性微分方程。本题 $\frac{\partial u_x}{\partial x}=\frac{\partial u_y}{\partial y}=\frac{\partial u_z}{\partial z}=0$，满足 $\frac{\partial u_x}{\partial x}+\frac{\partial u_y}{\partial y}+\frac{\partial u_z}{\partial z}=0$，故该流动存在。

因流体的当地加速度 $\frac{\partial \boldsymbol{u}}{\partial t}=0$，故该流动为恒定流；

因流速 $u=f(y,z)$ 与 x 坐标无关，故该流动为二元流；

因流体的迁移加速度 $(\boldsymbol{u} \cdot \nabla)\boldsymbol{u}=0$，故该流动为均匀流。

2. 恒定不可压缩总流的连续性方程

恒定不可压缩总流的连续性方程，可通过式(3-11)对总流控制体(见图 3-11)积分求得。设总流控制体的体积为 V，其微元体积为 $\mathrm{d}V$，则有

$$\int_V \left(\frac{\partial u_x}{\partial x}+\frac{\partial u_y}{\partial y}+\frac{\partial u_z}{\partial z}\right)\mathrm{d}V=0$$

根据数学分析中的高斯(C. F. Gauss)定理，可将上式的体积分改写成面积分，即

$$\int_V \left(\frac{\partial u_x}{\partial x}+\frac{\partial u_y}{\partial y}+\frac{\partial u_z}{\partial z}\right)\mathrm{d}V=\oint_A u_n \mathrm{d}A$$

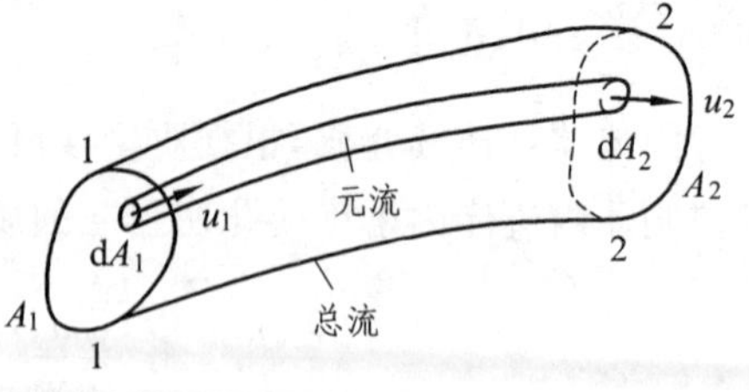

图 3-11

式中，A 为总流控制面面积；u_n 为控制面上各点的流速矢量在外法线方向的投影；曲面积分 $\oint_A u_n \mathrm{d}A$ 为通过总流控制面的体积通量。

由上两式可得

$$\oint_A u_n \mathrm{d}A = 0$$

在总流控制面中，由于侧表面上 $u_n=0$，于是上式可简化为

$$-\int_{A_1} u_1 \mathrm{d}A_1 + \int_{A_2} u_2 \mathrm{d}A_2 = 0$$

式中，A_1、A_2 分别为总流进、出口过流断面面积。第一项取负号是因为流速 $\boldsymbol{u}_1$ 与 $\mathrm{d}A_1$ 的外法线方向相反。应用积分中值定理，可得

$$v_1 A_1 = v_2 A_2 = Q \tag{3-13}$$

上式即为恒定不可压缩总流的连续性方程。它表明总流的体积流量沿流程不变，对于任意两过流断面，其断面平均流速 v 与过流断面面积 A 成反比。

上述恒定总流的连续性方程是在流量沿程不变的条件下导得的。若沿程有流量流进或流出，则总流的连续性方程在形式上需要做相应的修正。如图 3-12 所示的情况，其总流的连续性方程可写为

$$Q_1 \pm Q_3 = Q_2 \tag{3-14}$$

式中，Q_3 为流进(取正号)或流出(取负号)的流量。

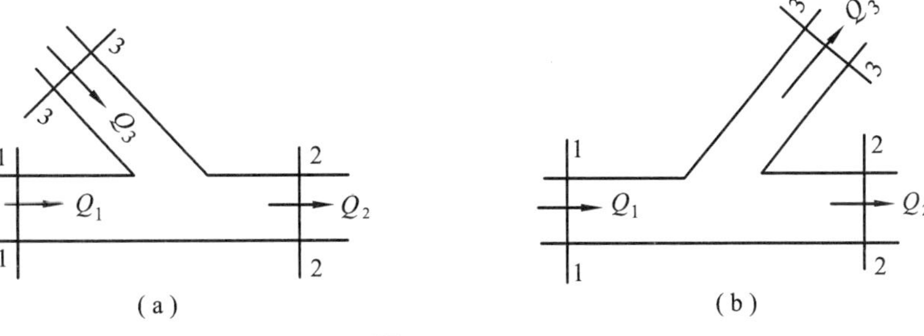

图 3-12

流体运动的连续性方程是个不涉及任何作用力的运动学方程，因此，它对于理想流体和实际流体都适用。

【例 3-3】 图 3-13 为一三通管。已知流量 $Q_1=140$ L/s，两支管直径分别为 $d_2=150$ mm 和 $d_3=200$ mm，且两者断面平均流速相等。试求两支管流量 Q_2 和 Q_3。

解 由式(3-13)，得

$$Q_1 = Q_2 + Q_3 = v_2 \frac{\pi}{4} d_2^2 + v_3 \frac{\pi}{4} d_3^2$$

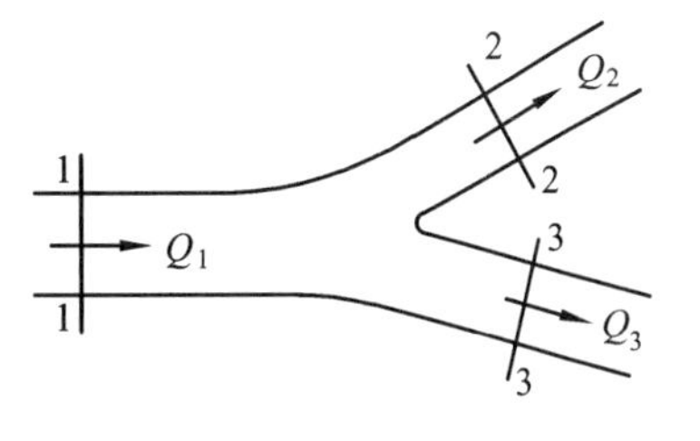

图 3-13

因 $v_2=v_3$，故

$$v_2 = v_3 = \frac{Q_1}{\frac{\pi}{4}(d_2^2 + d_3^2)}$$

$$= \frac{140 \times 10^{-3}}{\frac{3.14}{4} \times (0.15^2 + 0.20^2)} = 2.85 \text{ m/s}$$

各支管流量

$$Q_2 = 2.85 \times \frac{3.14}{4} \times 0.15^2 = 0.0503\ \mathrm{m^3/s} = 50.3\ \mathrm{L/s}$$

$$Q_3 = Q_1 - Q_2 = 140 - 50.3 = 89.7\ \mathrm{L/s}$$

§3-4 理想流体的运动微分方程及其积分

1. 理想流体的运动微分方程

理想流体是没有黏性的流体，作用在流体上的表面力与平衡流体一样，只有法向压力。但流体运动时，一般情况下表面力不能平衡质量力，根据牛顿第二运动定律可知，流体将产生加速度。因此，采用第二章推导流体平衡微分方程类似的处理方法，考虑运动流体的惯性力，即可得到理想流体的运动微分方程

$$\left.\begin{aligned} f_x - \frac{1}{\rho}\frac{\partial p}{\partial x} = \frac{\mathrm{d}u_x}{\mathrm{d}t} \\ f_y - \frac{1}{\rho}\frac{\partial p}{\partial y} = \frac{\mathrm{d}u_y}{\mathrm{d}t} \\ f_z - \frac{1}{\rho}\frac{\partial p}{\partial z} = \frac{\mathrm{d}u_z}{\mathrm{d}t} \end{aligned}\right\} \tag{3-15a}$$

写成矢量形式为

$$\boldsymbol{f} - \frac{1}{\rho}\nabla p = \frac{\mathrm{d}\boldsymbol{u}}{\mathrm{d}t} \tag{3-15b}$$

式(3-15)是由欧拉在 1755 年首先提出的，故又称为欧拉运动微分方程。该方程对于恒定流或非恒定流，对于不可压缩流体或可压缩流体都适用。若以当地加速度和迁移加速度表示上式右端的加速度，则欧拉运动微分方程又可写为

$$\left.\begin{aligned} f_x - \frac{1}{\rho}\frac{\partial p}{\partial x} = \frac{\partial u_x}{\partial t} + u_x\frac{\partial u_x}{\partial x} + u_y\frac{\partial u_x}{\partial y} + u_z\frac{\partial u_x}{\partial z} \\ f_y - \frac{1}{\rho}\frac{\partial p}{\partial y} = \frac{\partial u_y}{\partial t} + u_x\frac{\partial u_y}{\partial x} + u_y\frac{\partial u_y}{\partial y} + u_z\frac{\partial u_y}{\partial z} \\ f_z - \frac{1}{\rho}\frac{\partial p}{\partial z} = \frac{\partial u_z}{\partial t} + u_x\frac{\partial u_z}{\partial x} + u_y\frac{\partial u_z}{\partial y} + u_z\frac{\partial u_z}{\partial z} \end{aligned}\right\} \tag{3-16a}$$

或

$$\boldsymbol{f} - \frac{1}{\rho}\nabla p = \frac{\partial \boldsymbol{u}}{\partial t} + (\boldsymbol{u}\cdot\nabla)\boldsymbol{u} \tag{3-16b}$$

欧拉运动微分方程只适用于理想流体。对于实际流体，需进一步考虑黏性切应力的作用。实际流体的运动微分方程一般称为纳维-斯托克斯(Navier-Stokes)方程，简称 N-S 方程。因其推导繁复(推导过程可参见理论流体力学参考书)，故在此仅介绍其结论

$$\left.\begin{aligned}f_x-\frac{1}{\rho}\frac{\partial p}{\partial x}+\nu\nabla^2 u_x=\frac{\mathrm{d}u_x}{\mathrm{d}t}\\f_y-\frac{1}{\rho}\frac{\partial p}{\partial y}+\nu\nabla^2 u_y=\frac{\mathrm{d}u_y}{\mathrm{d}t}\\f_z-\frac{1}{\rho}\frac{\partial p}{\partial z}+\nu\nabla^2 u_z=\frac{\mathrm{d}u_z}{\mathrm{d}t}\end{aligned}\right\}\tag{3-17a}$$

或

$$\boldsymbol{f}-\frac{1}{\rho}\nabla p+\nu\nabla^2\boldsymbol{u}=\frac{\partial\boldsymbol{u}}{\partial t}+(\boldsymbol{u}\cdot\nabla)\boldsymbol{u}\tag{3-17b}$$

式中，$\nabla^2=\frac{\partial^2}{\partial x^2}+\frac{\partial^2}{\partial y^2}+\frac{\partial^2}{\partial z^2}$，称为拉普拉斯(Laplace)算子；$\nu$ 为流体的运动黏度。

2. 欧拉运动微分方程的积分

欧拉运动微分方程与连续性微分方程，是求解理想流体运动问题的一组基本方程。当质量力和密度给定时，四个方程中只有 u_x、u_y、u_z、p 四个未知量，因此，从理论上讲，欧拉运动微分方程是可解的。但是由于它是一个一阶非线性偏微分方程组(迁移加速度的三项中包含了未知函数与其偏导数的乘积)，所以至今仍未找到它的通解，只是在几种特殊情况下得到了它的特解。下面仅介绍在工程流体力学中常见的伯努利(D. Bernoulli)积分，它是在以下四个具体条件下的积分：

① 恒定流，此时$\frac{\partial u_x}{\partial t}=\frac{\partial u_y}{\partial t}=\frac{\partial u_z}{\partial t}=\frac{\partial p}{\partial t}=0$，故有

$$\frac{\partial p}{\partial x}\mathrm{d}x+\frac{\partial p}{\partial y}\mathrm{d}y+\frac{\partial p}{\partial z}\mathrm{d}z=\mathrm{d}p$$

② 流体为不可压缩的，即 $\rho=$常数。

③ 质量力有势。设 $W(x,y,z)$为质量力势函数，由式(2-6)知，对于恒定的有势质量力

$$f_x\mathrm{d}x+f_y\mathrm{d}y+f_z\mathrm{d}z=\mathrm{d}W$$

④ 沿流线积分(在恒定流条件下也是沿迹线积分)。此时

$$\frac{\mathrm{d}x}{\mathrm{d}t}=u_x;\quad \frac{\mathrm{d}y}{\mathrm{d}t}=u_y;\quad \frac{\mathrm{d}z}{\mathrm{d}t}=u_z$$

现将欧拉运动微分方程式(3-15a)三式分别乘以 $\mathrm{d}x$、$\mathrm{d}y$、$\mathrm{d}z$，然后相加，得

$$\begin{aligned}&(f_x\mathrm{d}x+f_y\mathrm{d}y+f_z\mathrm{d}z)-\frac{1}{\rho}\left(\frac{\partial p}{\partial x}\mathrm{d}x+\frac{\partial p}{\partial y}\mathrm{d}y+\frac{\partial p}{\partial z}\mathrm{d}z\right)\\=&\frac{\mathrm{d}u_x}{\mathrm{d}t}\mathrm{d}x+\frac{\mathrm{d}u_y}{\mathrm{d}t}\mathrm{d}y+\frac{\mathrm{d}u_z}{\mathrm{d}t}\mathrm{d}z\end{aligned}$$

利用上述四个条件，得

$$\mathrm{d}W-\frac{1}{\rho}\mathrm{d}p=u_x\mathrm{d}u_x+u_y\mathrm{d}u_y+u_z\mathrm{d}u_z=\mathrm{d}\left(\frac{u^2}{2}\right)$$

因 $\rho=$常数，故上式可写成

$$\mathrm{d}\left(W-\frac{p}{\rho}-\frac{u^2}{2}\right)=0$$

积分上式，得

$$W-\frac{p}{\rho}-\frac{u^2}{2}=常数 \tag{3-18}$$

这就是伯努利积分式。它表明对于不可压缩的理想流体，在有势的质量力作用下作恒定流动时，在同一流线上$\left(W-\frac{p}{\rho}-\frac{u^2}{2}\right)$值保持不变。但对于不同的流线，伯努利积分常数一般是不同的。

§3-5 伯努利方程

伯努利方程是能量守恒与转换定律在工程流体力学中的数学表达式，它形式简单，意义明确，在实际工程中有着广泛的应用。

1. 理想流体恒定元流的伯努利方程

对于质量力仅有重力的恒定不可压缩流体，其质量力势函数 $W=-gz$，将其代入伯努利积分式(3-18)得

$$gz+\frac{p}{\rho}+\frac{u^2}{2}=常数$$

或

$$z+\frac{p}{\gamma}+\frac{u^2}{2g}=常数 \tag{3-19}$$

对于同一流线上的任意两点 1 与 2 来说，上式可改写成

$$z_1+\frac{p_1}{\gamma}+\frac{u_1^2}{2g}=z_2+\frac{p_2}{\gamma}+\frac{u_2^2}{2g} \tag{3-20}$$

这就是理想流体恒定元流的伯努利方程(由于元流的过流断面积无限小，流线是元流的极限，所以沿流线的伯努利方程也就是元流的伯努利方程)。该方程是由瑞士物理学家伯努利于1738 年首先提出的，是工程流体力学中十分重要的基本方程之一。为了加深对该方程的理解，下面对其物理意义和几何意义进行讨论。

从物理角度看，$z=mgz/mg$ 表示单位重量流体相对于某基准面所具有的位能(重力势能)；$p/\gamma=mg\,\frac{p}{\gamma}/mg$ 表示单位重量流体所具有的压能(压强势能)；$u^2/(2g)=\frac{1}{2}mu^2/mg$ 表示单位重量流体具有的动能。因一般重力势能与压强势能之和称为势能，势能与动能之和称为机械能，故式(3-19)的物理意义是：对于重力作用下的恒定不可压缩理想流体，单位重量流体所具有的机械能沿流线为一常数，即机械能是守恒的。由此可见，伯努利方程实质上就是物理学中能量守恒定律在流体力学中的一种表现形式，故又称其为能量方程。

从几何角度看，z 表示元流过流断面上某点相对于某基准面的位置高度，称为位置水头；p/γ 称为压强水头，当 p 为相对压强时，p/γ 亦称为测压管高度；$u^2/(2g)$ 称为流速水头，亦即流体以速度 u 垂直向上喷射到空气中时所达到的高度(不计射流自重及空气对它的阻力)。通常 p 为相对压强，此时称 $(z+p/\gamma)$ 为测压管水头，而 $[z+p/\gamma+u^2/(2g)]$ 则叫作总水头。

故式(3-19)的几何意义是:对于重力作用下的恒定不可压缩理想流体,总水头沿流线为一常数。

2. 实际流体恒定元流的伯努利方程

由于实际流体具有黏性,在流动过程中流层间内摩擦阻力做功,将消耗一部分机械能,使其不可逆地转变为热能等能量形式而耗散掉,因此实际流体的机械能将沿程减少。设 h'_w 为元流中单位重量流体从 1-1 过流断面至 2-2 过流断面的机械能损失(亦称为元流的水头损失),则根据能量守恒原理,可得实际流体恒定元流的伯努利方程为

$$z_1+\frac{p_1}{\gamma}+\frac{u_1^2}{2g}=z_2+\frac{p_2}{\gamma}+\frac{u_2^2}{2g}+h'_w \tag{3-21}$$

实际流体恒定元流的伯努利方程各项及总水头、测压管水头的沿程变化可用几何曲线表示(图 3-14)。元流各过流断面的测压管水头连线称为测压管水头线,而总水头的连线则称为总水头线。这两条线清晰地表示了流体三种能量(位能、压能和动能)及其组合沿程的变化。

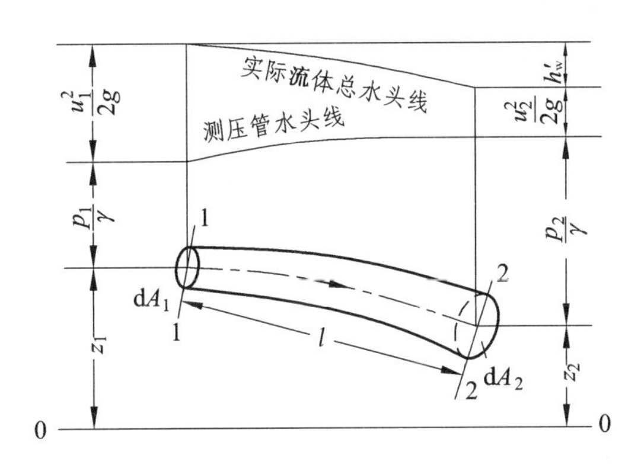

图 3-14

实际流体沿元流单位流程上的水头损失称为总水头线坡度(或称为水力坡度),用 J 表示。按定义

$$J=\frac{dh'_w}{dl}=-\frac{d\left(z+\frac{p}{\gamma}+\frac{u^2}{2g}\right)}{dl} \tag{3-22}$$

从上式可知,对于理想流体,$J=0$(因 $dh'_w=0$),故理想流体恒定元流的总水头线为一条水平直线;对于实际流体,$J>0$ ($dh'_w>0$),因此,实际流体恒定元流的总水头线总是沿程下降的。

沿元流单位流程上的势能(即测压管水头)减少量称为测压管坡度,用 J_p 表示。按定义

$$J_p=-\frac{d\left(z+\frac{p}{\gamma}\right)}{dl} \tag{3-23}$$

测压管水头线沿程可升($J_p<0$),可降($J_p>0$),也可不变($J_p=0$),主要取决于水头损失及动能与势能之间相互转换的情况。

值得注意，当为均匀流时，流速 u 沿程不变，$\mathrm{d}\left(z+\frac{p}{\gamma}+\frac{u^2}{2g}\right)=\mathrm{d}\left(z+\frac{p}{\gamma}\right)$，由式(3-22)和(3-23)知 $J=J_{\mathrm{p}}$，即均匀流的水力坡度与测压管坡度恒相等。

【例 3-4】 皮托(H. Pitor)管是一种测量流体点流速的仪器，如图 3-15 所示，它是由测压管和一根与它装在一起且两端开口的直角弯管(称为测速管)组成。测速时，将弯端管口对着来流方向置于 A 点下游同一流线上相距很近的 B 点，流体流入测速管，B 点流速等于零(B 点称为滞止点或驻点)，动能全部转换为势能，测速管内液柱保持一定高度。试根据 B、A 两点的测压管水头差 $h_{\mathrm{u}}=\left(z_B+\frac{p_B}{\gamma}\right)-\left(z_A+\frac{p_A}{\gamma}\right)$ 计算 A 点的流速 u。

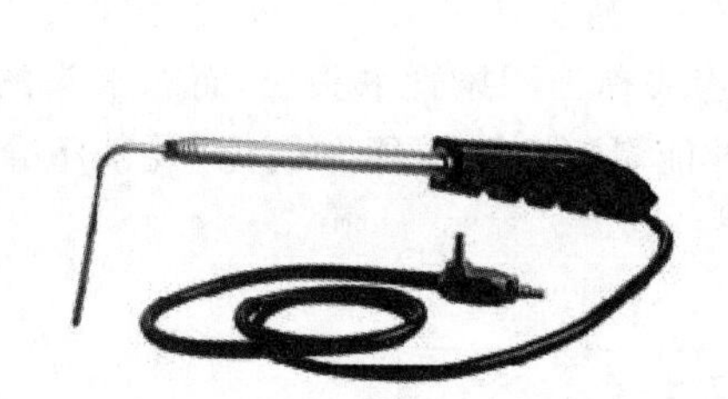

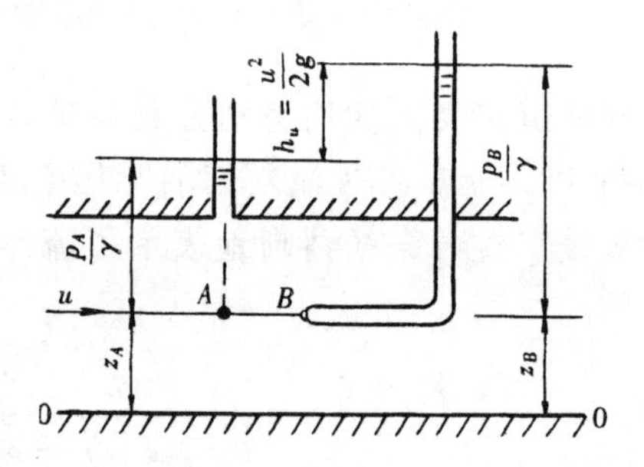

图 3-15

解 先按理想流体研究，应用恒定元流的伯努利方程于 A、B 两点，有

$$z_A+\frac{p_A}{\gamma}+\frac{u^2}{2g}=z_B+\frac{p_B}{\gamma}+0$$

故

$$u=\sqrt{2g\left[\left(z_B+\frac{p_B}{\gamma}\right)-\left(z_A+\frac{p_A}{\gamma}\right)\right]}=\sqrt{2gh_{\mathrm{u}}} \tag{3-24}$$

考虑到实际流体黏性作用引起的水头损失和测速管对流动的影响，用式(3-24)计算 A 点流速时尚需进行修正，即

$$u=\zeta\sqrt{2gh_{\mathrm{u}}} \tag{3-25}$$

式中，ζ 称为皮托管系数，其值与皮托管的构造有关，由实验确定，通常接近于 1.0。

若皮托管采用液体差压计量测测压管水头差(见图 3-16)，则根据液体差压计原理，可得来流速度

$$u=\zeta\sqrt{2g\left(\frac{\gamma_{\mathrm{p}}}{\gamma}-1\right)h_{\mathrm{p}}} \tag{3-26}$$

式中，γ、γ_{p} 分别为被测流体和差压计中流体的重度。

图 3-17 所示为皮托管的构造图，与迎流孔(测速孔)相通的是测速管，与侧面顺流孔(测压孔或环形窄缝)相通的是测压管。

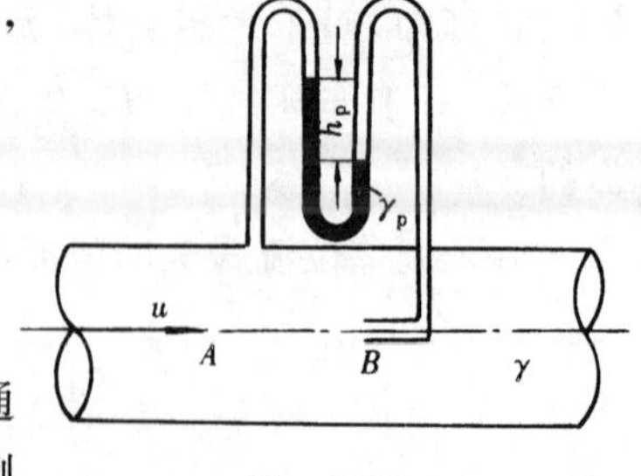

图 3-16

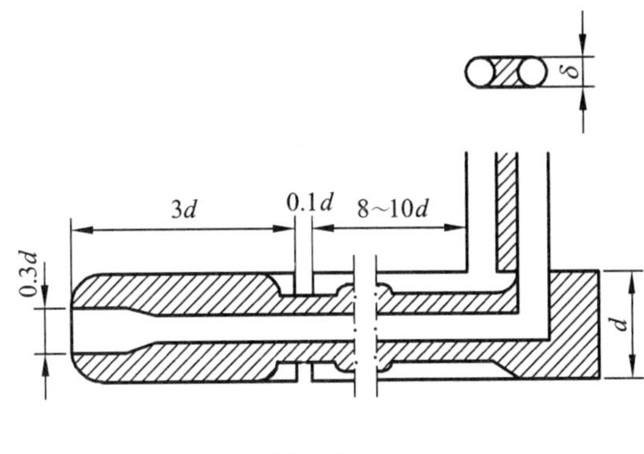

图 3-17

3. 实际流体恒定总流的伯努利方程

前面已经得到了实际流体恒定元流的伯努利方程。但是，在工程实际中要求我们解决的往往是总流流动问题，如流体在管道、渠道中的流动问题，因此还需要通过在过流断面上积分把它推广到总流上去。

(1) 恒定总流伯努利方程的推导

将式(3-21)各项同乘以 γdQ，得单位时间内通过元流两过流断面的全部流体的能量关系式

$$\left(z_1+\frac{p_1}{\gamma}+\frac{u_1^2}{2g}\right)\gamma \mathrm{d}Q=\left(z_2+\frac{p_2}{\gamma}+\frac{u_2^2}{2g}\right)\gamma \mathrm{d}Q+h'_{\mathrm{w}}\gamma \mathrm{d}Q$$

注意到 $\mathrm{d}Q=u_1\mathrm{d}A_1=u_2\mathrm{d}A_2$，代入上式，在总流过流断面上积分，可得通过总流两过流断面的总能量之间的关系

$$\int_{A_1}\left(z_1+\frac{p_1}{\gamma}+\frac{u_1^2}{2g}\right)\gamma u_1\mathrm{d}A_1=\int_{A_2}\left(z_2+\frac{p_2}{\gamma}+\frac{u_2^2}{2g}\right)\gamma u_2\mathrm{d}A_2+\int_Q h'_{\mathrm{w}}\gamma \mathrm{d}Q$$

或

$$\begin{aligned}&\gamma\int_{A_1}\left(z_1+\frac{p_1}{\gamma}\right)u_1\mathrm{d}A_1+\gamma\int_{A_1}\frac{u_1^3}{2g}\mathrm{d}A_1\\=&\gamma\int_{A_2}\left(z_2+\frac{p_2}{\gamma}\right)u_2\mathrm{d}A_2+\gamma\int_{A_2}\frac{u_2^3}{2g}\mathrm{d}A_2+\gamma\int_Q h'_{\mathrm{w}}\mathrm{d}Q\end{aligned} \tag{3-27}$$

上式共有三种类型的积分，现分别确定如下：

① $\gamma\int_A\left(z+\frac{p}{\gamma}\right)u\mathrm{d}A$　它是单位时间内通过总流过流断面的流体势能的总和。为了确定这个积分，需要知道总流过流断面上各点 $z+p/\gamma$ 的分布规律。一般来讲，$z+p/\gamma$ 的分布规律与过流断面上的流动状况有关。在急变流断面上，各点的 $z+p/\gamma$ 不为常数，其变化规律因各具体情况而异，积分较为困难。但在渐变流断面上，流体动压强近似地按静压强分布，即各点的 $z+p/\gamma$ 近似等于常数，因此，若将过流断面取在渐变流断面上，则积分

$$\begin{aligned}\gamma\int_A\left(z+\frac{p}{\gamma}\right)u\mathrm{d}A&=\gamma\left(z+\frac{p}{\gamma}\right)\int_A u\mathrm{d}A\\&=\gamma\left(z+\frac{p}{\gamma}\right)vA=\left(z+\frac{p}{\gamma}\right)\gamma Q\end{aligned} \tag{3-28}$$

② $\gamma\int_A \frac{u^3}{2g}\mathrm{d}A$　它是单位时间内通过总流过流断面的流体动能的总和。由于过流断面上的流速分布一般难以确定，工程实际中为了计算方便，常用断面平均流速 v 来表示实际动能，即

$$\gamma\int_A \frac{u^3}{2g}\mathrm{d}A = \gamma\frac{\alpha v^3}{2g}A = \frac{\alpha v^2}{2g}\gamma Q \tag{3-29}$$

因用 $\frac{v^2}{2g}\gamma Q$ 代替 $\gamma\int_A \frac{u^3}{2g}\mathrm{d}A$ 存在差异，故在式中引入了动能修正系数 α——实际动能与按断面平均流速计算的动能之比值，即

$$\alpha = \frac{\gamma\int_A \frac{u^3}{2g}\mathrm{d}A}{\frac{v^2}{2g}\gamma Q} = \frac{1}{A}\int_A\left(\frac{u}{v}\right)^3\mathrm{d}A \tag{3-30}$$

α 值取决于总流过流断面上的流速分布，一般流动的 $\alpha=1.05\sim1.10$，但有时可达到 2.0 或更大，在工程计算中常取 $\alpha=1.0$。

③ $\gamma\int_Q h'_w\mathrm{d}Q$　它是单位时间内总流 1-1 过流断面与 2-2 过流断面之间的机械能损失。根据积分中值定理，可得

$$\gamma\int_Q h'_w\mathrm{d}Q = h_w\gamma Q \tag{3-31}$$

式中，h_w 为单位重量流体在两过流断面间的平均机械能损失，通常称为总流的水头损失。

将式(3-28)、(3-29)与(3-31)代入式(3-27)，注意到恒定流时，$Q_1=Q_2=Q$，化简后得

$$z_1+\frac{p_1}{\gamma}+\frac{\alpha_1 v_1^2}{2g}=z_2+\frac{p_2}{\gamma}+\frac{\alpha_2 v_2^2}{2g}+h_w \tag{3-32}$$

这就是实际流体恒定总流的伯努利方程。它在形式上类似于实际流体恒定元流的伯努利方程，但是以断面平均流速 v 代替点流速 u（相应的考虑动能修正系数 α），以平均水头损失 h_w 代替元流的水头损失 h'_w。总流的伯努利方程的物理意义和几何意义与元流的伯努利方程相类似。

(2) 恒定总流伯努利方程的应用条件

由于在推导恒定总流的伯努利方程式(3-31)时采用了一些限制条件，因此应用时也必须符合这些条件，否则将不能得到符合实际的结果。这些限制条件可归纳如下：

① 流体是不可压缩的，流动是恒定的。

② 质量力只有重力。

③ 过流断面取在渐变流区段上，但两过流断面之间可以是急变流。

④ 两过流断面间除了水头损失以外，总流没有能量的输入或输出。当总流在两过流断面间通过水泵、风机或水轮机等流体机械时，流体额外地获得或失去了能量，则总流的伯努利方程应做如下修正

$$z_1+\frac{p_1}{\gamma}+\frac{\alpha_1 v_1^2}{2g}\pm H=z_2+\frac{p_2}{\gamma}+\frac{\alpha_2 v_2^2}{2g}+h_w \tag{3-33}$$

式中，$+H$ 表示单位重量流体流过水泵、风机所获得的能量；$-H$ 表示单位重量流体流经水轮机所失去的能量。

(3) 应用恒定总流伯努利方程解题的几点补充说明

① 基准面可以任选,但必须是水平面,且对于两个不同的过流断面,必须选取同一基准面,通常使 $z \geqslant 0$。

② 选取渐变流过流断面是运用伯努利方程解题的关键。应将渐变流过流断面取在已知数较多的断面上,并使伯努利方程含有待求未知量。

③ 过流断面上的计算点原则上可以任取,这是因为渐变流过流断面上各点的 $z+p/\gamma$ 近似等于常数,而断面上的平均动能 $\alpha v^2/2g$ 又相同之故。为方便起见,通常对于管流取在断面形心(管轴中心)点,对于明渠流取在自由液面上。

上述三点可归结为:选取基准面,选取过流断面和选取计算点。这三个“选取”应综合考虑,以计算方便为原则。

④ 方程中的流体动压强 p_1 和 p_2,一般应取绝对压强,但对于液体或两过流断面高程差甚小的气体,也可取相对压强(为什么?请读者自行分析)。

(4) 恒定总流伯努利方程的应用举例

【例 3-5】 如图 3-18 所示,用一根直径 $d=200$ mm的管道从水箱中引水,水箱中的水由

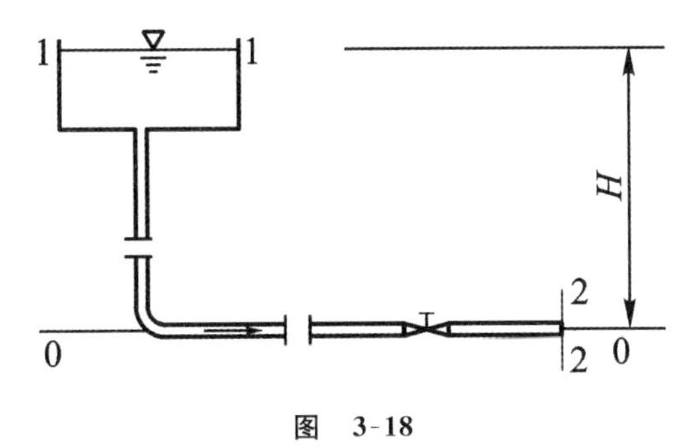

图 3-18

于不断得到外界补充而保持水位恒定。若需要流量 $Q=60$ L/s,问水箱中水位与管道出口断面中心的高差 H 应保持多大?假定水箱截面积远大于管道截面积,水流总水头损失 $h_w=5.5$ mH_2O。

解 利用恒定总流的伯努利方程求解。取渐变流过水断面:水箱液面为 1-1 断面,管道出口为 2-2 断面。计算点分别取在自由液面上(对 1-1 断面)和管轴中心点(对 2-2 断面)。取基准面 0-0 位于通过 2-2 断面中心的水平面上。

根据总流的连续性方程,在水箱截面积远大于管道截面积情况下可以认为 $v_1=0$。另外,p_1 与 p_2 均等于周围介质(大气)的压强,其相对压强等于零。因此,从 1→2 建立恒定总流的伯努利方程为

$$H+0+0=0+0+\frac{\alpha_2 v_2^2}{2g}+h_w$$

其中
$$v_2=\frac{Q}{\pi d^2/4}=\frac{60\times10^{-3}}{3.14\times0.2^2/4}=1.91 \text{ m/s}$$

取
$$\alpha_2=1.0$$

故
$$H=\frac{1.0\times1.91^2}{2\times9.80}+5.5=5.69 \text{ m}$$

【例 3-6】 一离心式水泵(见图 3-19)的抽水量 $Q=20$ m^3/h,安装高度 $H_s=5.72$ m,吸水

管直径 $d=100$ mm。若吸水管的总水头损失 $h_w=0.25$ mH_2O,试求水泵进口处的真空度 h_{v2} 及真空值 p_{v2}。

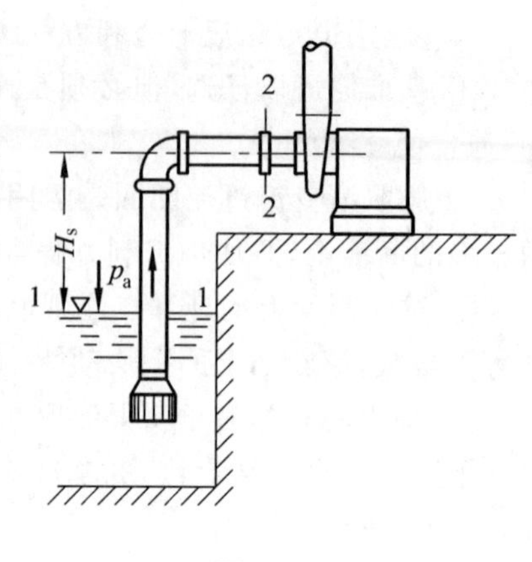

图 3-19

解 应用恒定总流的伯努利方程求解。取渐变流过水断面:水池液面为1-1断面,水泵进口断面为2-2断面。计算点分别取在自由液面与管轴上。选基准面0-0与1-1断面重合。因水池面远大于吸水管截面,故认为 $v_1=0$,注意到 $p_1'=p_a$(大气压强),取 $\alpha=1.0$,则由 1→2 建立恒定总流的伯努利方程为

$$h_{v2}=\frac{p_a-p_2'}{\gamma}=H_S+\frac{v_2^2}{2g}+h_w$$

式中

$$v_2=\frac{Q}{\pi d^2/4}=\frac{20/3\ 600}{3.14\times 0.1^2/4}=0.708\ \text{m/s}$$

故

$$h_{v2}=5.72+\frac{0.708^2}{2\times 9.80}+0.25=6.0\ \text{m}$$

因

$$h_{v2}=\frac{p_{v2}}{\gamma}$$

所以

$$p_{v2}=\gamma h_{v2}=9\ 800\times 6.0=58\ 800\ \text{Pa}=58.8\ \text{kPa}$$

【例3-7】 文丘里(Venturi)流量计是一种测量有压管道中液体流量的仪器。它由光滑的收缩段、喉道与扩散段三部分组成(见图3-20)。在收缩段进口断面与喉道断面分别安装一根测压管(或连接两处的水银差压计)。设在恒定流条件下读得测压管水头差 $\Delta h=0.5$ m(或水银差压计的水银柱高差 $h_p=3.97$ cm)。若已知文丘里管的进口直径 $d_1=100$ mm,喉道直径 $d_2=50$ mm,文丘里管流量系数(实际流量与不计水头损失的理论流量之比)$\mu=0.98$,且 $\gamma_p/\gamma=13.6$,试求管道的实际流量 Q。

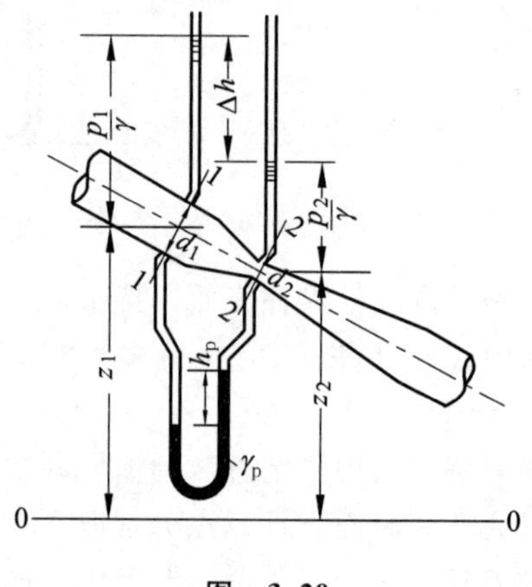

图 3-20

解 应用恒定总流的伯努利方程式(3-32),选取渐变流的进口断面和喉道断面为1-1断面和2-2断面(尽管它们之间是急变流)。计算点均取在管轴上,基准面0-0置于管道下面某一固定位置。注意到由于光滑收缩段很短,因而暂时忽略 h_w,再取 $\alpha_1=\alpha_2=1.0$,则有

$$z_1+\frac{p_1}{\gamma}+\frac{v_1^2}{2g}=z_2+\frac{p_2}{\gamma}+\frac{v_2^2}{2g}$$

或

$$\left(\frac{v_2^2}{v_1^2}-1\right)\frac{v_1^2}{2g}=\left(z_1+\frac{p_1}{\gamma}\right)-\left(z_2+\frac{p_2}{\gamma}\right)$$

式中,v_2/v_1 可由总流的连续性方程 $v_1A_1=v_2A_2$ 求得,即 $v_2/v_1=A_1/A_2=(d_1/d_2)^2$,将其代入前式,得

$$v_1=\frac{1}{\sqrt{(d_1/d_2)^4-1}}\sqrt{2g\left[\left(z_1+\frac{p_1}{\gamma}\right)-\left(z_2+\frac{p_2}{\gamma}\right)\right]} \tag{3-34}$$

故理想流体的流量(即理论流量)

$$Q'=v_1A_1=\frac{\pi d_1^2/4}{\sqrt{(d_1/d_2)^4-1}}\sqrt{2g\left[\left(z_1+\frac{p_1}{\gamma}\right)-\left(z_2+\frac{p_2}{\gamma}\right)\right]}$$

$$=K\sqrt{\left(z_1+\frac{p_1}{\gamma}\right)-\left(z_2+\frac{p_2}{\gamma}\right)} \tag{3-35}$$

式中,$K=\frac{\pi d_1^2/4}{\sqrt{(d_1/d_2)^4-1}}\sqrt{2g}$ 取决于文丘里管的结构尺寸,称为文丘里管系数。

考虑到实际流体存在水头损失,实际流量比理论流量略小,因此需要乘以一个流量系数 μ(一般 $\mu=0.95\sim0.99$),故实际流量为

$$Q=\mu Q'=\mu K\sqrt{\left(z_1+\frac{p_1}{\gamma}\right)-\left(z_2+\frac{p_2}{\gamma}\right)} \tag{3-36}$$

本例中

$$K=\frac{3.14\times0.1^2/4}{\sqrt{(0.1/0.05)^4-1}}\sqrt{2\times9.80}=0.008\,97\ \mathrm{m^{5/2}/s}$$

由式(3-36),若用测压管测势能差,则

$$Q=\mu K\sqrt{\Delta h}=0.98\times0.008\,97\times\sqrt{0.5}=0.006\,22\ \mathrm{m^3/s}=6.22\ \mathrm{L/s}$$

若用水银差压计测势能差,则

$$Q=\mu K\sqrt{\left(\frac{\gamma_p}{\gamma}-1\right)h_p}$$

$$=0.98\times0.008\,97\times\sqrt{12.6\times0.039\,7}$$

$$=0.006\,22\ \mathrm{m^3/s}=6.22\ \mathrm{L/s}$$

§3-6 动量方程

动量方程是理论力学中的动量定理在工程流体力学中的数学表达式,它反映了流体运动的动量变化与作用力之间的关系,其特殊优点在于不必知道流动范围内部的流动过程,而只需要知道其边界面上的流动情况即可,因此它可用来方便地解决急变流动中流体与边界面之间的相互作用力问题。

1. 欧拉型积分形式的动量方程

从理论力学中知道，质点系的动量定理可表述为：在 $\mathrm{d}t$ 时间内，作用于质点系的外力的矢量和等于同一时间间隔内该质点系在外力作用下动量的变化率，即

$$\sum \boldsymbol{F} = \frac{\mathrm{d}}{\mathrm{d}t}\left(\sum m\boldsymbol{u}\right)$$

上式是针对流体系统（即质点系）而言的，通常称为拉格朗日型动量方程。由于流体运动的复杂性，在流体力学中一般采用欧拉法研究流体流动问题。因此，需引入控制体及控制面的概念，将拉格朗日型动量方程转换成欧拉型动量方程。

在流场中针对具体问题，有目的地选择一个控制体，如图 3-21 虚线所示。使其部分控制面与要计算作用力的固体边界重合，其余控制面则视取值方便而定。控制体一经选定，其形状、体积和位置相对于坐标系固定不变。

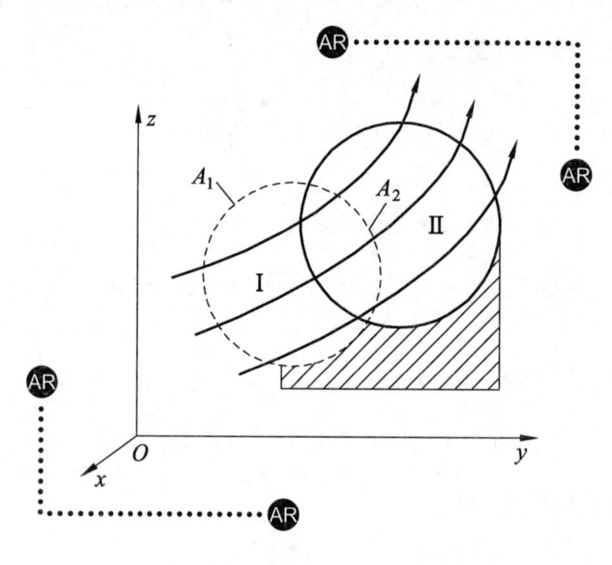

图 3-21

设 t 时刻流体系统与控制体 V 重合，且控制体内任意空间点上的流体质点速度为 $\boldsymbol{u}$，密度为 ρ，则流体系统在 t 时刻的初动量为 $\left[\int_V \rho\boldsymbol{u}\,\mathrm{d}V\right]_t$。经过 Δt 时段，系统从虚线位置运动到实线位置，该系统在（$t+\Delta t$）时刻的末动量可用下面三部分动量相加减表示出来，即（$t+\Delta t$）时刻控制体中所有质点的动量 $\left[\int_V \rho\boldsymbol{u}\,\mathrm{d}V\right]_{t+\Delta t}$ 减去由非原流体系统经控制面 A_1 流入的动量 $\Delta t\int_{A_1}\rho u\boldsymbol{u}\,\mathrm{d}A$（即图 3-21 中 Ⅰ 部分），再加上原流体系统经控制面 A_2 流出的动量 $\Delta t\int_{A_2}\rho u\boldsymbol{u}\,\mathrm{d}A$（即图 3-21 中 Ⅱ 部分）。亦就是说，流体系统在（$t+\Delta t$）时刻的末动量为

$$\left[\int_V \rho\boldsymbol{u}\,\mathrm{d}V\right]_{t+\Delta t} - \Delta t\int_{A_1}\rho u\boldsymbol{u}\,\mathrm{d}A + \Delta t\int_{A_2}\rho u\boldsymbol{u}\,\mathrm{d}A$$

$$=\left[\int_V \rho \boldsymbol{u}\,\mathrm{d}V\right]_{t+\Delta t}+\Delta t\oint_A \rho \boldsymbol{u} u\,\mathrm{d}A$$

式中，$A=A_1+A_2$ 为控制体的全部控制面。

于是
$$\sum \boldsymbol{F}=\frac{\mathrm{d}}{\mathrm{d}t}\left(\sum m\boldsymbol{u}\right)$$
$$=\lim_{\Delta t\to 0}\frac{1}{\Delta t}\left\{\left[\int_V \rho \boldsymbol{u}\,\mathrm{d}V\right]_{t+\Delta t}-\left[\int_V \rho \boldsymbol{u}\,\mathrm{d}V\right]_t+\Delta t\oint_A \rho \boldsymbol{u} u\,\mathrm{d}A\right\}$$

即

$$\sum \boldsymbol{F}=\frac{\partial}{\partial t}\int_V \rho \boldsymbol{u}\,\mathrm{d}V+\oint_A \rho \boldsymbol{u} u\,\mathrm{d}A \tag{3-37}$$

这就是欧拉型积分形式的动量方程。式中 $\sum \boldsymbol{F}$ 为作用在控制体内流体上所有外力(包括表面力和质量力中的重力)的矢量和；$\frac{\partial}{\partial t}\int_V \rho \boldsymbol{u}\,\mathrm{d}V$ 为控制体内流体动量对时间的变化率，对恒定流，这一项为零，它反映了流体运动的非恒定性；$\oint_A \rho \boldsymbol{u} u\,\mathrm{d}A$ 为单位时间内通过全部控制面的动量矢量和，因为从控制体流出的动量取“加”，流入控制体的动量取“减”，所以这一项也可以说是单位时间内流出与流入控制体的动量差。

2. 恒定不可压缩总流的动量方程

动量方程式(3-37)从表面上看好像是一种比较复杂的矢量积分方程，但是明确了它每一项的含义后，应用起来并不困难，尤其是对常见的恒定不可压缩总流，动量方程式可以简化得非常简单。

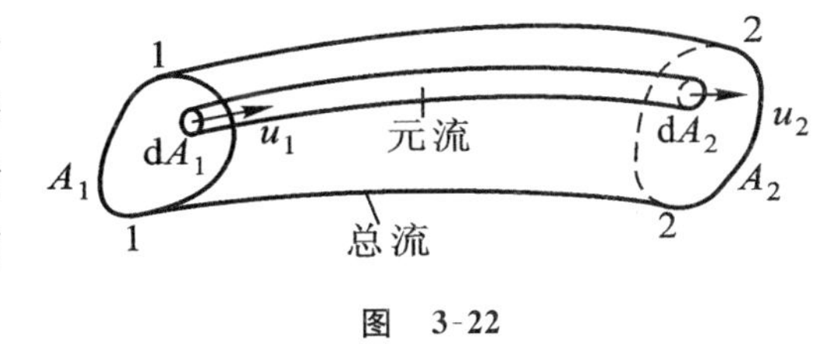

图 3-22

取图 3-22 所示总流流束为控制体，则总流控制面中只有 A_1、A_2 两过流断面上有动量交换。因此，对于恒定 $\left(\frac{\partial}{\partial t}\int_V \rho \boldsymbol{u}\,\mathrm{d}V=0\right)$ 不可压缩(ρ=常数)总流，式(3-37)可简化为

$$\sum \boldsymbol{F}=\oint_A \rho \boldsymbol{u} u\,\mathrm{d}A$$
$$=\rho\left(\int_{A_2}\boldsymbol{u}_2 u_2\,\mathrm{d}A_2-\int_{A_1}\boldsymbol{u}_1 u_1\,\mathrm{d}A_1\right)$$

由于流速 u 在过流断面上的分布一般难以确定，为使研究简化，在工程实际中一般用断面平均流速 v 代替 u 计算总流的动量。但按 v 计算的动量与实际动量存有差异，为此需要修正。若 A_1、A_2 均为渐变流过流断面，v 与 u 的方向几乎相同，则可引入动量修正系数 β——实际动量与按 v 计算的动量之比，即

$$\beta=\frac{\int_A u^2 \mathrm{d}A}{v^2 A}=\frac{1}{A}\int_A \left(\frac{u}{v}\right)^2 \mathrm{d}A \tag{3-38}$$

β 值的大小与总流过流断面上的流速分布有关，一般流动的 $\beta=1.02\sim1.05$，但有时可达到 1.33 或更大，在工程计算中常取 $\beta=1.0$，这样

$$\sum \boldsymbol{F}=\rho(\beta_2\, \boldsymbol{v}_2 v_2 A_2-\beta_1\, \boldsymbol{v}_1 v_1 A_1)$$

考虑恒定不可压缩总流的连续性方程 $v_1A_1=v_2A_2=Q$，则上式成为

$$\sum \boldsymbol{F}=\rho Q(\beta_2\, \boldsymbol{v}_2-\beta_1\, \boldsymbol{v}_1) \tag{3-39}$$

这就是恒定不可压缩总流的动量方程。

因为动量方程是个矢量方程，故在实用上一般是利用它在某坐标系上的投影式进行计算。为方便起见，应使有的坐标轴垂直于不要求的作用力或动量（流速）。另外，写投影式时应特别注意各项的正负号。

3. 恒定不可压缩总流动量方程应用举例

【例 3-8】 水流从喷嘴中水平射向一相距不远的静止铅垂平板，水流随即在平板上向四周散开，如图 3-23 所示，试求射流对平板的冲击力 $\boldsymbol{F}$。

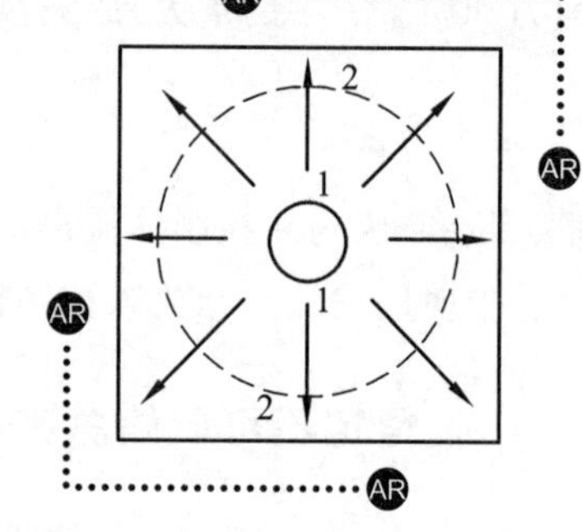

图 3-23

解 利用恒定总流的动量方程计算射流对平板的作用力。取射流转向前的断面 1-1 和射流完全转向后的断面 2-2（注意，2-2 断面是一个圆筒面，它应截取全部散射的水流）以及液流边界所包围的封闭曲面为控制体，如图 3-24 所示。

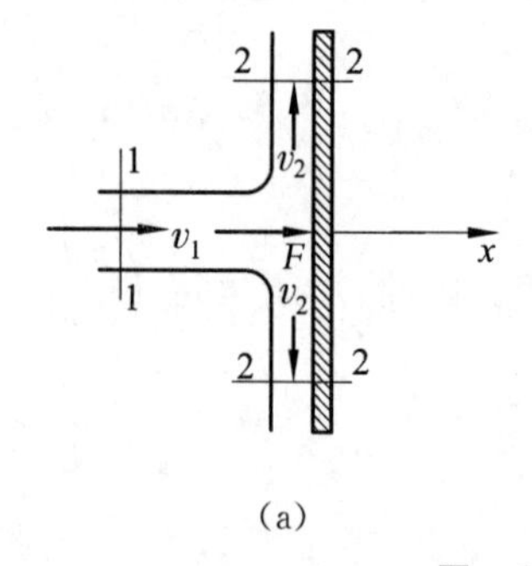

(a)

2 2 1 F′ 1 2 2

(b)

图 3-24

流入与流出控制体的流速以及作用在控制体上的外力分别示于图 3-24(a)和图 3-24(b)，其中 $\boldsymbol{F}'$ 是平板对射流的作用力，即为所求射流对平板的冲击力的反作用力。控制体四周大气压强的作用抵消。同时，射流方向水平，重力可以不考虑。

若略去液流的机械能损失，则由恒定总流的伯努利方程可得

$$v_1=v_2$$

取 x 方向如图 3-23 所示，则恒定总流的动量方程在 x 方向的投影为

$$-F'=\rho Q(0-\beta_1 v_1)$$

故 $$F'=\rho Q\beta_1 v_1$$

取 $\beta_1=1.0$，则得

$$F'=\rho Q v_1$$

式中，Q 为射流流量；v_1 为射流速度。射流对平板的冲击力 $\boldsymbol{F}$ 与 $\boldsymbol{F}'$ 大小相等，方向相反。

【例 3-9】 图 3-25 为矩形断面平坡渠道中水流越过一平顶障碍物。已知渠宽 $b=1.5$ m，上游断面水深 $h_1=2.0$ m，障碍物顶中部 2-2 断面水深 $h_2=0.5$ m，已测得 $v_1=0.5$ m/s，试求水流对障碍物迎水面的冲击力 $\boldsymbol{F}$。

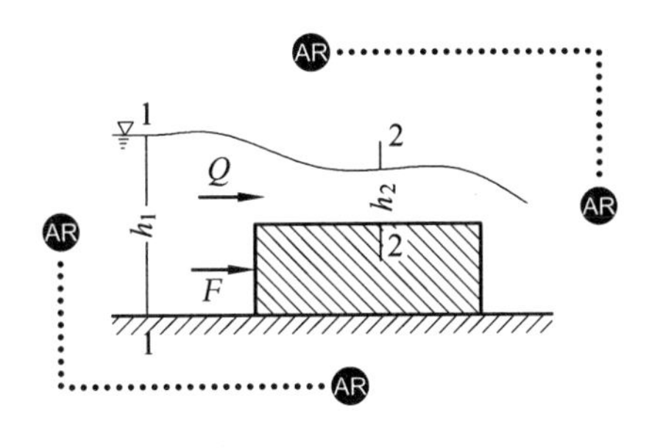

图 3-25

解 利用恒定总流的动量方程计算水流对平顶障碍物迎水面的冲击力。取渐变流过水断面 1-1 和 2-2 以及液流边界所包围的封闭曲面为控制体，如图 3-26 所示。则作用在控制体上的表面力有两过水断面上的动压力 $\boldsymbol{P}_1$ 和 $\boldsymbol{P}_2$，障碍物迎水面对水流的作用力 $\boldsymbol{F}'$ 以及渠底支承反力 $\boldsymbol{N}$，质量力有重力 $\boldsymbol{G}$。

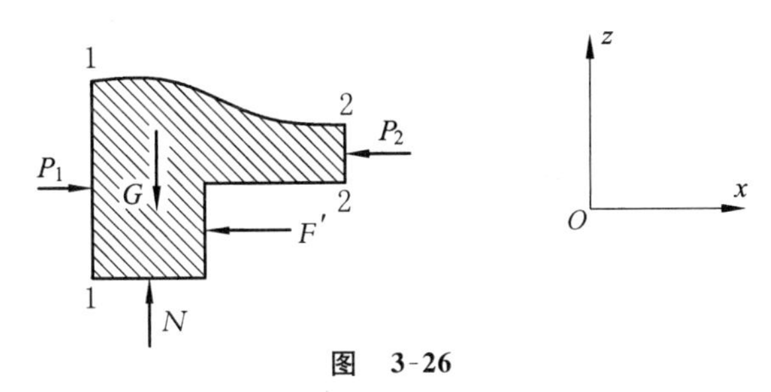

图 3-26

取 x 方向如图 3-26 所示，则在 x 方向建立恒定总流的动量方程，有

$$P_1-P_2-F'=\rho Q(\beta_2 v_2-\beta_1 v_1)$$

式中

$$P_1=\frac{1}{2}\gamma b h_1^2=\frac{1}{2}\times 9\ 800\times 1.5\times 2.0^2=29\ 400\ \text{N}$$

$$P_2=\frac{1}{2}\gamma b h_2^2=\frac{1}{2}\times 9\ 800\times 1.5\times 0.5^2=1\ 837.5\ \text{N}$$

根据恒定总流的连续性方程 $v_1A_1=v_2A_2=Q$ 可得

$$Q=v_1A_1=v_1bh_1=0.5\times 1.5\times 2.0=1.5\ \text{m}^3/\text{s}$$

$$v_2=\frac{Q}{A_2}=\frac{Q}{bh_2}=\frac{1.5}{1.5\times 0.5}=2.0\ \text{m/s}$$

取 $\beta_1=\beta_2=1.0$，则

$$\begin{aligned}F' &= P_1 - P_2 - \rho Q(v_2 - v_1)\\ &= 29\ 400 - 1\ 837.5 - 1\ 000 \times 1.5 \times (2.0 - 0.5)\\ &= 25\ 312.5\ \text{N} = 25.31\ \text{kN}\end{aligned}$$

水流对平顶障碍物迎水面的冲击力 $\boldsymbol{F}$ 与 $\boldsymbol{F}'$ 大小相等而方向相反。

【例 3-10】 水流从图 3-27 所示水平放置的圆形喷管喷入大气。已知喷嘴直径 $d_1 = 8$ cm，$d_2 = 2$ cm，若测得出口流速 $v_2 = 15$ m/s，试求水流对喷嘴的作用力 $\boldsymbol{F}$，不计水头损失。

解 取基准面(0-0 与管轴重合)、渐变流过水断面(1-1、2-2)如图 3-27 所示，计算点均取在管轴上，则从 1→2 建立恒定总流的伯努利方程

$$0 + \frac{p_1}{\gamma} + \frac{\alpha_1 v_1^2}{2g} = 0 + 0 + \frac{\alpha_2 v_2^2}{2g} + 0$$

根据恒定总流的连续性方程 $v_1 A_1 = v_2 A_2$ 可得

$$v_1 = \left(\frac{d_2}{d_1}\right)^2 v_2 = \left(\frac{2}{8}\right)^2 \times 15 = 0.94\ \text{m/s}$$

取 $\alpha_1 = \alpha_2 = 1.0$，则

$$\begin{aligned}p_1 &= \frac{1}{2}\rho(v_2^2 - v_1^2) = \frac{1}{2} \times 1\ 000 \times (15^2 - 0.94^2)\\ &= 112\ 058.2\ \text{Pa}\end{aligned}$$

取控制体如图 3-28 所示，则作用在控制体上的外力的水平分力有 1-1 过水断面上的动压力 $\boldsymbol{P}_1$ 和喷嘴对水流的作用力 $\boldsymbol{F}'$。

取 $\beta_1 = \beta_2 = 1.0$，在 x 方向建立恒定总流的动量方程

$$P_1 - F' = \rho Q(v_2 - v_1)$$

式中

$$\begin{aligned}Q &= v_1 A_1 = v_1 \frac{\pi}{4} d_1^2\\ &= 0.94 \times \frac{3.14}{4} \times 0.08^2 = 0.004\ 7\ \text{m}^3/\text{s}\end{aligned}$$

$$P_1 = p_1 A_1 = 112\ 058.2 \times \frac{3.14}{4} \times 0.08^2 = 563.0\ \text{N}$$

故

$$\begin{aligned}F' &= P_1 - \rho Q(v_2 - v_1)\\ &= 563.0 - 1\ 000 \times 0.004\ 7 \times (15 - 0.94)\\ &= 496.9\ \text{N}\end{aligned}$$

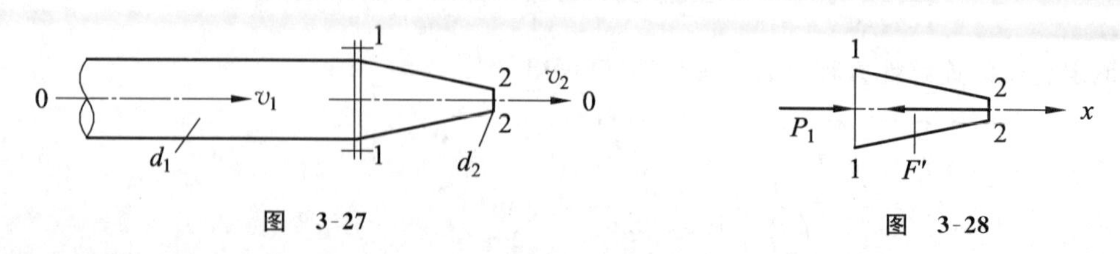

图 3-27　　　　图 3-28

水流对喷嘴的作用力 $\boldsymbol{F}$ 与 $\boldsymbol{F}'$ 大小相等、方向相反，即沿 x 轴正向。

§3-7 动量矩方程

运用动量方程可以确定运动流体与边界之间作用力的大小，但不能给出作用力的位置。与平衡流体中求合力作用点要应用力矩平衡方程相类似，在确定运动流体与边界之间作用力的位置时，需要应用动量矩方程。

动量矩方程可直接由动量方程导得。设 $\boldsymbol{r}$ 为某参考点至具有流速 $\boldsymbol{u}$ 的质点的矢径，则用 $\boldsymbol{r}$ 对动量方程式(3-37)两端进行矢性积运算，可得欧拉型积分形式的动量矩方程

$$\sum(\boldsymbol{r}\times\boldsymbol{F})=\frac{\partial}{\partial t}\int_V\rho(\boldsymbol{r}\times\boldsymbol{u})\mathrm{d}V+\oint_A\rho(\boldsymbol{r}\times\boldsymbol{u})u\mathrm{d}A \tag{3-40}$$

方程左端为控制体上外力对于参考点的合力矩；方程右端第一项为控制体内流体的动量矩对时间的变化率，在恒定流动情况下，这一项等于零；方程右端第二项为流出与流入控制体的流体的动量矩之差。

【例 3-11】 如图 3-29 所示，水流经管段以匀速 $v_2=10\ \mathrm{m/s}$ 从喷嘴恒定出流。若喷嘴出口直径 $d_2=20\ \mathrm{cm}$，出口截面形心的高程 $y_C=1\ \mathrm{m}$，试求管段及喷嘴保持不绕 B 点转动所需的力矩 M_B，假定可不计重力的作用。

解 应用动量矩方程(3-40)，取管段与喷嘴内壁以及过水断面 1-1、2-2 所围成的封闭曲面为控制体。由于出流恒定，故 $\frac{\partial}{\partial t}\int_V\rho(\boldsymbol{r}\times\boldsymbol{u})\mathrm{d}V=0$。注意到 1-1 断面上各点的流速矢量与相对压强对于点 B 对称，它们对点 B 的动量矩与合力矩均等于零。因此，利用已知条件，对 B 点应用动量矩方程便可求得管段及喷嘴对水流的反力矩 M_B，亦即管段及喷嘴保持不转动需施加的对 B 点的力矩

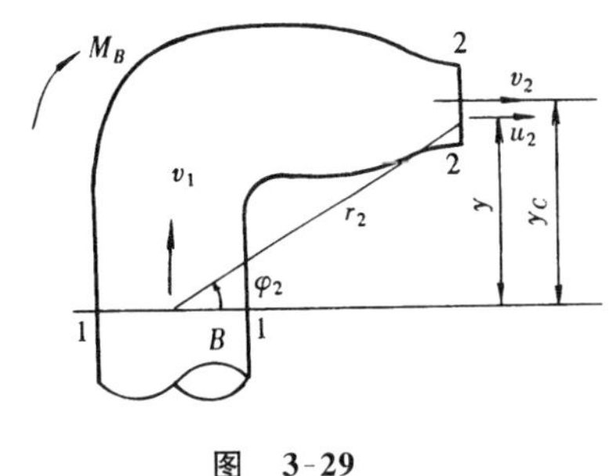

图 3-29

$$\begin{aligned}M_B&=\rho\int_{A_2}r_2\sin\varphi_2u_2^2\mathrm{d}A_2\\&-\rho\int_{A_2}u_2^2y\mathrm{d}A_2=\rho v_2^2\int_{A_2}y\mathrm{d}A_2=\rho v_2^2y_CA_2\\&=1\ 000\times10^2\times1\times\frac{3.14}{4}\times0.2^2=3\ 140\ \mathrm{N\cdot m}\end{aligned}$$

§3-8 流体微团运动的分析

前面各节主要运用总流分析法（即一元分析法）研究了恒定总流的连续性方程、伯努利方程、动量方程和动量矩方程。它们是描述一元流动问题的四个基本方程，可应用于一般管流与明渠流等的水力计算。但是，自然界与工程实际中广泛存在的是二元流动及三元流动，有时需要研究流速、压强等在平面或空间上的分布规律，为此，再介绍一些有关流场分析法的基本概念。

从理论力学知道，一般情况下，刚体的运动可以分解为随参考点移动和绕参考点转动两种基本运动形式。流体与刚体不同，流体具有流动性，极易变形。因此，流体中任一微团(即由大量流体质点所组成的具有线性尺度效应的微小流体团)在运动过程中不但与刚体一样可以移动和转动，而且还会发生变形(包括线变形和角变形)运动。下面通过分析流体微团上邻近两点的速度关系来说明这个问题。

1. 流体微团的速度分解公式

某时刻 t 在运动流体中任取一流体微团，如图 3-30 所示。设参考点 $A(x,y,z)$ 的速度分量为 u_x、u_y、u_z，则相邻点 $C(x+\mathrm{d}x,y+\mathrm{d}y,z+\mathrm{d}z)$ 的速度分量，按泰勒级数展开并略去二阶以上微量后得

$$\left.\begin{aligned}
u_{Cx}&=u_x+\frac{\partial u_x}{\partial x}\mathrm{d}x+\frac{\partial u_x}{\partial y}\mathrm{d}y+\frac{\partial u_x}{\partial z}\mathrm{d}z\\
u_{Cy}&=u_y+\frac{\partial u_y}{\partial x}\mathrm{d}x+\frac{\partial u_y}{\partial y}\mathrm{d}y+\frac{\partial u_y}{\partial z}\mathrm{d}z\\
u_{Cz}&=u_z+\frac{\partial u_z}{\partial x}\mathrm{d}x+\frac{\partial u_z}{\partial y}\mathrm{d}y+\frac{\partial u_z}{\partial z}\mathrm{d}z
\end{aligned}\right\}\tag{3-41}$$

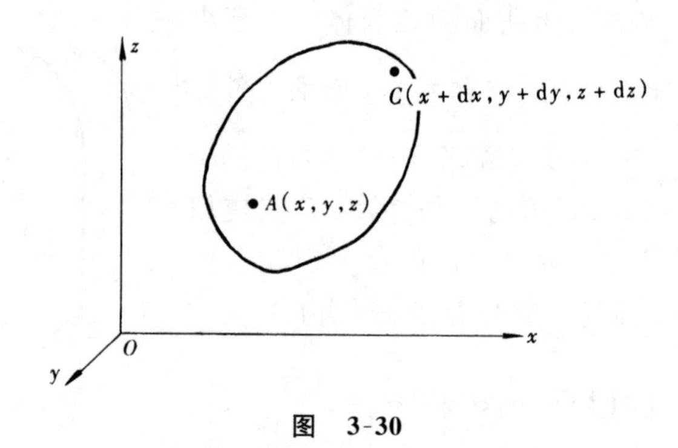

图 3-30

为了显示流体微团运动的各个组成部分，现将上式进行改写，如将第一式 $\pm\frac{1}{2}\frac{\partial u_y}{\partial x}\mathrm{d}y\pm\frac{1}{2}\frac{\partial u_z}{\partial x}\mathrm{d}z$，并重新组合，可得到

$$\begin{aligned}
u_{Cx}=u_x&+\frac{\partial u_x}{\partial x}\mathrm{d}x\\
&+\frac{1}{2}\left(\frac{\partial u_y}{\partial x}+\frac{\partial u_x}{\partial y}\right)\mathrm{d}y+\frac{1}{2}\left(\frac{\partial u_x}{\partial z}+\frac{\partial u_z}{\partial x}\right)\mathrm{d}z\\
&+\frac{1}{2}\left(\frac{\partial u_x}{\partial z}-\frac{\partial u_z}{\partial x}\right)\mathrm{d}z-\frac{1}{2}\left(\frac{\partial u_y}{\partial x}-\frac{\partial u_x}{\partial y}\right)\mathrm{d}y
\end{aligned}$$

对第二、三两式进行类似的改写，可得

$$u_{Cy}=u_y+\frac{\partial u_y}{\partial y}dy+\frac{1}{2}\left(\frac{\partial u_z}{\partial y}+\frac{\partial u_y}{\partial z}\right)dz+\frac{1}{2}\left(\frac{\partial u_y}{\partial x}+\frac{\partial u_x}{\partial y}\right)dx$$

$$+\frac{1}{2}\left(\frac{\partial u_y}{\partial x}-\frac{\partial u_x}{\partial y}\right)dx-\frac{1}{2}\left(\frac{\partial u_z}{\partial y}-\frac{\partial u_y}{\partial z}\right)dz$$

$$u_{Cz}=u_z+\frac{\partial u_z}{\partial z}dz$$

$$+\frac{1}{2}\left(\frac{\partial u_x}{\partial z}+\frac{\partial u_z}{\partial x}\right)dx+\frac{1}{2}\left(\frac{\partial u_z}{\partial y}+\frac{\partial u_y}{\partial z}\right)dy$$

$$+\frac{1}{2}\left(\frac{\partial u_z}{\partial y}-\frac{\partial u_y}{\partial z}\right)dy-\frac{1}{2}\left(\frac{\partial u_x}{\partial z}-\frac{\partial u_z}{\partial x}\right)dx$$

若令

$$\left.\begin{aligned}
\varepsilon_x&=\frac{\partial u_x}{\partial x};\ \theta_x=\frac{1}{2}\left(\frac{\partial u_z}{\partial y}+\frac{\partial u_y}{\partial z}\right);\ \omega_x=\frac{1}{2}\left(\frac{\partial u_z}{\partial y}-\frac{\partial u_y}{\partial z}\right)\\
\varepsilon_y&=\frac{\partial u_y}{\partial y};\ \theta_y=\frac{1}{2}\left(\frac{\partial u_x}{\partial z}+\frac{\partial u_z}{\partial x}\right);\ \omega_y=\frac{1}{2}\left(\frac{\partial u_x}{\partial z}-\frac{\partial u_z}{\partial x}\right)\\
\varepsilon_z&=\frac{\partial u_z}{\partial z};\ \theta_z=\frac{1}{2}\left(\frac{\partial u_y}{\partial x}+\frac{\partial u_x}{\partial y}\right);\ \omega_z=\frac{1}{2}\left(\frac{\partial u_y}{\partial x}-\frac{\partial u_x}{\partial y}\right)
\end{aligned}\right\}\qquad(3\text{-}42)$$

代入上式,则可得

$$\left.\begin{aligned}
u_{Cx}&=u_x+\varepsilon_x dx+(\theta_z dy+\theta_y dz)+(\omega_y dz-\omega_z dy)\\
u_{Cy}&=u_y+\varepsilon_y dy+(\theta_x dz+\theta_z dx)+(\omega_z dx-\omega_x dz)\\
u_{Cz}&=u_z+\varepsilon_z dz+(\theta_y dx+\theta_x dy)+(\omega_x dy-\omega_y dx)
\end{aligned}\right\}\qquad(3\text{-}43)$$

上式即为流体微团的速度分解公式,亦称亥姆霍兹(Helmholtz)速度分解定理。

2. u、ε、θ、ω 的物理意义

为简明起见,先分析流体微团的平面运动,然后再将其结果推广到空间运动情况。设某时刻 t 在一平面流场中,取边长为 dx 和 dy 的矩形流体微团 $ABCD$,四个角点的速度如图 3-31 所示。由于流体微团各点的速度不同,经过 dt 时段后,其位置和形状都将发生变化。现分析如下:

① 若以 A 点为基点,u_x、u_y 及 u_z 分别为流体微团在 x、y 及 z 方向的平移速度,经过 dt 时段后,A 点移至 A',B 点移至 B',等等。

② ε_x、ε_y 及 ε_z 分别为流体微团在 x、y 及 z 方向的线变形速度。

因为 B 点较 A 点,C 点较 D 点,在 x 方向具有相同的速度增量 $\frac{\partial u_x}{\partial x}dx$,所以经过 dt 时段

后，AB 边和 DC 边沿 x 方向的绝对变形（伸长或缩短）均为 $\frac{\partial u_x}{\partial x}\mathrm{d}x\mathrm{d}t$，则沿 x 方向单位时间的相对变形为 $\frac{\partial u_x}{\partial x}$，故 $\varepsilon_x=\frac{\partial u_x}{\partial x}$ 为流体微团在 x 方向的线变形速度。同理，ε_y 和 ε_z 分别为 y 方向和 z 方向的线变形速度。

根据材料力学可知，体积变形速度 $\varepsilon=\varepsilon_x+\varepsilon_y+\varepsilon_z$，对于不可压缩流体，由连续性微分方程式(3-12)可得

$$\varepsilon=\varepsilon_x+\varepsilon_y+\varepsilon_z=\frac{\partial u_x}{\partial x}+\frac{\partial u_y}{\partial y}+\frac{\partial u_z}{\partial z}=0$$

即不可压缩流体的连续性微分方程描述了其体积变形速度为零这一事实。

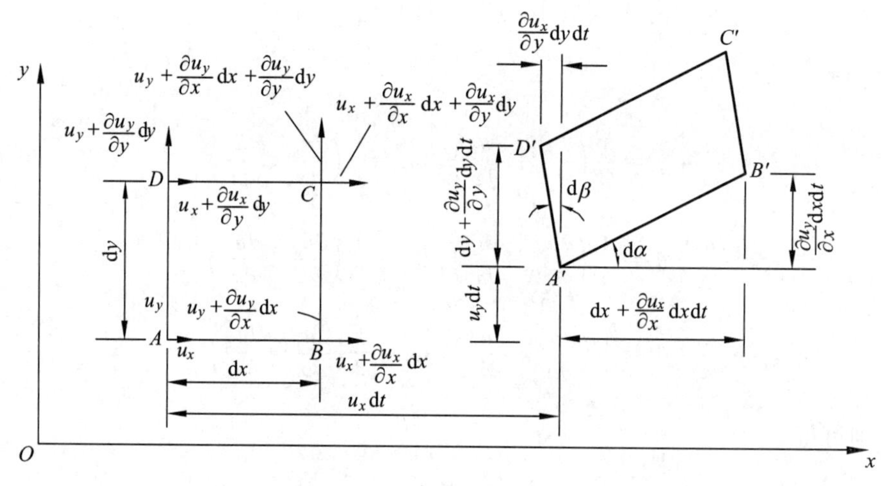

图 3-31

③ θ_z、θ_x 及 θ_y 分别为流体微团在 xOy、yOz 及 zOx 平面上的角变形速度之半。

因为 B 点相对于 A 点、C 点相对于 D 点，在 y 方向具有相同的速度增量 $\frac{\partial u_y}{\partial x}\mathrm{d}x$，所以经过 $\mathrm{d}t$ 时段后，B 点、C 点沿 y 方向均向上相对移动 $\frac{\partial u_y}{\partial x}\mathrm{d}x\mathrm{d}t$，由此产生的角变形

$$\mathrm{d}\alpha\approx\tan\,\mathrm{d}\alpha=\frac{\frac{\partial u_y}{\partial x}\mathrm{d}x\mathrm{d}t}{\mathrm{d}x+\frac{\partial u_x}{\partial x}\mathrm{d}x\mathrm{d}t}\approx\frac{\partial u_y}{\partial x}\mathrm{d}t$$

同样，D 点相对于 A 点、C 点相对于 B 点，在 x 方向具有相同的速度增量 $\frac{\partial u_x}{\partial y}\mathrm{d}y$，$D$ 点、C 点沿 x 方向均相对移动 $\frac{\partial u_x}{\partial y}\mathrm{d}y\mathrm{d}t$，由此产生的角变形 $\mathrm{d}\beta=\frac{\partial u_x}{\partial y}\mathrm{d}t$。故流体微团在 xOy 平面上的角变形速度之半为

$$\theta_z=\frac{1}{2}\,\frac{\mathrm{d}\alpha+\mathrm{d}\beta}{\mathrm{d}t}=\frac{1}{2}\left(\frac{\partial u_y}{\partial x}+\frac{\partial u_x}{\partial y}\right)$$

同理，流体微团在 yOz 及 zOx 平面上的角变形速度之半分别为 θ_x 和 θ_y。

④ ω_z、ω_x 及 ω_y 分别为流体微团绕 z 轴、x 轴及 y 轴的旋转角速度。

定义矩形平面中$\angle BAD$ 的平分线绕 z 轴的旋转角速度为流体微团绕 z 轴的旋转角速度 ω_z。根据几何关系(见图 3-32),角平分线绕 z 轴的旋转角度 $d\gamma=(d\alpha-d\beta)/2$,故流体微团绕 z 轴的旋转角速度为

$$\omega_z=\frac{d\gamma}{dt}=\frac{1}{2}\frac{d\alpha-d\beta}{dt}=\frac{1}{2}\left(\frac{\partial u_y}{\partial x}-\frac{\partial u_x}{\partial y}\right)$$

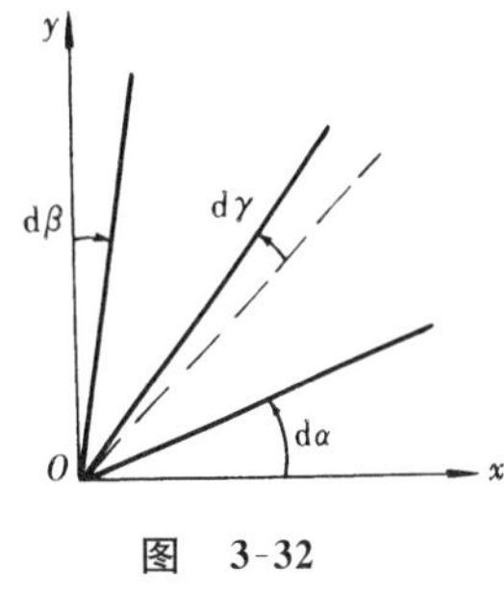

图 3-32

同理,流体微团绕 x 轴、y 轴的旋转角速度分别为 ω_x、ω_y。

由上述分析可知,式(3-43)中第一项为平移速度分量,第二项为线变形运动引起的速度分量,第三项为角变形运动引起的速度分量,第四项为旋转运动引起的速度分量。由此说明了流体微团运动一般是由平动、转动和变形运动(包括线变形和角变形)三部分组成。

3. 无旋流动与有旋流动

为了探讨各种流动的特殊规律,可根据以上所述的基本运动形式将流体流动分为无旋流动和有旋流动两种类型。

凡是流速场不形成流体微团转动的流动称为无旋流动或有势流动,否则称为有旋流动或有涡流动。根据定义,无旋流动的流场中,流体微团的旋转角速度矢量 $\boldsymbol{\omega}=\omega_x\boldsymbol{i}+\omega_y\boldsymbol{j}+\omega_z\boldsymbol{k}=0$,即

$$\left.\begin{aligned}\omega_x&=\frac{1}{2}\left(\frac{\partial u_z}{\partial y}-\frac{\partial u_y}{\partial z}\right)=0 \quad \text{或} \quad \frac{\partial u_z}{\partial y}=\frac{\partial u_y}{\partial z}\\ \omega_y&=\frac{1}{2}\left(\frac{\partial u_x}{\partial z}-\frac{\partial u_z}{\partial x}\right)=0 \quad \text{或} \quad \frac{\partial u_x}{\partial z}=\frac{\partial u_z}{\partial x}\\ \omega_z&=\frac{1}{2}\left(\frac{\partial u_y}{\partial x}-\frac{\partial u_x}{\partial y}\right)=0 \quad \text{或} \quad \frac{\partial u_y}{\partial x}=\frac{\partial u_x}{\partial y}\end{aligned}\right\} \tag{3-44}$$

应当注意,判断流体运动无旋或是有旋,只取决于流体微团本身是否旋转,而与其运动轨迹无关。如图 3-33 所示,左图中流体运动轨迹是圆周,但可证明这是无旋流,而右图中流体运动轨迹虽然是直线,但却是有旋流。

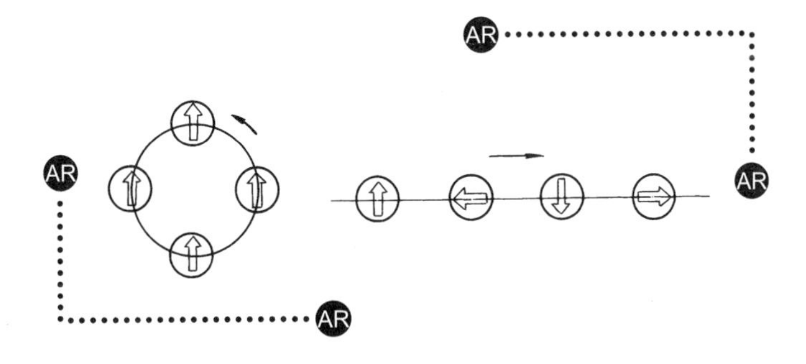

图 3-33

一般来讲,无旋流存在于无黏性的理想流体中,有旋流存在于有黏性的实际流体中。但实际流体运动在某些情况下也可以是无旋流,如实际流体的层状渗流便是(见§9-5)。

前面曾经指出，理想流体恒定流动的伯努利积分常数对于不同的流线一般是不同的(见§3-4)，实际上这是指有旋流情况，而无旋流情况的伯努利积分常数在全流场都相同，现证明如下。

将理想流体的运动微分方程式(3-16)的三个式子分别乘以 dx、dy、dz，然后相加，对于质量力有势的恒定流动，得

$$dW-\frac{1}{\rho}dp=\left(u_x\frac{\partial u_x}{\partial x}+u_y\frac{\partial u_x}{\partial y}+u_z\frac{\partial u_x}{\partial z}\right)dx$$

$$+\left(u_x\frac{\partial u_y}{\partial x}+u_y\frac{\partial u_y}{\partial y}+u_z\frac{\partial u_y}{\partial z}\right)dy$$

$$+\left(u_x\frac{\partial u_z}{\partial x}+u_y\frac{\partial u_z}{\partial y}+u_z\frac{\partial u_z}{\partial z}\right)dz$$

这里 dx、dy、dz 分别是空间任意微元长度(可不在同一条流线上)分别在 x、y、z 轴上的投影。利用无旋流条件式(3-44)，得

$$dW-\frac{1}{\rho}dp=\left(u_x\frac{\partial u_x}{\partial x}+u_y\frac{\partial u_y}{\partial x}+u_z\frac{\partial u_z}{\partial x}\right)dx$$

$$+\left(u_x\frac{\partial u_x}{\partial y}+u_y\frac{\partial u_y}{\partial y}+u_z\frac{\partial u_z}{\partial y}\right)dy$$

$$+\left(u_x\frac{\partial u_x}{\partial z}+u_y\frac{\partial u_y}{\partial z}+u_z\frac{\partial u_z}{\partial z}\right)dz$$

$$=d\left(\frac{u^2}{2}\right)$$

式中，$u=\sqrt{u_x^2+u_y^2+u_z^2}$ 为流体质点的流速。

对于不可压缩流体，上式成为

$$d\left(W-\frac{p}{\rho}-\frac{u^2}{2}\right)=0$$

积分得

$$W-\frac{p}{\rho}-\frac{u^2}{2}=\text{常数} \tag{3-45}$$

若质量力只有重力，$W=-gz$，则式(3-44)成为

$$z+\frac{p}{\gamma}+\frac{u^2}{2g}=\text{常数} \tag{3-46}$$

显然，无旋流的伯努利积分常数在整个流场上都相同。

【例 3-12】 水桶中的水从桶底中心小孔出流时，可观察到桶中的水以通过小孔的铅垂轴为中心，作近似的圆周运动，如图 3-34所示。各水质点的流速 u 可近似地认为与半径 r 成反比，即 $u=k/r$ (k 为常数)，试分析其流动属于有旋还是无旋。

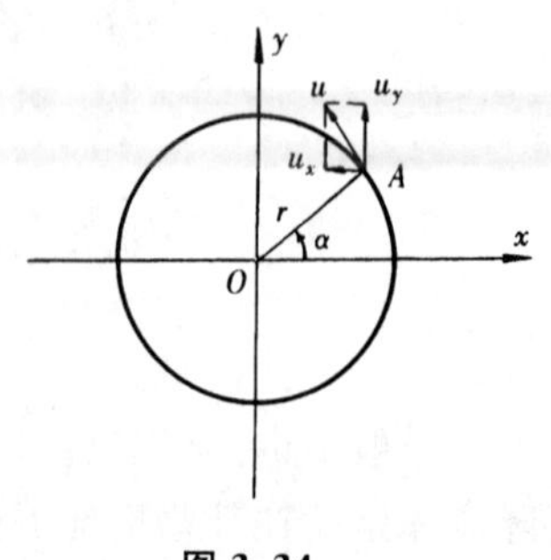

图 3-34

解 做圆周运动的任一水质点 $A(x,y)$ 的流速分量为

$$u_x = -u\sin\alpha = -\frac{k}{r}\ \frac{y}{r} = -\frac{ky}{r^2} = -\frac{ky}{x^2+y^2}$$

$$u_y = u\cos\alpha = \frac{k}{r}\ \frac{x}{r} = \frac{kx}{r^2} = \frac{kx}{x^2+y^2}$$

因 $$\frac{\partial u_x}{\partial y} = \frac{k(y^2-x^2)}{(x^2+y^2)^2};\quad \frac{\partial u_y}{\partial x} = \frac{k(y^2-x^2)}{(x^2+y^2)^2}$$

可见 $$\omega_z = \frac{1}{2}\left(\frac{\partial u_y}{\partial x} - \frac{\partial u_x}{\partial y}\right) = 0$$

故这是一种无旋流动。流体质点虽做圆周运动，但质点本身并无旋转。由此说明，流动有旋无旋与流体质点的运动轨迹无关。但这种流动有角变形，因为

$$\theta_z = \frac{1}{2}\left(\frac{\partial u_y}{\partial x} + \frac{\partial u_x}{\partial y}\right) = \frac{k(y^2-x^2)}{(x^2+y^2)^2} \neq 0$$

§3-9 恒定平面势流简介

上节所述有势流（即无旋流动），只可能在无黏性的理想流体中形成。实际流体都是有黏性的，严格地讲都是有旋流动，但在某些情况下，其黏性对流动的影响很小以致可以忽略，例如，高速水（气）流、均匀来流绕物体的流动等，其黏性往往只限于流壁附近一狭窄区域，即所谓边界层内（§5-7），将边界层以外的流动按势流处理，可以得到足够满意的结果。因此，平面势流理论将为解决许多二元实际流动问题提供一个广阔的途径。本节将简要介绍有关平面势流理论的一些基本概念。

1. 流速势函数

由高等数学的曲线积分理论得知，式(3-44)是使 $u_x\mathrm{d}x + u_y\mathrm{d}y + u_z\mathrm{d}z$ 成为某一函数 $\varphi(x,y,z)$ 的全微分的必要充分条件。因此，对于无旋流动，存在下列关系

$$u_x\mathrm{d}x + u_y\mathrm{d}y + u_z\mathrm{d}z = \mathrm{d}\varphi = \frac{\partial\varphi}{\partial x}\mathrm{d}x + \frac{\partial\varphi}{\partial y}\mathrm{d}y + \frac{\partial\varphi}{\partial z}\mathrm{d}z$$

由此可得

$$u_x = \frac{\partial\varphi}{\partial x};\quad u_y = \frac{\partial\varphi}{\partial y};\quad u_z = \frac{\partial\varphi}{\partial z} \tag{3-47}$$

说明无旋流动存在一标量函数 $\varphi(x,y,z)$，使 $\boldsymbol{u} = \nabla\varphi$，与力场中的力势函数对比，有同样形式的关系，故函数 φ 称为流速势函数，简称流速势。由此可见，无旋流动即为有势流动。

从式(3-47)可知，对于有势流动，只要能确定流速势 φ 一个未知数，便可方便地求得 u_x、u_y、u_z 三个未知数，再利用势流的伯努利方程式(3-46)可进一步求得压强分布。所以，有势流动的关键在于确定流速势 φ。

将式(3-47)代入不可压缩流体的连续性微分方程式(3-12)得

$$\frac{\partial^2 \varphi}{\partial x^2}+\frac{\partial^2 \varphi}{\partial y^2}+\frac{\partial^2 \varphi}{\partial z^2}=0 \tag{3-48a}$$

或

$$\nabla^2 \varphi=0 \tag{3-48b}$$

上式在数学上称为拉普拉斯(Laplace)方程,满足该方程的函数称为调和函数。因此,流速势满足拉普拉斯方程,是一个调和函数。对于不可压缩的有势流动,问题归结为在特定的边界条件下求解流速势所满足的拉普拉斯方程。求解这一线性方程要比求解非线性的欧拉运动微分方程及连续性微分方程确定 u_x、u_y、u_z、p 要方便得多。

对于 xOy 平面上的不可压缩平面(二元)势流,式(3-47)与(3-48a),分别成为

$$u_x=\frac{\partial \varphi}{\partial x};\quad u_y=\frac{\partial \varphi}{\partial y} \tag{3-49}$$

与

$$\frac{\partial^2 \varphi}{\partial x^2}+\frac{\partial^2 \varphi}{\partial y^2}=0 \tag{3-50}$$

2. 流函数

根据不可压缩流体平面流动的连续性微分方程可得

$$\frac{\partial u_x}{\partial x}=-\frac{\partial u_y}{\partial y}=\frac{\partial(-u_y)}{\partial y}$$

从高等数学知道,这是使 $-u_y\mathrm{d}x+u_x\mathrm{d}y$ 成为某一函数 $\psi(x,y)$ 的全微分的必要充分条件,故有

$$-u_y\mathrm{d}x+u_x\mathrm{d}y=\mathrm{d}\psi=\frac{\partial \psi}{\partial x}\mathrm{d}x+\frac{\partial \psi}{\partial y}\mathrm{d}y$$

由此可得

$$u_x=\frac{\partial \psi}{\partial y};\quad u_y=-\frac{\partial \psi}{\partial x} \tag{3-51}$$

符合式(3-51)的标量函数 $\psi(x,y)$ 称为不可压缩流体平面流动的流函数。实际上,无论是有势流动还是有涡流动,无论是理想流体还是实际流体,在不可压缩流体的平面流动中必定存在流函数(为什么?请读者自行思考)。式(3-51)说明,若能确定流函数 ψ,同样可求得 u_x,u_y。

至于 xOy 平面上的平面势流,由于 $\omega_z=\frac{1}{2}\left(\frac{\partial u_y}{\partial x}-\frac{\partial u_x}{\partial y}\right)=0$,将式(3-51)代入,可得

$$\frac{\partial^2 \psi}{\partial x^2}+\frac{\partial^2 \psi}{\partial y^2}=0 \tag{3-52a}$$

或

$$\nabla^2 \psi=0 \tag{3-52b}$$

此式说明,不可压缩平面势流的流函数也是调和函数,它满足拉普拉斯方程。

流函数具有明确的物理意义：

(1) 等流函数线即为流线

若 $\psi(x,y)=$常数，则 $\mathrm{d}\psi=-u_y\mathrm{d}x+u_x\mathrm{d}y=0$，因此得

$$\frac{\mathrm{d}x}{u_x}=\frac{\mathrm{d}y}{u_y}$$

显然，这是平面流动的流线微分方程，故等流函数($\psi=$常数)线就是流线。

(2) 任意两条流线的流函数之差等于这两条流线间所通过的流体流量

图 3-35(a)所示为一不可压缩流体的平面流动，设过 A、B 两点的流线的流函数分别为 ψ_A 和 ψ_B，通过两流线间任意连线的单位宽度流量 $q=\int_A^B \mathrm{d}q$（因为考虑的是平面问题，在 z 方向取一单位长度）。现在 AB 线上任取 $\mathrm{d}l$ 微元线段，则通过 $\mathrm{d}l$ 的单位宽度流量

$$\mathrm{d}q=\boldsymbol{u}\cdot\boldsymbol{n}\mathrm{d}l$$

式中，$\boldsymbol{n}$ 为微元线段 $\mathrm{d}l$ 的法向单位矢量。

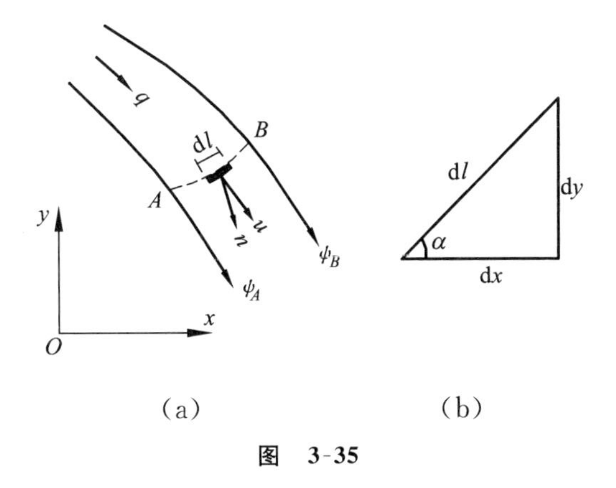

图 3-35

由图 3-35b 可见

$$\boldsymbol{n}=\sin\alpha\boldsymbol{i}-\cos\alpha\boldsymbol{j}=\frac{\mathrm{d}y}{\mathrm{d}l}\boldsymbol{i}-\frac{\mathrm{d}x}{\mathrm{d}l}\boldsymbol{j}$$

又 $$\boldsymbol{u}=u_x\boldsymbol{i}+u_y\boldsymbol{j}=\frac{\partial\psi}{\partial y}\boldsymbol{i}-\frac{\partial\psi}{\partial x}\boldsymbol{j}$$

故 $$\mathrm{d}q=\boldsymbol{u}\cdot\boldsymbol{n}\mathrm{d}l=\left(\frac{\partial\psi}{\partial y}\frac{\mathrm{d}y}{\mathrm{d}l}+\frac{\partial\psi}{\partial x}\frac{\mathrm{d}x}{\mathrm{d}l}\right)\mathrm{d}l$$

$$=\frac{\partial\psi}{\partial y}\mathrm{d}y+\frac{\partial\psi}{\partial x}\mathrm{d}x=\mathrm{d}\psi$$

积分上式得

$$q=\int_A^B\mathrm{d}q=\int_A^B\mathrm{d}\psi=\psi_B-\psi_A \tag{3-53}$$

此式说明,任意两流线间的流量等于两流线的流函数之差,或者说,通过任意两点连线的流量等于两点流函数之差。

3. 流　网

从式(3-49)与(3-51)可知,在不可压缩平面势流中,流速势与流函数存在下列关系

$$\begin{cases}\dfrac{\partial\varphi}{\partial x}=\dfrac{\partial\psi}{\partial y}=u_x\\[2ex]\dfrac{\partial\varphi}{\partial y}=-\dfrac{\partial\psi}{\partial x}=u_y\end{cases}$$

若称 φ=常数的曲线为等势线,并用 $\left(\dfrac{\mathrm{d}y}{\mathrm{d}x}\right)_\varphi$ 和 $\left(\dfrac{\mathrm{d}y}{\mathrm{d}x}\right)_\psi$ 分别表示等势($\mathrm{d}\varphi=0$)线和等流函数($\mathrm{d}\psi=0$)线的斜率,则有

$$\left(\frac{\mathrm{d}y}{\mathrm{d}x}\right)_\varphi=\frac{\dfrac{\partial\varphi}{\partial x}}{\dfrac{\partial\varphi}{\partial y}}=\frac{\dfrac{\partial\psi}{\partial y}}{-\dfrac{\partial\psi}{\partial x}}=-\frac{1}{\left(\dfrac{\mathrm{d}y}{\mathrm{d}x}\right)_\psi}$$

此式说明,等势线与等流函数线应处处正交。

等势线与等流函数线构成的正交网格称为流网(见图 3-36)。在工程实际中,可利用绘制流网的方法,求解势流流速场,再运用势流的伯努利方程便可求解压强场。在§9-5将具体介绍流网法及其在渗流中的应用。

在平面流中,有时用极坐标(r,θ)比用直角坐标更为方便。在极坐标系中,流速势$\varphi(r,\theta)$、流函数$\psi(r,\theta)$与流速$u(r,\theta)$的关系为

$$\left.\begin{aligned}\frac{\partial\varphi}{\partial r}=\frac{\partial\psi}{r\partial\theta}=u_r\\\frac{\partial\varphi}{r\partial\theta}=-\frac{\partial\psi}{\partial r}=u_\theta\end{aligned}\right\}\tag{3-54}$$

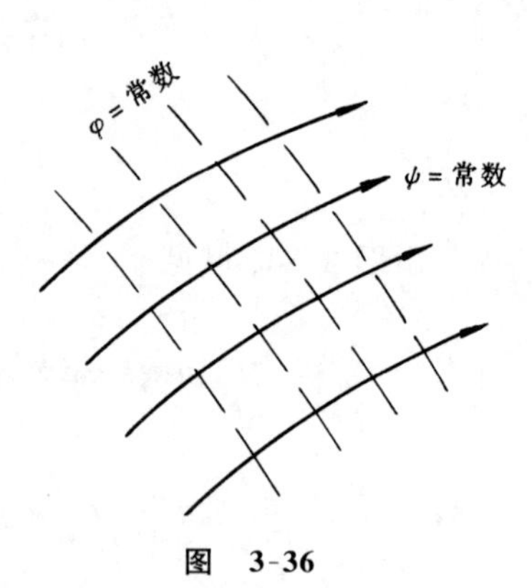

图　3-36

可以证明,流网的正交性与坐标系的选取是无关的。

【例 3-13】 已知不可压缩平面势流的流速场为

$$\begin{cases}u_x=\dfrac{cx}{x^2+y^2}\\[2ex]u_y=\dfrac{cy}{x^2+y^2}\end{cases}$$

其中,c 为常数。试求其流速势 φ 与流函数 ψ。

解

$$\begin{aligned}\varphi&=\int(u_x\mathrm{d}x+u_y\mathrm{d}y)\\&=\int\left(\frac{cx\mathrm{d}x}{x^2+y^2}+\frac{cy\mathrm{d}y}{x^2+y^2}\right)=c\int\frac{x\mathrm{d}x+y\mathrm{d}y}{x^2+y^2}\\&=c\ln\sqrt{x^2+y^2}+c'\end{aligned}$$

式中,积分常数 c' 可以任意给定,现取 $c'=0$,若令 $r=\sqrt{x^2+y^2}$,则上式可写成

$$\varphi=c\ \ln\sqrt{x^2+y^2}=c\ \ln r$$

由此可见，等势线是一簇以坐标原点为圆心的同心圆($r=$常数)，如图 3-37 所示。

类似地可得

$$\begin{aligned}\psi &= \int(-u_y\mathrm{d}x+u_x\mathrm{d}y)\\ &=\int\left(-\frac{cy}{x^2+y^2}\mathrm{d}x+\frac{cx}{x^2+y^2}\mathrm{d}y\right)\\ &=c\int\frac{x\mathrm{d}y-y\mathrm{d}x}{x^2+y^2}\\ &=c\int\left\{\mathrm{d}\left(\frac{y}{x}\right)\Big/\left[1+\left(\frac{y}{x}\right)^2\right]\right\}\\ &=c\ \arctan\frac{y}{x}=c\theta\end{aligned}$$

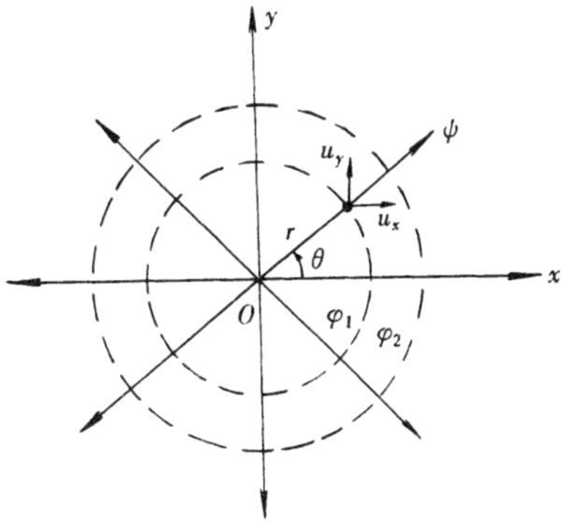

图 3-37

由此可知，等流函数线是一簇通过坐标原点的射线($\theta=$常数)。这种流动称为平面点源流动($c>0$时，如图 3-37 所示)或平面点汇流动($c<0$ 时)。例如，§9-3 所述井的渗流就属于这种流动。

常数 c 通常称为平面点源(汇)的强度，可应用流动的连续性方程求得

$$c=\pm\frac{Q}{2\pi}$$

式中，Q 为平面点源(汇)单位长度($z=1$)的流量。

4. 势流叠加原理

平面势流问题归结为在具体边界条件下求解流速势或流函数所满足的拉普拉斯方程。由于拉普拉斯方程是线性方程，故几个满足该方程的流速势或流函数，其线性叠加结果也一定满足拉普拉斯方程。例如，流速势分别为 φ_1 和 φ_2 的两个势流，且 $\nabla^2\varphi_1=0$，$\nabla^2\varphi_2=0$，其线性叠加后的新流速势为 $\varphi=\varphi_1+\varphi_2$，将其代入拉普拉斯方程，得

$$\nabla^2\varphi=\nabla^2(\varphi_1+\varphi_2)=\nabla^2\varphi_1+\nabla^2\varphi_2=0$$

由此可见，几个势流线性叠加后，其流动仍然是势流。势流的这种性质通常称为势流叠加原理。势流叠加原理为用解析法求解某些较复杂的势流问题提供了一个有效的途径。

【例 3-14】 试求均匀平行流与点源叠加后的流动。已知 x 方向流速为 U 的均匀平行流的流速势和流函数分别为

$$\begin{cases}\varphi_1=Ux\\ \psi_1=Uy\end{cases}$$

置于坐标原点强度为 $Q/(2\pi)$ 的点源的流速势和流函数分别为

$$\begin{cases}\varphi_2=\dfrac{Q}{2\pi}\ln\sqrt{x^2+y^2}=\dfrac{Q}{2\pi}\ln r\\ \psi_2=\dfrac{Q}{2\pi}\arctan\dfrac{y}{x}=\dfrac{Q}{2\pi}\theta\end{cases}$$

解　叠加后的流动为

$$\begin{cases}\varphi=\varphi_1+\varphi_2=Ux+\dfrac{Q}{2\pi}\ln\sqrt{x^2+y^2}=Ux+\dfrac{Q}{2\pi}\ln r\\ \psi=\psi_1+\psi_2=Uy+\dfrac{Q}{2\pi}\arctan\dfrac{y}{x}=Uy+\dfrac{Q}{2\pi}\theta\end{cases}$$

流速场为

$$\begin{cases}u_x=\dfrac{\partial\varphi}{\partial x}=U+\dfrac{Q}{2\pi}\dfrac{x}{x^2+y^2}=U+\dfrac{Q}{2\pi}\dfrac{\cos\theta}{r}\\ u_y=\dfrac{\partial\varphi}{\partial y}=\dfrac{Q}{2\pi}\dfrac{y}{x^2+y^2}=\dfrac{Q}{2\pi}\dfrac{\sin\theta}{r}\end{cases}$$

驻点(流速等于零处)A 的位置为

$$\theta=\pi;\quad r=\frac{\theta}{2\pi U}$$

通过驻点的流线为

$$r=\frac{Q}{2\pi U}\frac{\pi-\theta}{\sin\theta}$$

或
$$y=\frac{Q}{2\pi U}(\pi-\theta)=\frac{Q}{2\pi U}\left(\pi-\arctan\frac{y}{x}\right)$$

从上式可以看出，当 $x\to\infty$ $(\theta\to 0)$时，$r\to\infty$，$y\to Q/(2U)$，即通过驻点的流线以 $y=Q/(2U)$ 为渐近线。

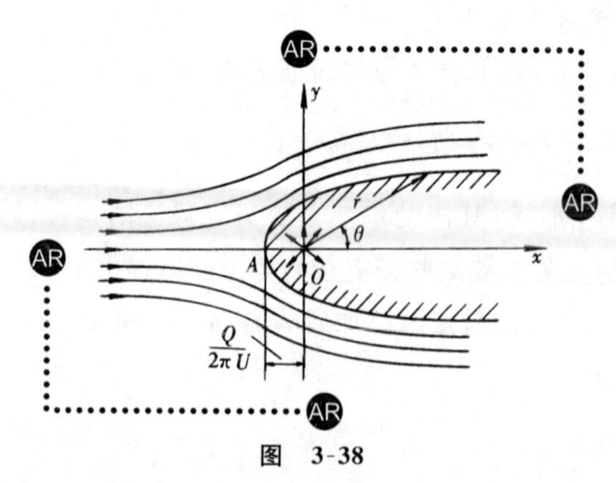

图　3-38

通过驻点的流线将流场分成两部分，如图 3-38 所示。由均匀平行流引起的这部分流量均在这条流线之外流动，而由点源引起的那部分流量均在这条流线之内流动。这样便可把通过驻点的这条流线视为固壁，据此研究其外部绕流，这就是所谓二元半体绕流。

根据二元半体绕流表面的流速分布，利用势流的伯努利方程，可得到其表面的压强分布。

习　　题

一、单项选择题

3-1　下列关于流线的说法中，不正确的是（　　）。

A. 流线一般不能相交，且只能是一条光滑的曲线

B. 恒定流时，流线和迹线完全重合

C. 流线充满整个流场

D. 对于不可压缩流体，流线越密流速越小

3-2　下列关于流体运动要素的说法中，不正确的是（　　）。

A. 恒定流的当地加速度等于零

B. 均匀流的迁移加速度等于零

C. 理想流体的切应力等于零

D. 实际流体的法向应力等于零

3-3　已知不可压缩流体的流速场，$u_x=f(y,z)$，$u_y=f(x)$，$u_z=0$，则该流动为恒定（　　）。

A. 一元流　　B. 二元流　　C. 三元流　　D. 均匀流

3-4　已知变截面管道前后管段的管径之比 $d_1/d_2=0.5$，则相应的断面平均流速之比 $v_1/v_2=$（　　）。

A. 4　　B. 2　　C. 1　　D. 0.5

3-5　关于水流流向的正确说法是（　　）。

A. 水一定是从高处向低处流

B. 水一定是从压强大处向压强小处流

C. 水一定是从流速大处向流速小处流

D. 水一定是从机械能大处向机械能小处流

3-6　应用恒定总流的动量方程 $\rho Q(\beta_2\vec{v_2}-\beta_1\vec{v_1})=\sum\vec{F}$ 解题时，$\sum\vec{F}$ 中不应包括（　　）。

A. 惯性力　　B. 压力　　C. 重力　　D. 摩擦力

二、计算分析题

3-7　已知流速场

$$\begin{cases} u_x=2t+2x+2y \\ u_y=t-y+z \\ u_z=t+x-z \end{cases}$$

求流场中点(2,2,1)在 $t=3$ 时的加速度。

3-8 已知流速场 $\boldsymbol{u}=(4x^3+2y+xy)\boldsymbol{i}+(3x-y^3+z)\boldsymbol{j}$，试判断

(1) 是几元流动？

(2) 是恒定流还是非恒定流？

(3) 是均匀流还是非均匀流？

3-9 已知平面流动流速分布为

$$\begin{cases} u_x=-\dfrac{cy}{x^2+y^2} \\ u_y=\dfrac{cx}{x^2+y^2} \end{cases}$$

其中，c 为常数。求流线方程并画出若干条流线。

3-10 已知不可压缩流体作恒定流动，其流速分布为 $\boldsymbol{u}=(ax^2-y^2+x)\boldsymbol{i}-(x+b)y\boldsymbol{j}$，其中 a、b 为常数。试求 a、b 之值。

3-11 设不可压缩流体的两个分速为

$$\begin{cases} u_x=ax^2+by^2+cz^2 \\ u_y=-(dxy+eyz+fzx) \end{cases}$$

其中，a、b、c、d、e、f 皆为常数。若当 $z=0$ 时，$u_z=0$，试求分速 u_z。

3-12 试推导极坐标系(r,θ)下的可压缩流体和不可压缩流体流动的连续性微分方程。

3-13 在如图所示的管流中，过流断面上各点流速按下列抛物线方程轴对称分布

$$u=u_{\max}\left[1-\left(\frac{r}{r_0}\right)^2\right]$$

式中管道半径 $r_0=3$ cm，管轴上最大流速 $u_{\max}=0.15$ m/s，试求总流量 Q 与断面平均流速 v。

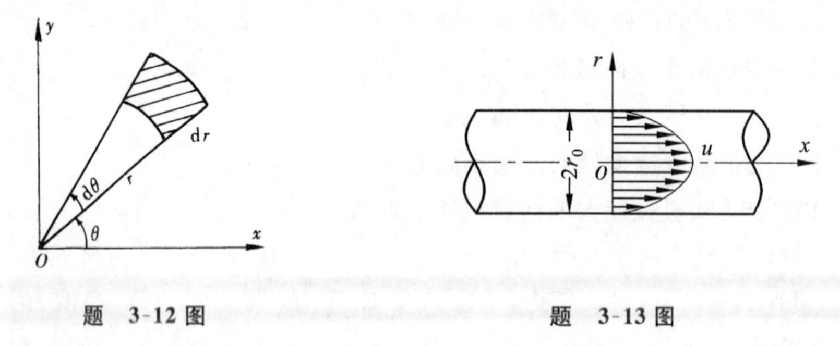

题 3-12 图　　　　题 3-13 图

3-14 一直径 $D=1$ m 的盛水圆筒铅垂放置，现接出一根直径 $d=10$ cm 的水平管子。已知某时刻水管中断面平均流速 $v_2=2$ m/s，试求该时刻圆筒中液面下降的流速 v_1。

3-15 以断面平均流速 $v=0.15$ m/s 流入直径 $D=2$ cm 的排孔管中的液体，全部经 8 个直径 $d=1$ mm 的排孔流出，假定每孔流速依次降低 2%，试求第 1 孔与第 8 孔的出流速度。

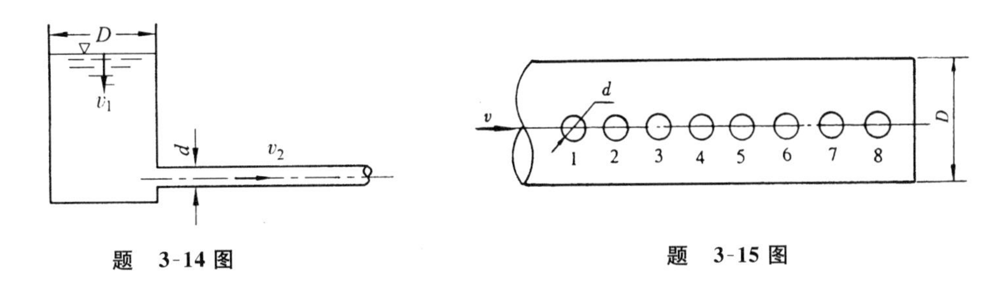

题　3-14 图

题　3-15 图

3-16　利用题 3-16 图及牛顿第二定律证明重力场中沿流线坐标 s 方向的欧拉运动微分方程为

$$-g\frac{\partial z}{\partial s}-\frac{1}{\rho}\frac{\partial p}{\partial s}=\frac{\mathrm{d}u_S}{\mathrm{d}t}$$

3-17　一障碍物置于均匀水平水流中。若未受扰动的水流速度 $u_A=10$ m/s，其相对压强 $p_A=98$ kPa，求障碍物驻点 B 的相对压强 p_B。

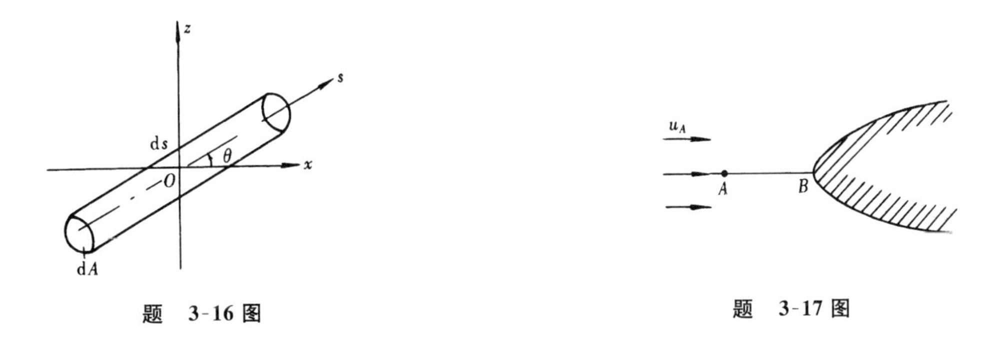

题　3-16 图

题　3-17 图

3-18　利用皮托管原理测量输水管中的流量如图示。已知输水管直径 $d=200$ mm，测得水银差压计读数 $h_p=60$ mm，若此时断面平均流速 $v=0.84\ u_{max}$，这里 u_{max} 为皮托管前管轴上未受扰动水流的流速。问输水管中的流量 Q 为多大？

3-19　图示管路由两根不同直径的管子与一渐变连接管组成。已知 $d_A=200$ mm，$d_B=400$ mm，A 点相对压强 $p_A=68.6$ kPa，B 点相对压强 $p_B=39.2$ kPa，B 点的断面平均流速 $v_B=1$ m/s，A、B 两点高差 $\Delta z=1.2$ m。试判断流动方向，并计算两断面间的水头损失 h_w。

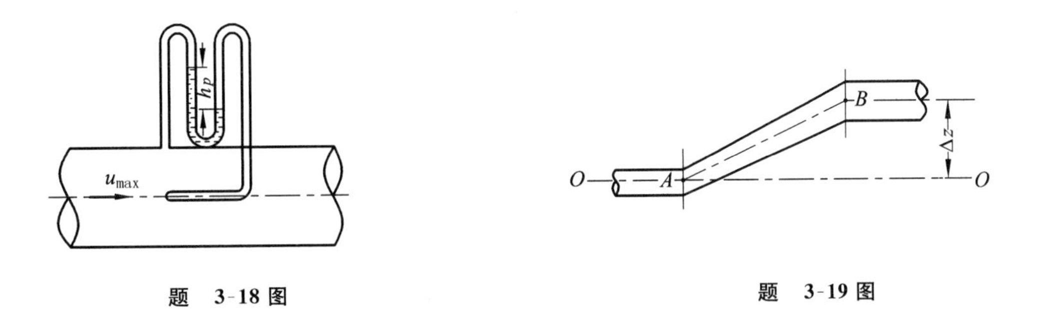

题　3-18 图

题　3-19 图

3-20　水在如图所示变直径竖管中流动，已知直径 $d_1=150$ mm，$d_2=300$ mm，流速 $v_2=3$ m/s，两压力表间距 $h=3.0$ m，若压力表读数 $p_1=p_2$，试判别流动方向，并求两断面间的水头损失 h_w。

3-21　为了测量石油管道的流量，安装一文丘里流量计如图所示。已知管道直径 $d_1=20$ cm，文丘里管喉道直径 $d_2=10$ cm，石油重度 $\gamma=8\ 400\ \text{N/m}^3$，文丘里管的流量系数 $\mu=0.95$。现测得水银差压计读数 $h_p=15$ cm，问此时管中石油流量 Q 为多大？

3-22　一水平变截面管段接于输水管路中如图所示。已知管段进口直径 $d_1=10$ cm，出口直径 $d_2=5$ cm，当进口断面平均流速 $v_1=1.4$ m/s，相对压强 $p_1=58.8$ kPa 时，若不计两断面间的水头损失，试计算管段出口断面的相对压强 p_2。

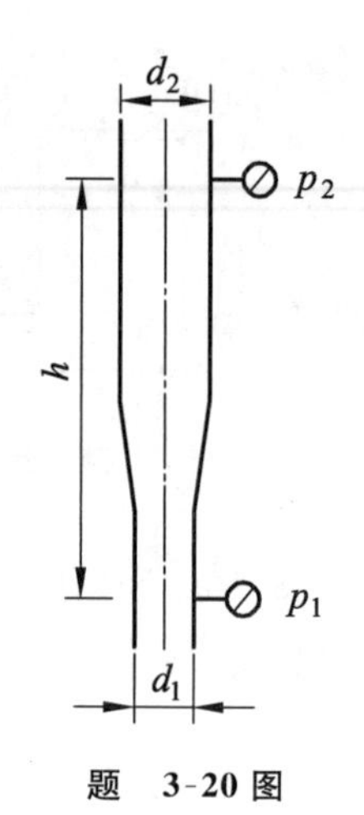

题　3-20 图

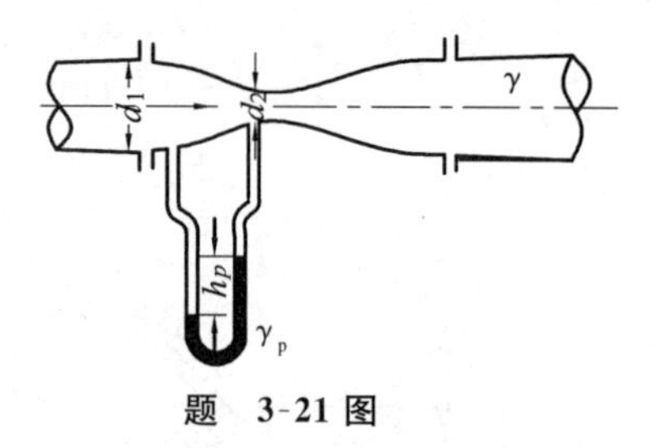

题　3-21 图

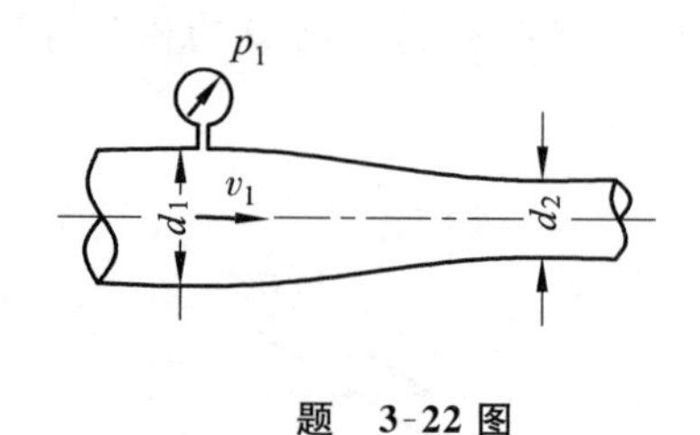

题　3-22 图

3-23　图示一水轮机的直锥形尾水管。已知 A-A 断面的直径 $d_A=0.6$ m，流速 $v_A=6$ m/s，B-B 断面的直径 $d_B=0.9$ m，若由 A 流至 B 的水头损失 $h_w=0.14v_A^2/(2g)$，试计算当 $z=5$ m 时，A-A 断面的真空值 p_{vA}。

3-24　图示水管通过的流量 $Q=9$ L/s，若测压管水头差 $h=100.6$ cm，直径 $d_2=5$ cm，试确定直径 d_1，假定水头损失可忽略不计。

3-25　如图所示水箱中的水从一扩散短管流到大气中，若直径 $d_1=100$ mm，该处绝对压强 $p_1'=49\ 000$ Pa，直径 $d_2=150$ mm，试求水头 H。假定水头损失可忽略不计。

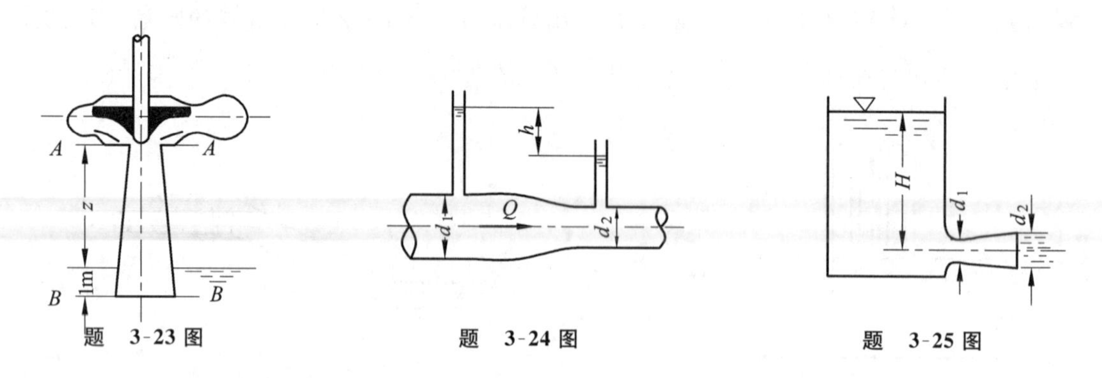

题　3-23 图　　题　3-24 图　　题　3-25 图

3-26　图示水平管路中的流量 $Q=2.5$ L/s，直径 $d_1=5$ cm，$d_2=2.5$ cm，压力表读数 $p_1=9.8$ kPa，两断面间水头损失可忽略不计。求连接于该管路收缩断面上的水管可将水自容

器内吸上的高度 h。

3-27　离心式通风机借集流器 B 从大气中吸入空气(如图示)。在直径 $d=200$ mm 的圆柱形管道部分接一根玻璃管,管的下端插入槽中。若玻璃管中的水上升 $h=150$ mm,求每秒钟所吸入的空气量 Q。空气的密度 $\rho=1.29$ kg/m^3。

3-28　一矩形断面平底渠道,其底宽 $b=2.7$ m,河床在某断面处抬高 $\Delta=0.3$ m,抬高前水深 $h_1=1.8$ m,抬高后水深为 $h_2=1.38$ m。若水头损失 h_w 为尾渠速度水头的一半,问流量 Q 等于多少?

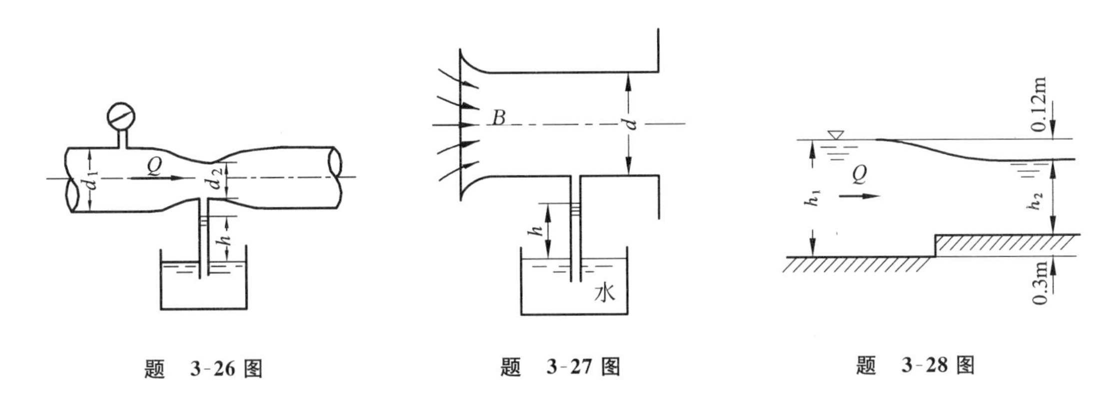

题　3-26 图　　　　题　3-27 图　　　　题　3-28 图

3-29　如图(俯视图)所示,水自喷嘴射向一与其交角成 60° 的光滑平板上。若喷嘴出口直径 $d=25$ mm,喷射流量 $Q=33.4$ L/s。试求射流沿平板向两侧的分流流量 Q_1 与 Q_2(喷嘴轴线水平)以及射流对平板的作用力 F。假定水头损失可忽略不计。

3-30　将一平板放在自由射流之中,并垂直于射流轴线,该平板截去射流流量的一部分 Q_1,并引起射流的剩余部分偏转一角度 θ。已知 $v=30$ m/s,$Q=36$ L/s,$Q_1=12$ L/s,试求射流对平板的作用力 F 以及射流偏转角 θ,不计摩擦力与液体重量的影响。

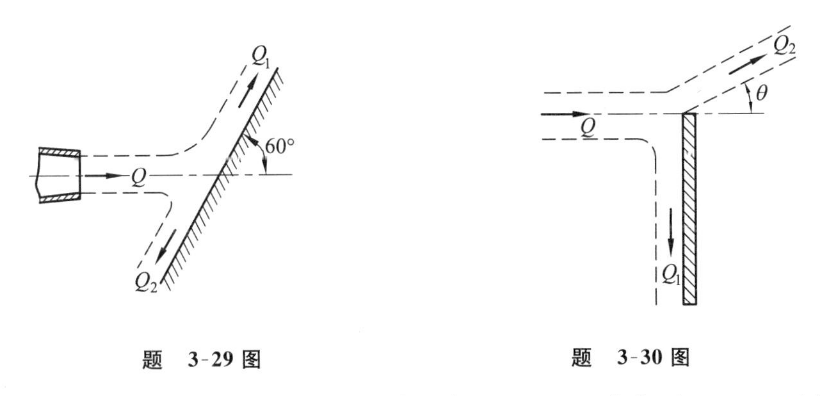

题　3-29 图　　　　题　3-30 图

3-31　图示嵌入支墩内的一段输水管,其直径由 $d_1=1.5$ m 变化到 $d_2=1$ m,试确定当支墩前相对压强 $p_1=392$ kPa,流量 $Q=1.8$ m^3/s 时,渐变段支墩所受的轴向力 F。不计水头损失。

3-32　有一铅垂安装的直角弯管(管径 $d=0.2$ m)如图所示。已知 1—1 断面与 2—2 断面间的轴线长 $l=3.14$ m,两断面形心高差 $\Delta z=2.0$ m,管中流量 $Q=60$ L/s 时,1—1 断面形心处相对压强 $p_1=117.6$ kN/m^2,从 1—1 流至 2—2 两断面间水头损失 $h_W=0.1$ m,试求水流对弯头的作用力。

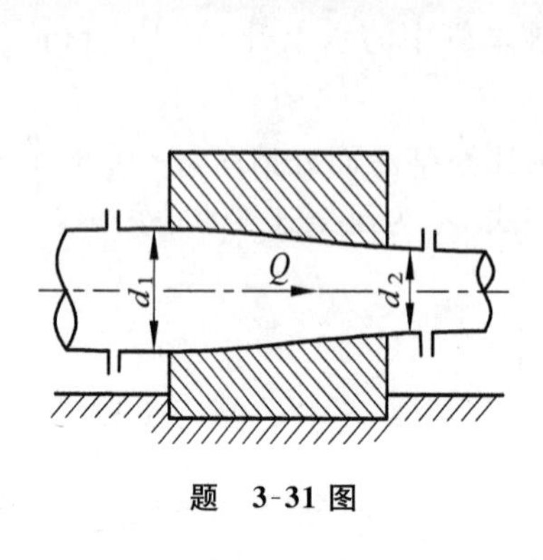

题 3-31 图

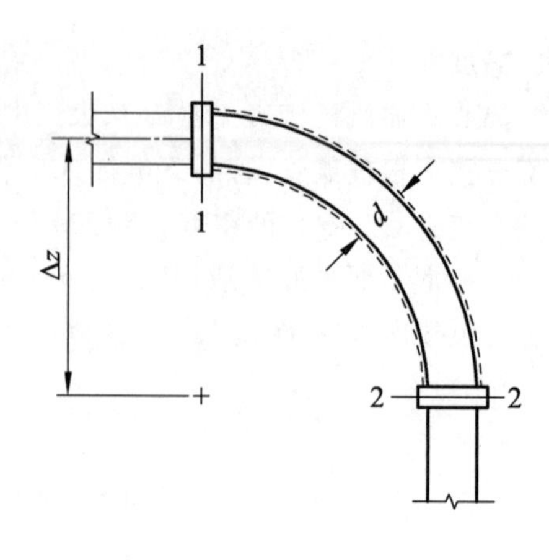

题 3-32 图

3-33 如图所示，水由一容器经小孔口流出。已知孔口直径 $d=10$ cm，容器中水面至孔口中心的高度 $H=3$ m。试求射流的反作用力 F。

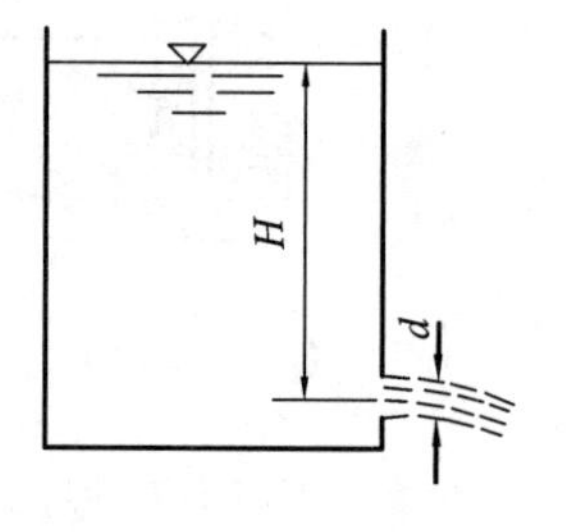

题 3-33 图

3-34 如图所示水由水箱 1 从直径为 d_1 的喷嘴水平射出冲击置于水箱 2 上的活塞（活塞直径为 d_2）端板，已知孔口中心与活塞轴线在同一水平线上，且 $d_1/d_2=0.5$，若忽略水头损失，试求活塞平衡时两水箱中的水深比 h_1/h_2。

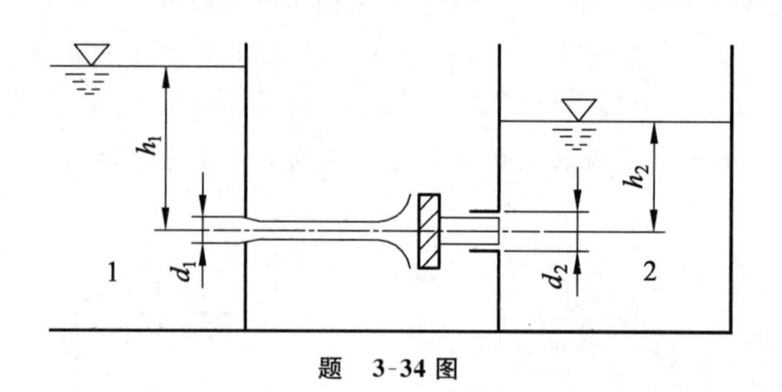

题 3-34 图

3-35 如图所示喷水推进船从前舱进水，然后用水泵及直径 $d=150$ mm的排水管从后舱排向水中。已知船速 $v_1=36$ km/h，推进力 $F=2$ kN，试求水泵的排水流量 Q。

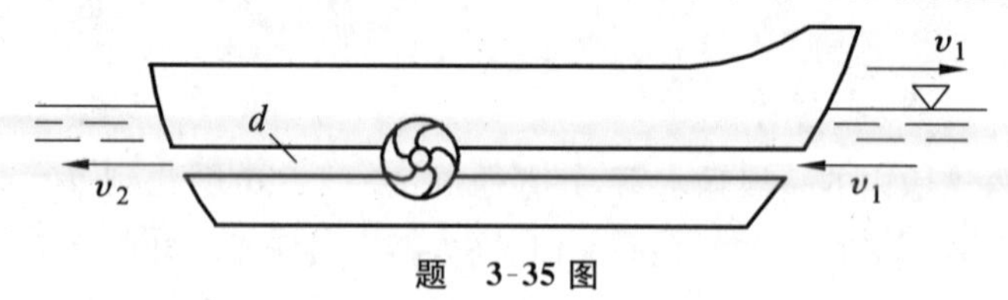

题 3-35 图

3-36 带胸墙的闸孔泄流如图所示。已知孔宽 $b=3$ m，孔高 $h=2$ m，闸前水深 $H=4.5$ m，泄流量 $Q=45$ m^3/s，闸底水平。试求水流作用在闸孔顶部胸墙上的水平推力 F，并与按静水压强分布计算的结果进行比较。

3-37　如图所示在矩形渠道中修筑一大坝。已知单位宽度流量 $q=15\ \mathrm{m^3/(s\cdot m)}$，上游水深 $h_1=5\ \mathrm{m}$，求下游水深 h_2 及水流作用在单位宽度坝上的水平力 F。假定摩擦阻力与水头损失可忽略不计。

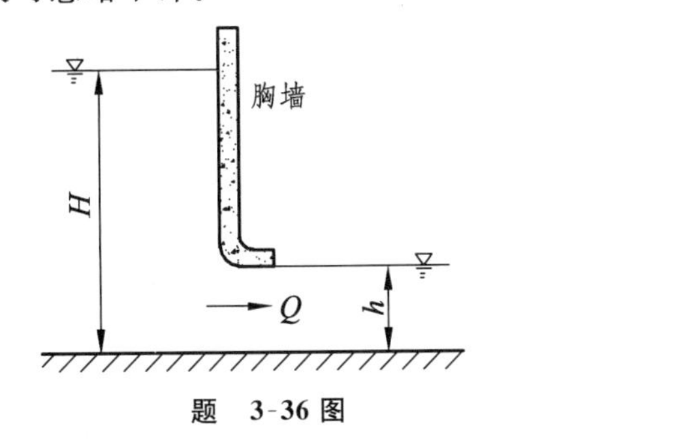

题 3-36 图

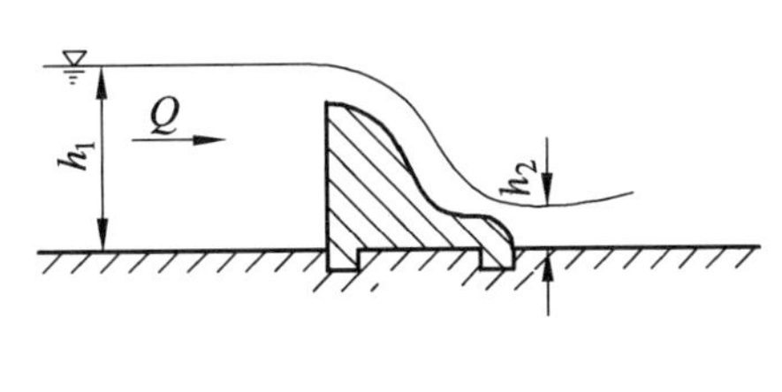

题 3-37 图

3-38　已知条件与题 3-37 相同，试求作用在单位宽度坝上的水平力 $F=F_{\max}$ 时的下游水深 h_2 及 $F_{\max}$。

3-39　一折管(如图示)。若管道截面积为 A，管中流体速度为 v，密度为 ρ，试求阻止管道转动所需的力偶矩 M。

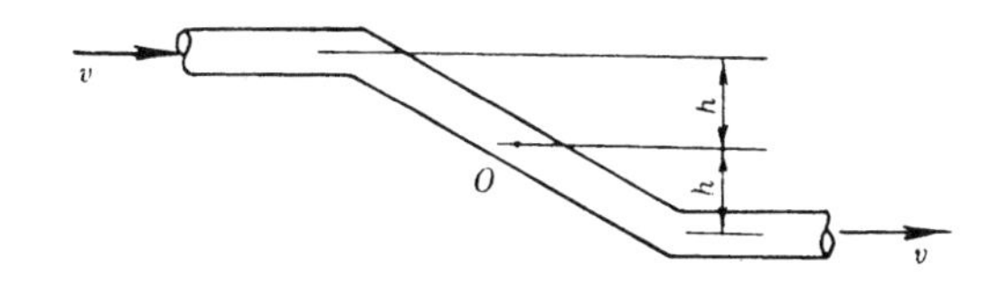

题 3-39 图

3-40　判断下列各流场是无旋流还是有旋流?

(1) $u_x=x^2+x-y^2$；$u_y=-(2xy+y)$；

(2) $u_x=y+2z$；$u_y=z+2x$；$u_z=x+2y$。

3-41　已知不可压缩流体平面流动的速度势为 $\varphi=x^2-y^2+x$，试求其流函数 ψ。

3-42　已知不可压缩流体平面流动的流函数为 $\psi=xy+2x-3y+10$，试判断该流动是否无旋?若是无旋，确定其流速势 φ。

3-43　已知理想不可压缩流体平面流动的流速势为 $\varphi=x^2-y^2$，试求：

(1) 流场的速度分布，并找出驻点位置；

(2) 流函数 ψ，并画出 $y>0$ 时的等势线与等流函数线；

(3) 若驻点的压强为 p_0，求水平面(xy)上的压强分布，并画出等压线。

3-44　在 x 轴上 $x=\pm a$ 处各有一个强度为 $Q/(2\pi)$ 的平面点源(如图示)，求它们叠加后的流动，并说明其中 y 轴可视为固壁。

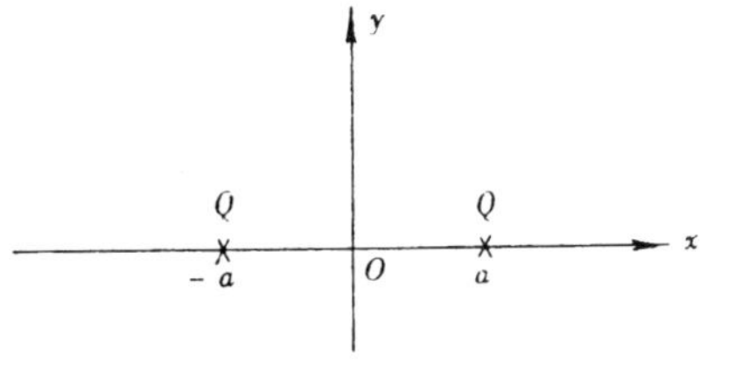

题 3-44 图

第四章 量纲分析与相似理论

通过前几章的学习，对于工程流体力学的基本原理以及解决工程流体力学问题的方法有了初步的了解，但是实际工程上所涉及的流体力学问题大部分由于流体流动的复杂性，不可能单纯由理论分析求得严谨的答案，很多问题必须依靠实验才能解决。另一方面，科学实验从古至今都是研究和解决许多实际问题的有力手段，它不仅为理论分析提供重要的依据，而且始终是探索自然现象、发展新的科学概念的重要方法。

对于一个复杂的流动现象进行实验研究，实验中的可变因素很多，另外受实验条件的限制，多数实验不可能在实物上进行。因此，在进行具体实验时，就要解决如何更有效地设计和组织实验，如何正确处理实验数据，以及如何把模型实验结果推广到原型等一系列问题。本章的量纲分析和相似理论为这些问题的解决提供了理论依据。例如，我们可以根据量纲分析对某一流动现象中若干变量进行适当组合成为无量纲量，然后选择能方便操作和量测的变量进行实验，这样可以大幅度减小实验的工作量，而且使实验数据的整理和分析变得较为容易。又如，根据相似理论，可以自如地选择合适的模型比尺来进行模型实验，能够达到节约实验费用的目的。量纲分析和相似理论不仅在工程流体力学中有广泛的应用，而且也广泛地应用于其他工程领域的研究中。故掌握量纲分析和相似理论，对于一个自然科学工作者来说是十分必要的。

§4-1 量纲分析的概念和原理

1. 量 纲

量纲是物理量的本质属性，简单说量纲是表征物理量的单位种类。同一物理量，可以用不同的单位来度量，但只有唯一的量纲，例如长度可以用米、厘米等不同单位度量，但作为物理量的种类，它属于长度量纲。其他物理量，如时间、速度、密度、力等也各属一种量纲。习惯上，在物理量的代表符号前面加“dim”表示量纲，例如速度 v 的量纲表示为 $\dim v$。

由于许多物理量的量纲之间有一定的联系，在量纲分析中常需选定少数几个物理量的量纲作为基本量纲，其他的物理量的量纲就都可以由这些基本量纲导出，称为导出量纲。基本量纲应当是互相独立的，即不能互相表达。在工程流体力学中常用长度、时间、质量作为基本量纲，为了方便，将长度、时间、质量的量纲分别写为 L、T、M，于是就有如下的导出量纲：

速度 $v=\dfrac{\mathrm{d}l}{\mathrm{d}t}$； $\dim v=\mathrm{LT}^{-1}$

加速度 $a=\dfrac{\mathrm{d}v}{\mathrm{d}t}$； $\dim a=\mathrm{LT}^{-2}$

密度　　　$\rho=\frac{\mathrm{d}m}{\mathrm{d}V}$；　$\dim \rho=\mathrm{ML}^{-3}$

力　　　$F=ma=m\frac{\mathrm{d}^2 l}{\mathrm{d}t^2}$；　$\dim F=\mathrm{MLT}^{-2}$

压强　　　$p=\frac{\mathrm{d}P}{\mathrm{d}A}$；　$\dim p=\mathrm{ML}^{-1}\mathrm{T}^{-2}$

对于任何物理量(如以 q 表示)，其量纲可写作

$$\dim q=\mathrm{L}^{\alpha}\mathrm{M}^{\beta}\mathrm{T}^{\gamma} \tag{4-1}$$

式中，α、β、γ 是由物理量的定义所决定的指数。

2. 无量纲量

在量纲分析中，把一个物理过程当中那些彼此互相独立的物理量称为基本量；其他物理量可由这些基本量导出，称为导出量。基本量与导出量适当组合可以组合成无量纲量。无量纲量具有如下特点：① 量纲表示式(4-1)中的指数 α、β、γ 均为零；② 无量纲量没有单位；③ 无量纲量的数值与所采用的单位制无关。故无量纲量也称为无量纲数。

由于基本量是彼此互相独立的，故它们之间不能组成无量纲量。由此我们可以给出基本量独立的判定条件。

设 A、B、C 为三个基本量，它们成立的条件是 A^x、B^y、C^z 的幂乘积不是无量纲量，即

$$(\dim A)^x(\dim B)^y(\dim C)^z=\mathrm{L}^0\mathrm{M}^0\mathrm{T}^0=1 \tag{4-2}$$

的非零解不存在。

采用式(4-1)来表示物理量 A、B、C 的量纲

$$\dim A=\mathrm{L}^{\alpha_1}\mathrm{M}^{\beta_1}\mathrm{T}^{\gamma_1}$$
$$\dim B=\mathrm{L}^{\alpha_2}\mathrm{M}^{\beta_2}\mathrm{T}^{\gamma_2}$$
$$\dim C=\mathrm{L}^{\alpha_3}\mathrm{M}^{\beta_3}\mathrm{T}^{\gamma_3}$$

代入式(4-2)，关于指数有如下关系式

$$\alpha_1 x+\alpha_2 y+\alpha_3 z=0$$
$$\beta_1 x+\beta_2 y+\beta_3 z=0$$
$$\gamma_1 x+\gamma_2 y+\gamma_3 z=0$$

如果要使方程(4-2)无非零解，此齐次线性方程组的系数行列式应满足

$$D=\begin{vmatrix}\alpha_1 & \alpha_2 & \alpha_3\\ \beta_1 & \beta_2 & \beta_3\\ \gamma_1 & \gamma_2 & \gamma_3\end{vmatrix}\neq 0 \tag{4-3}$$

那么我们说变量 A、B、C 是互相独立的，它们可以作为基本变量。例如，长度、流速及密度就可以作为基本量。读者可对这三个物理量直接用式(4-3)给予证明。

3. 物理方程的量纲一致性

在自然现象当中，互相联系的物理量可构成物理方程。物理方程可以是单项式或多项式，同一方程中各项又可以由不同量组成，但是各项的单位必定相同，量纲也必然一致。这就是物量方程的量纲一致性原理，亦称为齐次性原理，是量纲分析的理论依据。另一方面，由于物理

方程的量纲具有一致性，可以用任意一项去除等式两边，使方程每一项变为无量纲量，这样原方程就变为无量纲方程，但所表达的物理现象与原方程相同，这一点极为重要，这也是量纲分析的理论依据。例如，动能方程

$$E=\frac{1}{2}mv^2$$

可改写为

$$\frac{E}{mv^2}=\frac{1}{2}$$

又如，理想流体伯努利方程

$$z_1+\frac{p_1}{\gamma}+\frac{\alpha_1 v_1^2}{2g}=z_2+\frac{p_2}{\gamma}+\frac{\alpha_2 v_2^2}{2g}$$

若 $\alpha_1=\alpha_2=1$，也可改写为

$$\frac{z_1-z_2}{v_1^2/(2g)}+\frac{p_1-p_2}{\rho v_1^2/2}=\left(\frac{v_2}{v_1}\right)^2-1$$

可以验证各项也都是无量纲量。

§4-2 量纲分析法

量纲分析法的依据是物理方程的量纲一致性。那么首要的问题是要充分了解流体流动的物理过程，找出这一过程当中的影响因素，假定一个未知的函数关系，然后运用物理方程量纲一致性原则确定这个函数关系。以下通过例子来说明量纲分析的步骤及方法。

【例 4-1】 自由落体在时间 t 内经过的距离 s，经实验认为，与下列因素有关：落体重量 W、重力加速度 g 及时间 t。试用物理方程量纲一致性原理分析自由落体下落距离公式。

解 首先将关系式写成指数关系

$$s=KW^a g^b t^c$$

其中，K 为无量纲量，也称无量纲系数。

各变量的量纲分别为：$\dim s=\mathrm{L}$，$\dim W=\mathrm{MLT^{-2}}$，$\dim t=\mathrm{T}$，$\dim g=\mathrm{LT^{-2}}$。将上式指数方程写成量纲方程

$$\mathrm{L}=(\mathrm{MLT^{-2}})^a(\mathrm{LT^{-2}})^b(\mathrm{T})^c$$

根据物理方程量纲一致性原则，对于各基本量纲可写出未知指数关系如下：

$$\mathrm{M}:\ 0=a$$

$$\mathrm{L}:\ 1=a+b$$

$$\mathrm{T}:\ 0=-2a-2b+c$$

得出 $a=0$； $b=1$； $c=2$

代入原式，得

$$s=KW^0 gt^2$$

即　　　　　　　$s=Kgt^2$

注意：式中重量的指数为零，表明自由落体下落距离与重量无关。其中系数 K 须由实验确定。

【例 4-2】 对于在黏性流体中运动的球形物体所受阻力 F_D，可以认为影响阻力 F_D 大小的因素有球体的尺寸、球的运动速度 v、反映流体物理性质的密度 ρ 和黏度 μ。试用量纲分析法求阻力 F_D 的公式。

解 根据对影响阻力 F_D 的因素进行的合理分析，于是可以将这一问题假设为如下的函数关系

$$F_D=f(D,v,\rho,\mu)$$

其中，D 为球体的直径。

下面依据物理方程的量纲一致性原理推求这些变量间的关系。现设 F_D 与其他各物理量成幂乘积的关系，即

$$F_D=KD^a v^b \rho^c \mu^d$$

这里的 K 是无量纲系数。

用基本量纲 M、L、T 去表达各物理量的量纲，有如下的量纲方程

$$\mathrm{MLT^{-2}}=\mathrm{L}^a(\mathrm{LT^{-1}})^b(\mathrm{ML^{-3}})^c(\mathrm{ML^{-1}T^{-1}})^d$$

由量纲的一致性可知，等号两边各基本量纲的指数应相等，即

$$\mathrm{M}:\ 1=c+d$$

$$\mathrm{L}:\ 1=a+b-3c-d$$

$$\mathrm{T}:\ -2=-b-d$$

这是 4 个未知数 3 个方程的方程组，以 d 作为待定未知指数，分别求出 a、b、c 为

$$a=2-d;\quad b=2-d;\quad c=1-d$$

因此　　　　　$F_D=KD^{2-d}v^{2-d}\rho^{1-d}\mu^d$

将等号右边的变量组合起来成为

$$F_D=K\rho D^2 v^2\left(\frac{vD\rho}{\mu}\right)^{-d}$$

可以证明$\dfrac{Dv\rho}{\mu}$为无量纲量，流体力学中称为雷诺数，记为 Re，那么上式可写为

$$F_D=f_1(Re)\rho D^2 v^2$$

或　　　　　$$\frac{F_D}{\rho D^2 v^2}=f_1(Re)=C_D$$

量纲分析结果表明球形物体的阻力等于一个系数 C_D 乘上 $\rho D^2 v^2$，系数 C_D 是雷诺数 Re 的函数，称为绕流阻力系数，这个系数需要通过实验确定。分析结果还说明：实验测定系数 C_D 时，只要改变速度的大小就能找出 C_D 与 Re 的关系。可见量纲分析对工程流体力学的实验具有重要的指导作用。

以上介绍的量纲分析方法称为瑞利(Rayleigh)法。由于通常情况下，基本量纲只有 3 个，如 M、L、T。当影响流动的变量有 4 个时，就存在一个需要待定的指数；当流动变量多于 4 个时，需待定的指数就相应增加。此时无论在待定指数的选取上还是无量纲量的组合上都有一

定的困难。解决上述问题更为通用的方法是布金汉(Buckingham)π定理方法。

布金汉π定理指出:对于某个物理现象,如果存在n个变量互为函数关系,即

$$F(q_1,q_2,q_3,\cdots,q_n)=0$$

而这些变量中含有m个基本量,则可组合这些变量成$(n-m)$个无量纲数的函数关系,即

$$\varphi(\pi_1,\pi_2,\cdots,\pi_{n-m})=0$$

式中,$\pi_1,\pi_2\cdots$称为π数,即无量纲数。

现举例说明π定理的应用方法和步骤。

【例 4-3】 用π定理方法重做例 4-2。

解 运用π定理再次分析例 4-2 的流动问题,首先将函数关系设为

$$F(F_D,D,v,\rho,\mu)=0$$

其中变量数$n=5$,选取基本变量ρ、D、v,根据π定理,上式可变为

$$\varphi(\pi_1,\pi_2)=0$$

下面的工作是如何求出π_1和π_2。由于基本变量是ρ、D、v,那么F_D和μ就为导出量,将它们分别与基本量进行适当组合,可以找出无量纲量,即

$$\pi_1=\rho^{a_1}D^{b_1}v^{c_1}\mu$$

$$\pi_2=\rho^{a_2}D^{b_2}v^{c_2}F_D$$

为了确定这些未知指数,注意π是无量纲量,可以用$M^0L^0T^0$表示,对于π_1有

$$M^0L^0T^0=(ML^{-3})^{a_1}L^{b_1}(LT^{-1})^{c_1}(ML^{-1}T^{-1})$$

比较两边的基本量纲的未知指数,于是有

$$M:\ 0=a_1+1$$

$$L:\ 0=-3a_1+b_1+c_1-1$$

$$T:\ 0=-c_1-1$$

求得 $a_1=-1;\quad b_1=-1;\quad c_1=-1$

因此 $\pi_1=\dfrac{\mu}{\rho Dv}=1/Re$

同理得

$$\pi_2=\frac{F_D}{\rho D^2v^2}$$

代入$\varphi(\pi_1,\pi_2)=0$,并变换一下表达形式,可写成

$$\pi_2=\varphi_1(\pi_1),\text{或 }\pi_2=\varphi_2\left(\frac{1}{\pi_1}\right)$$

则有 $\dfrac{F_D}{\rho D^2v^2}=\varphi_2(Re)=C_D$

或者 $F_D=C_D\rho D^2v^2$

【例 4-4】 经分析可知不可压缩黏性流体在水平等直径管道中作恒定流动的压强降落值Δp与下列因素有关:流速v、直径d、管长l、流体的密度ρ和动力黏度μ,还有管壁粗糙高度Δ。试用π定理分析压强降落Δp的表达式。

解 根据上述影响因素,将其写成函数关系

$$F(v,d,l,\rho,\mu,\Delta,\Delta p)=0$$

可知变量数目 $n=7$。由上述 7 个物理量中选取 3 个基本量:流速 v、管径 d 和流体密度 ρ,这 3 个量包含了 L、T、M 三个基本量纲。根据 π 定理,上述 7 个物理量可组合成 $n-m=7-3=4$ 个无量纲 π 数,即 π_1、π_2、π_3 和 π_4,且有关系式

$$f(\pi_1,\pi_2,\pi_3,\pi_4)=0$$

其中 $$\pi_1=v^{a_1}d^{b_1}\rho^{c_1}\Delta p$$

$$\pi_2=v^{a_2}d^{b_2}\rho^{c_2}\mu$$

$$\pi_3=v^{a_3}d^{b_3}\rho^{c_3}l$$

$$\pi_4=v^{a_4}d^{b_4}\rho^{c_4}\Delta$$

将各 π 数方程写成量纲形式

$$\dim \pi_1=\mathrm{M^0L^0T^0}=(\mathrm{LT^{-1}})^{a_1}\mathrm{L}^{b_1}(\mathrm{ML^{-3}})^{c_1}(\mathrm{ML^{-1}T^{-2}})$$

根据量纲一致性,有

$$\mathrm{L}:\ a_1+b_1-3c_1-1=0$$

$$\mathrm{T}:\ -a_1-2=0$$

$$\mathrm{M}:\ c_1+1=0$$

得 $$a_1=-2;\quad b_1=0;\quad c_1=-1$$

所以 $$\pi_1=\frac{\Delta p}{\rho v^2}$$

同理 $$\dim \pi_2=\mathrm{M^0L^0T^0}=(\mathrm{LT^{-1}})^{a_2}\mathrm{L}^{b_2}(\mathrm{ML^{-3}})^{c_2}(\mathrm{ML^{-1}T^{-1}})$$

比较两边的指数可知

$$a_2=-1;\quad b_2=-1;\quad c_2=-1$$

所以 $$\pi_2=\frac{\mu}{\rho v d}$$

因为 l 和 Δ 都是长度量纲,与基本量管径 d 相除则得无量纲量

$$\pi_3=\frac{l}{d}$$

和

$$\pi_4=\frac{\Delta}{d}$$

这样原来函数关系可写成

$$f\left(\frac{\Delta p}{\rho v^2},\frac{\mu}{\rho v d},\frac{l}{d},\frac{\Delta}{d}\right)=0$$

或 $$\frac{\Delta p}{\rho v^2}=f_1\left(\frac{\mu}{\rho v d},\frac{l}{d},\frac{\Delta}{d}\right)$$

由于在水平等直径管道中压强降落值 Δp 与管长 l 成正比,故有

$$\frac{\Delta p}{\rho v^2}=\frac{l}{d}f_2\left(\frac{\mu}{\rho v d},\frac{\Delta}{d}\right)$$

注意到 $dv\rho/\mu$ 为雷诺数 Re，则压强降落值公式为

$$\frac{\Delta p}{\gamma}=f_3\left(Re,\frac{\Delta}{d}\right)\frac{l}{d}\frac{v^2}{2g}$$

式中，$f_3(Re,\Delta/d)=\lambda$，称为沿程阻力系数，第五章将详细讨论。

必须指出的是量纲分析并没有给出流动问题的最终解，它只提供了这个解的基本结构，函数的数值关系还有待于实验确定。另外一点就是在应用量纲分析法时，如何正确选定所有影响因素是一个至关重要的问题。如果选进了不必要的参数，那么人为地使研究复杂化；如果漏选了不能忽略的影响因素，无论量纲分析运用得多么正确，所得到的物理方程也都是错误的。所以，量纲分析的正确使用尚依赖于研究人员对所研究流动现象的透彻和全面的了解。

§4-3　流动相似性原理

相似的概念最早出现于几何学中，即假如两个几何图形的对应边成一定的比例，那么这两个图形便是几何相似的。可以把这一概念推广到某个物理现象的所有物理量上。例如，对于两个流动相似，则两个流动的对应点上同名物理量（如线性长度、速度、压强、各种力等）应具各自的比例关系。分类说明的话，就是两个流动应满足几何相似、运动相似和动力相似以及初始条件和边界条件的相似。

为了便于理解和掌握相似的基本概念，定义 λ_q 表示原型（prototype）与模型（model）对应物理量 q 的比例，称之为比尺，即

$$\lambda_q=\frac{q_p}{q_m} \tag{4-4}$$

1. 几何相似

如果两个流动的线性变量间存在着固定的比例关系，即原型和模型对应的线性长度的比值相等，则称这两个流动是几何相似的。

如以 l 表示某一线性尺度，则有长度比尺

$$\lambda_l=\frac{l_p}{l_m} \tag{4-5}$$

由此可推得其他有关几何量的比尺，例如，面积 A 和体积 V 的比尺分别为

$$\lambda_A=\frac{A_p}{A_m}=\frac{l_p^2}{l_m^2}=\lambda_l^2$$

$$\lambda_V=\frac{V_p}{V_m}=\frac{l_p^3}{l_m^3}=\lambda_l^3$$

2. 运动相似

运动相似是指流体运动的速度场相似。也就是指两个流动各对应点(包括边界上各点)的速度 u 方向相同,其大小成一固定的比尺 λ_u,即

$$\lambda_u=\frac{u_{\mathrm{p}}}{u_{\mathrm{m}}} \tag{4-6}$$

由于各相应点速度成比例,所以相应断面的平均速度有同样的比尺,即

$$\lambda_v=\frac{v_{\mathrm{p}}}{v_{\mathrm{m}}}=\lambda_u$$

注意到流速是位移对时间 t 的微商 $\mathrm{d}l/\mathrm{d}t$,则时间比尺为

$$\lambda_t=\frac{t_{\mathrm{p}}}{t_{\mathrm{m}}}=\frac{(l/u)_{\mathrm{p}}}{(l/u)_{\mathrm{m}}}=\frac{\lambda_l}{\lambda_u} \tag{4-7}$$

同理,在运动相似的条件下,流场中对应点处流体质点的加速度比尺为

$$\lambda_a=\frac{a_{\mathrm{p}}}{a_{\mathrm{m}}}=\frac{\lambda_u}{\lambda_t}=\frac{\lambda_u^2}{\lambda_l} \tag{4-8}$$

3. 动力相似

若两流动对应点处流体质点所受同名力 $\boldsymbol{F}$ 的方向相同,其大小之比均成一固定的比尺 λ_F,则称这两个流动是动力相似的。所谓同名力是指具有同一物理性质的力。例如重力 F_{G}、黏性力 F_μ、压力 F_{P}、弹性力 F_{E}、表面张力 F_σ 等。

如果作用在流体质点上的合力不等于零,根据牛顿第二定律,流体质点必产生加速度,此时可根据理论力学中的达朗伯原理,引进流体质点的惯性力,那么惯性力与质点所受诸力“平衡”,形式上构成封闭力多边形,这样,动力相似又可表征为两相似流动对应质点上的封闭力多边形相似。例如假定两流动具有流动相似,作用在流体质点的力有重力 F_{G}、压力 F_{P}、黏性力 F_μ 和惯性力 F_{I},见图 4-1。那么两流动动力相似就要求

$$\frac{F_{\mathrm{Gp}}}{F_{\mathrm{Gm}}}=\frac{F_{\mathrm{Pp}}}{F_{\mathrm{Pm}}}=\frac{F_{\mu\mathrm{p}}}{F_{\mu\mathrm{m}}}=\frac{F_{\mathrm{Ip}}}{F_{\mathrm{Im}}} \tag{4-9}$$

成立。式中的下角标 p 和 m 分别表示原型和模型。

4. 初始条件和边界条件的相似

初始条件和边界条件的相似是保证相似的必要条件,正如初始条件和边界条件的给出是微分方程的定解条件一样。

在非恒定流中,初始条件是必需的;在恒定流中初始条件则失去意义。

边界条件在一般情况下可分为几何的、运动的和动力几个方面,如固体边界上的法线流速为零,自由表面上的压强为大气压强等。

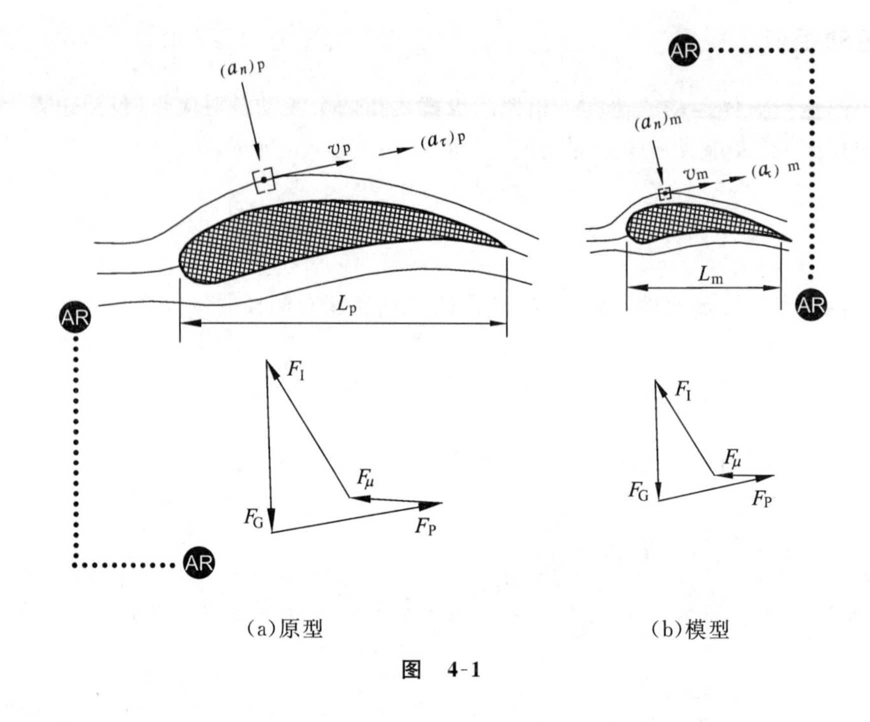

(a)原型　　(b)模型

图　4-1

所谓初始条件和边界条件相似是指原型及模型均满足上述条件。

§4-4　相似准则

为了方便讨论,根据各种力的定义,可以将各种力写成最简单的形式:

重力　$F_G = mg = \rho g V = \rho g l^3$

压力　$F_P = (\Delta p)A = (\Delta p)l^2$,$\Delta p$ 为压强差

黏性力　$F_\mu = A\ \tau = A\mu \dfrac{du}{dy} = \mu l^2\ \dfrac{v}{l} = \mu v l$

弹性力　$F_E = KA = Kl^2$,　K 为流体体积模量

表面张力　$F_\sigma = \sigma l$,　σ 为表面张力系数

惯性力　$F_I = ma = \rho V a = \rho l^3 (l/t^2) = \rho l^2 v^2$

在实际流动问题中,这些力有的不存在或者作用效果微小故可忽略。

上面讨论了流动相似的基本理论,即两流动相似,应具有几何相似、运动相似、动力相似及初始条件和边界条件相似这些要求。一般来说,几何相似是运动相似和动力相似的前提和依据,动力相似是决定两流动相似的主导因素,运动相似是几何相似和动力相似的表现。因此,在几何相似的前提下,要保证流动相似,主要看动力相似,即应满足式(4-9),由于惯性力相似与运动相似直接相关,因此,将式(4-9)变为

$$\left(\frac{F_I}{F_G}\right)_p = \left(\frac{F_I}{F_G}\right)_m;\quad \left(\frac{F_I}{F_\mu}\right)_p = \left(\frac{F_I}{F_\mu}\right)_m;\quad \left(\frac{F_I}{F_P}\right)_p = \left(\frac{F_I}{F_P}\right)_m \tag{4-10}$$

上式给出了两流动相似时，重力 F_G、压力 F_P、黏性力 F_μ 应满足的关系式。以下我们可以从中分项详细讨论，推导出工程流体力学中常见的相似准则和相似准数。

1. 弗劳德准则

现将前面已给出的各种力的最简形式代入式(4-10)中，先来分析第一个方程

$$\left(\frac{F_I}{F_G}\right)_p=\left(\frac{F_I}{F_G}\right)_m$$

因为 $F_I=\rho l^2 v^2$，$F_G=\rho g l^3$，代入上式得

$$\left(\frac{\rho l^2 v^2}{\rho g l^3}\right)_p=\left(\frac{\rho l^2 v^2}{\rho g l^3}\right)_m$$

由此得出

$$\frac{v_p}{\sqrt{l_p g_p}}=\frac{v_m}{\sqrt{l_m g_m}} \quad 或 \quad \frac{v_p^2}{l_p g_p}=\frac{v_m^2}{l_m g_m} \tag{4-11}$$

上式等号两边均为无量纲数，称为弗劳德相似准数，简称弗劳德数。由推导过程知道弗劳德数反映惯性力与重力的比值，即

$$Fr=\frac{v}{\sqrt{lg}} \tag{4-12}$$

那么原型和模型流动惯性力和重力的相似关系可以表达为

$$(Fr)_p=(Fr)_m \tag{4-13}$$

或

$$\frac{\lambda_v}{\sqrt{\lambda_l \lambda_g}}=1 \tag{4-14}$$

即原型流动和模型流动的弗劳德数相等，这就是弗劳德准则。

2. 雷诺准则

以同样的方法讨论式(4-10)的第二个等式

$$\left(\frac{F_I}{F_\mu}\right)_p=\left(\frac{F_I}{F_\mu}\right)_m$$

将 $F_I=\rho l^2 v^2$ 和 $F_\mu=\mu v l$ 代入并整理得出

$$\frac{v_p l_p \rho_p}{\mu_p}=\frac{v_m l_m \rho_m}{\mu_m} \tag{4-15}$$

上式等号两边的无量纲数已在前面提过，它就是雷诺数

$$Re=\frac{vl\rho}{\mu}=\frac{vl}{\nu} \tag{4-16}$$

它是惯性力与黏性力的比值。式(4-15)说明原型流动与模型流动黏性力相似，要求原型流动与模型流动的雷诺数相等，即

$$(Re)_p=(Re)_m \tag{4-17}$$

或
$$\frac{\lambda_l\lambda_v}{\lambda_\nu}=1 \tag{4-18}$$

以上结论称为雷诺准则。

3. 欧拉准则

再分析式(4-10)中的第三个等式

$$\left(\frac{F_I}{F_P}\right)_p=\left(\frac{F_I}{F_P}\right)_m$$

将 $F_I=\rho l^2v^2$ 和 $F_P=(\Delta p)A=(\Delta p)l^2$ 代入并整理得出

$$\left(\frac{\Delta p}{\rho v^2}\right)_p=\left(\frac{\Delta p}{\rho v^2}\right)_m \tag{4-19}$$

括号中的组合量也是无量纲数，称为欧拉相似准数，简称欧拉数，即

$$Eu=\frac{\Delta p}{\rho v^2} \tag{4-20}$$

欧拉数 Eu 是流动压力与惯性力的比值。

那么压力与惯性力的相似关系可写为

$$(Eu)_p=(Eu)_m \tag{4-21}$$

或
$$\frac{\lambda_p}{\lambda_\rho\lambda_v^2}=1 \tag{4-22}$$

即原型流动与模型流动的欧拉数相等，这就是欧拉准则。

4. 其他相似准则

我们依照前面的方法还可以讨论其他力相似的相似准则，例如：若考虑到液体运动时的表面张力作用，由液体所受到的惯性力与表面张力之比，可得韦伯数 We。如要求两流动表面张力相似，必须保证韦伯数相等，即

$$\frac{\rho_p l_p v_p^2}{\sigma_p}=\frac{\rho_m l_m v_m^2}{\sigma_m} \tag{4-23}$$

或
$$(We)_p=(We)_m \tag{4-24}$$

式中，σ 为表面张力系数。

若考虑到流体运动时的弹性力作用，由流体所受到的惯性力与弹性力之比，可得柯西数 Ca。如要求两流动弹性力相似，必须保证柯西数相等，即

$$\frac{\rho_p v_p^2}{K_p}=\frac{\rho_m v_m^2}{K_m} \tag{4-25}$$

或

$$(Ca)_p=(Ca)_m \tag{4-26}$$

因为声音在流体中传播速度(音速) $a=\sqrt{K/\rho}$,代入柯西数得

$$\sqrt{Ca}=\frac{v}{a}=Ma$$

Ma 称为马赫数,在气流速度接近或超过音速时,要保证流动相似,还需保证马赫数相等,即

$$\frac{v_p}{a_p}=\frac{v_m}{a_m} \tag{4-27}$$

或

$$(Ma)_p=(Ma)_m \tag{4-28}$$

前面根据动力相似推导了各种相似准则或相似准数。除此之外,还可以由流体运动微分方程推导相似准则,其推导方法可以参见其他水力学教材。另一类推导方法就是根据量纲分析。例如在本章例 4-3 中,光滑圆球在流体中运动所受阻力的相似准数就是雷诺数,如果要通过实验测定原型球在流体中所受阻力大小的话,就要保证模型与原型的雷诺数相等来开展实验。

由例 4-4 知道,不可压缩黏性流体在等直径管道中流动的相似准数为雷诺数 Re、相对粗糙度 Δ/d 和欧拉数 Eu,还可知道,当原型与模型流动的雷诺数 Re 和相对粗糙度 Δ/d 分别相等时,则原型和模型流动的欧拉数自行相等。反过来也是成立的:当原型与模型流动的雷诺数 Re 和欧拉数 Eu 分别相等时,那么相对粗糙度 Δ/d 也必相等。这一点可用来进行人工加糙和率定内流壁面的糙率等问题。例 4-4 中提到的有关沿程阻力系数 λ 与 Re 和 Δ/d 的关系将在第五章详细讨论。

由此可见,量纲分析能够帮助我们得到流动的相似准数,又可以将模型实验的数据和规律推广到原型上。

§4-5　模型试验设计

1. 模型律的选择

在进行模型设计时,怎样根据原型的物理量确定模型的量值,这就是模型律的选择,模型律的选择应依据上节所述相似准则等来确定。理论上讲,流动相似要求所有作用力都相似。

现在仅考虑黏性阻力与重力同时满足相似,也就是说要保证模型和原型中的雷诺数和弗劳德数分别对应相等。由式(4-18)和式(4-14)分别得到

$$\lambda_v=\frac{\lambda_\nu}{\lambda_l} \tag{4-29}$$

和

$$\lambda_v=\sqrt{\lambda_l\lambda_g} \tag{4-30}$$

通常 $\lambda_g=1$,则式(4-30)成为

$$\lambda_v=\sqrt{\lambda_l}$$

显然，要同时满足以上两个条件，必须取

$$\lambda_\nu=\lambda_v\lambda_l=\sqrt{\lambda_l}\lambda_l=\lambda_l^{3/2}$$

这就是说，要实现两流动相似，一是模型的流速应为原型流速的 $1/\sqrt{\lambda_l}$ 倍；二是必须按 $\lambda_\nu=\lambda_l^{3/2}$ 来选择运动黏度的比值，但通常这后一条件难以实现。

另一方面，若考虑模型与原型采用同一种介质，即 $\lambda_\nu=1$，根据黏性力和重力的相似，有如下的条件

$$\lambda_v=\frac{1}{\lambda_l}$$

和

$$\lambda_v=\sqrt{\lambda_l}$$

显然，λ_l 与 λ_v 的关系要同时满足以上两个条件，则 $\lambda_l=1$，即模型不能缩小也不能放大，失去了模型实验的价值。

从上述分析可见，一般情况下同时满足两个或两个以上作用力相似是难以实现的。实际中，常常要对所研究的流动问题做深入的分析，找出影响该流动问题的主要作用力，满足一个主要力的相似，而忽略其他次要力的相似。例如，对于管中的有压流动及潜体绕流等，只要流动的雷诺数不是特别大，一般其相似条件都依赖于雷诺准则。而像行船引起的波浪运动、明渠水流（含自然河流）、绕桥墩的水流、堰流、容器壁小孔射流等则主要受重力影响，相似条件要保证弗劳德数相等。

2. 模型的设计

在模型设计中，通常是根据试验场地和模型制作的条件先定出长度比尺 λ_l，再以选定的比尺 λ_l 缩小（或放大）原型的几何尺度，得出模型流动的几何边界。在一般情况下模型流动所使用的流体就采用原型流流体，则流体密度比尺 λ_ρ 和黏性比尺 λ_ν 均等于 1。然后按所选用的相似准则（弗劳德准则或雷诺准则等）确定相应的速度比尺，这样可按下式计算出模型流的流量

$$\frac{Q_\mathrm{p}}{Q_\mathrm{m}}=\frac{v_\mathrm{p}A_\mathrm{p}}{v_\mathrm{m}A_\mathrm{m}}=\lambda_v\lambda_l^2$$

或

$$Q_\mathrm{m}=\frac{Q_\mathrm{p}}{\lambda_v\lambda_l^2} \tag{4-31}$$

需要说明的是以上所述的几何相似，要求模型不论在水平方向或竖直方向均遵守同一线性比尺 λ_l，依此设计的模型称为正态模型。但是，在河流或港口水工模型中，水平长度比较大，如果竖直方向也采用这种大的线性比尺，则模型中的水深可能很小，在水深很小的水流中，表面张力的影响不可忽略，这样模型并不能保证水流相似。为此工程上根据模型试验的目的在水平方向和竖直方向选用不同的比尺，而形成了广义的“几何相似”，称这种模型为变态模型。变态模型改变了水流流速场，因此，它是一种近似模型，其近似程度取决于两种线性比尺的差值和所研究的具体内容。这说明要正确进行水力模型试验还需对所要研究的工程流体力学问题有比较深入的了解。

以上介绍的相似概念是同类现象中的相似问题，称为“同类相似”。相似也可存在于不同类现象之间，如力和电的相似，这种相似称为“异类相似”。如地下水渗流研究中的水电比拟就是异类相似的具体应用。

【例 4-5】 一桥墩长 $l_p=24$ m,墩宽 $b_p=4.3$ m,水深 $h_p=8.2$ m,河中水流平均流速 $v_p=2.3$ m/s,两桥台间的距离 $B_p=90$ m(见图 4-2)。取几何比尺 $\lambda_l=50$ 来设计水工模型试验,试确定模型各量值。

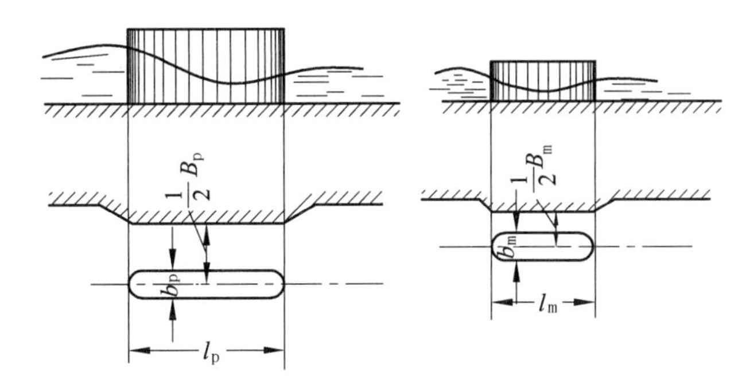

图 4-2

解 对一般水工建筑物的流动,起主要作用的是重力,所以模型试验可依据弗劳德准则进行模型设计。

① 模型的各几何尺寸,由给定的 $\lambda_l=50$ 可直接计算得到:

桥墩长 $l_m=\frac{l_p}{\lambda_l}=\frac{24}{50}=0.48$ m

桥墩宽 $b_m=\frac{b_p}{\lambda_l}=\frac{4.3}{50}=0.086$ m

桥墩台间距 $B_m=\frac{B_p}{\lambda_l}=\frac{90}{50}=1.80$ m

水深 $h_m=\frac{h_p}{\lambda_l}=\frac{8.2}{50}=0.164$ m

② 模型平均流速与流量,因受弗劳德准则控制,由式(4-14)得

$$\lambda_v=\sqrt{\lambda_g\lambda_l}$$

$\lambda_g=1$,则 $\lambda_v=\sqrt{\lambda_l}$。所以模型流速为

$$v_m=\frac{v_p}{\sqrt{\lambda_l}}=\frac{2.3}{\sqrt{50}}=0.325\ \text{m/s}$$

再由式(4-31)得模型流量

$$Q_m=\frac{Q_p}{\lambda_l^2\lambda_v}=\frac{Q_p}{\lambda_l^2\sqrt{\lambda_l}}=\frac{Q_p}{\lambda_l^{2.5}}$$

因 $Q_p=v_p(B_p-b_p)h_p=2.3\times(90-4.3)\times8.2=1\,616.3\ \text{m}^3/\text{s}$

所以 $Q_m=\frac{Q_p}{\lambda_l^{2.5}}=\frac{1\,616.3}{50^{2.5}}=0.091\,4\ \text{m}^3/\text{s}$

【例 4-6】 为了研究在油液中水平高速运动小潜体的运动特性，用放大 8 倍的模型在 15℃水中进行实验。物体在油液中运动速度 $\nu_p=13.72$ m/s，油的密度 $\rho_{油}=864$ kg/m³，动力黏度 $\mu=0.025\ 8$ Pa·s。

① 为保证模型与原型流动相似，模型潜体的速度应取多大？

② 实验测定出模型潜体的流体阻力为 3.56 N，试推求原型潜体所受流体阻力。

解

① 因物体在液面一定深度之下运动，在忽略波浪运动的情况下，相似条件应满足雷诺准则，即

$$\left(\frac{Dv}{\nu}\right)_p=\left(\frac{Dv}{\nu}\right)_m$$

由式(1-7)可计算得 15℃水的运动黏度：

$$\nu_m=1.141\times10^{-6}\ \mathrm{m^2/s}$$

油液的运动黏度：

$$\nu_p=\frac{\mu_p}{\rho_p}=\frac{0.025\ 8}{864}=2.99\times10^{-5}\ \mathrm{m^2/s}$$

$$D_m=8D_p$$

代入雷诺准则：

$$\frac{D_p\times13.72}{2.99\times10^{-5}}=\frac{(8D_p)\times v_m}{1.141\times10^{-6}}$$

得 $$v_m=0.065\ \mathrm{m/s}$$

② 因为力 $F\propto\rho l^2v^2$，所以

$$\frac{F_p}{F_m}=\frac{\rho_p l_p^2 v_p^2}{\rho_m l_m^2 v_m^2}$$

$$=\frac{864\times1^2\times(13.72)^2}{1\ 000\times8^2\times(0.065)^2}=601.47$$

得 $$F_p=601.47F_m=601.47\times3.56=2\ 141.2\ \mathrm{N}$$

习　　题

一、单项选择题

4-1 以 L、T、M 分别代表长度、时间、质量的量纲，则动力黏性系数 的量纲可表达为(　　)。

A. MLT^{-1}　　B. $ML^{-1}T^{-1}$　　C. $M^{-1}LT$　　D. $L^{-2}T^{-1}$

4-2 下列各组物理量中，属于同一量纲的是(　　)。

A. 长度、宽度、运动黏度　　B. 长度、密度、速度梯度

C. 密度、重度、压强梯度　　D. 水深、管径、测压管水头

4-3　压强差 Δp、密度 ρ、长度 l 和流量 Q 的无量纲组合是(　　)。

A. $\dfrac{\rho Q}{\Delta p l^2}$　　B. $\dfrac{\rho l}{\Delta p Q^2}$　　C. $\dfrac{\Delta p l Q}{\rho}$　　D. $\sqrt{\dfrac{\rho}{\Delta p}}\dfrac{Q}{l^2}$

4-4　反映惯性力与重力之比的无量纲数是(　　)。

A. 雷诺数(Re)　　B. 弗劳德数(Fr)　　C. 欧拉数(Eu)　　D. 韦伯数(We)

4-5　在某水工模型试验中,若以重力相似准则推算,则施加于原型的水流阻力可表达为(　　)。

A. $F_p = F_m\lambda_l$　　B. $F_p = F_m\lambda_l^{5/2}$　　C. $F_p = F_m\lambda_\rho\lambda_l^3$　　D. $F_p = F_m\lambda_\rho\lambda_l^2$

4-6　已知压力输水管模型试验的线性比尺 $\lambda_l = 5$,若原、模型采用同一流体,则其流量比尺 λ_Q 和压强比尺 λ_p 分别为(　　)。

A. $5, \dfrac{1}{25}$　　B. $25, \dfrac{1}{20}$　　C. $\dfrac{1}{5}, 5$　　D. $\dfrac{1}{20}, 25$

二、计算分析题

4-7　根据牛顿内摩擦定律 $\tau = \mu\dfrac{du}{dy}$,推导动力黏度 μ、运动黏度 ν 的量纲和单位。

4-8　用式(4-3)证明压强差 Δp、管径 d、重力加速度 g 三个物理量是互相独立的。

4-9　用量纲分析法将下列各组物理量组合成无量纲量:

(1) τ、v、ρ;

(2) Δp、v、γ、g,其中 γ 为流体的重度;

(3) F、ρ、l、v;

(4) v、l、ρ、σ,其中 σ 为表面张力系数,定义为单位长度上的表面张力。

4-10　用量纲分析法,证明离心力公式为 $F = kMv^2/r$。式中,F 为离心力;M 为做圆周运动物体的质量;v 为该物体的速度;r 为半径;k 为由实验确定的系数。

4-11　水泵单位时间抽送重度为 γ 的液体体积为 Q,单位重量液体由水泵内获得的总机械能为 H(单位:米液柱高)。试用瑞利量纲分析法证明水泵输出功率为 $P = K\gamma QH$,K 为无量纲系数。

4-12　有压管道流动的管壁面切应力 τ_w,与流动速度 v、管径 D、动力黏度 μ 和流体密度 ρ 有关,试用量纲分析法推导切应力 τ_w 的表达式。

4-13　一直径为 d、密度为 ρ_1 的固体颗粒,在密度为 ρ、动力黏度为 μ 的流体中静止自由沉降,其沉降速度 $v = f(d, \rho, \Delta\rho, \mu, g)$,其中 g 为重力加速度,$\Delta\rho = \rho_1 - \rho$ 为颗粒与流体密度之差。试用量纲分析法,证明固体颗粒沉降速度由下式表示:

$$v = \sqrt{dg\left(\frac{\rho_1}{\rho} - 1\right)}\ f_1\left(\frac{vd\rho}{\mu}\right)$$

4-14　设螺旋桨推进器的牵引力 F 取决于它的直径 D、前进速度 v、流体密度 ρ、黏度 μ 和螺旋桨转速 n。证明牵引力可用下式表达:

$$F = \rho d^2 v^2 \varphi\left(Re, \frac{nd}{v}\right)$$

4-15　如图所示的孔口出流,实验知道孔口出流速度 v 与下列因素有关:孔口作用水头 H、

孔口直径 d、重力加速度 g、液体密度 ρ、黏度 μ 及表面张力系数 σ。试用 π 定理推求孔口流量公式。

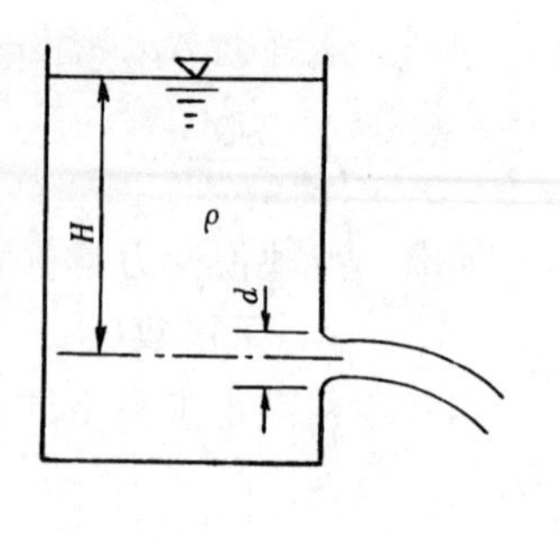

题 4-15 图

4-16 溢水堰模型设计比尺 $\lambda_l=20$，当在模型上测得流量为 $Q_m=300$ L/s 时，水流对堰体的推力为 $F_m=300$ N，求实际溢流堰的流量和所受推力。

4-17 有一管径为 200 mm 的输油管道，油的运动黏度 $\nu=4.0\times10^{-5}$ m²/s，管道内通过的流量是 0.12 m³/s。若用直径为 50 mm 的管道并分别用 20℃的水和 20℃的空气($\nu=14.9\times10^{-6}$ m²/s)做模型实验，试求在流动相似时模型管内应通过的流量。

4-18 为研究闸下出流情况(见题4-18图)，在实验室采用 $\lambda_l=25$ 的模型进行试验。求：

(1) 当原型闸门前水深 $H_p=14$ m 时，模型中相应水深 H_m 为多少??

(2) 若模型实验测得闸下出口断面平均流速 $v_m=3.1$ m/s，流量 $Q_m=56$ L/s，由此推算出原型相应流速 v_p 为多少？流量 Q_p 为多少？

(3) 若模型中水流作用于闸门的力 $F_m=124$ N，问原型闸门所受力 F_p 为多少？

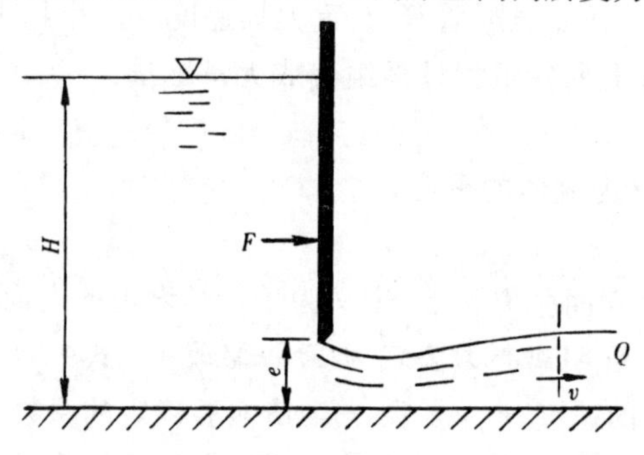

题 4-18 图

4-19 将高 $h_p=1.5$ m，最大速度 $v_p=108$ km/h 的汽车，用模型在风洞中实验(如题4-19图所示)测定空气阻力。风洞中最大吹风速度为 45 m/s。

(1) 为了保证黏性相似，模型尺寸应为多大？

(2) 在最大吹风速度时，模型所受到的空气阻力为 14.7 N，求汽车在最大运动速度时所受的空气阻力(假设空气对原型、模型的物理特性一致)。

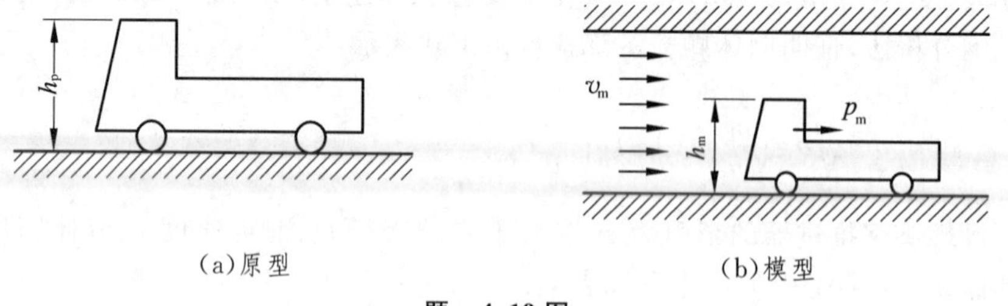

(a)原型　　(b)模型

题 4-19 图

4-20 某一飞行物以 36 m/s 的速度在空气中做匀速直线运动，为了研究飞行物的运动阻力，用一个尺寸缩小一半的模型在温度为 15℃的水中实验，模型的运动速度应为多少？若测得模型的运动阻力为 1 450 N,原型受到的阻力是多少？已知空气的动力黏度 $\mu=1.85\times 10^{-5}$ N・s/m^2,空气密度为 1.20 kg/m^3。

4-21　直径为 D 的转盘浸没于密度为 ρ、动力黏度为 μ 的液体中,其转速为 n。试用量纲分析法推导其功率 P 由下式给出：

$$P=\rho n^3 D^5 f(\rho n D^2/\mu)$$

若转盘 $D=225$ mm,$n=23$ r/s(转/秒),在水中需转矩 1.1 N・m,试计算当 $D=675$ mm,在空气中转动时转盘的转速和所需功率。已知空气动力黏度为 1.86×10^{-5} N・s/m^2,密度为 1.20 kg/m^3;水的动力黏度为 1.01×10^{-3} N・s/m^2,密度为 1 000 kg/m^3。

第五章 流动阻力与水头损失

在第三章中主要讨论了实际流体运动的基本方程，并没有讨论实际流体在运动过程中，由于黏性的作用而产生的流动阻力和相应的水头损失的计算问题。这一章将主要研究流体作恒定流动时的阻力与水头损失的规律及计算方法。

§5-1 流动阻力与水头损失的两种形式

水头损失是流体与固壁相互作用的结果。固壁作为流体运动的边界会显著地影响这一系统的机械能与热能的转化过程。按固壁沿流程变化的不同，可将水头损失分为沿程水头损失和局部水头损失。

1. 沿程阻力和沿程水头损失

当限制流动的固体边界，使流体作均匀流动时，流体内部以及流体与固体边壁之间产生的沿程不变的切应力，称为沿程阻力。由沿程阻力做功而引起的水头损失称为沿程水头损失，用 h_f 表示。由于沿程阻力的特征是沿流程均匀分布，因而沿程水头损失的大小与流程长度成正比。

2. 局部阻力和局部水头损失

流体因固体边界急剧改变而引起速度重新分布，质点间进行剧烈动量交换而产生的阻力称为局部阻力。其相应的水头损失称为局部水头损失，用 h_j 表示。如流体流经管道断面突然扩大处、突然缩小处、阀门、弯管等局部障碍时，将产生局部水头损失。

3. 总水头损失

在实际流体总流伯努利方程中，h_w 项应包括所取两过流断面间所有的水头损失。即

$$h_w = \sum_{i=1}^{n} h_{fi} + \sum_{k=1}^{m} h_{jk} \tag{5-1}$$

式中，n 为等截面流程的段数；m 为局部障碍个数。式(5-1)称为水头损失的叠加原理。

§5-2　实际流体流动的两种型态

流动阻力和水头损失的形成，不仅与固体边界的变化情况有关，同时也与流体内部的微观流动结构有关。19 世纪初科学工作者们就已经发现圆管中的流体流动，在不同的流速下，水头损失与流速之间具有不同的函数关系。直到 1883 年，由于英国物理学家雷诺(Reynolds)的试验研究，才使人们认识到水头损失与流速间的关系之所以不同，是因为流体流动存在着两种型态：层流和紊流。

1. 雷诺实验

雷诺实验装置如图 5-1 所示。由恒定水位箱 A 中引出水平固定的玻璃管 B，上游端连接一光滑钟形进口，另一端有阀门 C 用以调节流量。容器 D 内装有重度与水相近的颜色水，经细管 E 流入玻璃管中，以显示水流流态，阀门 F 可调节颜色水的流量。

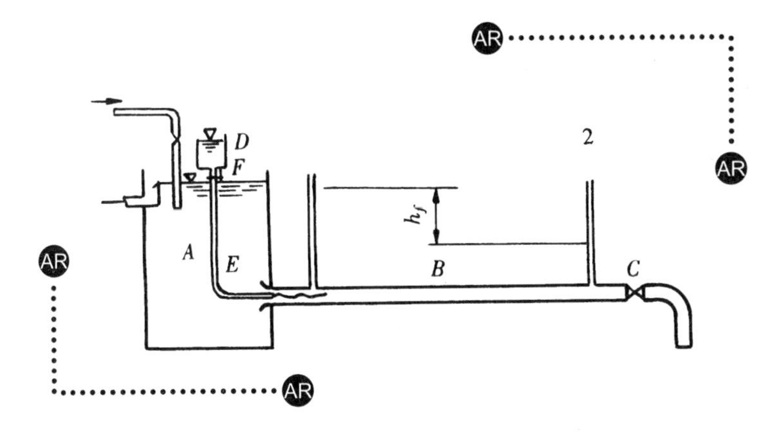

图　5-1

微微开启阀门 C，使 B 管内水的流速十分缓慢。再打开阀门 F 放出少量颜色水。此时可见流入 B 管内的颜色水呈一细股界线分明的直线流束向前流动，如图 5-2(a)所示，它与周围清水互不掺混。这一现象说明 B 管中水流呈层状流动，各层的质点互不掺混。这种流动型态称为层流。逐渐开大阀门 C，当 B 管中流速足够大时，颜色水出现波动，如图 5-2(b)所示。继续开大阀门 C，当 B 管中流速增至某一数值时，颜色水突然破裂，扩散遍至全管，并迅速与周围清水掺混，玻璃管中整个水流都被均匀染色，如图 5-2(c)所示，流束形的流动已不存在。这种流动型态称为紊流。由层流转化为紊流时的管中平均流速称为上临界流速 v_c'。

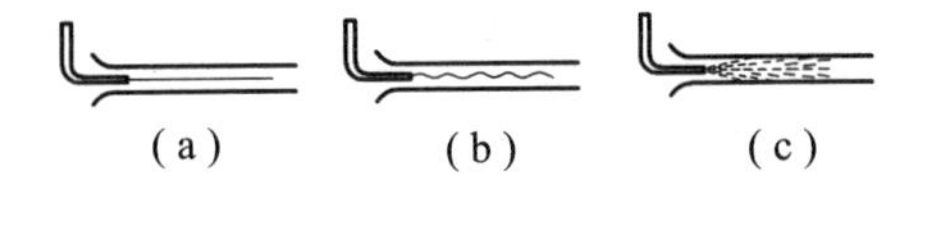

图　5-2

如果实验以相反程序进行，即当管内水流已处于紊流型态，逐渐关小阀门 C。当管内流速降至不同于 v_c' 的另一数值时，可发现颜色水又重现鲜明直线流束。说明管中水流又恢复为层流，由紊流转变为层流的管中平均流速称为下临界流速 v_c。

为了分析沿程水头损失随速度的变化规律，雷诺在玻璃管的两断面 1 及 2 上安装测压管，如图 5-1 所示，定量测定不同流速时两测压管液面之差。由伯努利方程可知，测压管液面之差等于两断面间的沿程水头损失 h_f，实验结果如图 5-3 所示。从图上可看出，当 $v<v_c'$ 时，流动为层流，试验点分布在一条与 lg v 轴成 45° 的斜线上。这说明沿程水头损失与速度的一次方成正比。随着速度的增大，当 $v>v_c'$ 时流动由层流转变为紊流，曲线突然变陡，沿 BC 向上，沿程水头损失 h_f 与 v^n 成正比，n 值在 1.75～2.0 范围内。而当流速由大变小，试验点从 C 向 E 移动，到达下临界点 E 时由紊流转化为层流。

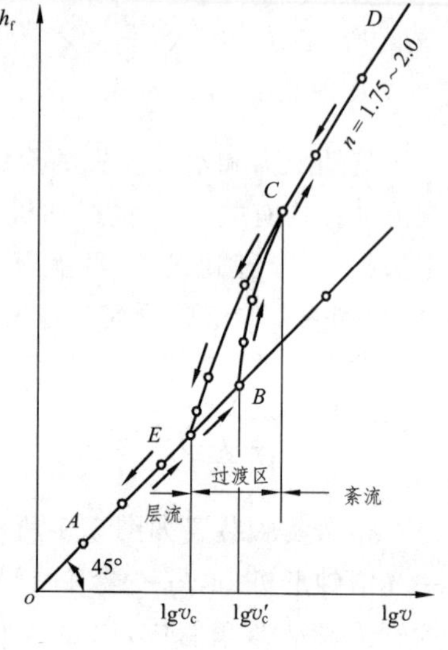

图 5-3

雷诺实验虽然是在圆管中进行，所用流体是水，但在其他边界形状和其他流体流动的实验中，都可发现有两种流动型态。因而雷诺实验的意义在于它揭示了所有流体流动存在两种性质不同的型态——层流和紊流。

层流和紊流不仅在于流体质点的运动轨迹不同，而且整个流动的结构（主要反映在流速分布规律上）也完全不同，因而反映在水头损失和扩散的规律也有所不同。所以在分析实际流动问题时，必须首先区分流体流动的型态。

2. 层流、紊流的判别标准——临界雷诺数

雷诺曾用不同管径的圆管对多种流体进行实验，得出的临界流速关系式为

下临界流速 $$v_c=C\frac{\mu}{\rho d}=C\frac{\nu}{d}$$

上临界流速 $$v_c'=C'\frac{\mu}{\rho d}=C'\frac{\nu}{d}$$

从上式可得 $$\frac{v_c d}{\nu}=C$$

$$\frac{v_c' d}{\nu}=C'$$

式中，ν 为流体的运动黏度；d 为管径。

在第四章中已经知道 vd/ν 是管流的雷诺数 Re。由此可知 C 和 C' 就是流动型态转换时的雷诺数，其中 C 是下临界雷诺数，用 Re_c 表示；C' 是上临界雷诺数，用 $Re_{c'}$ 表示。根据大量实验资料可知圆管有压流动的下临界雷诺数 Re_c 基本保持在一定的范围内，即 $Re_c\approx2\,300$。而上临界雷诺数 $Re_{c'}$ 的数值却不固定，随实验时有无外界扰动而变，由于实际工程中总存在扰动，因此 $Re_{c'}$ 就没有实际意义。这样，我们就用下临界雷诺数与流体流动的雷诺数进行比较来判别流动型态。

在圆管中 $$Re=\frac{vd}{\nu} \tag{5-2}$$

若 $Re<Re_c=2\ 300$，为层流；若 $Re>Re_c=2\ 300$，为紊流。

这里需要指出的是上面各雷诺数表达式中引用的"d"，表示取管径作为流动的特征长度。其实特征长度也可以取其他的流动长度来表示，如对于明渠水流（无压流动），通常取水力半径

$$R=\frac{A}{\chi} \tag{5-3}$$

作为特征长度。这里 A 为过流断面面积；χ 为断面中固体边界与流体相接触部分的周长，称为湿周。

当特征长度取水力半径时，其相应的临界雷诺数为 575。

【例 5-1】 用直径 $d=25$ mm 的管道输送 30℃的空气，求管内保持层流的最大流速是多少。

解 30℃时空气的运动黏度 $\nu=16.6\times10^{-6}\ \mathrm{m^2/s}$，保持层流的最大流速就是临界流速，则由

$$Re_c=\frac{v_c d}{\nu}=2\ 300$$

得

$$v_c=\frac{Re_c\nu}{d}=\frac{2\ 300\times16.6\times10^{-6}}{0.025}=1.53\ \mathrm{m/s}$$

§5-3 均匀流动的沿程水头损失和基本方程式

1. 均匀流动的沿程水头损失

流体在做均匀流动时只产生沿程水头损失。设取一段恒定均匀有压管流，如图 5-4 所示。为了确定均匀流自断面 1-1 流至断面 2-2 的沿程水头损失，对总流过流断面 1-1、2-2 列伯努利方程，得

$$h_f=\left(z_1+\frac{p_1}{\gamma}\right)-\left(z_2+\frac{p_2}{\gamma}\right) \tag{5-4}$$

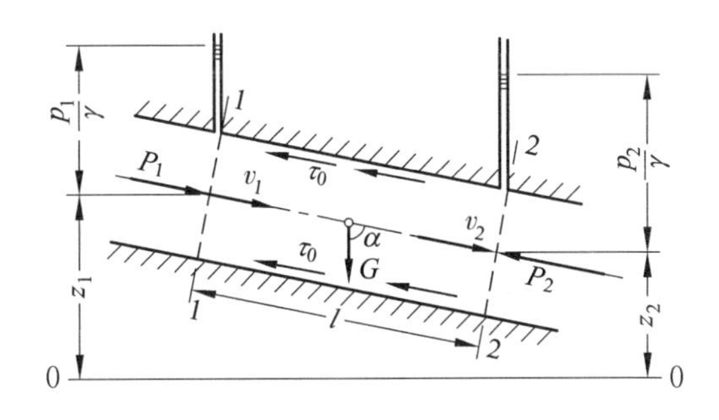

图 5-4

式(5-4)说明，在均匀流条件下，两过流断面间的沿程水头损失等于两过流断面测压管水头的差值，即流体用于克服阻力所消耗的能量全部由势能提供。

2. 均匀流基本方程

由于沿程水头损失是克服沿程阻力(切应力)所做的功。因此有必要讨论并建立沿程阻力和沿程水头损失的关系,即均匀流基本方程。取自过流断面1-1至2-2的一段圆管均匀流动的总流流段为控制体,其长度为l,过流断面面积$A_1=A_2=A$,湿周为χ。现分析其作用力的平衡条件。

流段是在断面1-1上的动压力P_1、断面2-2上的动压力P_2、自重G及流段表面切力(沿程阻力)T的共同作用下保持均匀流动的(见图5-4)。写出在流动方向上诸力投影的平衡方程式

$$P_1-P_2+G\cos\alpha-T=0$$

因$P_1=p_1A$,$P_2=p_2A$,$\cos\alpha=(z_1-z_2)/l$,并设总流与固体边壁接触面上的平均切应力为τ_0,代入上式,得

$$p_1A-p_2A+\gamma Al\frac{z_1-z_2}{l}-\tau_0\chi l=0$$

以γA除全式,得

$$\frac{p_1}{\gamma}-\frac{p_2}{\gamma}+z_1-z_2=\frac{\tau_0\chi l}{\gamma A}$$

将式(5-4)代入上式,可得

$$h_f=\frac{\tau_0\chi}{\gamma A}l=\frac{\tau_0 l}{\gamma R} \tag{5-5}$$

或

$$\tau_0=\gamma R\frac{h_f}{l}=\gamma RJ \tag{5-6}$$

式中,$J=h_f/l$,称为水力坡度。式(5-5)及(5-6)给出了沿程水头损失与切应力的关系式,称为均匀流基本方程。

上述分析,适用于任何大小的流束。对于半径为r的流束,如图5-5所示,按上述类似的分析,可得流束边界单位面积上的切应力τ与沿程水头损失的关系式,即

$$\tau=\gamma\frac{r}{2}J \tag{5-7}$$

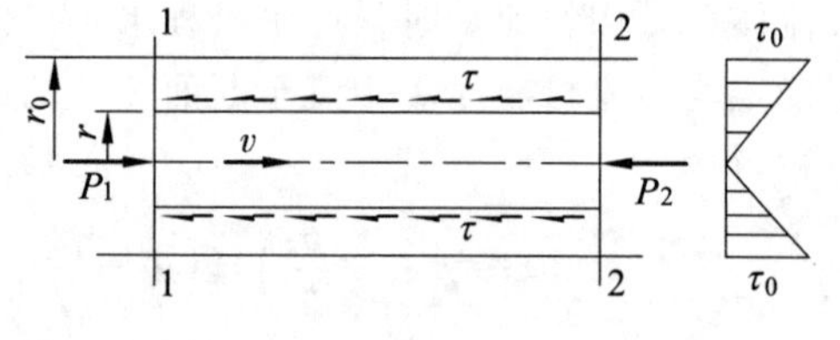

图 5-5

比较式(5-7)与式(5-6),可得

$$\frac{\tau}{\tau_0}=\frac{r}{r_0} \tag{5-8}$$

式(5-8)说明在圆管均匀流的过流断面上,切应力呈直线分布,管壁处切应力为最大值τ_0,管轴处切应力为零。

应当指出,均匀流基本方程式(5-5)或式(5-6),对于明渠均匀流同样适用。

§5-4 圆管中的层流运动

均匀流基本方程式给出了沿程水头损失h_f与切应力τ的关系,而τ的组成和大小与流体

的流动型态有关，因此本节先就圆管中的层流运动[亦称哈根-伯肃叶(Hagen-PoseuiHe)流动]进行分析。

取一段有压恒定均匀管流，如图 5-6 所示。圆管中的层流可视为无数无限薄的圆筒管，一层套一层地滑动。各流层间的切应力可由牛顿内摩擦定律求出

$$\tau=-\mu\frac{\mathrm{d}u}{\mathrm{d}r}$$

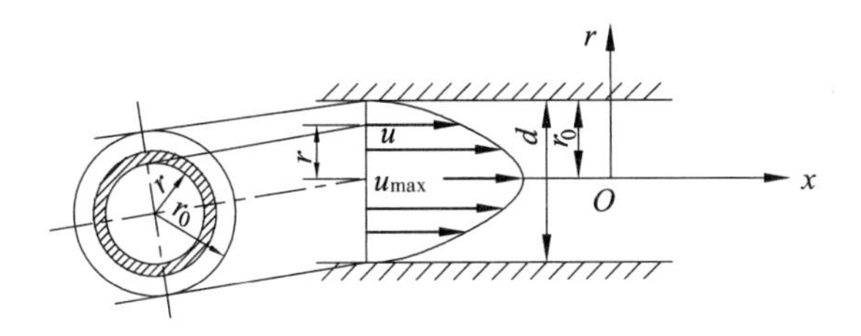

图 5-6

圆管均匀流在半径 r 处的切应力由式(5-7)知

$$\tau=\frac{1}{2}\gamma rJ$$

由上面两式得

$$-\mu\frac{\mathrm{d}u}{\mathrm{d}r}=\frac{1}{2}\gamma rJ$$

故
$$\mathrm{d}u=-\frac{\gamma J}{2\mu}r\,\mathrm{d}r$$

注意到 J 对均匀流中各元流来说都是相等的，积分上式得

$$u=-\frac{\gamma J}{4\mu}r^2+C$$

式中，C 为积分常数，由边界条件确定。即当 $r=r_0$ 时，$u=0$，可得 $C=\gamma Jr_0^2/4\mu$，所以

$$u=\frac{\gamma J}{4\mu}(r_0^2-r^2) \tag{5-9}$$

式(5-9)说明圆管层流运动过流断面上的流速分布呈一旋转抛物面，这是圆管层流的重要特征之一。

流动中的最大速度在管轴上，由式(5-9)得

$$u_{\max}=\frac{\gamma J}{4\mu}r_0^2=\frac{\gamma J}{16\mu}d^2 \tag{5-10}$$

断面平均流速为

$$v=\frac{Q}{A}=\frac{\int_A u\,\mathrm{d}A}{A}=\frac{1}{\pi r_0^2}\int_0^{r_0}\frac{\gamma J}{4\mu}(r_0^2-r^2)2\pi r\mathrm{d}r=\frac{\gamma Jr_0^2}{8\mu}=\frac{\gamma J}{32\mu}d^2 \tag{5-11}$$

比较式(5-10)、(5-11)可知

$$v=0.5u_{\max} \tag{5-12}$$

即圆管层流的断面平均流速为最大流速的一半。与下节论及的圆管紊流相比，层流流速在断面上的分布是很不均匀的。由此导致其动能修正系数 α 和动量修正系数 β 的值均较大，根据式(3-29)和式(3-37)求得 α 和 β 分别为 2 和 1.33。

由式(5-11)可求得层流时沿程水头损失的计算公式。因为 $J=h_f/l$，所以

$$h_f=\frac{8\mu vl}{\gamma r_0^2}=\frac{32\mu vl}{\gamma d^2} \tag{5-13}$$

式(5-13)说明，在圆管层流中，沿程水头损失和断面平均流速的一次方成正比。前述雷诺实验也证实了这一论断。

一般情况下沿程水头损失，习惯用速度水头($v^2/2g$)表示，式(5-13)可改写成

$$h_f=\frac{64}{(vd/\nu)}\frac{l}{d}\frac{v^2}{2g}=\frac{64}{Re}\frac{l}{d}\frac{v^2}{2g}$$

令

$$\lambda=\frac{64}{Re} \tag{5-14}$$

则

$$h_f=\lambda\frac{l}{d}\frac{v^2}{2g} \tag{5-15}$$

式(5-15)称为达西(Darcy)公式，为均匀流沿程水头损失的普遍计算式，对于有压管流、明渠流、层流或紊流都适用。λ 称为沿程阻力系数，在圆管层流中只与雷诺数成反比，与管壁粗糙程度无关。

最后必须说明，上面所推导出的一些层流运动计算公式，只适用于均匀流的情况，在管路进口附近是无效的。

§5-5 圆管中的紊流运动

1. 紊流运动要素的脉动和时均化

紊流运动的基本特征是流体质点具有不断的互相混掺，使流体各点的流速、压强等运动要素在空间上和时间上都具有随机性质的脉动值。图 5-7 即为实测的在恒定水位下水平圆管紊流中，质点通过某固定空间点 A 的各方向瞬时流速 u_x、u_y 的脉动情况。

由于脉动现象相当复杂，因此常用时间平均法来研究。从图 5-7 可看出，尽管速度的瞬时值随时间作不规则的变化，但却始终围绕某一平均值波动。这种波动称为脉动，这个平均值就叫时均速度。瞬时值有时大于时均值，有时小于时均值，瞬时速度与时均速度之差叫脉动速度。换句话说，紊流中一点的瞬时速度 $\boldsymbol{u}$ 等于时均速度 $\bar{\boldsymbol{u}}$ 与脉动速度 $\boldsymbol{u}'$ 之和，即

$$\boldsymbol{u}=\bar{\boldsymbol{u}}+\boldsymbol{u}' \tag{5-16}$$

其时均速度

$$\bar{\boldsymbol{u}}=\frac{1}{T}\int_0^T \boldsymbol{u}\mathrm{d}t \tag{5-17}$$

将式(5-16)代入式(5-17)展开,可得

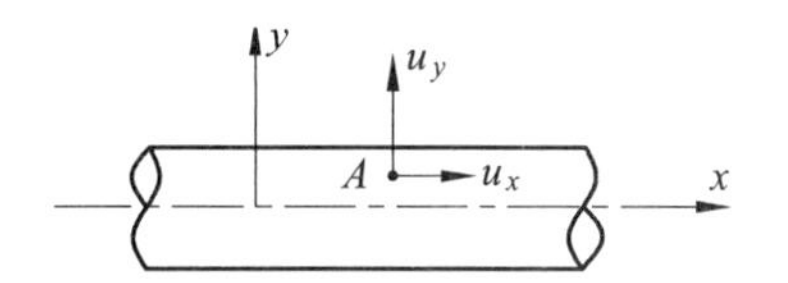

$$\overline{\boldsymbol{u}'}=\frac{1}{T}\int_0^T \boldsymbol{u}'\mathrm{d}t=0$$

即脉动流速 $\boldsymbol{u}'$的时均值$\overline{\boldsymbol{u}'}=0$。

以上把速度时均化的方法,也可用来描述紊流运动的其他运动要素。如瞬时压强

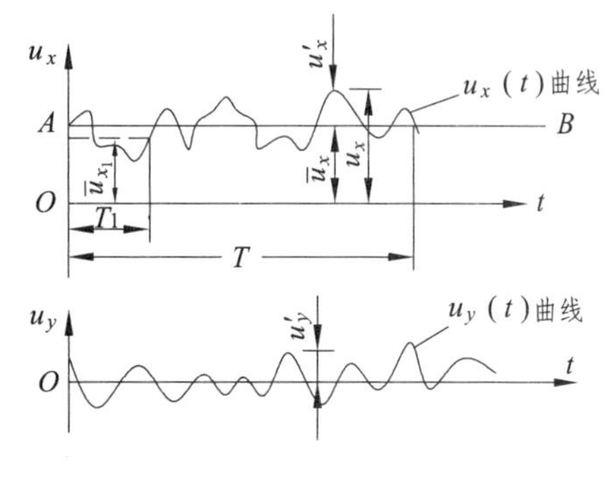

图 5-7

$$p=\bar{p}+p' \qquad (5\text{-}18)$$

其中,时均压强

$$\bar{p}=\frac{1}{T}\int_0^T p\mathrm{d}t$$

p'为脉动压强,其时均值也应为零,即

$$\overline{p'}=\frac{1}{T}\int_0^T p'\mathrm{d}t=0$$

这样,我们就可以把紊流运动看作一个时间平均流动和一个脉动流动的叠加而分别加以研究。

严格地说,紊流总是非恒定流。但是,考虑运动要素的时均值是否随时间而变,可将紊流分为恒定流与非恒定流。根据恒定流导出的流体动力学基本方程,对于时均恒定紊流同样适用。以后本书中所提到的关于在紊流状态下,流体中各点的运动要素都是指的"时间平均值",且把 $\bar{\boldsymbol{u}}$、$\bar{p}$ 上的横线省略,而仅以 $\boldsymbol{u}$、p 表示。

2. 紊流切应力、普兰特混合长度理论

层流运动中,流体质点成层相对运动,其切应力是由黏性引起,可用牛顿内摩擦定律进行计算。然而,紊流运动时的切应力是由两部分组成:其一,从时均紊流的概念出发,可将运动流体分层。由于各流层的时均流速不同,存在相对运动,所以各流层之间仍存在黏性切应力,其大小可用牛顿内摩擦定律求出,即

$$\overline{\tau_1}=\mu\frac{\mathrm{d}\bar{u}_x}{\mathrm{d}y}$$

式中,$\mathrm{d}\bar{u}_x/\mathrm{d}y$ 为时均流速梯度。其二,由于紊流中流体质点存在脉动,相邻流层之间就有质量的交换。低速流层的质点由于横向运动进入高速流层后,对高速流层起阻滞作用;反之,高速流层的质点在进入低速流层后,对低速流层却起推动作用。也就是由质量交换形成了动量交换,从而在流层分界面上产生了紊流附加切应力$\overline{\tau_2}$

$$\overline{\tau_2}=-\rho\overline{u'_x u'_y} \qquad (5\text{-}19)$$

现用动量方程来说明上式。如图 5-8 所示,在空间点 A 处,具有 x 和 y 方向的脉动流速 u'_x及 u'_y。在 Δt 时段内,通过 ΔA_a 的脉动质量为

$$\Delta m=\rho\Delta A_a u'_y\Delta t$$

这部分流体质量,在脉动分速 u'_x的作用下,在流动方向的动量增量为

$$\Delta m\cdot u'_x=\rho\Delta A_a u'_x u'_y\Delta t$$

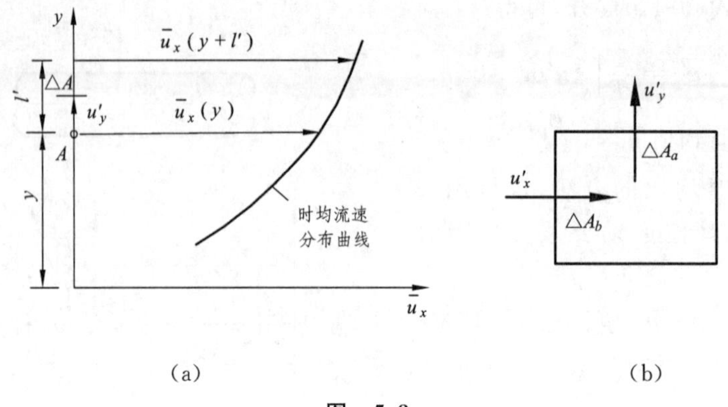

(a) (b)

图 5-8

此动量增量等于紊流附加切力 ΔT 的冲量,即

$$\Delta T\Delta t=\rho\Delta A_a u'_x u'_y\Delta t$$

因此,附加切应力

$$\tau_2=\frac{\Delta T}{\Delta A_a}=\rho u'_x u'_y$$

现取时均值

$$\overline{\tau_2}=\rho\,\overline{u'_x u'_y} \tag{5-20}$$

$\rho\,\overline{u'_x u'_y}$ 就是单位时间内通过单位面积的脉动微团进行动量交换的平均值。

取基元体[见图 5-8(b)],以分析纵向脉动速度 u'_x 与横向脉动速度 u'_y 的关系。根据连续性原理,若 Δt 时段内,A 点处微小空间有 $\rho u'_y\Delta A_a\Delta t$ 质量自 ΔA_a 面流出,则必有 $\rho u'_x\Delta A_b\Delta t$ 的质量自 ΔA_b 面流入,即

$$\rho u'_y\Delta A_a\Delta t+\rho u'_x\Delta A_b\Delta t=0$$

则有

$$u'_y=-\frac{\Delta A_b}{\Delta A_a}u'_x \tag{5-21}$$

由式(5-21)可见,纵向脉动流速 u'_x 与横向脉动流速 u'_y 成比例。而 ΔA_a 与 ΔA_b 总为正值。因此 u'_x 与 u'_y 符号相反。为使附加切应力 $\overline{\tau_2}$ 以正值出现,在式(5-20)中加一负号,得

$$\overline{\tau_2}=-\rho\,\overline{u'_x u'_y}$$

上式就是用脉动流速表示的紊流附加切应力基本表达式。它表明附加切应力与黏性切应力不同,它与流体黏性无直接关系,只与流体密度和脉动强弱有关,是由微团惯性引起,因此又称 $\overline{\tau_2}$ 为惯性切应力或雷诺应力。

在紊流流态下,紊流切应力为黏性切应力与附加切应力之和,即

$$\tau=\mu\frac{\mathrm{d}\,\overline{u}_x}{\mathrm{d}y}+(-\rho\,\overline{u'_x u'_y}) \tag{5-22}$$

式中两部分切应力的大小随流动情况而有所不同。在雷诺数较小,脉动较弱时,前项占主要地位。随着雷诺数的增加,脉动程度加剧,后项逐渐加大。到雷诺数很大,紊动已充分发展的紊流中,前项与后项相比甚小,前项可以忽略不计。

图 5-9 为一矩形断面风洞中量测到的切应力数据。风洞断面宽 $B=1$ m,高 $H=24.4$ cm。量测是在中心断面 $B/2$ 处进行的,最大流速为 100 cm/s。由图可以看出:在边壁

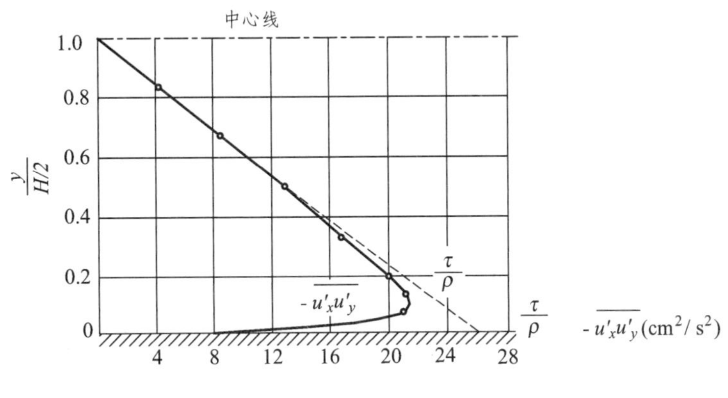

图 5-9

上，$y=0$，$-\overline{u'_x u'_y}$ 为 0，全部切应力均为黏滞应力，而且此处切应力达到最大值。当 y 达到一定数值后，全部切应力均为紊流附加切应力，黏滞影响趋于零。而当 $y=0.5H$ 时，全部切应力趋于零，即在断面中心处没有切应力。

以上说明了紊流时切应力的组成，并扼要地介绍了紊流附加切应力产生的力学原因。然而脉动速度瞬息万变，由于对紊流机理还未彻底了解，式(5-19)不便于直接应用。目前主要采用半经验的办法，即一方面对紊流进行一定的机理分析，另一方面还得依靠一些具体的实验结果来建立附加切应力和时均流速的关系。紊流的半经验理论至今提出了不少[①]。虽然各家理论出发点不同，但得到的紊流切应力与时均流速的关系式却基本一致。因此下面只介绍德国学者普兰特(L. Prandtle)提出的混合长度理论。

普兰特设想流体质点的紊流运动与气体分子运动类似。气体分子走行一个平均自由路程才与其他分子碰撞，同时发生动量交换。普兰特认为流体质点从某流速的流层因脉动进入另一流速的流层时，也要运行一段与时均流速垂直的距离 l' 后才和周围质点发生动量交换。在 l' 距离之内运行，微团保持其本来的流动特征不变。普兰特称此 l' 为混合长度。如空间点 A 处[见图 5-8(a)]质点 A 沿 x 方向的时均流速为 $\overline{u_x}(y)$，距 A 点 l' 处质点 x 方向的时均流速为 $\overline{u_x}(y+l')$，这两个空间点上质点沿 x 方向的时均流速差为

$$\Delta\overline{u_x}=\overline{u_x}(y+l')-\overline{u_x}(y)$$

$$=\overline{u_x}(y)+l'\frac{\mathrm{d}\bar{u}_x}{\mathrm{d}y}-\overline{u_x}(y)=l'\frac{\mathrm{d}\bar{u}_x}{\mathrm{d}y}$$

普兰特假设脉动速度与时均流速梯度成比例(为了简便，时均值以后不再标以横划)，即

$$u'_x=\pm C_1 l'\frac{\mathrm{d}u_x}{\mathrm{d}y}$$

从式(5-21)可知 u'_x 与 u'_y 具有相同数量级，但符号相反，即

$$u'_y=\mp C_2 l'\frac{\mathrm{d}u_x}{\mathrm{d}y}$$

于是
$$\tau_2=-\rho u'_x u'_y=\rho C_1 C_2 (l')^2\left(\frac{\mathrm{d}u_x}{\mathrm{d}y}\right)^2$$

---

① 参见 窦国仁编著：紊流力学．人民教育出版社 1981 年版。

略去下标 x，并令 $l^2=C_1C_2(l')^2$，得到紊流附加切应力的表达式为

$$\tau_2=\rho l^2\left(\frac{\mathrm{d}u}{\mathrm{d}y}\right)^2 \tag{5-23}$$

此处，l 亦称为混合长度，但已没有直接的物理意义。考虑到紊流中固体边壁或近壁处，流体质点的交换受到制约而被减少至零，普兰特假定混合长度 l 正比于质点到管壁的径向距离 y，即

$$l=\kappa y$$

式中，κ 为由实验决定的无量纲常数，其值等于 0.4。

混合长度理论给出了紊流附加切应力和流速分布规律之间的关系，但是推导过程不够严谨。尽管如此，由于这一半经验公式比较简单，计算所得结果又与实验数据吻合得较好，所以至今仍然是工程上应用最广的紊流理论。

3. 圆管紊流流核与黏性底层

根据观察和实验，发现在紊流中紧贴固体边界(如管壁)附近，有一极薄的流层。该流层由于受边壁的限制，消除了流体质点的混掺，时均流速为线性分布，切应力可由 $\tau=\mu\mathrm{d}u/\mathrm{d}y$ 表示，就其时均特征来看，可认为属于层流运动。这一流层称为黏性底层或层流底层，如图 5-10 所示。在黏性底层之外的流区，统称为紊流流核。

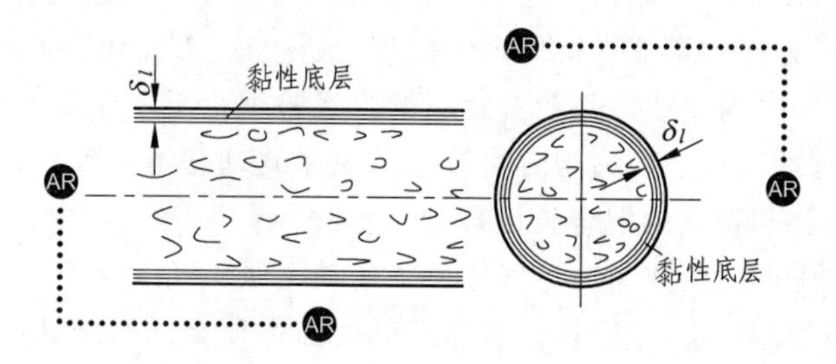

图 5-10

黏性底层厚度 δ_l 可由层流流速分布式和牛顿内摩擦定律，以及实验资料求得。

由式(5-9)得知，当 $r\to r_0$ 时有

$$u=\frac{\gamma J}{4\mu}(r_0^2-r^2)=\frac{\gamma J}{4\mu}(r_0+r)(r_0-r)$$

$$\approx\frac{\gamma J}{2\mu}r_0(r_0-r)=\frac{\gamma J r_0}{2\mu}y \tag{5-24}$$

式中，$y=r_0-r$。由式(5-7)知 $\tau_0=\gamma r_0 J/2$，代入上式得

$$u=\frac{\tau_0}{\mu}y$$

或

$$\frac{\tau_0}{\rho}=\nu\frac{u}{y}$$

由于$(\tau_0/\rho)^{1/2}$的量纲与速度量纲一致，则定义它为剪切流速 v_*，则上式可写成

$$\frac{v_* y}{\nu}=\frac{u}{v_*}$$

注意到 $v_* y/\nu$ 是某一雷诺数，当 $y<\delta_l$ 时为层流，而当 $y\to\delta_l$，$v_*\delta_l/\nu$ 为某一临界雷诺数。实验资料表明 $v_*\delta_l/\nu=11.6$。因此

$$\delta_l=11.6\frac{\nu}{v_*} \tag{5-25}$$

联立式(5-5)及式(5-15)得

$$\tau_0=\frac{\lambda\rho v^2}{8} \tag{5-26}$$

将式(5-26)代入式(5-25)可得

$$\delta_l=\frac{32.8\nu}{v\sqrt{\lambda}}=\frac{32.8d}{Re\sqrt{\lambda}} \tag{5-27}$$

式中，Re 为管内流动雷诺数；λ 为沿程阻力系数。由上式可知，当管径 d 一定时，黏性底层随着雷诺数的增大而变薄。

黏性底层的厚度虽然很薄，一般只有十分之几毫米，但它对流动阻力和水头损失有重大影响。因为任何材料加工的管壁，由于受加工条件限制和运用条件的影响，总是或多或少的粗糙不平。将粗糙突出管壁的“平均”高度称为绝对粗糙度 Δ。

如图 5-11(a)所示，粗糙突出高度“淹没”在黏性底层中，此时，黏性底层以外的紊流区域完全不受管壁粗糙度的影响，流体就像在光滑的管壁上流动一样，这时流动处于紊流光滑区。当粗糙突出高度伸入到紊流流核中，如图 5-11(b)所示，成为涡漩的策源地，从而加剧了紊流的脉动作用，水头损失也就较大，这时流动处于紊流粗糙区。至于流动是属于“紊流光滑区”还是属于“紊流粗糙区”，不仅决定于管壁本身的绝对粗糙高度 Δ，而且还取决于和雷诺数等因素有关的黏性底层厚度 δ_l。所以，“光滑”或“粗糙”都没有绝对不变的意义，视 Δ 与 δ_l 的比值而定。根据尼古拉兹(J. Nikuradse)实验资料，紊流光滑区、紊流粗糙区和介乎二者之间的紊流过渡区的分区规定如下：

紊流光滑区　　$\Delta<0.4\delta_l$，或 $Re_*<5$

紊流过渡区　　$0.4\delta_l<\Delta<6\delta_l$，或 $5<Re_*<70$

紊流粗糙区　　$\Delta>6\delta_l$，或 $Re_*>70$

其中，$\Delta v_*/\nu=Re_*$，称为粗糙雷诺数。

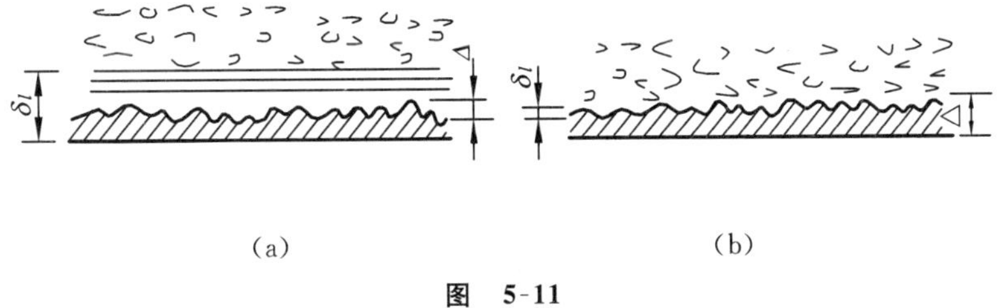

(a)　　(b)

图 5-11

4. 流速分布

紊流过流断面上各点的流速分布，是研究紊流以便解决有关工程问题的主要内容之一，也是推导紊流的阻力系数计算公式的理论基础。在紊流流核中，黏性切应力可忽略不计。则流层间的切应力由式(5-23)确定

$$\tau=\rho l^2\left(\frac{du}{dy}\right)^2$$

而均匀流过流断面上切应力呈直线分布，即

$$\tau=\tau_0\frac{r}{r_0}=\tau_0\left(1-\frac{y}{r_0}\right)$$

至于混合长度 l，可采用萨特克维奇（A. A. Саткевич）整理尼古拉兹实验资料提出的公式

$$l=\kappa y\sqrt{1-\frac{y}{r_0}}$$

式中，κ 为卡门通用常数。于是有

$$\tau_0\left(1-\frac{y}{r_0}\right)=\rho\kappa^2 y^2\left(1-\frac{y}{r_0}\right)\left(\frac{du}{dy}\right)^2$$

整理得

$$du=\frac{v_*}{\kappa}\frac{dy}{y}$$

积分得

$$u=\frac{v_*}{\kappa}\ln y+C_1 \tag{5-28a}$$

或变换为

$$\frac{du}{v_*}=\frac{1}{\kappa}\frac{d(v_* y/\nu)}{v_* y/\nu}$$

积分得

$$u=v_*\left[\frac{1}{\kappa}\ln\left(\frac{v_* y}{\nu}\right)+C_2\right] \tag{5-28b}$$

式(5-28)就是由混合长度理论得到的紊流流核流速对数分布规律。式中积分常数 C_1 和 C_2 可由实验确定。

在紊流光滑区，根据尼古拉兹人工粗糙管实验资料，积分常数 $C_2=5.5$，$\kappa=0.4$，其速度分布式为

$$u=v_*\left[5.75\lg\left(\frac{v_* y}{\nu}\right)+5.5\right] \tag{5-29}$$

在紊流粗糙区，黏性底层的影响可忽略，积分常数 C_1 与管壁粗糙度 Δ 有关。卡门和普兰特根据尼古拉兹的实验资料，提出粗糙管过流断面上的对数流速分布公式

$$u=v_*\left[5.75\lg\frac{y}{\Delta}+8.5\right] \tag{5-30}$$

普兰特和卡门根据实验资料还提出了紊流流速分布的指数公式，这里不再赘述。读者可参阅其他水力学、流体力学教材。

5. 沿程水头损失

圆管均匀紊流的沿程水头损失计算公式仍为式(5-15),即

$$h_f=\lambda\frac{l}{d}\frac{v^2}{2g}$$

对于紊流运动,λ 一般为雷诺数 Re 和管壁相对粗糙度 Δ/d 的函数。关于 λ 随 Re 及 Δ/d 的变化规律将在下一节论述。

对于圆管流动,水力半径 $R=(\pi d^2/4)/\pi d=d/4$。代入上式得

$$h_f=\lambda\frac{l}{4R}\frac{v^2}{2g} \tag{5-31}$$

式(5-31)可用于计算非圆断面流动的沿程水头损失。

在实际工程上遇到的问题,有时是已知水头损失或已知水力坡度,而求流速的大小。为此将式(5-31)变换为如下形式

$$v=\sqrt{\frac{8g}{\lambda}}\sqrt{R\frac{h_f}{l}}=C\sqrt{RJ} \tag{5-32}$$

式(5-32)为著名的谢才公式,1775 年由谢才(Chezy)提出。式中 C 称为谢才系数,其量纲为 $L^{1/2}T^{-1}$,单位一般采用 $m^{1/2}/s$。关于 C 值的确定方法将在下节讨论。

§5-6 沿程阻力系数的变化规律及影响因素

从沿程水头损失计算式 $h_f=\lambda(l/d)(v^2/2g)$,可以看出,沿程水头损失计算的关键在于如何确定沿程阻力系数 λ。由于紊流运动的复杂性,λ 的确定不可能像层流那样严格地从理论上推导出来。为了确定沿程阻力系数 $\lambda=f(Re,\Delta/d)$ 的变化规律,尼古拉兹用人工均匀砂粒粗糙管道进行了系统的沿程阻力系数的试验工作,于 1933 年,发表了其反映圆管流动情况的实验结果。

1. 尼古拉兹实验曲线

尼古拉兹对不同管径、不同砂粒径的管道进行了大量的实验,其实验装置如图 5-12 所示。实验中,测出圆管中平均流速 v、管段 l 的水头损失 h_f 和流体温度,并以此推算出雷诺数 Re 及沿程阻力系数 $\lambda=h_f d2g/lv^2$。然后以 $\lg Re$ 为横坐标、$\lg(100\lambda)$ 为纵坐标,将各种相对粗糙度情况下的实验结果描绘成图 5-13,即尼古拉兹实验曲线图。

根据 λ 变化的特征,图中曲线可分为五个区域来说明,在图上以Ⅰ、Ⅱ、Ⅲ、Ⅳ、Ⅴ表示。

第Ⅰ区——层流区(ab 线)。当 $Re<2\ 300$,所有的实验点都在 ab 直线上,说明 λ 与粗糙度 Δ/d 无关,并且 λ 与雷诺数 Re 的关系合乎 $\lambda=64/Re$ 方程,即实验结果证实了圆管层流理论公式的正确性。同时此实验也说明了 Δ 不影响临界雷诺数 Re_c 的数值大小。

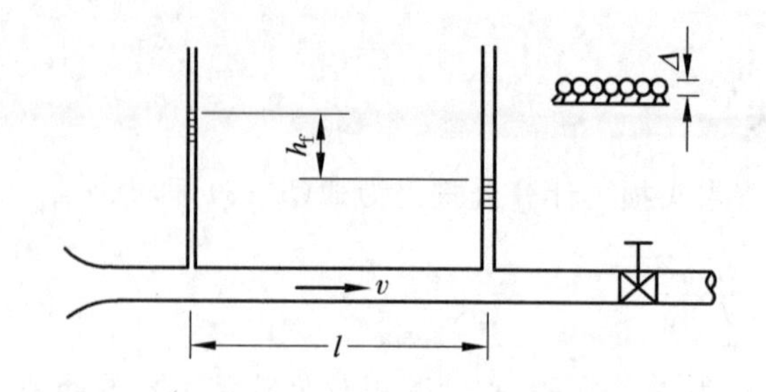

图 5-12

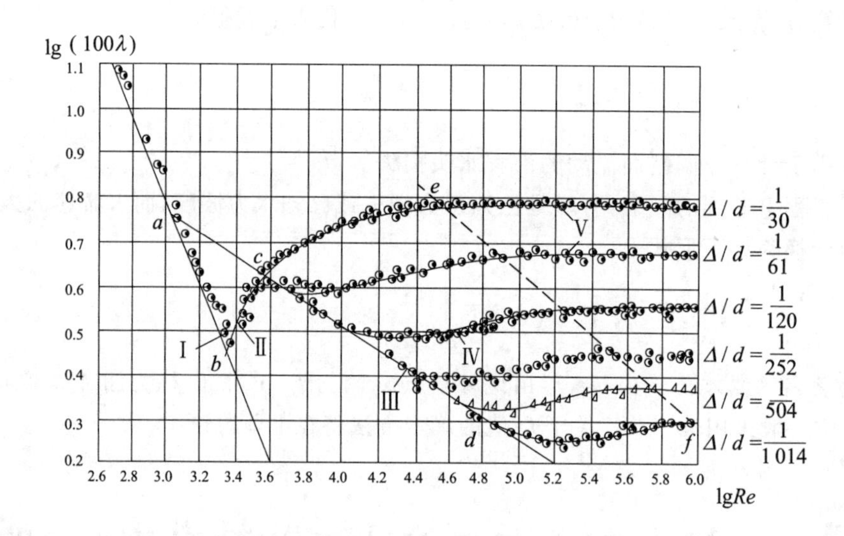

图 5-13

第Ⅱ区——层流转变为紊流的过渡区(bc 线)。所有的实验点都在 bc 线附近,λ 仅与雷诺数 Re 有关,而与 Δ/d 无关。

第Ⅲ区——"光滑管"区(cd 线)。此时流动虽已处于紊流状态,$Re>3\ 000$,但不同粗糙度的实验点都聚集在 cd 线上,表明 Δ/d 对 λ 仍无影响,而 λ 只与雷诺数 Re 有关。

第Ⅳ区——"光滑管"转变为"粗糙管"的紊流过流区(cd 线和 ef 线之间的区域)。该区的实验点已脱离光滑区的 cd 线,不同 Δ/d 的实验点形成各自独立的波状曲线。表明 λ 既与雷诺数 Re 有关,又与 Δ/d 有关,即 $\lambda=f(Re,\Delta/d)$。

第Ⅴ区——"粗糙管"区(ef 线以右的区域)。实验曲线成为与横轴平行的直线段,说明该区 λ 与雷诺数 Re 无关,仅与 Δ/d 有关,即 $\lambda=f(\Delta/d)$。这说明流动处于发展完全的紊流状态,流动阻力与流速的平方成正比,故又称为阻力平方区。此区内的流动,即使 Re 不同,只要几何相似,边界性质相同,也能自动保证模型流与原型流的相似,因而又称为自动模型区。

尼古拉兹虽然是在人工粗糙管中完成的实验,其结论不能完全用于工业管道。但是,尼古拉兹实验的意义在于它全面揭示了不同流态下 λ 和雷诺数以及相对粗糙度的关系,从而说明确定 λ 的各种经验公式和半经验公式都有一定的适用范围。并为补充普兰特理论和推导紊流的半经验公式提供了必要的实验数据。

1938 年蔡克斯达在人工粗糙的矩形明渠中进行了 λ 值的实验,得出了与尼古拉兹实验相似的曲线，如图 5-14 所示。图中雷诺数 $Re=vR/\nu$，R 为水力半径。

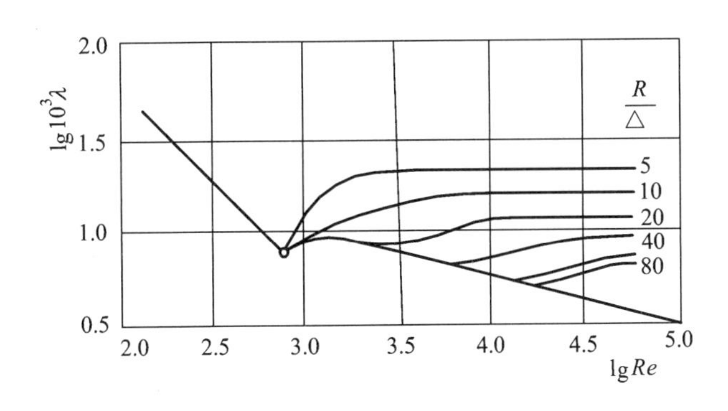

图　5-14

2. 沿程阻力系数 λ 的计算公式

(1) 人工粗糙管 λ 值的半经验公式

人工粗糙管的紊流沿程阻力系数 λ 的半经验公式可根据断面流速分布的对数公式(5-28)结合尼古拉兹实验资料推出。对于紊流光滑管区(推导从略)

$$\frac{1}{\sqrt{\lambda}}=2\lg(Re\sqrt{\lambda})-0.8 \tag{5-33}$$

对于紊流粗糙管区

$$\lambda=\frac{1}{\left[2\lg\left(\frac{r_0}{\Delta}\right)+1.74\right]^2} \tag{5-34}$$

式(5-33)和式(5-34)分别称为尼古拉兹光滑管公式和尼古拉兹粗糙管公式。两式的适用范围分别为 $Re=5\times10^4\sim3\times10^6$ 和 $Re>(382\sqrt{\lambda})(r_0/\Delta)$。

(2) 工业管道 λ 值的计算公式

由于尼古拉兹实验是对人工均匀粗糙管进行的。而工业管道的实际粗糙与均匀粗糙有很大不同，因此，在将尼古拉兹实验结果用于工业管道时，首先要分析这种差异和寻求解决问题的方法。图 5-15 为尼古拉兹人工粗糙管和工业管道 λ 曲线的比较。

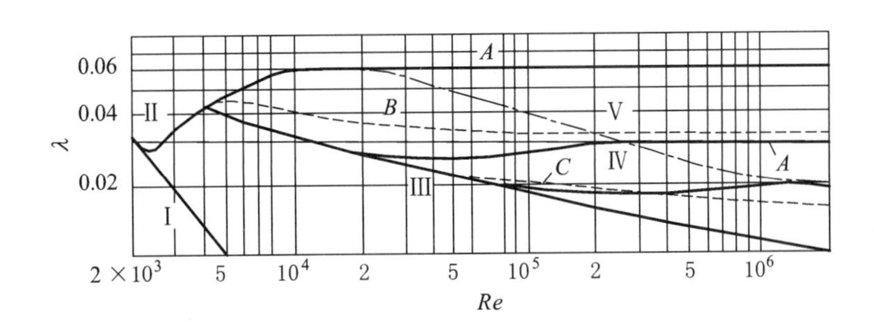

图　5-15

图中实线 A 为尼古拉兹实验曲线，虚线 B 和 C 分别为 2 in 镀锌钢管和 5 in 新焊接钢管的实验曲线。由图可知，在紊流光滑区，工业管道的实验曲线和尼古拉兹曲线是重叠的。因此，工业管道 λ 的计算在该区可直接采用尼古拉兹光滑管公式(5-33)。在紊流粗糙区，工业管道的实验曲线和尼古拉兹实验曲线都与横轴平行，说明尼古拉兹粗糙管公式有可能应用于工业管道，问题在于如何确定工业管道的粗糙度。在工程流体力学中，一般是把尼古拉兹的“人工粗糙”作为量度粗糙的基本标准。把工业管道的不均匀粗糙折合成“尼古拉兹粗糙”而引入“当量粗糙高度”的概念。所谓当量粗糙高度，就是指和工业管道粗糙区 λ 值相等的同直径尼古拉兹粗糙管的粗糙高度。因此，工业管道的“当量粗糙高度”反映了糙粒各种因素对沿程损失的综合影响。部分常用工业管道的当量粗糙高度如表 5-1 所示。引入当量粗糙高度后，式(5-34)就可用于工业管道。

表 5-1　当量粗糙高度

管　材　种　类	Δ (mm)
新氯乙烯管、玻璃管、黄铜管	0～0.002
光滑混凝土管、新焊接钢管	0.015～0.06
新铸铁管、离心混凝土管	0.15～0.5
旧铸铁管	1～1.5
轻度锈蚀钢管	0.25
清洁的镀锌铁管	0.25

对于紊流过渡区，工业管道和尼古拉兹粗糙管道 λ 值的变化规律存在很大差异，尼古拉兹过渡区的实验成果对工业管道不能适用。柯列勃洛克(C. F. Colebrook)根据大量工业管道实验资料，提出工业管道过渡区 λ 值计算公式，即柯列勃洛克公式

$$\frac{1}{\sqrt{\lambda}}=-2\lg\left(\frac{\Delta}{3.7d}+\frac{2.51}{Re\sqrt{\lambda}}\right) \tag{5-35}$$

式中，Δ 为工业管道的当量粗糙高度，可由表 5-1 查得。

实际上柯列勃洛克公式是尼古拉兹光滑区公式和粗糙区公式的结合。在光滑区，Re 数偏小，公式右边括号内第二项很大，第一项相对很小可以忽略，该式与式(5-33)类似。当 Re 数很大时，公式右边括号内第二项很小，可以忽略不计，于是柯列勃洛克公式与式(5-34)类似。因此，柯氏公式不仅适用于工业管道的紊流过渡区，而且可用于紊流的全部三个流区，故又称为紊流沿程阻力系数 λ 的综合计算公式。尽管此式只是个经验公式，但它是在合并两个半经验公式的基础上得出的，公式应用范围广，与实验结果符合良好，因此这个公式在国内外得到了极为广泛的应用。

式(5-35)的应用比较麻烦，须经过几次迭代才能得出结果。为了简化计算，莫迪(Moody)在柯氏公式的基础上，绘制了工业管道 λ 的计算曲线，即莫迪图(工业管道实验曲线，见图 5-16)。在图上可根据 Re 及 Δ/d 直接查出 λ。

此外，还有许多直接由实验资料整理成的纯经验公式。这里介绍几个应用最广的公式。

光滑区的布拉修斯公式

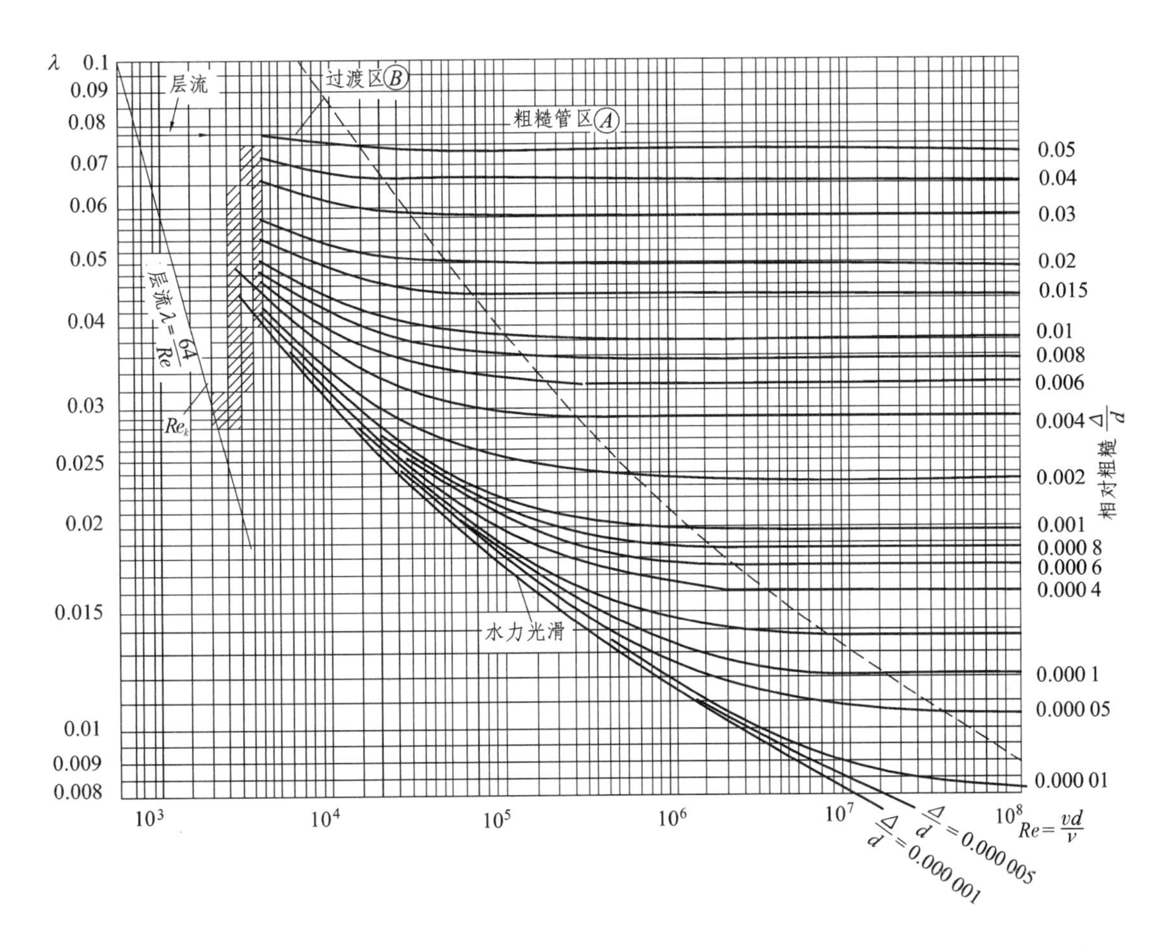

图 5-16

$$\lambda=\frac{0.316}{Re^{0.25}} \tag{5-36}$$

此式是 1912 年布拉修斯总结光滑管的实验资料提出的。适用条件为

$$Re<10^5 \text{ 及 } \Delta<0.4\delta_l$$

粗糙区的希弗林松公式

$$\lambda=0.11\left(\frac{\Delta}{d}\right)^{0.25} \tag{5-37}$$

紊流过渡区和粗糙区的舍维列夫公式

$$\text{当 } v<1.2\ \text{m/s——过渡区}\quad \lambda=\frac{0.017\,9}{d^{0.3}}\left(1+\frac{0.867}{v}\right)^{0.3} \tag{5-38}$$

$$\text{当 } v\geqslant 1.2\ \text{m/s——粗糙区}\quad \lambda=\frac{0.021\,0}{d^{0.3}} \tag{5-39}$$

式(5-38)及(5-39)中的管径 d 均以 m 计，速度 v 以 m/s 计。舍维列夫公式是在水温为 10℃、运动黏度 $\nu=1.3\times10^{-6}\ \text{m}^2/\text{s}$ 条件下导出的，适用于钢管和铸铁管。

适用于紊流三个区的莫迪公式和阿里特苏里公式：

莫迪公式

$$\lambda=0.0055\left[1+\left(20000\frac{\Delta}{d}+\frac{10^6}{Re}\right)^{\frac{1}{3}}\right] \tag{5-40}$$

阿里特苏里公式

$$\lambda=0.11\left(\frac{\Delta}{d}+\frac{68}{Re}\right)^{0.25} \tag{5-41}$$

还有上节介绍的谢才公式

$$v=C\sqrt{RJ}$$

其中，谢才系数 $C=(8g/\lambda)^{1/2}(\mathrm{m}^{1/2}/\mathrm{s})$，表明 C 和 λ 一样是反映沿程阻力变化规律的系数，通常直接由经验公式计算。

目前应用较广的两个计算 C 的经验公式为：

曼宁公式

$$C=\frac{1}{n}R^{1/6} \tag{5-42}$$

式中，R 为水力半径，以 m 计；n 为综合反映壁面对流动阻滞作用的粗糙系数，列于附录Ⅱ中。曼宁公式适用范围为：$n<0.020$，$R<0.5$ m。

巴甫洛夫斯基公式

$$C=\frac{1}{n}R^{y} \tag{5-43}$$

式中，指数 y 是个变数，其值按下式确定

$$y=2.5\sqrt{n}-0.13-0.75\sqrt{R}(\sqrt{n}-0.1) \tag{5-44}$$

巴甫洛夫斯基公式适用范围为：$0.1\ \mathrm{m}\leqslant R\leqslant 3.0\ \mathrm{m}$，$0.011\leqslant n\leqslant 0.04$。

应该指出，就谢才公式本身而言，它适用于有压或无压均匀流动的各阻力区。但由于计算谢才系数 C 的经验公式只包括 n 和 R，不包括流速 v 和运动黏度 ν，也就是与雷诺数 Re 无关，因此，如直接由经验公式计算 C 值，谢才公式就仅适用于紊流粗糙管区。

【例 5-2】 已知某铸铁管直径为 25 cm，长为 700 m，通过流量为 56 L/s，水温为 10℃，求通过这段管道的水头损失 h_f。

解 管道断面平均流速

$$v=\frac{Q}{\pi d^2/4}=\frac{56000}{\pi\,25^2/4}=114.1\ \mathrm{cm/s}$$

雷诺数

$$Re=\frac{vd}{\nu}=\frac{114.1\times 25}{0.0131}=217748$$

根据表 5-1，旧铸铁管的当量粗糙高度采用 $\Delta=1.25$ mm，则

$$\frac{\Delta}{d}=\frac{1.25}{250}=0.005$$

根据 Re、Δ/d 查莫迪图得 $\lambda=0.0304$。

沿程水头损失

$$h_f=\lambda\frac{l}{d}\frac{v^2}{2g}=0.030\ 4\times\frac{700}{0.25}\times\frac{1.14^2}{2\times 9.8}=5.64\ mH_2O$$

也可采用经验公式计算 λ

$$v=1.14\ m/s<1.2\ m/s$$

因为 $t=10℃$,所以可采用过渡区的舍维列夫公式计算 λ

$$\begin{aligned}\lambda&=\frac{0.017\ 9}{d^{0.3}}\left(1+\frac{0.867}{v}\right)^{0.3}\\&=\frac{0.017\ 9}{0.25^{0.3}}\left(1+\frac{0.867}{1.14}\right)^{0.3}\\&=0.032\ 1\end{aligned}$$

$$h_f=\lambda\frac{l}{d}\frac{v^2}{2g}=0.032\ 1\times\frac{700}{0.25}\times\frac{1.14^2}{2\times 9.8}=5.96\ mH_2O$$

【例 5-3】 有一输水管路,直径 $d=15$ cm,当量粗糙度 $\Delta=0.3$ mm,液体运动黏度 $\nu=0.013\ 1\ cm^2/s$,已测得管流水力坡度 $J=0.03$,试求管中流量。

解 由于管中流速未知,无从判断管中的流动状态,因此须首先假定流态。根据管路的相对粗糙度 $\Delta/d=0.3/150=0.002$,数值较大,从莫迪图上看到,在大 Re 数的情况下,出现粗糙管的可能性较大,故初步假定管中水流处于粗糙区,由式(5-34)计算 λ

$$\lambda=\frac{1}{\left[2\lg\left(\frac{r_0}{\Delta}\right)+1.74\right]^2}=\frac{1}{\left[2\lg\frac{75}{0.3}+1.74\right]^2}=0.023\ 4$$

由达西公式得

$$v=\sqrt{\frac{2gJd}{\lambda}}=\sqrt{\frac{2\times 9.8\times 0.03\times 0.15}{0.023\ 4}}=1.94\ m/s$$

$$Re=\frac{vd}{\nu}=\frac{194\times 15}{0.013\ 1}=222\ 137>2\ 300\quad 紊流$$

判别阻力区

$$\begin{aligned}\delta_l&=\frac{32.8d}{Re\sqrt{\lambda}}=\frac{32.8\times 0.15}{222\ 137\sqrt{0.023\ 4}}\\&=1.45\times 10^{-4}\ m=0.145\ mm\end{aligned}$$

因 $0.4\delta_l<\Delta<6\delta_l$,故流动处于紊流过渡区,$\lambda$ 可用柯氏公式计算,即

$$\frac{1}{\sqrt{\lambda}}=-2\lg\left(\frac{0.3}{3.7\times 150}+\frac{2.51}{222\ 137\sqrt{\lambda}}\right)$$

迭代计算得 $\lambda=0.024\ 2$

计算平均流速

$$v=\sqrt{\frac{2gJd}{\lambda}}=\sqrt{\frac{2\times 9.8\times 0.03\times 0.15}{0.024\ 2}}=1.91\ m/s$$

$$Re=\frac{vd}{\nu}=\frac{191\times15}{0.0131}=218\ 702$$

再重新判别阻力区，水流仍处于紊流过渡区。根据新计算出的 Re 数，由柯氏公式再计算 λ 得

$$\lambda=0.024\ 3$$

则

$$v=\sqrt{\frac{19.6\times0.03\times0.15}{0.024\ 3}}=1.905\ \mathrm{m/s}$$

$$Q=vA=\frac{\pi}{4}d^2v=0.785\times0.15^2\times1.905=0.033\ 6\ \mathrm{m^3/s}$$

由此可看出，在无法判别流态或阻力区的情况下，需先假设流态或阻力区进行计算，然后再根据计算所得结果检验假设是否正确。如假设与检验结果不一致，需根据检验判断出的流态或阻力区重新计算，直到假设与检验结果一致为止。

【例 5-4】 密度为 ρ 的流体在水平等径长直管道中作恒定流动。已知 λ(沿程阻力系数)、d(管径)和 v(流速)，试推导相距 l 的两过流断面间的压强差 Δp 的计算式，并由此导出流动相似的模型率(即相似准则)。

【解】 在相距 l 的两过流断面间建立恒定总流的伯努利方程

$$z_1+\frac{p_1}{\rho g}+\frac{\alpha_1v_1^2}{2g}=z_2+\frac{p_2}{\rho g}+\frac{\alpha_2v_2^2}{2g}+\lambda\frac{l}{d}\frac{v^2}{2g}$$

由题意可知，式中

$$z_1=z_2,\alpha_1=\alpha_2,v_1=v_2=v$$

故得两过流断面间的压强差

$$\Delta p=p_1-p_2=\lambda\frac{l}{d}\frac{\rho v^2}{2}$$

因模型和原型流动的相似必可用同一物理方程来描述，故有

$$\frac{(\Delta p)_{\mathrm{p}}}{(\Delta p)_{\mathrm{m}}}=\frac{\left(\lambda\frac{l}{d}\frac{\rho v^2}{2}\right)_{\mathrm{p}}}{\left(\lambda\frac{l}{d}\frac{\rho v^2}{2}\right)_{\mathrm{m}}}$$

或

$$\frac{\left(\frac{\Delta p}{\rho v^2}\right)_{\mathrm{p}}}{\left(\frac{\Delta p}{\rho v^2}\right)_{\mathrm{m}}}=\frac{\left(\lambda\frac{l}{2d}\right)_{\mathrm{p}}}{\left(\lambda\frac{l}{2d}\right)_{\mathrm{m}}}$$

写成比尺关系为

$$\frac{\lambda_{\Delta p}}{\lambda_\rho\lambda_v^2}=1$$

即流动相似的模型率为欧拉准则。

从上面分析可知，对于恒定有压管流，欧拉数 $Eu=\frac{\Delta p}{\rho v^2}=\lambda\frac{l}{2d}=f\left(Re,\frac{\Delta}{d},\frac{l}{d}\right)$。因此，当流动处于层流区、层紊流过渡区、紊流光滑区、紊流过渡区时，按几何相似和黏性力相似进行模型实验设计，就可保证压力相似；但当流动处于紊流粗糙区时，流动阻力与雷诺数无关，该流动范围通常称为自动模型区，流动处于自动模型区时，则只需按几何相似进行模型实验设计即可。

§5-7　边界层理论简介

19 世纪科学家们对理想流体的欧拉方程的研究已经达到了完善的地步。若从形式逻辑上分析，理想流体的运动黏度 $\nu=0$，即运动的雷诺数为无穷大。那么对于雷诺数很大的实际流体，当黏滞作用小到一定程度而可予以忽略时，流动应接近理想流体的流动，则欧拉方程似乎可解决雷诺数很大时的实际流体运动问题。但实际上许多雷诺数很大的实际流体的流动情况却与理想流体有着显著的差别。图 5-17(a)是二元理想均匀流绕圆柱体的流动情况，但所观察到的实际流体，当 Re 很大时，流动情况却如图 5-17(b)所示。显然两者存在着相当的差别。为什么会有这个差别，一直到 1904 年普兰特提出边界层理论后，才对这个问题给予了解释。

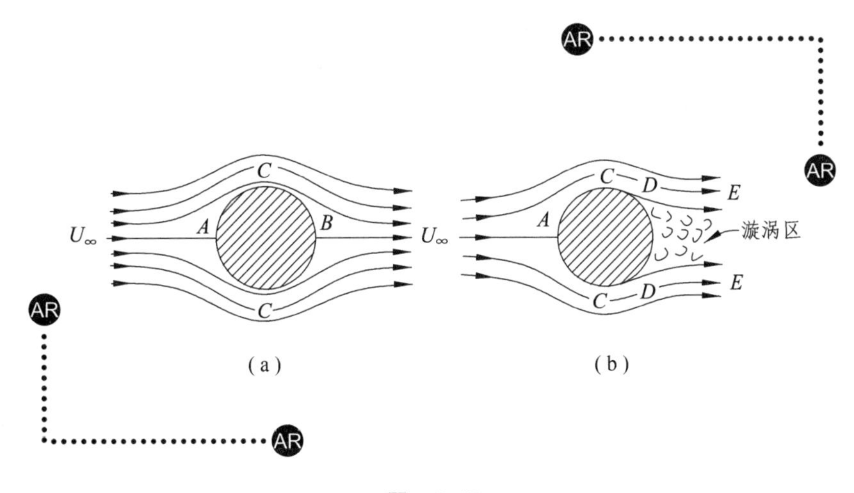

图　5-17

1. 边界层的基本概念

物体在雷诺数很大的流体中以较高的速度相对运动时，沿物体表面的法线方向，得到如图 5-18 所示的速度分布曲线。B 点把速度分布曲线分成截然不同的 AB 和 BC 两部分，在 AB 段上，流体运动速度从物体表面上的零迅速增加到 U_∞，速度的增加在很小的距离内完成，具有较大的速度梯度。而在 BC 段上，速度 $U(x)$ 接近 U_∞，近似为一常数。

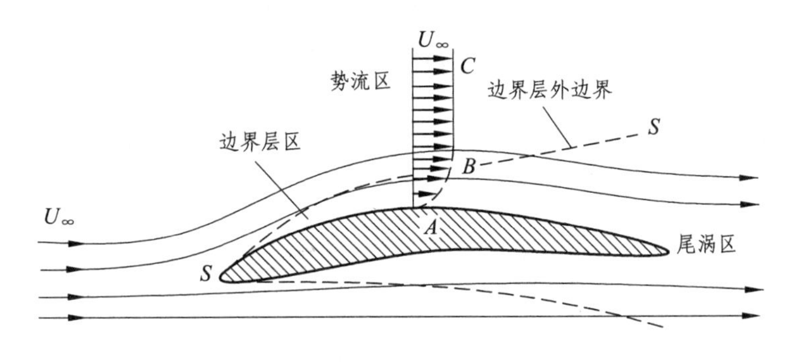

图　5-18

沿物体长度，把各断面所有的 B 点连接起来，得到 S-S 曲线，S-S 曲线将整个流场划分为性质完全不同的两个流区。从物体边壁到 S-S 的流区存在着相当大的流速梯度，黏滞性的作用不能忽略。边壁附近的这个流区就叫边界层。在边界层内，即使黏性很小的流体，也将有较大的切应力值，使黏性力与惯性力具有同样的数量级，因此，流体在边界层内作剧烈的有旋运动。S-S 以外的流区，流体近乎以相同的速度运动，即边界层外部的流动不受固体边壁的黏滞影响，即使对于黏度较大的流体，黏性力也较小，可以忽略不计，这时流体的惯性力起主导作用。因此，可将这流区中的流体运动看作为理想流体的无旋运动，用势流理论和理想流体的伯努利方程确定该流区中的流速和压强分布。

通常称 S-S 为边界层的外边界，S-S 到固体边壁的垂直距离 δ 称为边界层厚度。流体与固体边壁最先接触的点称为前驻点，在前驻点处 $\delta=0$。沿着流动方向，边界层逐渐加厚，即 δ 是流程 x 的函数，可写为 $\delta(x)$。实际上边界层没有明显的外边界，一般规定边界层外边界处的速度为外部势流速度的 99%。

边界层内存在层流和紊流两种流动型态，如图 5-19 所示，在边界层的前部，由于厚度 δ 较小，因此流速梯度 $\mathrm{d}u_x/\mathrm{d}y$ 很大，黏滞应力 $\tau=\mu\mathrm{d}u_x/\mathrm{d}y$ 的作用也就很大，这时边界层中的流动属于层流，这种边界层称为层流边界层。边界层中流动的雷诺数可以表示为

$$Re_x=\frac{U_\infty x}{\nu}$$

或

$$Re_\delta=\frac{U_\infty \delta}{\nu}$$

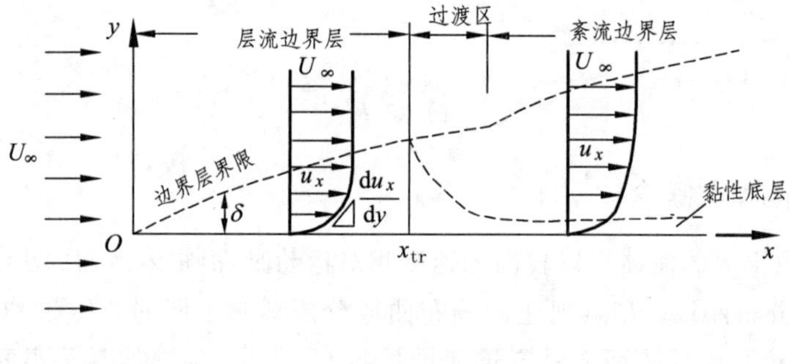

图 5-19

由于边界层厚度 δ 是坐标 x 的函数，所以这两种雷诺数之间存在一定的关系。x 越大，δ 越大，Re_x、Re_δ 均变大。当雷诺数达到一定数值时，经过一个过渡区后，流态转变为紊流，从而成为紊流边界层。在紊流边界层里，最靠近平板的地方，$\mathrm{d}u_x/\mathrm{d}y$ 仍很大，黏滞切应力仍然起主要作用，使得流动形态仍为层流。所以在紊流边界层内有一个黏性底层。边界层内雷诺数达到临界数值，流动形态转变为紊流的点(x_{tr})称为转捩点。相应的临界雷诺数为

$$Re_{tr}=\frac{U_\infty x_{tr}}{\nu}$$

临界雷诺数并非常量，它与来流的脉动程度有关。如果来流已受到干扰，脉动强，流动型态的改变发生在较低的雷诺数；反之则发生在较高值。

2. 边界层分离

在边界层中，由于固体边界的阻滞作用，流体质点的流速均较势流流速 U_∞ 有所减小，这些减速了的流体质点并不总是只在边界层中流动。在某些情况下，如边界层的厚度顺流突然急剧增大，则在边界层内发生反向回流，这样就迫使边界层内的流体向边界层外流动。这种现象称为边界层从固体边界上的“分离”。边界层的分离常常伴随着漩涡的产生和能量损失，并增加了流动的阻力，因此边界层的分离是一个很重要的现象。

图 5-19 是均匀直流与平行平板的边界层流动，是边界层流动中一种最简单的情况。因为在边界层外边界上沿平板方向的速度相同，整个流场和边界层内的压强保持不变。也就是说沿固体边界的压力梯度 $\mathrm{d}p/\mathrm{d}x=0$，这样的边界层不会发生分离。但当流体流过非平行平板或非流线型物体时，情况就大不相同。现以绕圆柱的流动为例来说明，如图 5-20 所示。

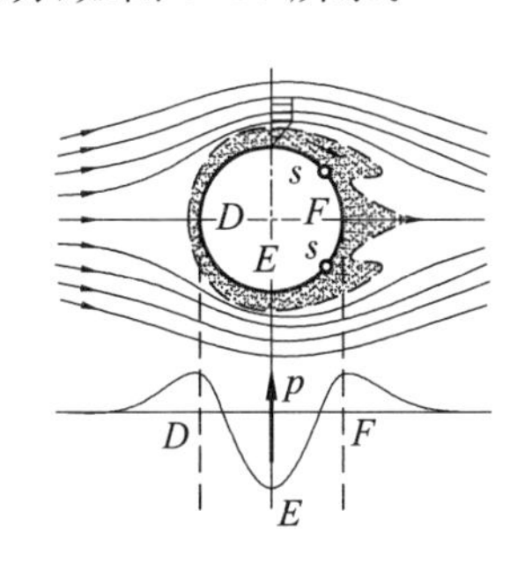

图 5-20

当理想流体流经圆柱体时，由 D 点至 E 点速度渐增，直到 E 点速度最大、压强最小。而由 E 点往 F 点流动时，速度渐减、压强渐增，且在 F 点恢复至 D 点的流速与压强。但在实际流体中，固体表面处产生了边界层，当绕流开始时，边界层甚薄，边界层外的压强分布与理想流体情况接近。由于边界层内黏滞阻力的作用，流体质点在由 E 点到 F 点的流程中损耗了大量的动能，以致它不能克服由 E 点到 F 点的压力升高。这样流体质点在 EF 这一段压力升高的区域内，流经不大的距离就会由于一部分动能继续损耗于摩擦阻力，一部分动能转化为压能，而使动能消耗殆尽，于是在固体边界附近某点处流速为零。在这一点动能为零，压强又低于下游，故流体由下游压强高处流向压强低处，发生了回流。边界层内的流体质点自上游不断流来，而且都有共同的经历，这样，在这一点处堆积的流体质点就越来越多，加之下游发生回流，这些流体质点就被挤向主流，从而使边界层脱离了固体边界表面，这种现象就叫作边界层的分离。边界层开始与固体边界分离的点叫分离点，如图 5-20 中的 s 点。在分离点前接近固体壁面的微团沿边界外法线方向速度梯度为正，$(\partial u/\partial y)_{y=0}>0$。在分离点 s 的下游，在边界附近产生回流，因此在边界附近的流速为负值，$(\partial u/\partial y)_{y=0}<0$。在分离点 s 处，$(\partial u/\partial y)_{y=0}=0$。边界处流速梯度等于零的点即为分离点。图中还示出了分离点 s 附近的流线。由于回流，边界层的厚度显著增加。边界层分离后，回流形成漩涡，绕流物体尾部流动图形就大为改变。在圆柱表面上的压强分布不再是如图 5-20 所示的对称分布，而是圆柱下游面的压强显著降低并在分离点后形成负压区。这样，圆柱上、下游面的压强差形成了作用于圆柱指向下游的“压差阻力”(又称为形状阻力)。边界层的分离不仅与绕流物体的形状有关，而且还与来流和物体的相对方向有关。

§5-8 局部水头损失

流体在流经各种局部障碍(如突然扩大、突然缩小、弯道、闸阀等)时，流动遭受破坏，引起流速分布的急剧变化，甚至会引起边界层分离，产生漩涡，从而形成形状阻力和摩擦阻力，即局部阻力，由此产生局部水头损失。局部损失和沿程损失一样不同流态遵循不同的规律，但在实际工程中很少有局部障碍处是层流运动的情况，因此，下面只讨论紊流状态下的局部水头损失。

1. 局部水头损失发生的原因

(1) 边壁急骤变形发生边界层分离，引起能量损失

在上节已经介绍了边界层分离的形成。流体在边壁急骤变形的地方，如突然扩大、突然缩小、转弯、三通等处(见图 5-21)，由于流体中各点流速和压强都将改变，往往会发生主流与边壁脱离，在主流与边壁间形成漩涡区。漩涡区的存在大大增加了紊流的脉动程度，同时漩涡区“压缩”了主流的过流断面，引起过流断面上流速重新分布，增大了主流某些地方的流速梯度，也就增大了流层间的切应力。此外漩涡区漩涡质点的能量不断消耗，需要通过漩涡区与主流的动量交换或黏性传递来补给，由此消耗了主流的能量。再有，漩涡质点不断被主流带向下游，还将加剧下游一定范围内的紊流脉动，加大了这段长度上的水头损失。所以，局部障碍范围内的能量损失，只是局部损失中的一部分，其余是在局部障碍下游较长的流段上消耗掉的。受局部障碍干扰的流动，经过这一段长度之后，流速分布和紊流脉动才能达到均匀流正常状态。

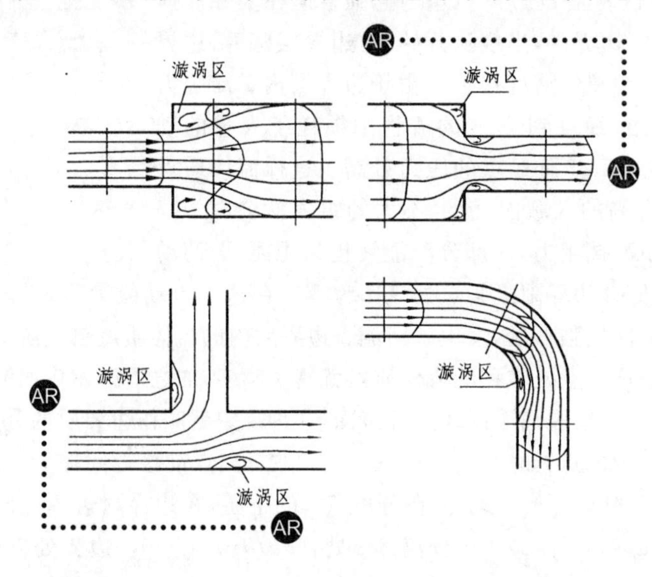

图 5-21

由以上分析可知，边界层分离和漩涡区的存在是造成局部水头损失的主要原因。

(2) 流动方向变化造成二次流损失

当实际流体经过弯管流动时，不但会产生分离，还会产生与主流方向正交的流动，称为二次流。这是因为流体在转弯时，由于管壁的作用，弯管外侧流体的压强比内侧高，存在压强差，而处于管中心部分的流体速度较高仍能沿主流方向向前流动，管壁附近的流体速度较低，在此压力差的作用下，便有部分流体沿管壁从外侧向内侧流动(即从高压处向低压处流动)，管中心则出现回流。这样，就形成了双漩涡形式的二次流动，如图 5-22 所示。

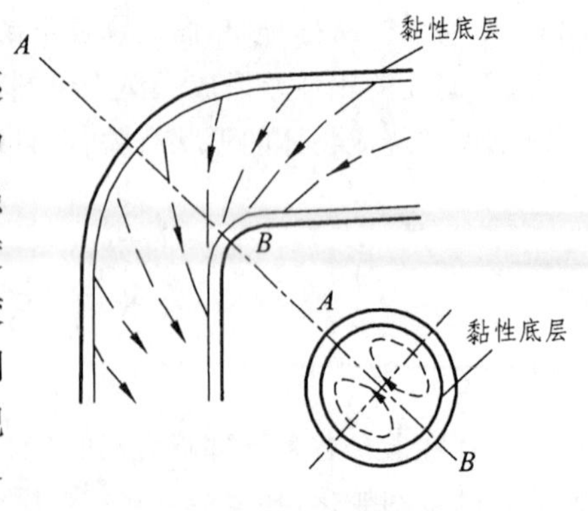

图 5-22

通过上面的分析，可知局部损失总是与漩涡产生有关。管道断面变化越剧烈，涡流的尺度越大，损失就越大。二次流的损失往往和分离损失一起计算。

由于局部障碍的形式繁多，流动现象极其复杂，除少数几种情况可以用理论结合实验计算外，其余都由实验测定。

2. 圆管突然扩大的局部水头损失

图 5-23 表示管道由管径 d_1 到管径 d_2 的局部突然扩大，这种情况的局部水头损失可由理论分析结合实验求得。

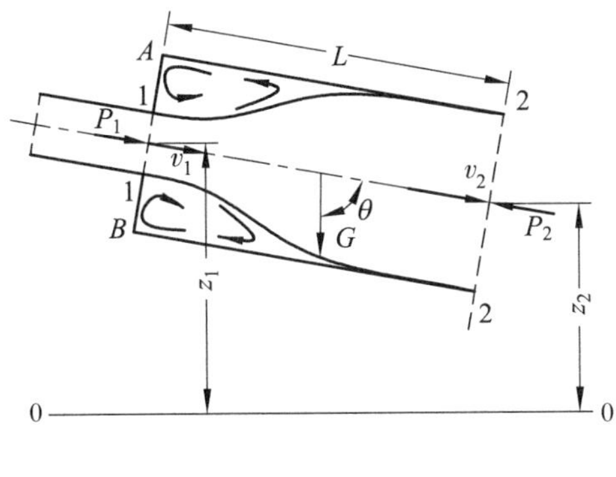

图 5-23

在雷诺数很大的紊流中，由于断面突然扩大，在断面 A-B 及断面 2-2 之间流体将与边壁分离并形成漩涡。但在断面 1-1 及 2-2 处属于渐变流，因此对这两断面列伯努利方程得

$$h_j=\left(z_1+\frac{p_1}{\gamma}+\frac{\alpha_1 v_1^2}{2g}\right)-\left(z_2+\frac{p_2}{\gamma}+\frac{\alpha_2 v_2^2}{2g}\right)$$

$$=\left(z_1+\frac{p_1}{\gamma}\right)-\left(z_2+\frac{p_2}{\gamma}\right)+\frac{\alpha_1 v_1^2}{2g}-\frac{\alpha_2 v_2^2}{2g} \tag{5-45}$$

式中，h_j 为突然扩大局部水头损失。因 1-1 和 2-2 断面之间距离较短，其沿程水头损失可忽略不计。

为了从上式中消去压强 p，使 h_j 成为流速 v 的函数，再应用动量方程。

取控制面 $AB22A$，在控制面范围内流体在流动方向所受的外力有：

① 作用在过流断面 1-1 上的总压力 p_1A_1；

② 作用在过流断面 2-2 上的总压力 p_2A_2；

③ AB 面上环形管壁对流体的作用力 P 等于漩涡区的流体作用在环形面积上的压力，实验表明在包含环形面积的 AB 断面上的压强基本符合静压强分布规律，故可采用 $P=p_1(A_2-A_1)$；

④ 在断面 A-B 至 2-2 间流体重力在流动方向的分力为

$$G\cos\theta=\gamma A_2 L\frac{z_1-z_2}{L}=\gamma A_2(z_1-z_2)$$

⑤ 断面 A-B 至断面 2-2 间流体与管壁间的切应力与其他力相比，可忽略不计。于是，根据动量方程式，得

$$\rho Q(\beta_2 v_2-\beta_1 v_1)=p_1 A_1-p_2 A_2+p_1(A_2-A_1)+\gamma A_2(z_1-z_2)$$

以 $Q=v_2 A_2$ 代入，并以 γA_2 除全式，整理得

$$\frac{v_2}{g}(\beta_2 v_2-\beta_1 v_1)=\left(z_1+\frac{p_1}{\gamma}\right)-\left(z_2+\frac{p_2}{\gamma}\right) \tag{5-46}$$

将式(5-46)代入式(5-45)，得

$$h_{\mathrm{j}}=\frac{v_2}{g}(\beta_2 v_2-\beta_1 v_1)+\frac{\alpha_1 v_1^2}{2g}-\frac{\alpha_2 v_2^2}{2g}$$

在紊流状态下，可认为 α_1、α_2、β_1、β_2 都近似地等于 1，代入上式得

$$h_{\mathrm{j}}=\frac{(v_1-v_2)^2}{2g} \tag{5-47}$$

式(5-47)就是突然扩大的局部水头损失理论计算式，它表明突然扩大损失等于所减小的平均流速的流速水头。再利用连续性方程 $v_1 A_1=v_2 A_2$，可得

$$\left.\begin{aligned} h_{\mathrm{j}}&=\left(\frac{A_2}{A_1}-1\right)^2\frac{v_2^2}{2g}=\zeta_2\frac{v_2^2}{2g}\\ \text{或}\quad h_{\mathrm{j}}&=\left(1-\frac{A_1}{A_2}\right)^2\frac{v_1^2}{2g}=\zeta_1\frac{v_1^2}{2g}\end{aligned}\right\} \tag{5-48}$$

式中，$\zeta_1=[1-(A_1/A_2)]^2$，$\zeta_2=[(A_2/A_1)-1]^2$，称为突然扩大的局部阻力系数。计算时必须注意使选用的局阻系数与流速相对应。

当液体从管道在淹没情况下流入断面很大的容器或是气体流入大气时，$A_1/A_2\approx 0$，则 $\zeta_1=1$，这是突然扩大的特殊情况，称为出口阻力系数。

式(5-48)表明，局部水头损失可表示为流速水头的倍数。因此局部水头损失一般可用下式计算

$$h_{\mathrm{j}}=\zeta\frac{v^2}{2g} \tag{5-49}$$

局部水头损失系数或局部阻力系数 ζ 与雷诺数 Re 和边界情况有关。但受局部障碍的强烈干扰，流动在较小的雷诺数($Re\approx 10^4$)时就进入阻力平方区，故在一般工程计算中，认为 ζ 只决定于局部障碍的形状，而与雷诺数 Re 无关。在工程流体力学书籍及水力计算手册中所给的 ζ 值都是指阻力平方区的数值。

3. 各种管路配件及明渠的局部阻力系数

(1) 管路突然缩小

$$h_j = 0.5\left(1-\frac{A_2}{A_1}\right)\frac{v_2^2}{2g} \tag{5-50}$$

（2）渐扩管，当锥角 $\theta=2°\sim5°$时

$$h_j = 0.2\,\frac{(v_1-v_2)^2}{2g} \tag{5-51}$$

式中，v_1 为断面扩大前的流速；v_2 为断面扩大后的流速。

（3）弯　管

$$h_j = \left[0.131+0.163\left(\frac{d}{R}\right)^{3.5}\right]\left(\frac{\theta}{90°}\right)^{0.5}\frac{v^2}{2g} \tag{5-52}$$

式中，d 为弯管直径；R 为弯管管轴曲率半径；θ 为弯管中心角(°)。

（4）折　管

$$h_j = \left(0.945\sin^2\frac{\theta}{2}+2.047\sin^4\frac{\theta}{2}\right)\frac{v^2}{2g} \tag{5-53}$$

式中，θ 为折角。

（5）管路进口

$$h_j = \zeta\frac{v^2}{2g}$$

其局部阻力系数 ζ 与进口形式有关，见图 5-24。

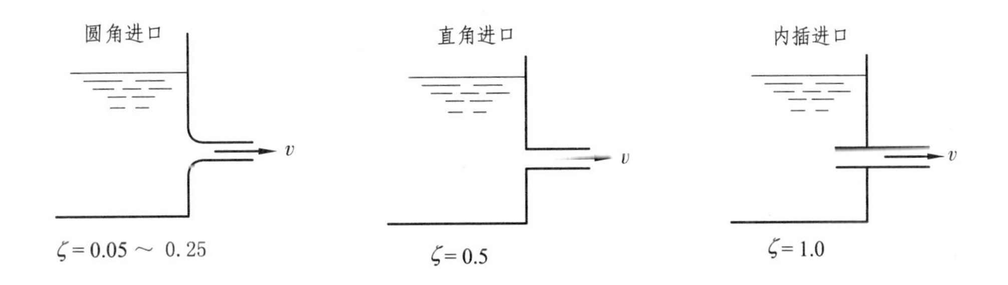

图　5-24

（6）管路配件

$$h_j = \zeta\frac{v^2}{2g}$$

其局部阻力系数见表 5-2。

表 5-2　管路配件局部阻力系数

名称	图式		ζ	名称	图式	ζ
截止阀	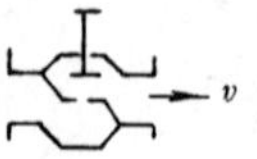	全开	4.3～6.1	等径三通	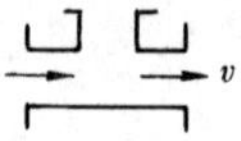	0.1
蝶阀	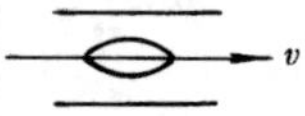	全开	0.1～0.3		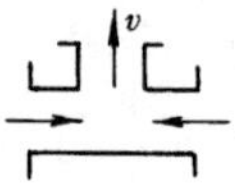	3.0
闸门	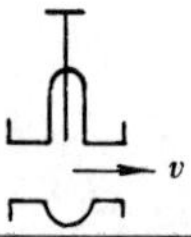	全开	0.12		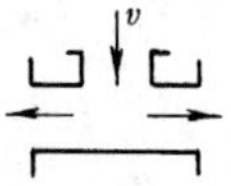	1.5

(7) 明　渠

明渠各部位的局部阻力系数见表 5-3。

表 5-3　明 渠 局 部 阻 力 系 数

名称	图示	ζ							
平板门槽	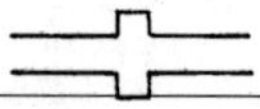	0.05～0.20							
明渠突缩	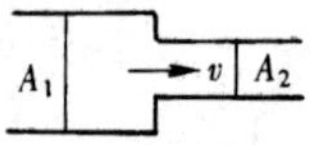	A_2/A_1		0.1	0.2	0.4	0.6	0.8	1.0
		ζ		1.49	1.36	1.14	0.84	0.46	0
明渠突扩	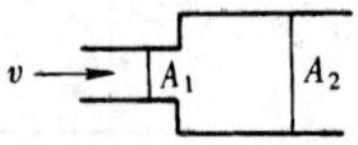	A_2/A_1	0.01	0.1	0.2	0.4	0.6	0.8	1.0
		ζ	0.98	0.81	0.64	0.36	0.16	0.04	0
渠道入口	直角	0.40							
	曲面	0.10							
格栅	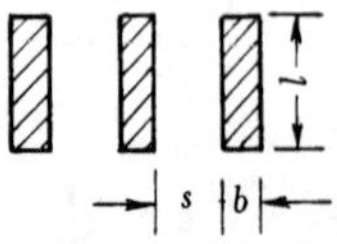	$\zeta=k\left(\frac{b}{b+s}\right)^{1.6}\left(2.3\frac{l}{s}+8+2.9\frac{s}{l}\right)\sin\alpha$ 式中　k——格栅杆条横断面形状系数 矩形 $k=0.504$ 圆弧形 $k=0.318$ 流线型 $k=0.182$ α——水流与栅杆的夹角							

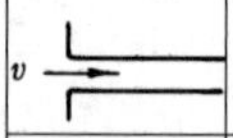

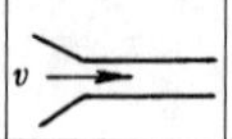

流程中两过流断面间的水头损失等于沿程水头损失加上各处局部水头损失。在计算局部水头损失时，应注意给出的局部阻力系数是在局部障碍前后都有足够长的均匀直段或渐变流段的条件下，并不受其他干扰而由实验测得的。一般采用这些系数计算时，要求各局部障碍之间有一段间隔，其长度不得小于三倍直径即 $l \geqslant 3d$。因此，对于紧连在一起的两个局部障碍的阻力系数之和，应另行实验测定。

【例 5-5】 水从一水箱经过两段水管流入另一水箱，如图 5-25 所示。已知：$d_1=15$ cm，$l_1=30$ m，$\lambda_1=0.03$，$H_1=5$ m，$d_2=25$ cm，$l_2=50$ m，$\lambda_2=0.025$，$H_2=3$ m。水箱尺寸很大，可认为箱内水面保持恒定，如计及沿程损失与局部损失，试求其流量 Q 为多少？

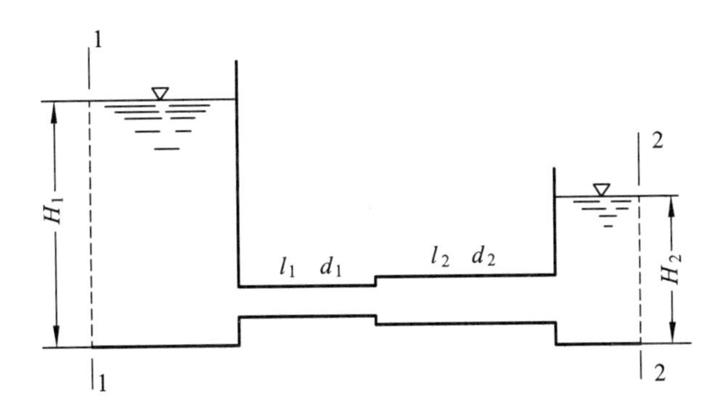

图 5-25

解 对 1-1 和 2-2 断面列伯努利方程，并略去水箱中的流速，得

$$H_1-H_2=h_w$$

其中

$$h_w=\zeta_{进口}\frac{v_1^2}{2g}+\zeta_{突大}\frac{v_1^2}{2g}+\zeta_{出口}\frac{v_2^2}{2g}+\lambda_1\frac{l_1}{d_1}\frac{v_1^2}{2g}+\lambda_2\frac{l_2}{d_2}\frac{v_2^2}{2g}$$

由连续方程知

$$v_2=v_1\frac{A_1}{A_2}=v_1\left(\frac{d_1}{d_2}\right)^2$$

注意到

$$\zeta_{突大}=\left(1-\frac{A_1}{A_2}\right)^2=\left(1-\frac{d_1^2}{d_2^2}\right)^2$$

得

$$h_w=\frac{v_1^2}{2g}\left[\zeta_{进口}+\left(1-\frac{d_1^2}{d_2^2}\right)^2+\zeta_{出口}\left(\frac{d_1}{d_2}\right)^4+\lambda_1\frac{l_1}{d_1}+\lambda_2\frac{l_2}{d_2}\left(\frac{d_1}{d_2}\right)^4\right]$$

查图 5-24 知 $\zeta_{进口}=0.50$； $\zeta_{出口}=1$

则

$$h_w=\frac{v_1^2}{2g}\left[0.50+\left(1-\frac{0.15^2}{0.25^2}\right)^2+1\times\left(\frac{0.15}{0.25}\right)^4+0.03\times\frac{30}{0.15}+0.025\times\frac{50}{0.25}\times\left(\frac{0.15}{0.25}\right)^4\right]$$

$$=7.69\frac{v_1^2}{2g}$$

所以 $$v_1=\sqrt{\frac{2g(H_1-H_2)}{7.69}}=\sqrt{\frac{2\times 9.8\times(5-3)}{7.69}}=2.26\ \text{m/s}$$

通过此管路流出的流量

$$Q=A_1v_1=\frac{\pi}{4}d_1^2v_1=\frac{\pi}{4}\times 0.15^2\times 2.26=0.04\ \text{m}^3/\text{s}=40\ \text{L/s}$$

【例 5-6】 一段直径 $d=100$ mm 的管路长 10 m。其中有两个 90°的弯管($d/R=1.0$)。管段的沿程阻力系数 $\lambda=0.037$。如拆除这两个弯管而管段长度不变,作用于管段两端的总水头也维持不变,问管段中的流量能增加百分之几?

解 在拆除弯管之前,在一定流量下的水头损失为

$$h_w=\lambda\frac{l}{d}\frac{v_1^2}{2g}+2\zeta\frac{v_1^2}{2g}=\left(\lambda\frac{l}{d}+2\zeta\right)\frac{v_1^2}{2g}$$

式中,v_1 为该流量下的圆管断面流速。

由式(5-52)得

$$\zeta_{90^\circ}=0.294$$

代入上式得 $$h_w=\left(0.037\times\frac{10}{0.1}+2\times 0.294\right)\frac{v_1^2}{2g}=4.29\frac{v_1^2}{2g}$$

拆除弯管后的沿程水头损失为

$$h_f=0.037\times\frac{10}{0.1}\times\frac{v_2^2}{2g}=3.7\frac{v_2^2}{2g}$$

由题给条件知,两端的总水头差不变,则得

$$3.7\frac{v_2^2}{2g}=4.29\frac{v_1^2}{2g}$$

因而 $$\frac{v_2}{v_1}=\sqrt{\frac{4.29}{3.7}}=1.077$$

流量 $Q=vA$,A 不变,所以 $Q_2=1.077Q_1$,即流量增加 7.7%。

§5-9 紊流扩散

含有两种成分的流体中,如果浓度不均匀,则物质由高浓度向低浓度方向转移,逐步达到均匀为止。这个过程称为扩散。扩散的过程就是质量传递的过程。紊流扩散是紊流运动的基本属性之一。在§5-2 中论及的雷诺试验就是通过观察染色流体在紊流中的扩散过程而判断紊流发生或消失的。扩散问题在许多技术部门都会遇到,如环境工程、水利建设以及化工、动力等学科都与紊流扩散问题有密切的关系。

在紊流中,流体微团以时均速度运动,而以脉动速度扩散;在层流中,流体微团以宏观速度运动,而以分子无规则运动扩散,即分子扩散。紊流扩散比分子扩散要强烈得多,一般来说,分

子扩散的效果与紊流扩散相比，常常可以忽略不计。

现讨论紊流扩散的基本方程。

先从扩散物质的连续性方程开始，设扩散物质的浓度为 c，其量纲为 ML^{-3}，从物质守恒定律出发，类似于研究均匀流体的连续性微分方程一样，用浓度 c 替代连续性微分方程中的密度 ρ，得扩散物质的连续性微分方程

$$\frac{\partial c}{\partial t}+\frac{\partial (cu_x)}{\partial x}+\frac{\partial (cu_y)}{\partial y}+\frac{\partial (cu_z)}{\partial z}=0 \tag{5-54}$$

由于紊流的脉动，除 u_x、u_y、u_z 用式(5-16)表示成时均流速和脉动流速之和外，浓度 c 也类似地表示为

$$c=\bar{c}+c'$$

将此叠加关系代入式(5-54)，并根据时均化法则对各项进行时间平均，得

$$\frac{\partial \bar{c}}{\partial t}+\overline{u_x}\frac{\partial \bar{c}}{\partial x}+\overline{u_y}\frac{\partial \bar{c}}{\partial y}+\overline{u_z}\frac{\partial \bar{c}}{\partial z}=-\frac{\partial (\overline{c'u'_x})}{\partial x}-\frac{\partial (\overline{c'u'_y})}{\partial y}-\frac{\partial (\overline{c'u'_z})}{\partial z} \tag{5-55}$$

由 §5-5 可知

$$\overline{u'_x u'_y}=-\left(l^2\frac{\mathrm{d}\bar{u}}{\mathrm{d}y}\right)\frac{\mathrm{d}\bar{u}}{\mathrm{d}y}=-D\frac{\mathrm{d}\bar{u}}{\mathrm{d}y}$$

则式(5-55)右端中的各项可类似地表示为

$$\overline{c'u'_x}=-D_x\frac{\partial \bar{c}}{\partial x} \tag{5 56a}$$

$$\overline{c'u'_y}=-D_y\frac{\partial \bar{c}}{\partial y} \tag{5-56b}$$

$$\overline{c'u'_z}=-D_z\frac{\partial \bar{c}}{\partial z} \tag{5-56c}$$

其中，D_x、D_y、D_z 分别称为 x、y、z 方向的紊流扩散系数。

将式(5-56)代入式(5-55)得

$$\frac{\partial \bar{c}}{\partial t}+\overline{u_x}\frac{\partial \bar{c}}{\partial x}+\overline{u_y}\frac{\partial \bar{c}}{\partial y}+\overline{u_z}\frac{\partial \bar{c}}{\partial z}=\frac{\partial}{\partial x}\left(D_x\frac{\partial \bar{c}}{\partial x}\right)+\frac{\partial}{\partial y}\left(D_y\frac{\partial \bar{c}}{\partial y}\right)+\frac{\partial}{\partial z}\left(D_z\frac{\partial \bar{c}}{\partial z}\right) \tag{5-57}$$

此式即为紊流扩散基本方程。如果要求得浓度 $\bar{c}$ 的时空分布规律，以解决实际问题，就需要求解上述方程并使之适合一定的定解条件。关于方程的解法，原则上解这类抛物线形偏微分方程的方法都可应用，但在一定的简化条件下易得较简单的解。例如在只有 x 方向的等速均匀紊流的情况下，$\overline{u_x}=U$，$\overline{u_y}=\overline{u_z}=0$，则式(5-57)成为

$$\frac{\partial \bar{c}}{\partial t}+U\frac{\partial \bar{c}}{\partial x}=D_x\frac{\partial^2 \bar{c}}{\partial x^2}+D_y\frac{\partial^2 \bar{c}}{\partial y^2}+D_z\frac{\partial^2 \bar{c}}{\partial z^2}$$

取移动的坐标系，使得 $x'=x+Ut$，则时均运动将表现为不动的。式中左边变为只有 $\partial\bar{c}/\partial t$ 一项。再把空间坐标做如下变换

$$x'=\frac{x}{\sqrt{D_x}};y'=\frac{y}{\sqrt{D_y}};z'=\frac{z}{\sqrt{D_z}}$$

则上式变换为

$$\frac{\partial\bar{c}}{\partial t}=\frac{\partial^2\bar{c}}{\partial x'^2}+\frac{\partial^2\bar{c}}{\partial y'^2}+\frac{\partial^2\bar{c}}{\partial z'^2}$$

成为典型的热传导方程的形式,这种类型的方程在文献中有许多解法。

对于比较复杂的情况，特别是当边界条件变化较多时，往往只能用数值计算求近似解答。

*§ 5-10 绕流问题

前面已经论述了流体在固体边界内,如管道、明渠中的流动阻力及其水头损失问题,这是所谓内流问题。本节则着重研究流体绕经物体时的绕流问题,即所谓外流问题。绕流有多种形式,它可以是流体绕静止物体运动,如河水流经桥墩、风流经高层建筑;也可以是物体在静止的流体中运动,如船舶在静水中航行、粉尘在空气中沉降;或者物体和流体做相对运动,如船舶在动水中航行、飞机在空中飞行等。但不管是哪一种形式,在研究时,都是把坐标固结于物体上,将物体看作是静止的,而探讨流体相对于物体的运动。因此,所有这些绕流运动,都可以看成是同一类型的绕流问题。

绕流问题的研究在土木工程、给排水工程、水利工程、环境工程、交通运输工程和国防工程中都有重要的实际意义。下面对绕流阻力及其应用作一简单介绍。

流体绕经物体时,物体受到流体所给予的阻力主要包括两部分,即摩擦阻力和压差阻力(或称形状阻力,尾涡阻力),这两部分之和称绕流阻力。摩擦阻力是指作用在物体表面上的切向力,它是由于流体的黏滞性而引起的,这部分力可由前述的边界层理论求解。压差阻力,对于非流线型物体来说,则是由于边界层的分离在物体尾部形成漩涡,在漩涡区的压强较物体前部的压强低,因而在流动方向上产生压强差,形成了作用于物体上的阻力。压差阻力主要决定于物体的形状,所以又称形状阻力。压差阻力一般依靠实验来决定。

设流体绕经一物体,如图 5-26 所示。沿物体表面,将单位面积上的摩擦阻力(切应力)和法向压力(压应力)积分,可得一合力矢量。这个合力可分解为两个分量:一个平行于来流方向的作用力,称阻力——即绕流阻力;另一个是垂直于来流方向的作用力,称升力。

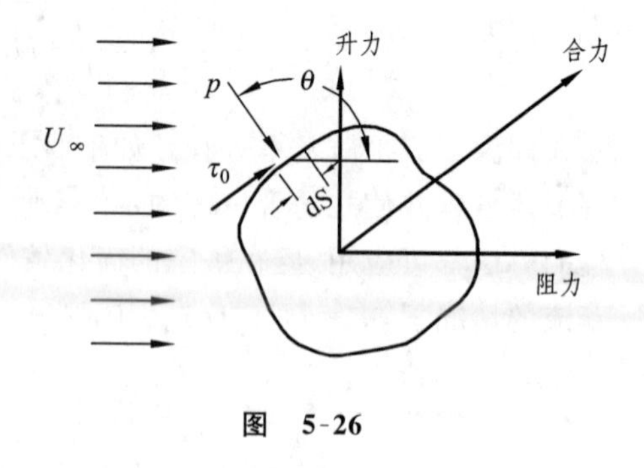

图 5-26

阻力和升力都包括了表面切应力和压应力的影响。因为绕流阻力 D 由摩擦阻力 D_f 和压差阻力 D_p 所组成,即

$$D=D_f+D_p$$

其中 $$D_f = \int_S \tau_0 \sin\theta \, dS$$

$$D_p = \int_S p \cos\theta \, dS$$

式中，S 为物体的总表面积；θ 为物体表面上微元面积 dS 的法线与流速方向的夹角。

摩擦阻力和压差阻力均可表示为单位体积来流的动能 $\rho U_\infty^2/2$ 与某一面积的乘积，再乘一个阻力系数的形式，即

$$D_f = C_f \frac{\rho U_\infty^2}{2} A_f \tag{5-58}$$

$$D_p = C_p \frac{\rho U_\infty^2}{2} A_p \tag{5-59}$$

式中，C_f 和 C_p 分别代表摩擦阻力系数和压差阻力系数；A_f 为切应力作用的面积，A_p 则为物体与流速方向垂直的迎流投影面积。

绕流阻力 $$D = (C_f A_f + C_p A_p)\frac{\rho U_\infty^2}{2}$$

或 $$D = C_D \frac{\rho U_\infty^2}{2} A \tag{5-60}$$

式中，A 与 A_p 一致；C_D 为绕流阻力系数，主要决定于雷诺数，也与物体表面粗糙情况、来流的紊流强度，特别是绕流物体形状有关，一般由实验确定。

图 5-27 及图 5-28 分别为三维物体和二维物体的绕流阻力系数的实验关系曲线。

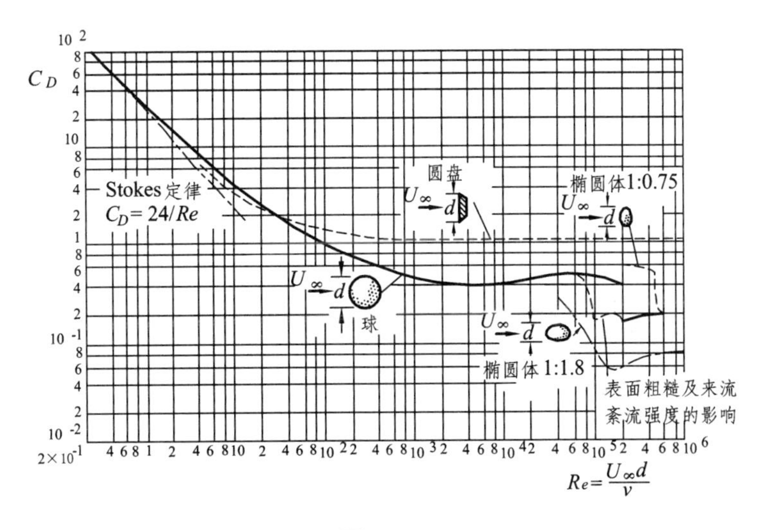

图 5-27

现利用绕流阻力来讨论直径为 d 的圆球在流体中的下沉现象。

设直径为 d 的圆球，从静止开始在静止流体中自由下落。由于重力和浮力之差的加速作用，圆球的下沉速度逐渐加大；同时，绕流阻力也加大。当重力、浮力和绕流阻力达到平衡时，圆球就以均匀速度下沉，这个速度称为沉降速度，简称沉速，用 v 表示。圆球所受的方向向上

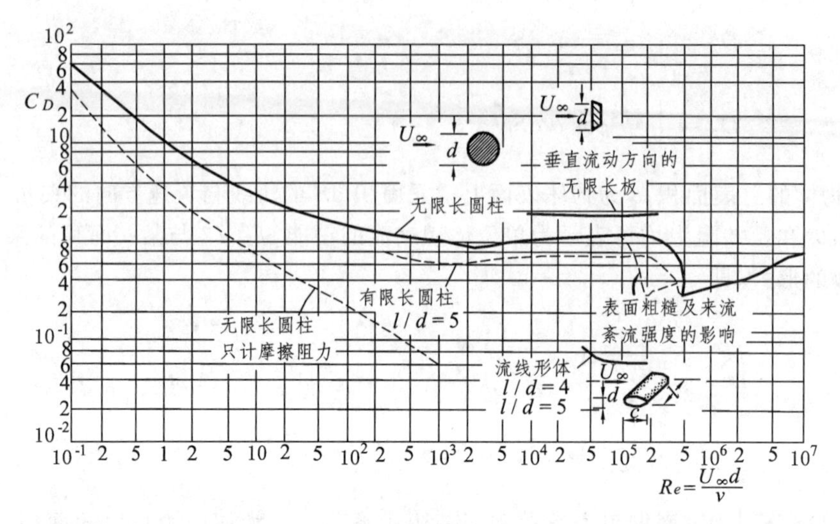

图 5-28

的力有绕流阻力 D 和浮力 F，分别为

$$D=C_D\frac{\rho v^2}{2}A=\frac{1}{8}C_D\rho v^2\pi d^2$$

$$F=\frac{1}{6}\pi d^3\rho g$$

方向向下的力有圆球的重量 G

$$G=\frac{1}{6}\pi d^3\rho' g$$

式中，ρ' 为球体的密度；ρ 为流体的密度。

圆球所受力的平衡关系为

$$G=D+F$$

即

$$\frac{1}{6}\pi d^3\rho' g=\frac{1}{8}C_D\rho v^2\pi d^2+\frac{1}{6}\pi d^3\rho g$$

由上式可得圆球的自由沉降速度 v 为

$$v=\sqrt{\frac{4}{3C_D}\left(\frac{\rho'-\rho}{\rho}\right)gd}=\sqrt{\frac{4}{3C_D}\left(\frac{\gamma'}{\gamma}-1\right)gd} \tag{5-61}$$

当 $Re<1$ 时，$C_D=24/Re$，代入式(5-61)得

$$v=\frac{d^2}{18\mu}(\gamma'-\gamma) \tag{5-62}$$

习　　题

一、单项选择题

5-1　管径、流量相同的管流，通过的流体分别为水和空气，水的运动黏度 $\nu_水=1.01\times$

10^{-6} m^2/s，空气的运动黏度 $\nu_{气}=15.7\times10^{-6}$ m^2/s，两种情况下雷诺数的关系是（　　）。

A. $Re_{气}=0.064Re_{水}$　　B. $Re_{气}=0.64Re_{水}$

C. $Re_{气}=Re_{水}$　　D. $Re_{气}=15.5Re_{水}$

5-2　采用时均化概念分析紊流运动时，运动参数的（　　）。

A. 脉动量的时均值为零　　B. 时均量为零

C. 时均量和脉动量之和为零　　D. 脉动量为零

5-3　管壁的粗糙度对流动的能量损失起主要作用的管道称为（　　）。

A. 粗糙管　　B. 光滑管　　C. 水力粗糙管　　D. 水力光滑管

5-4　有两条水平的直长管路输送气体，一条为等截面正方形，另一条为等截面圆形，若此两管路两端的压降 Δp、管长 l、管路截面面积 A 及沿程阻力系数 λ 均对应相等，则正方形截面管路与圆截面管路所输送流量 Q 的关系是（　　）。

A. $Q_{方}>Q_{圆}$　　B. $Q_{方}<Q_{圆}$　　C. $Q_{方}=Q_{圆}$　　D. 无法确定

5-5　曲面绕流边界层分离只可能发生在（　　）。

A. 减速减压区　　B. 减速增压区　　C. 增速减压区　　D. 增速增压区

5-6　当流体在淹没情况下由管道流入很大的容器时，管道的出口局部阻力系数 ζ 为（　　）。

A. 0　　B. 0.5　　C. 1　　D. 5

二、计算分析题

5-7　水流经变断面管道，已知小管径为 d_1，大管径为 d_2，且 $d_2/d_1=2$。试问哪个断面的雷诺数大？两断面雷诺数的比值 Re_1/Re_2 是多少？

5-8　有一矩形断面小排水沟，水深 $h=15$ cm，底宽 $b=20$ cm，流速 $v=0.15$ m/s，水温为15℃，试判别其流态。

5-9　温度为20℃的水，以 $Q=4\ 000$ cm^3/s 的流量通过直径 $d=10$ cm 的水管，试判别其流态。如果保持管内液体为层流运动，流量应受怎样的限制？

5-10　有一均匀流管路，长 $l=100$ m，直径 $d=0.2$ m，水流的水力坡度 $J=0.008$，求管壁处和 $r=0.05$ m 处切应力及水头损失。

5-11　输油管管径 $d=150$ mm，输送油量 $Q=15.5$ t/h，已知 $\gamma_{油}=8.43$ kN/m^3，$\nu_{油}=0.2$ cm^2/s，试判别管中流态，并求油管断面的最大流速 u_{max}；1 km 长输油管的沿程水头损失及管壁处的切应力；点流速等于断面平均流速的点的位置。

5-12　油以流量 $Q=7.7$ cm^3/s，通过直径 $d=6$ mm 的细管，在 $l=2$ m 长的管段两端接水银差压计，如题5-12图所示差压计读数 $h=18$ cm，水银的重度 $\gamma_{汞}=133.38$ kN/m^3，油的重度 $\gamma_{油}=8.43$ kN/m^3。求油的运动黏度。

5-13　在管内通过运动黏度 $\nu=0.013$ cm^2/s 的水，实测其流量 $Q=35$ cm^3/s，长15 m 管段上水头损失 $h_f=2$ cmH_2O，求该圆管的内径。

5-14　如图所示，液体薄层流（厚度为 b）在斜面上向下呈均匀流动，试用取隔离体方法证明：

流速分布　$u=\dfrac{\gamma}{2\mu}(b^2-y^2)\sin\theta$

单宽流量　$Q=\dfrac{\gamma}{3\mu}b^3\sin\theta$

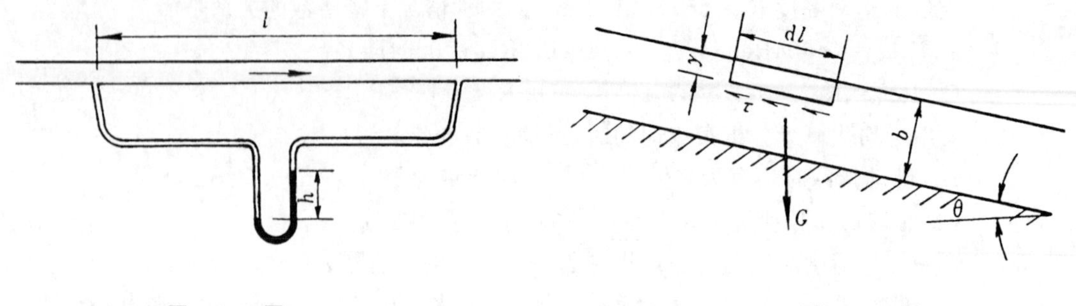

题　5-12 图　　　　题　5-14 图

5-15　半径 $r_0=150$ mm 的输水管，在水温 $t=15$℃下进行实验，所得数据为 $\rho_水=999.1$ kg/m^3，$\mu_水=0.001\ 139$ N·s/m^2，$v=3.0$ m/s，$\lambda=0.015$。

(1) 求管壁处、$r=0.5r_0$ 处、$r=0$ 处的切应力。

(2) 如流速分布曲线在 $r=0.5r_0$ 处的速度梯度为 4.34 1/s，求该点的黏性切应力与紊流附加切应力。

(3) 求 $r=0.5r_0$ 处的混合长度及无量纲常数 κ。如果令 $\tau=\tau_0$，$\kappa=$?

5-16　圆管直径 $d=15$ cm，通过该管道的水的速度 $v=1.5$ m/s，水温 $t=18$℃。若已知 $\lambda=0.03$，试求黏性底层厚度 δ_l。如果水的流速提高至 2.0 m/s，δ_l 如何变化？如水的流速不变，管径增大到 30 cm，δ_l 又如何变化？

5-17　铸铁输水管内径 $d=300$ mm，通过流量 $Q=50$ L/s，水温 $t=10$℃，试用舍维列夫公式求沿程阻力系数 λ 及每公里长的沿程水头损失 h_f。

5-18　铸铁输水管长 $l=1\ 000$ m，内径 $d=300$ mm，通过流量 $Q=100$ L/s，试计算水温为 10℃、15℃两种情况下的 λ 及水头损失 h_f。又如果水管水平放置，水管始末端压强降落为多少？

5-19　城市给水干管某处的水压 $p=196.2$ kPa，从此处引出一根水平输水管，直径 $d=250$ mm，当量粗糙高度 $\Delta=0.4$ mm。如要保证通过流量 $Q=50$ L/s，问能送到多远？（水温 $t=25$℃）

5-20　一输水管长 $l=1\ 000$ m，内径 $d=300$ mm，管壁当量粗糙高度 $\Delta=1.2$ mm，运动黏度 $\nu=0.013\ 1$ cm^2/s，试求当水头损失 $h_f=7.05$ m 时所通过的流量。

5-21　圆管直径 $d=10$ cm，粗糙度 $\Delta=2$ mm，若测得 2 m 长的管段中的水头损失为 0.3 m，水温为 10℃。问此时流动是属于水力光滑区还是水力粗糙区？如管内流动属水力光滑区，问水头损失可减至多少？

5-22　混凝土排水管的水力半径 $R=0.5$ m。水均匀流动 1 km 的水头损失为 1 m，粗糙系数 $n=0.014$，试计算管中流速。

5-23　已知运动黏度 $\nu=0.2$ cm^2/s 的液体在圆管中作有压流动的平均流速为 $v=1.5$ m/s，流动管长 $l=100$ m 的沿程水头损失为 $h_f=40$ cm，试求该管流的沿程阻力系数 λ 与雷诺数 Re 的比值 λ/Re。

5-24　重度 $\gamma=8\ 435$ N/m^3 的石油，在水泵压力 $p=1\ 930$ kPa 下通过直径 $d=250$ mm 的水平输油管，输送距离 $l=20$ km，如运动黏度 $\nu=0.30$ cm^2/s，试求石油的流量。

5-25　有一水管，管长 $l=500$ m，管径 $d=300$ mm，粗糙高度 $\Delta=0.2$ mm，若通过流量 $Q=600$ L/s，水温 20℃，试：

(1) 判别流态；

(2) 计算沿程损失；

(3) 求断面流速分布。

5-26　流速由 v_1 变为 v_2 的突然扩大管，如分为二次扩大，中间流取何值时局部水头损失最小，此时水头损失为多少？并与一次扩大时的水头损失比较。

5-27　水从封闭容器 A 沿直径 $d=25$ mm、长度 $l=10$ m 的管道流入容器 B。若容器 A 水面的相对压强 p_1 为 2 个工程大气压，$H_1=1$ m，$H_2=5$ m，局部阻力系数 $\zeta_{进}=0.5$，$\zeta_{阀}=4.0$，$\zeta_{弯}=0.3$，沿程阻力系数 $\lambda=0.025$，求流量 Q。

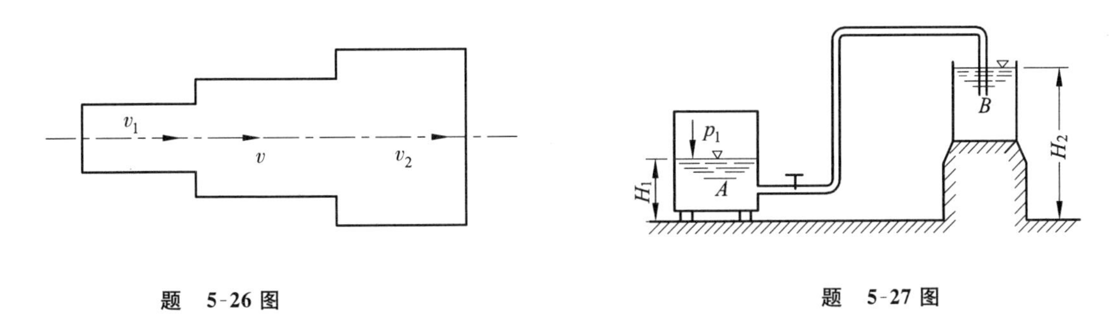

题 5-26 图　　　　题 5-27 图

5-28　自水池中引出一根具有三段不同直径的水管如图所示。已知 $d=50$ mm，$D=200$ mm，$l=100$ m，$H=12$ m，局部阻力系数 $\zeta_{进}=0.5$，$\zeta_{阀}=5.0$，沿程阻力系数 $\lambda=0.03$，求管中通过的流量并绘出总水头线与测压管水头线。

5-29　题 5-29 图中 $l=75$ cm，$d=2.5$ cm，$v=3.0$ m/s，$\lambda=0.020$，$\zeta_{进}=0.5$，计算水银差压计的水银面高差 h_p，并表示出水银面高差方向。

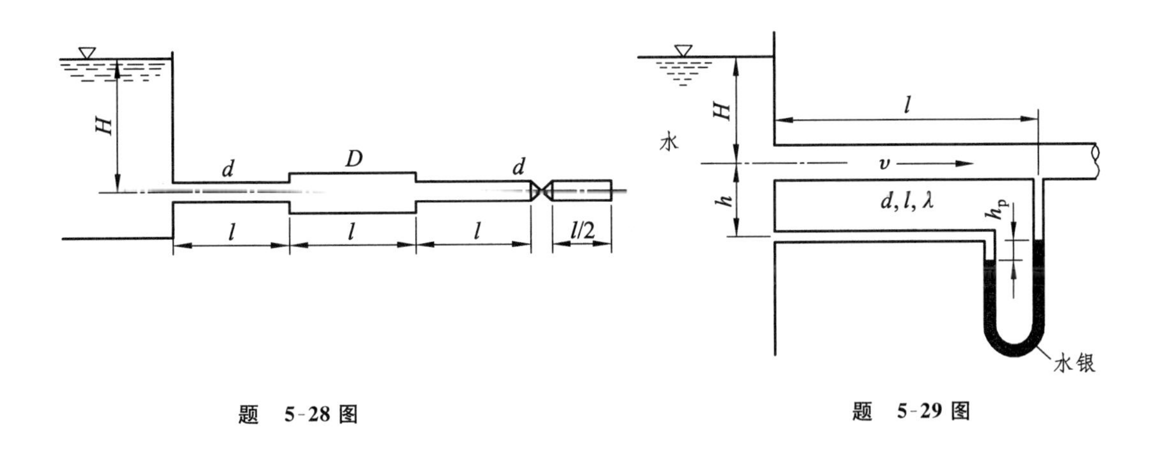

题 5-28 图　　　　题 5-29 图

5-30　不同管径的两管道的连接处出现截面突然扩大。管道 1 的管径 $d_1=0.2$ m，管道 2 的管径 $d_2=0.3$ m。为了测量管 2 的沿程阻力系数 λ 以及截面突然扩大的局部阻力系数 ζ，在突扩处前面装一个测压管，在其他地方再装两测压管，如题 5-30 图所示。已知 $l_1=1.2$ m，$l_2=3$ m，测压管水柱高度 $h_1=80$ mm，$h_2=162$ mm，$h_3=152$ mm，水流量 $Q=0.06$ m^3/s，动能修正系数取 1.0，试求 λ 和 ζ。

5-31　计算图中逐渐扩大管的局部阻力系数。已知 $d_1=7.5$ cm，$p_1=0.7$ 工程大气压，$d_2=15$ cm，$p_2=1.4$ 工程大气压，$l=150$ cm，流过的水量 $Q=56.6$ L/s。

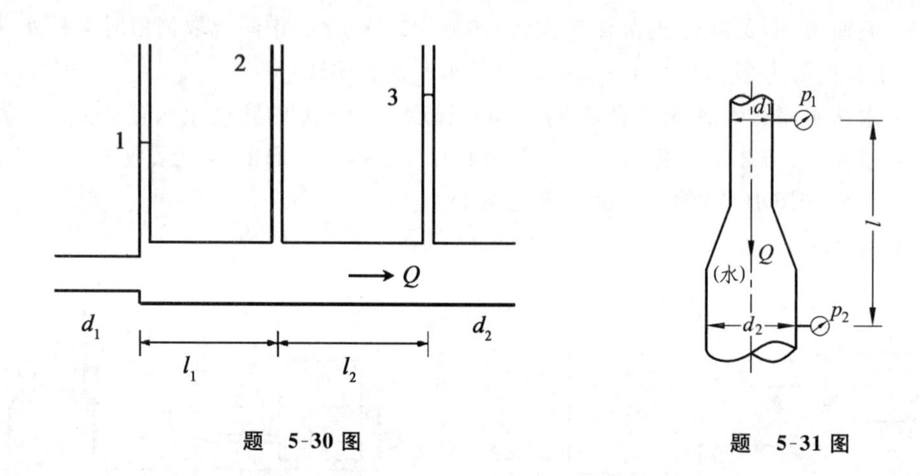

题　5-30 图　　　　题　5-31 图

5-32　测定一蝶阀的局部阻力系数装置如图所示。在蝶阀的上、下游装设三个测压管，其间距 $l_1=1$ m，$l_2=2$ m。若圆管直径 $d=50$ mm，实测 $\nabla_1=150$ cm，$\nabla_2=125$ cm，$\nabla_3=40$ cm，流速 $v=3$ m/s，试求蝶阀的局部阻力系数 ζ 值。

5-33　容器中的黏性液体自小管流出，水头保持不变，管内为层流，小管断面沿程线性变化，进口直径 $d_1=2.9$ mm，出口断面直径 $d_2=2.8$ mm，小管长 $l=20$ mm，已知 $H=103$ mm，在 400 s 内液体流出量为 200 cm^3。试确定液体的运动黏度。

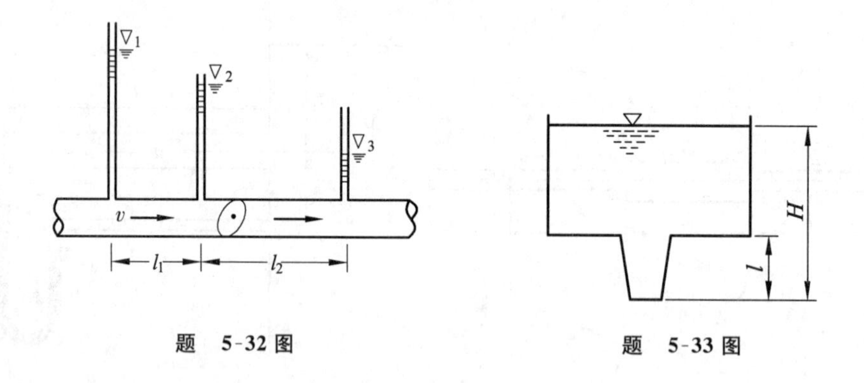

题　5-32 图　　　　题　5-33 图

5-34　一圆形桥墩立于水中，桥墩直径为 0.4 m，水深 2 m，平均流速 0.8 m/s。试求桥墩受到的水流作用力。（水温为 20℃）

5-35　一个直径 $d=1$ cm，比重为 1.82 的小球在静水中下沉，达到等速沉降时速度 $u_0=0.463$ m/s，求：

（1）等速沉降时小球所受到的绕流阻力 D；

（2）绕流阻力系数 C_D 及雷诺数 Re。（水温为 20℃）

第六章　孔口、管嘴和有压管道流动

在第三、五章中我们学习了流体运动的基本规律。从本章开始，将把工程中常见的水流现象按其流动特征归纳成各类典型流动，运用前述各章的理论分析讨论这些流动的计算原理和方法。

本章将要讨论的孔口、管嘴和有压管道流动，在实际工程中也是常见的流动问题，例如给水排水工程中的取水、泄水闸孔，某些流动测量设备，通风工程中管道漏风等就是孔口出流问题；水流经过路基下的有压短涵管、水坝中泄水管、消防水枪和水力机械化施工用水枪等都有管嘴出流的计算问题；有压管道则是生产、生活输送流体系统的重要组成部分。本章将孔口管嘴出流和有压管道流动划归一类，这是因为它们的流动现象和计算原理相似，而且通过从短(孔口)到长(长管)的讨论，可以更好地理解和掌握这一类流动现象计算的基本原理和各自的区别。

§6-1　孔口及管嘴恒定出流

流体经过孔口及管嘴出流是实际工程中广泛应用的问题。本节应用前述流体力学的基本理论，分析孔口及管嘴出流的计算原理。

1. 孔口出流的计算

如图 6-1 所示，液体在水头 H 的作用下从器壁孔口流入大气，或是图 6-2 所示的流体在

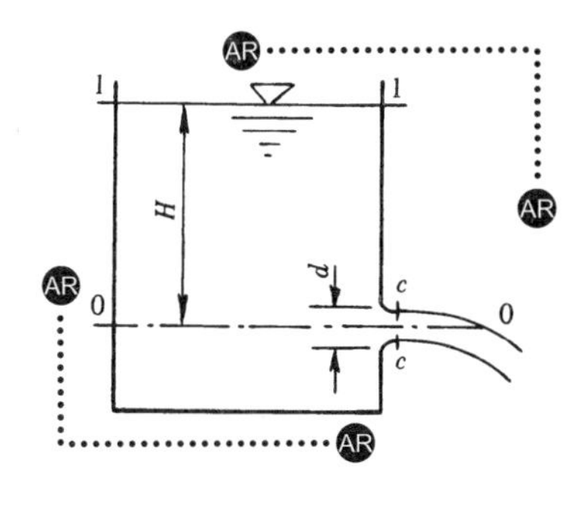

图　6-1

压强差 $\Delta p = p_1 - p_2$ 的作用下经过孔板孔口出流，均称为孔口出流。前者称为自由式出流，而

后者称为淹没式出流。另外，若出流流体与孔口边壁成线状接触($l/d \leqslant 2$，l 为孔口处壁厚)，则称为薄壁孔口。如图 6-1，当 $d/H \leqslant 0.1$，称为小孔口；$d/H > 0.1$ 称为大孔口。这里主要讨论薄壁小孔口出流情况。

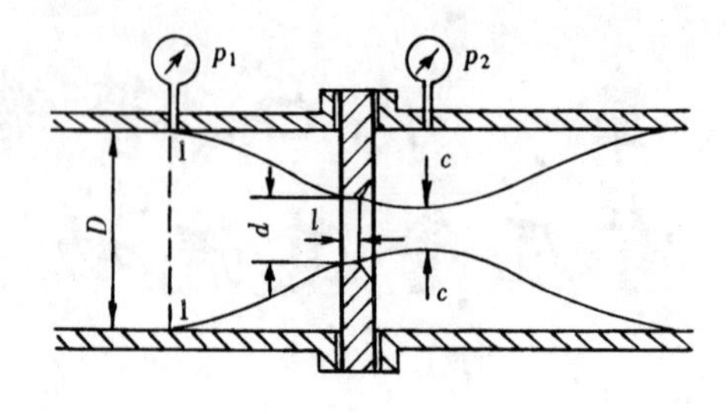

图 6-2

(1) 薄壁小孔口恒定出流

以图 6-1 为例，当流体流经薄壁孔口时，由于流线不能突然折转，故从孔口流出后形成流束直径为最小的收缩断面 c-c，其面积 A_c 与孔口面积 A 之比称为孔口收缩系数，用 ε 表示，即

$$\varepsilon = \frac{A_c}{A} \tag{6-1}$$

对图示的 1-1 和 c-c 断面列伯努利方程

$$H + \frac{p_a}{\gamma} + \frac{\alpha_0 v_0^2}{2g} = 0 + \frac{p_c'}{\gamma} + \frac{\alpha_c v_c^2}{2g} + h_w$$

因为水箱内水头损失与经孔口的局部水头损失比较可以忽略，故

$$h_w = h_j = \zeta_0 \frac{v_c^2}{2g}$$

式中，ζ_0 为流经孔口的局部阻力系数。

在小孔口自由出流情况下，c—c 断面处的绝对压强近似等于大气压强 $p_c' \approx p_a$，于是伯努利方程可改写为

$$H + \frac{\alpha_0 v_0^2}{2g} = (\alpha_c + \zeta_0) \frac{v_c^2}{2g}$$

因 $\frac{\alpha_0 v_0^2}{2g} \approx 0$，则上式整理得

$$v_c = \frac{1}{\sqrt{\alpha_c + \zeta_0}} \sqrt{2gH} = \varphi \sqrt{2gH} \tag{6-2}$$

式中，$\varphi = \frac{1}{\sqrt{\alpha_c + \zeta_0}} \approx \frac{1}{\sqrt{1 + \zeta_0}}$，称为孔口流速系数。

经过孔口的流量

$$Q = v_c A_c = \varepsilon A \varphi \sqrt{2gH} = \mu A \sqrt{2gH} \tag{6-3}$$

式中，$\mu = \varepsilon\varphi$ 称为孔口的流量系数。

对于图 6-2 的孔口出流，只要将式(6-2)中的 gH 换成 $\Delta p/\rho$ 即可(公式推导留给读者分析)。由此得出在压差 Δp 作用下的孔口出流公式为

$$v_c=\varphi\sqrt{2\frac{\Delta p}{\rho}} \tag{6-4}$$

$$Q=\mu A\sqrt{2\frac{\Delta p}{\rho}} \tag{6-5}$$

式中，$\Delta p=p_1-p_2$，参见图 6-2。

如图 6-3 所示，当液体经孔口淹没出流时，按照与上述同样的分析可得薄壁小孔口恒定淹没出流的流速和流量的计算公式，仍为式(6-2)和式(6-3)，而且，流速系数 φ 和流量系数 μ 的数值也相同，只是公式中的 H 应为两液面的高度差 ΔH。

(2) 小孔口的收缩系数及流量系数

从前面推导过程可知，表征孔口出流性能的主要是孔口的收缩系数 ε、流速系数 φ 和流量系数 μ，而流速系数 φ 和流量系数值 μ 取决于局部阻力系数 ζ_0 和收缩系数 ε。在工程中经常遇到的孔口出流，雷诺数 Re 都足够大，所以，可以认为局部阻力系数 ζ_0 和收缩系数 ε 主要与边界条件有关。

在边界条件中，孔口形状、孔口边缘情况和孔口在壁面上的位置三个方面是影响流量系数 μ 的因素。对于薄壁小孔口，实验证明，不同形状孔口的流量系数差别不大，而孔口在壁面上的位置对收缩系数 ε 有直接影响，因而也影响流量系数 μ 的值。

图 6-4 表示孔口在壁面上的位置。孔口 1 各边离侧壁的距离均大于孔口边长的 3 倍以上，侧壁对流束的收缩没有影响，称之为完善收缩。对于薄壁小孔口，由实验测得 $\varepsilon=0.63\sim0.64$，$\varphi=0.97\sim0.98$，$\mu=0.60\sim0.62$。

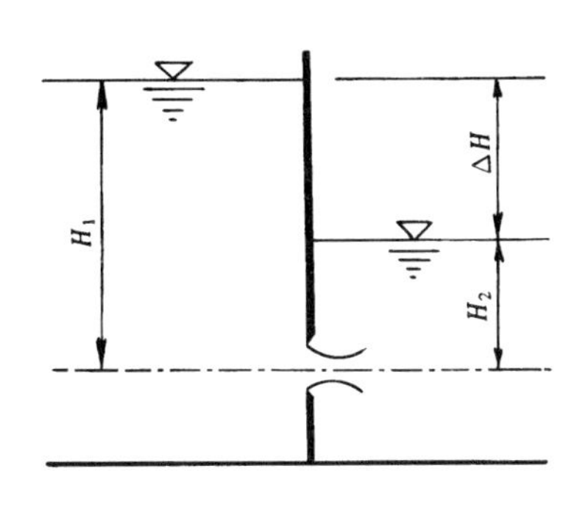

图 6-3

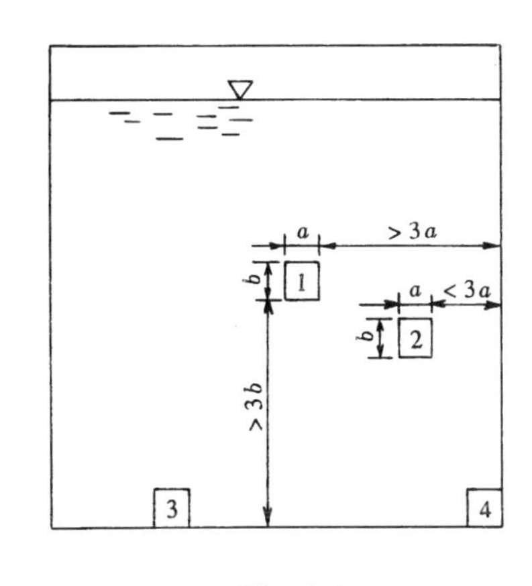

图 6-4

图 6-4 中孔口 2，有的边离侧壁的距离小于孔口边长的 3 倍，在这一边流束的收缩受侧壁的影响而减弱，称之为不完善收缩。图 6-4 中孔口 3 和 4，其出流流束的周界只有部分发生收缩，沿侧壁的部分周界不发生收缩，称为部分收缩。不完善收缩和部分收缩孔口的流量系数 μ 要大于完善收缩孔口的流量系数 μ，一般由实验测定取值或按经验公式估算。

(3) 大孔口恒定出流

实验表明，当 $d/H\geqslant0.1$ 时，孔口出流流束没有小孔口出流流束收缩那样大，但从理论上讲，大孔口中出流的特点与小孔口是相近的。因此，小孔口的流量计算公式(6-3)也适用于大孔口，但式中 H_0 为大孔口形心的水头，而且大孔口的流量系数 μ 值大于小孔口。水利工程上的闸孔出流可按大孔口计算，其流量系数 μ 可参考表 6-1 选用。

表 6-1 大孔口的流量系数 μ

边界条件	流量系数 μ
全部不完善收缩	0.70
底部无收缩，侧向收缩较大	0.65～0.70
底部无收缩，侧向收缩较小	0.70～0.75
底部无收缩，侧向收缩极小	0.80～0.85

2. 管嘴出流的计算

当孔口壁厚 l 等于(3～4)d 时，或者在孔口处外接一段长 l 的圆管时(图 6-5)，此时的出流称为管嘴出流。管嘴出流的特点是：当流体进入管嘴后，同样形成收缩，在收缩断面 c-c 处，流体与管壁分离，形成漩涡区，然后又逐渐扩大，在管嘴出口断面上，流体完全充满整个断面。

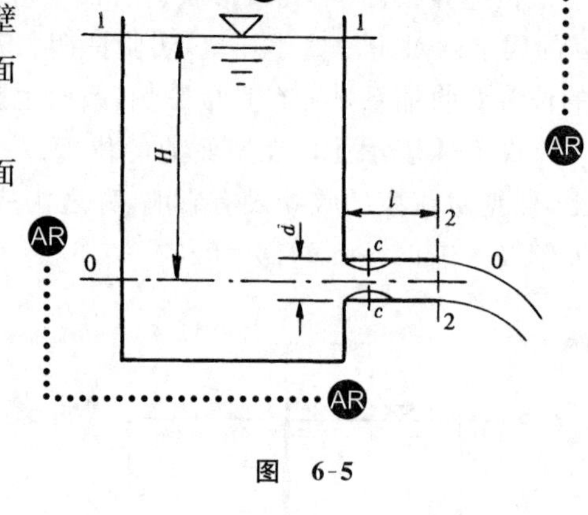

图 6-5

以通过管嘴中心的水平面为基准面，在容器液面 1-1 及管嘴出口断面 2-2 列伯努利方程

$$H+\frac{\alpha_1 v_1^2}{2g}=\frac{\alpha_2 v_2^2}{2g}+h_{w1-2}$$

因 $$h_{w1-2}\approx\zeta_n\frac{v^2}{2g};\quad \frac{\alpha_1 v_1^2}{2g}\approx 0$$

故 $$H=(\alpha+\zeta_n)\frac{v^2}{2g}$$

$$v=\frac{1}{\sqrt{\alpha+\zeta_n}}\sqrt{2gH}=\varphi_n\sqrt{2gH} \tag{6-6}$$

式中，$\varphi_n=1/\sqrt{\alpha+\zeta_n}$，称为管嘴的流速系数。

管嘴出流流量

$$Q=vA=\varphi_n A\sqrt{2gH}=\mu_n A\sqrt{2gH} \tag{6-7}$$

式中，μ_n 称为管嘴的流量系数。

由第五章图 5-24 得管道直角进口局部阻力系数 $\zeta_n=0.5$，且取 $\alpha=1.0$，所以管嘴流速系数和流量系数 $\mu_n=\varphi_n=1/\sqrt{\alpha+\zeta_n}=0.82$。仅从流量系数看，比薄壁小孔口的流量系数 0.60～0.62 大。这就是说，在相同直径 d、相同作用水头 H 下，管嘴的出流流量比孔口出流量约大 1.3 倍。究其原因，就是由于管嘴在收缩断面 c-c 处存在真空的作用。下面来分析 c-c 断面真空度的大小。

如图 6-5 所示，仍以 0-0 为基准面，选断面 c-c 及出口断面 2-2 列伯努利方程

$$\frac{p_c'}{\gamma}+\frac{\alpha_c v_c^2}{2g}=0+\frac{p_a}{\gamma}+\frac{\alpha v^2}{2g}+h_{wc-2}$$

其中 h_{wc-2} 是收缩断面至出口的水头损失，可以近似为突然扩大的局部损失，则由第五章式(5-48)得到，$h_{wc-2}=\left(\frac{A}{A_c}-1\right)^2\frac{v^2}{2g}=\left(\frac{1}{\varepsilon}-1\right)^2\frac{v^2}{2g}$

得
$$\frac{p_a-p_c'}{\gamma}=\frac{\alpha_c v_c^2}{2g}-\frac{\alpha v^2}{2g}-\left(\frac{1}{\varepsilon}-1\right)^2\frac{v^2}{2g} \tag{6-8}$$

由连续性方程

$$v_c=\frac{A}{A_c}v=\frac{A}{\varepsilon A}v=\frac{v}{\varepsilon}$$

将上式及式(6-6)代入式(6-8)得

$$\frac{p_a-p_c'}{\gamma}=\left[\frac{\alpha_c}{\varepsilon^2}-\alpha-\left(\frac{1}{\varepsilon}-1\right)^2\right]\varphi_n^2 H$$

由实验测得 $\varepsilon=0.64$；$\varphi_n=0.82$，取 $\alpha_c=\alpha=1$，则管嘴收缩断面 c-c 处的真空度为

$$\frac{p_v}{\gamma}=\frac{p_a-p_c'}{\gamma}\approx 0.75H \tag{6-9}$$

上式说明管嘴收缩断面处的真空度可达作用水头的 0.75 倍，相当于把管嘴的作用水头增大了约 75%。

从式(6-9)可知：作用水头 H 愈大，收缩断面的真空度也愈大。但是当真空度达 7 m 水柱以上时，由于液体在低于饱和蒸汽压时发生汽化，或空气由管嘴出口处吸入，从而使真空破坏。因此保持管嘴内真空的条件是作用水头满足 $H<[H]=\frac{7}{0.75}\approx 9$ m。

*§ 6-2 孔口(或管嘴)的变水头出流

在工程上还会遇到孔口(或管嘴)的变水头出流问题，例如盛液容器的放流或充水，容器中液位的变化形成变水头作用下的孔口(或管嘴)出流问题。变水头孔口出流问题是属于非恒定流问题，但是当孔口面积远小于容器的截面积时，流体的升降或压强的变化缓慢，惯性力可以忽略不计。这样在微小 $\mathrm{d}t$ 时段内，可以认为水头或压强不变，按孔口恒定流处理。

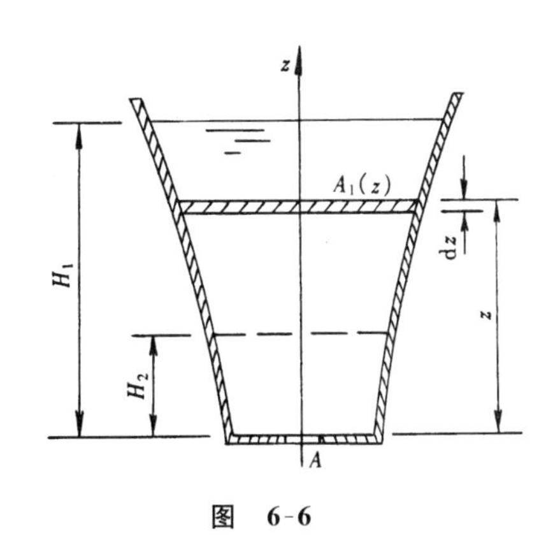

图 6-6

图 6-6 所示为一变截面容器，横截面面积 A_1 是坐标 z 的函数 $A_1(z)$；容器底部开有一个薄壁小孔口，面积为 A。现在讨论泄流时间问题。设某瞬时 t 容器内的液位为 z，根据孔口流量公式(6-3)，此时容器孔口出流流量 $Q=\mu A\sqrt{2gz}$；在 $\mathrm{d}t$ 时间内由于出流，容器液

位下降了 dz，很明显出流的液体体积应等于容器中液体下降的体积，即

$$\mu A\sqrt{2gz}\,dt=-A_1(z)\,dz$$

上式中的负号是由于当 dt 为正时 dz 为负的缘故。对上式分离变量并积分可以求出液位由 H_1 降至 H_2 所需要的时间

$$t=\int_0^t dt=\frac{1}{\mu A\sqrt{2g}}\int_{H_1}^{H_2}\left(-\frac{A_1(z)}{\sqrt{z}}\right)dz \tag{6-10}$$

对于等截面容器，$A_1(z)=A_1$，代入上式积分得

$$t=\frac{2A_1}{\mu A\sqrt{2g}}(\sqrt{H_1}-\sqrt{H_2}) \tag{6-11}$$

如 $H_2=0$，则求得容器泄空所需时间

$$t=\frac{2A_1\sqrt{H_1}}{\mu A\sqrt{2g}}=\frac{2A_1H_1}{\mu A\sqrt{2gH_1}}=\frac{2V}{Q_{max}} \tag{6-12}$$

式中，V 为容器泄空体积；Q_{max} 为容器孔口开始出流的最大流量。

式(6-12)表明，等截面容器中液体的放空时间等于在恒定的初始水头作用下放出同样体积液体所需时间的 2 倍。

若容器壁上不是孔口，而是其他类型的管嘴或短管，上述各式仍然适用，只是流量系数应选用各自的数值。

§6-3 短管的水力计算

1. 有压管道水力计算原理

管道的水力计算是工程实践中经常碰到的一类问题。其计算方法与前述孔口、管嘴出流计算相似，都是应用实际流体伯努利方程、连续性方程和水头损失公式。设想当把管嘴加长时，管道的沿程损失就不能忽略，可见管道计算与孔口、管嘴计算不同之处，就是在计算水头损失时，要同时考虑沿程水头损失和局部水头损失。如图 6-7 所示，水由水箱经管道流入大气，这种情况称为自由出流。通过管路出口断面 2-2 的形心作基准面，在水箱中距管路进口某一距离处取断面 1-1，该处合乎渐变流条件，对断面 1-1 和断面 2-2 建立伯努利方程

$$H+\frac{p_a}{\gamma}+\frac{\alpha_0 v_0^2}{2g}=0+\frac{p_a}{\gamma}+\frac{\alpha v^2}{2g}+h_w$$

令
$$H+\frac{\alpha_0 v_0^2}{2g}=H_0$$

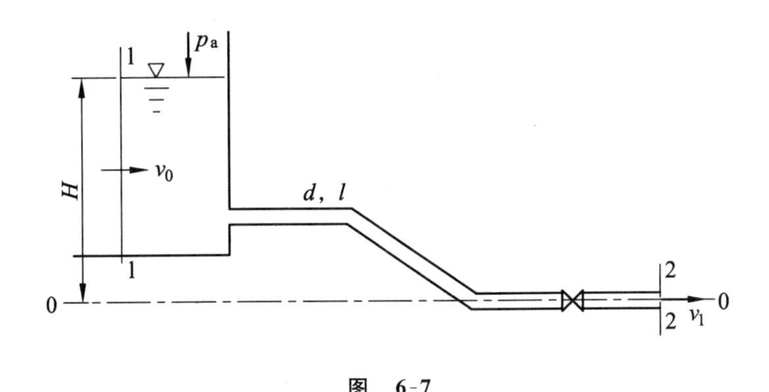

图 6-7

则上式可写为

$$H_0=\frac{\alpha v^2}{2g}+h_w \tag{6-13}$$

水头损失为

$$h_w=\sum h_f+\sum h_j=\sum \lambda \frac{l}{d}\frac{v^2}{2g}+\sum \zeta \frac{v^2}{2g} \tag{6-14}$$

式中，ζ 为局部阻力系数；对于图 6-7，$\sum \zeta=\zeta_1+2\zeta_2+\zeta_3$，其中 ζ_1、ζ_2 和 ζ_3 分别表示在管路进口、弯头及阀门处的局部阻力系数。如果设 $\zeta_c=\sum \lambda l/d+\sum \zeta$，称为管系总阻力系数，则可由式(6-13)、式(6-14)求得管道中的速度和流量

$$v=\frac{1}{\sqrt{1+\zeta_c}}\sqrt{2gH_0} \tag{6-15}$$

$$Q=Av=A\frac{1}{\sqrt{1+\zeta_c}}\sqrt{2gH_0}=\mu_c A\sqrt{2gH_0} \tag{6-16}$$

式中，$\mu_c=1/\sqrt{1+\zeta_c}$，称为管系的流量系数。

由此可以看出管道计算与孔口、管嘴出流是相似的。

再设想当管路很长时，由于沿程水头损失 $\sum \lambda \frac{l}{d}\frac{v^2}{2g}$ 相对局部水头损失 $\sum \zeta \frac{v^2}{2g}$ 和流速水头 $\frac{\alpha v^2}{2g}$ 来说数值很大，此时管路的水力计算就可以忽略局部水头损失和流速水头，这就是所谓的长管问题。关于长管的水力计算将放在下节讨论，但从这里知道本节的短管水力计算与长管水力计算不同之处就在于短管水力计算时，伯努利方程中的各项及沿程水头损失和局部水头损失均要考虑。下面通过例子说明工程中常见的短管水力计算问题及计算方法。

2. 水泵吸水管

水泵进口前的管道称为吸水管。水泵的安装有两种方式，一种为“自灌式”，即水泵泵轴高程在吸水池水面之下，另一种为“吸入式”，即泵轴高于吸水池水面(图 6-8)，由于水泵工作轮旋转(离心式水泵的工作原理参见§6-6)，使泵内的水由压水管输出，水泵进口处形成真空，水池中的水，在大气压强的作用下压入水泵进口。这就是说水泵的吸水高度主要取决于水泵进口处的真空值，而水泵进口处的真空值是有限制的，其原因是当进口压强降低至该温度下的汽化压强时，水因汽化而生成大量气泡。气泡随着水流进入泵内高压部分受压缩而突然溃灭，周围的水便以极大的速度向气泡溃灭点冲击，在该点造成数百大气压以上的压强。这种集中在极小面积上的强大冲击力如果作用在水泵部件的表面，就会使叶轮叶片等部件受到损伤。这种现象称为气蚀。因为水泵进口断面压强分布不均，以及气泡发展过程的复杂性，为了防止气蚀发生，通常由实验确定水泵进口的允许真空度。

因此，在安装水泵前必须通过计算确定水泵的安装高度。吸水管长度一般较短，管路配件多，局部水头损失不能忽略，所以通常按短管计算。

【例 6-1】 图 6-8 所示的离心泵，抽水流量 $Q=76\ \mathrm{m^3/h}$。允许吸水真空高度 $[h_v]=6.2\ \mathrm{m}$。吸水管长度 $l=10\ \mathrm{m}$，直径 $d=150\ \mathrm{mm}$，沿程阻力系数 $\lambda=0.040$，局部阻力系数：带底阀吸水口 $\zeta_1=5.5$，弯管 $\zeta_2=0.25$。试决定此水泵的允许安装高度 H_s。

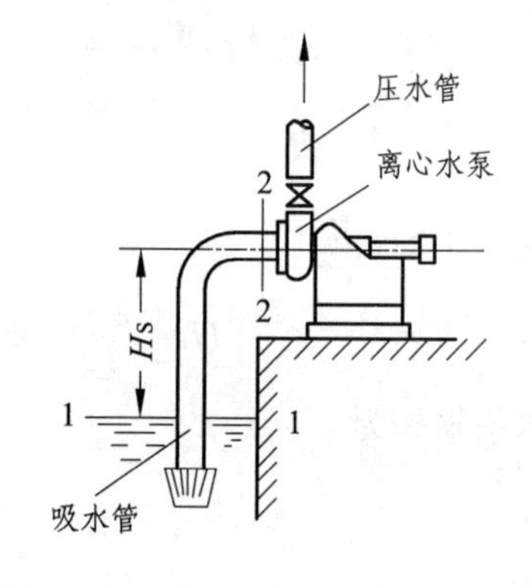

图 6-8

解 取吸水池水面 1-1 和水泵进口 2-2 断面，并以吸水池水面为基准面，建立伯努利方程

$$\frac{p_a}{\gamma}=H_s+\frac{p_2'}{\gamma}+\frac{\alpha v^2}{2g}+h_w$$

这里近似取吸水池流速为零。水头损失

$$h_w=\lambda\frac{l}{d}\frac{v^2}{2g}+\sum\zeta\frac{v^2}{2g}$$

代入上式，则

$$H_s=\frac{p_a-p_2'}{\gamma}-\left(\alpha+\lambda\frac{l}{d}+\sum\zeta\right)\frac{v^2}{2g}$$

取 $$\frac{p_a-p_2'}{\gamma}=[h_v]=6.2\ \mathrm{m}$$

局部阻力系数 $$\sum\zeta=\zeta_1+\zeta_2=5.5+0.25=5.75$$

管中流速 $$v=\frac{4Q}{\pi d^2}=\frac{4\times76}{\pi(0.15)^2\times3\ 600}=1.19\ \mathrm{m/s}$$

将各数值代入上式得

$$H_s=6.2-\left(1+0.040\times\frac{10}{0.15}+5.75\right)\times\frac{1.19^2}{2\times9.8}=5.52\ \mathrm{m}$$

即水泵安装高度不能超过 5.52 m。

3. 虹吸管与倒虹管

虹吸管是一种压力输水管道，如图 6-9 所示，若在虹吸管内造成真空，使上游水上升至最高点，在上下游水位差 Δz 的作用下，水流向下游。应用虹吸管输水，可以跨越高地，减少挖方和埋设管路工程，并且可以方便地实行自动操作，因而在给排水工程及其他工程中普遍应用。

与水泵吸水管一样，虹吸管工作时，管路必然会出现真空区段，当真空值过大时，管内水流会汽化产生气泡，将破坏虹吸管的正常工作，可见虹吸管安装高度（最高点）与真空度允许值有关系，一般限制管中最大真空度不超过允许值$[h_v]=7\sim8\ \mathrm{mH_2O}$。

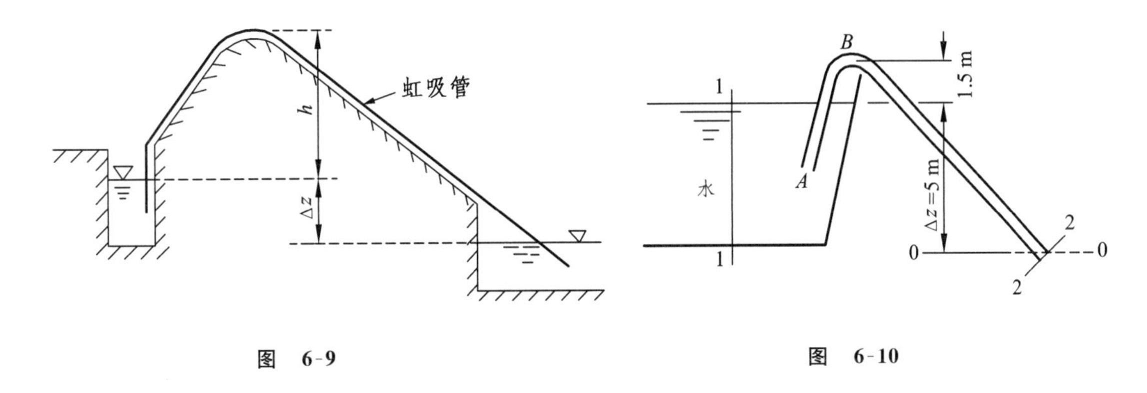

图 6-9　　图 6-10

【例 6-2】 如图 6-10 所示，用一根虹吸管从水箱中取水，虹吸管管径 $d=50$ mm，管道总长 10.5 m，管道沿程阻力系数 $\lambda=0.030$，弯管局部阻力系数 $\zeta_b=0.2$，AB 段管长 $l_{AB}=3.5$ m，试求管中流量和管内最大真空度。

解 以虹吸管出口处为零基准面，在水箱水面与管出口之间建立伯努利方程

$$\Delta z+0+0=0+0+\frac{v^2}{2g}+h_w$$

其中
$$h_w=h_f+h_j=\lambda\frac{l}{d}\frac{v^2}{2g}+(\zeta_{进}+\zeta_b)\frac{v^2}{2g}$$

由第五章图 5-24 知道内插进口局部阻力系数 $\zeta_{进}=1.0$，则

$$5=\frac{v^2}{2g}+\left(1.0+0.2+0.03\times\frac{10.5}{0.05}\right)\frac{v^2}{2g}$$

解得
$$v=3.4\ \mathrm{m/s}$$

故
$$Q=\frac{\pi}{4}d^2v=\frac{\pi\times(0.05)^2}{4}\times3.4$$
$$=6.68\times10^{-3}\ \mathrm{m^3/s}=6.68\ \mathrm{L/s}$$

管道最高点 B 处的真空度为最大，以水箱水面为基准面，在水箱水面与管道最高点 B 点之间建立伯努利方程

$$0+0+0=1.5+\frac{p_B}{\gamma}+\frac{v^2}{2g}+\left(1.0+0.2+0.03\times\frac{3.5}{0.05}\right)\frac{v^2}{2g}$$

$$\frac{p_B}{\gamma}=-1.5-\left(1+1+0.2+0.03\times\frac{3.5}{0.05}\right)\times\frac{3.4^2}{2\times9.8}$$
$$=-4.04\ \mathrm{m}$$

真空度
$$\frac{p_v}{\gamma}=-\frac{p_B}{\gamma}=4.04\ \mathrm{mH_2O}$$

倒虹管与虹吸管正好相反，管道一般低于上下游水面，依靠上下游水位差的作用进行输水。倒虹管常用在不便直接跨越的地方，例如下穿河道有压涵管，埋设在铁路、公路下的输水涵管等。倒虹管的管道一般不太长，所以应按短管计算。

【例 6-3】 输水渠道穿越高速公路(图 6-11),采用钢筋混凝土倒虹管,沿程阻力系数 $\lambda=0.025$,局部阻力系数:进口 $\zeta_e=0.6$,弯道 $\zeta_b=0.30$,$\zeta_{出}=0.5$,管长 $l=80$ m,倒虹管进出口渠道水流流速 $v_0=0.90$ m/s。为避免倒虹管中泥沙沉积,管中流速应大于 $v'=1.8$ m/s。若倒虹管设计流量 $Q=0.40$ m^3/s,试确定倒虹管的直径以及倒虹管上下游水位差 H。

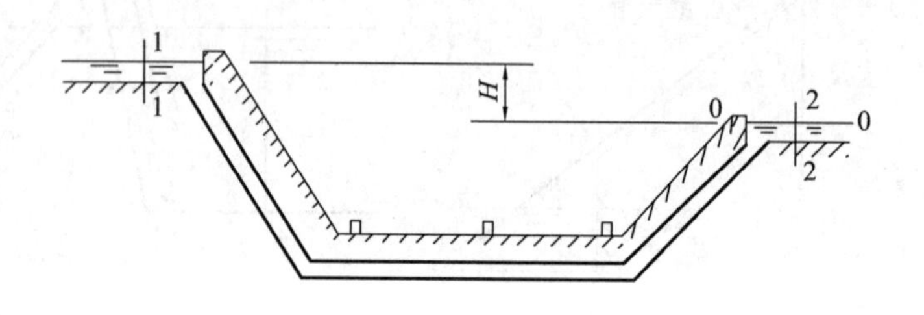

图 6-11

解 根据题意先求管径:

由 $v=\dfrac{4Q}{\pi d^2}>v'$ 得

$$d<\left(\frac{4Q}{\pi v'}\right)^{1/2}=\left(\frac{4\times0.40}{\pi\times1.8}\right)^{1/2}=0.53\ \text{m}$$

取标准管径 $D=0.50$ m,管中流速变为

$$v=\frac{4Q}{\pi D^2}=\frac{4\times0.40}{\pi\times(0.50)^2}=2.04\ \text{m/s}$$

取倒虹管上下游渠中断面 1-1 和 2-2,如图 6-11 所示,以下游水面为基准面,建立伯努利方程

$$H+0+\frac{\alpha_1 v_0^2}{2g}=0+0+\frac{\alpha_2 v_0^2}{2g}+h_{w1-2}$$

而

$$h_{w1-2}=h_f+\sum h_j$$

$$=\lambda\frac{l}{D}\frac{v^2}{2g}+\sum\zeta\frac{v^2}{2g}$$

$$=\left(0.025\times\frac{80}{0.5}+0.6+2\times0.30+0.5\right)\times\frac{2.04^2}{2\times9.8}$$

$$=1.21\ \text{m}$$

故

$$H=h_{w1-2}=1.21\ \text{m}$$

4. 气体管路

在土建工程中,有时会遇到气体管路的计算,如像隧道通风、建筑通风以及矿山通风等,这类气体管路一般都不很长,而且气流流速远小于音速,管内压强变化缓慢,因而可按不可压缩流体的流动问题处理。在计算原理上与上述方法相似,只是对于气体管路而言,当管中两断面高程相差较大时,伯努利方程中的压强要考虑外界大气压在不同高程上的差值。另一方面,作为工程上的习惯,对于气体的伯努利方程可用另一种形式表达。下面进一步分析说明。

设有一气体管路如图 6-12 所示，对断面 1-1 与断面 2-2 列伯努利方程

$$z_1+\frac{p_1'}{\gamma}+\frac{\alpha_1 v_1^2}{2g}=z_2+\frac{p_2'}{\gamma}+\frac{\alpha_2 v_2^2}{2g}+h_w$$

对于气体管路，上式两边乘以管内气体重度，则各项表达成压强的形式，即

$$p_1'+\gamma\frac{\alpha_1 v_1^2}{2g}+\gamma(z_1-z_2)=p_2'+\gamma\frac{\alpha_2 v_2^2}{2g}+p_w \qquad (6\text{-}17)$$

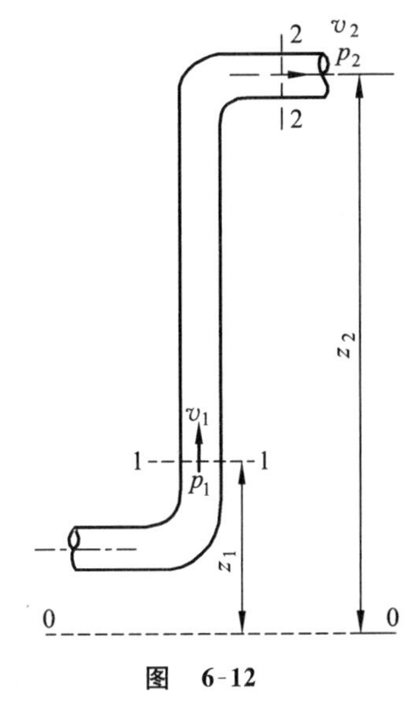

图 6-12

式中，p_1'、p_2'分别是断面 1、2 的绝对压强；$p_w=\gamma h_w$ 为断面 1 和 2 间以压强形式表示的机械能损失。

若高程 z_1 处的大气压为 p_a，则 z_2 处的大气压为 $p_a-\gamma_a(z_2-z_1)$，按照第二章阐述的绝对压强与相对压强的关系，有

$$\left.\begin{aligned}p_1'&=p_1+p_a\\ p_2'&=p_2+p_a-\gamma_a(z_2-z_1)\end{aligned}\right\} \qquad (6\text{-}18)$$

式中，γ_a 为气体管外空气的重度。

将式(6-18)代入式(6-17)，并取 $\alpha_1=\alpha_2=1.0$，整理后得

$$p_1+\gamma\frac{v_1^2}{2g}+(\gamma_a-\gamma)(z_2-z_1)=p_2+\gamma\frac{v_2^2}{2g}+p_w \qquad (6\text{-}19)$$

上式便是适用于气体管路以压强形式表示的伯努利方程。

若两计算断面高程差(z_2-z_1)或管道内外气体密度差很小时，上式可简化为

$$p_1+\gamma\frac{v_1^2}{2g}=p_2+\gamma\frac{v_2^2}{2g}+p_w \qquad (6\text{-}20)$$

在通风工程中，习惯上将 p 称为静压，$\gamma\frac{v^2}{2g}$称为动压，$p+\gamma\frac{v^2}{2g}$称为全压。

【例 6-4】 如图 6-13 为简化的某一锅炉烟囱，高 $H=20$ m，烟道截面面积 $A=0.5\ \text{m}^2$，烟道内烟气密度 $\rho_s=0.94\ \text{kg/m}^3$，外界空气密度 $\rho_a=1.29\ \text{kg/m}^3$，试求烟囱在热压作用下自然通风的通风量为多少？烟道沿程阻力系数 $\lambda=0.045$，炉口局部损失为 $2.5\gamma_s\frac{v^2}{2g}$，其中 v 为烟道内烟气速度。

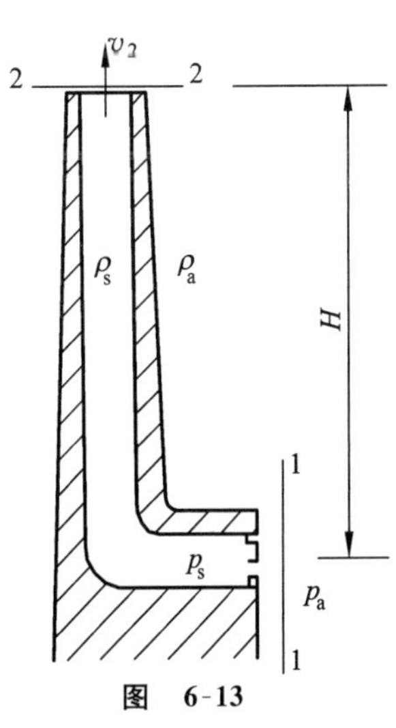

图 6-13

解 设炉子进口前为 1-1 断面，烟囱出口断面为 2-2 断面，用(6-19)式得

$$p_1+\frac{\alpha_1 v_1^2}{2g}+(\gamma_a-\gamma_s)H=p_2+\gamma_s\frac{v^2}{2g}+p_w$$

其中，炉口前 1-1 断面过流面积较大，近似取$\frac{\alpha_1 v_1^2}{2g}\approx 0$

两断面的相对压强 $p_1=p_2=0$；压强损失 $p_w=\lambda\frac{H}{4R}\gamma_s\frac{v^2}{2g}+2.5\gamma_s\frac{v^2}{2g}$

其中 R 是水力半径，近似按正方形断面计算

$$R=\frac{A}{4\sqrt{A}}=\frac{1}{4}\sqrt{A}=\frac{1}{4}\sqrt{0.5}=0.177\ \text{m}$$

均代入所建气体伯努利方程，则

$$v=\left[\frac{\rho_a-\rho_s}{\rho_s}\frac{2gH}{\left(1+2.5+\lambda\dfrac{H}{4R}\right)}\right]^{1/2}$$

$$=\left[\frac{1.29-0.94}{0.94}\frac{2\times9.8\times20}{\left(1+2.5+0.045\times\dfrac{20}{4\times0.177}\right)}\right]^{1/2}$$

$$=5.53\ \mathrm{m/s}$$

烟道自然通风量

$$Q=Av=0.5\times5.53=2.765\ \mathrm{m^3/s}$$

§6-4　长管的水力计算

从本章第3节短管的水力计算知道，管道水力计算基本方程是伯努利方程，方程中水头损失 $h_w=\lambda\frac{l}{d}\frac{v^2}{2g}+\sum\zeta\frac{v^2}{2g}$。当管道长度较长，使得 $\lambda\frac{l}{d}\gg\alpha+\sum\zeta$ 时，伯努利方程可近似变为

$$z_1+\frac{p_1}{\gamma}=z_2+\frac{p_2}{\gamma}+h_f \tag{6-21}$$

令

$$H=\left(z_1+\frac{p_1}{\gamma}\right)-\left(z_2+\frac{p_2}{\gamma}\right)$$

则有

$$H=h_f=\lambda\frac{l}{d}\frac{v^2}{2g} \tag{6-22}$$

这就是说，长管的水力计算特征是可忽略局部水头损失和流速水头。

那么什么样的管道可简化为长管呢？一般可按工程计算的精度要求考虑，对于城市给水管网的输水管道常可看作长管；在有的工程计算中，例如建筑给水管道水力计算时，为了计算方便，也按长管先计算沿程水头损失，然后按沿程水头损失的某一百分数估算局部水头损失。

在长管水力计算中，根据管道系统的不同特点，又可以分为简单管路、串联管路、并联管路及管网等，下面分别讨论。

1. 简单管路

只计算沿程水头损失的长管中，将管径不变，流量也不变的管道称简单管路。简单管路的计算是复杂管路水力计算的基础。

以下用图6-14来说明简单长管的计算。取基准面0-0，对断面1-1和2-2建立伯努利方程

$$H+0+\frac{\alpha_0 v_0^2}{2g}=0+0+\frac{\alpha v^2}{2g}+h_w$$

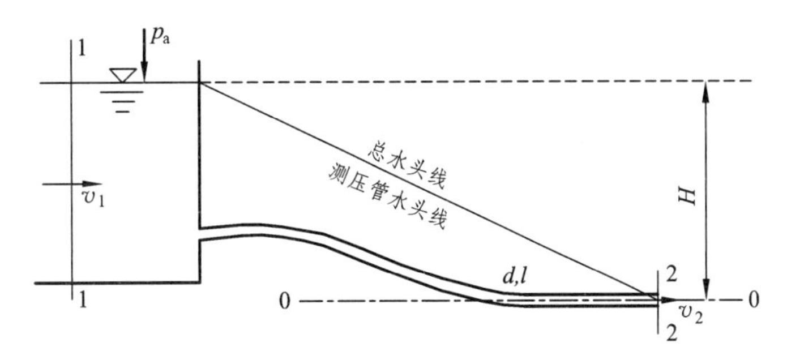

图 6-14

按长管考虑，则有

$$H=h_f=\lambda\frac{l}{d}\frac{v^2}{2g}$$

将 $v=\frac{4Q}{\pi d^2}$ 代入上式得

$$H=\frac{8\lambda}{g\pi^2 d^5}lQ^2 \tag{6-23}$$

令 $S=\frac{8\lambda}{g\pi^2 d^5}$，则

$$H=SlQ^2 \tag{6-24}$$

其中，S 称为比阻，是指单位流量通过单位长度管道所需水头，显然比阻 S 决定于管径 d 和沿程阻力系数 λ，由于 λ 的计算公式繁多，故计算 S 的公式也很多，这里只引用土建工程管道计算所常用的两种形式。

第五章介绍的舍维列夫公式(5-38)与(5-39)适用于旧铸铁管和旧钢管，将两式分别代入比阻 $S=\frac{8\lambda}{g\pi^2 d^5}$，得到

$$\left.\begin{aligned} S&=\frac{0.001\,736}{d^{5.3}} && (v\geqslant 1.2\ \text{m/s}) \\ S&=0.852\left(1+\frac{0.867}{v}\right)^{0.3}\left(\frac{0.001\,736}{d^{5.3}}\right) && (v<1.2\ \text{m/s}) \end{aligned}\right\} \tag{6-25}$$

第二种公式是从谢才公式，第五章式(5-32)

$$v=C\sqrt{RJ}=C\sqrt{R\frac{h_f}{l}} \tag{6-26}$$

得到 $$h_f=\frac{v^2}{C^2R}l$$

代入式(6-22)有

$$H=\frac{v^2}{C^2R}l=\frac{Q^2}{C^2RA^2}l=SlQ^2 \tag{6-27}$$

则 $$S=\frac{1}{C^2RA^2}$$

取曼宁公式 $C=\frac{1}{n}R^{1/6}$，其中 $R=\frac{d}{4}$，$A=\frac{\pi}{4}d^2$ 代入上式，最后得

$$S=\frac{10.3n^2}{d^{5.33}} \tag{6-28}$$

式中，n 为管道粗糙系数。

式(6-24)可改写为

$$H=\frac{Q^2}{K^2}l \tag{6-29}$$

或

$$J=\frac{Q^2}{K^2} \tag{6-30}$$

式中，$K=\frac{1}{\sqrt{S}}$称为流量模数，它具有流量的量纲；J 为水力坡度。

式(6-25)与式(6-28)，可以根据实际管道计算问题选用。

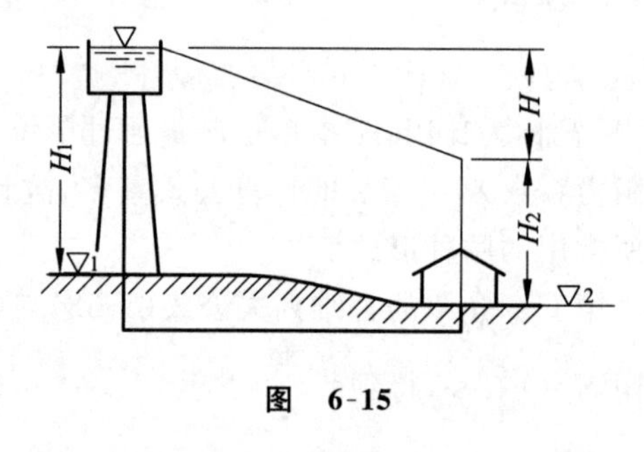

图 6-15

【例 6-5】 由水塔向工厂供水(见图 6-15)，采用铸铁管。已知工厂用水量 $Q=280\ \mathrm{m^3/h}$，管道总长 2 500 m，管径 300 mm。水塔处地形高程 ∇_1 为 61 m，工厂地形高程 ∇_2 为 42 m，管路末端需要的自由水头 $H_2=25$ m，求水塔水面距地面的高度 H_1。

解 以水塔水面作为 1-1 断面，管路末端为 2-2 断面，列出长管的伯努利方程

$$(H_1+\nabla_1)+0+0=\nabla_2+H_2+0+h_f$$

由上式得到水塔高度

$$H_1=(\nabla_2+H_2)-\nabla_1+h_f$$

而 $$h_f=SlQ^2$$

因为 $$v=\frac{4Q}{\pi d^2}=\frac{4\times(280/3\ 600)}{\pi\times(0.30)^2}$$
$$=1.10\ \mathrm{m/s}<1.2\ \mathrm{m/s}$$

说明管流处于紊流过渡区，故比阻 S 用式(6-25)第二式计算

$$S = 0.852\left(1+\frac{0.867}{v}\right)^{0.3}\left(\frac{0.001\ 736}{d^{5.3}}\right)$$

$$= 0.852\times\left(1+\frac{0.867}{1.10}\right)^{0.3}\times\left(\frac{0.001\ 736}{0.3^{5.3}}\right) = 1.039\ 8\ \mathrm{s^2/m^6}$$

$$h_f = SlQ^2 = 1.039\ 8\times 2\ 500\times\left(\frac{280}{3\ 600}\right)^2 = 15.73\ \mathrm{m}$$

则水塔高度为

$$H_1 = (\nabla_2 + H_2) - \nabla_1 + h_f$$
$$= 42 + 25 - 61 + 15.73 = 21.73\ \mathrm{m}$$

2. 串联管路

由直径不同的几段管道依次连接而成的管路，称为串联管路。串联管路各管段通过的流量可能相同，也可能不同，如图 6-16 所示。串联管路计算原理仍然是依据伯努利方程和连续性方程。对图 6-16，根据伯努利方程有

$$H = \frac{v^2}{2g} + \sum_{k=1}^{m} h_{jk} + \sum_{i=1}^{n} h_{fi} \tag{6-31}$$

式中，h_j 是管道局部损失；h_f 是管道沿程损失。

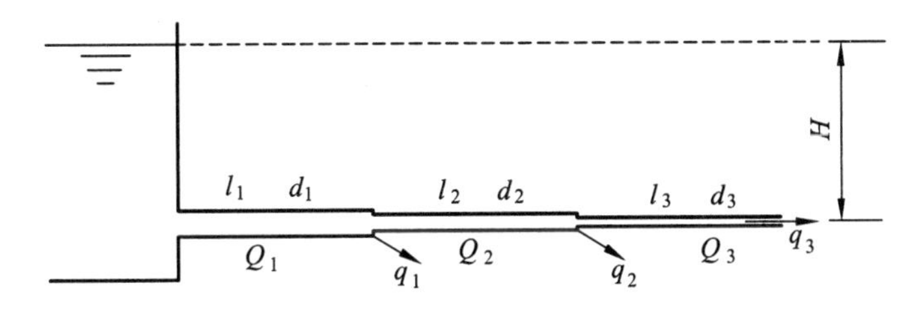

图 6-16

根据连续性方程，各管段流量为

$$Q_1 = Q_2 + q_1$$
$$Q_2 = Q_3 + q_2$$

或

$$Q_i = Q_{i+1} + q_i \tag{6-32}$$

其中 q_i 为各节点流出流量，如图 6-16 所示。

若每段管道较长，可近似用长管模型计算，则式(6-31)可写成

$$H = \sum_{i=1}^{n} h_{fi} = \sum_{i=1}^{n} S_i l_i Q_i^2 \tag{6-33}$$

串联管路的计算问题通常是求水头 H 或流量 Q 及管径 d。

【例 6-6】 一条输水管道，管材采用铸铁管，流量 $Q=0.20\ \mathrm{m^3/s}$，管路两端总水头差 $H=30\ \mathrm{m}$，管全长 $l=1\ 000\ \mathrm{m}$，现已装设了 $l_1=480\ \mathrm{m}$、管径 $d_1=350\ \mathrm{mm}$ 的管道，为了充分利用水头，节约管材，试确定剩余后段管道的直径 d_2。

解

第一步　计算管段1的流速

$$v_1=\frac{4Q}{\pi d_1^2}=\frac{4\times0.20}{\pi\times0.35^2}=2.08\ \text{m/s}$$

用式(6-25)第一式计算比阻

$$S_1=\frac{0.001\,736}{d^{5.3}}=\frac{0.001\,736}{0.35^{5.3}}=0.452\,9\ \text{s}^2/\text{m}^6$$

第二步　由式(6-33)得

$$H=(S_1l_1+S_2l_2)Q^2$$

即

$$30=0.452\,9\times480\times0.20^2+S_2\times(1\,000-480)\times0.20^2$$

得

$$S_2=1.024\ \text{s}^2/\text{m}^6$$

第三步　再由式(6-25)的第一式求出

$$d_2=\left(\frac{0.001\,736}{S_2}\right)^{1/5.3}=\left(\frac{0.001\,736}{1.024}\right)^{1/5.3}=0.300\ \text{m}=300\ \text{mm}$$

因为 $d_2=300\ \text{mm}<d_1$，所以 $v_2>1.2\ \text{m/s}$，说明第三步采用公式正确，而不需修正。

3. 并联管路

在两节点之间并设两根以上管道的管路系统称为并联管路，每根管道的管径、管长及流量均不一定相等。如图6-17中A、B两节点间有三根管道组成并联管路，并联管路的计算原理仍然是伯努利方程和连续性方程，其主要特点是：

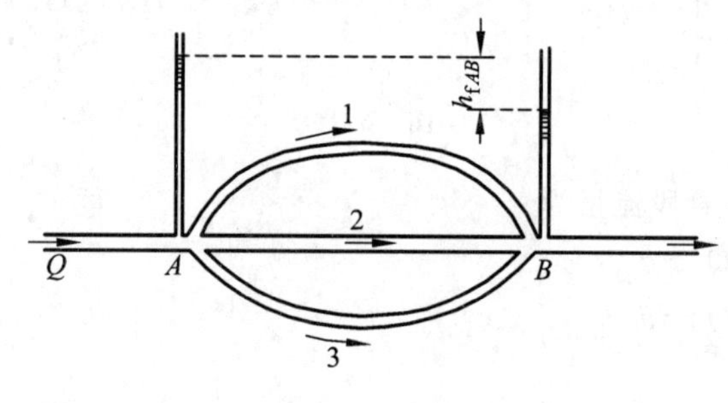

图　6-17

① 并联管道中各支管的水头损失均相等，即

$$h_{w1}=h_{w2}=h_{w3}=h_w \tag{6-34}$$

若每段管道按长管考虑的话，上式又可写成

$$h_{fAB}=S_1l_1Q_1^2=S_2l_2Q_2^2=S_3l_3Q_3^2 \tag{6-35}$$

或者

$$Q_1=\sqrt{\frac{h_{fAB}}{S_1l_1}}\ ;Q_2=\sqrt{\frac{h_{fAB}}{S_2l_2}}\ ;Q_3=\sqrt{\frac{h_{fAB}}{S_3l_3}} \tag{6-36}$$

② 总管道的流量应等于各支管流量之和，即

$$Q=Q_1+Q_2+Q_3$$

$$=\left(\sqrt{\frac{1}{S_1 l_1}}+\sqrt{\frac{1}{S_2 l_2}}+\sqrt{\frac{1}{S_3 l_3}}\right)\sqrt{h_{fAB}} \tag{6-37}$$

【例 6-7】 三根并联的铸铁管(见图 6-18)，由节点 A 分出，并在节点 B 重新汇合，已知总流量 $Q=0.28\ \mathrm{m^3/s}$，管道粗糙系数 $n=0.012$，各管段管长、管径如下：

$$l_1=500\ \mathrm{m},\ d_1=300\ \mathrm{mm}$$

$$l_2=800\ \mathrm{m},\ d_2=250\ \mathrm{mm}$$

$$l_3=1\ 000\ \mathrm{m},\ d_3=200\ \mathrm{mm}$$

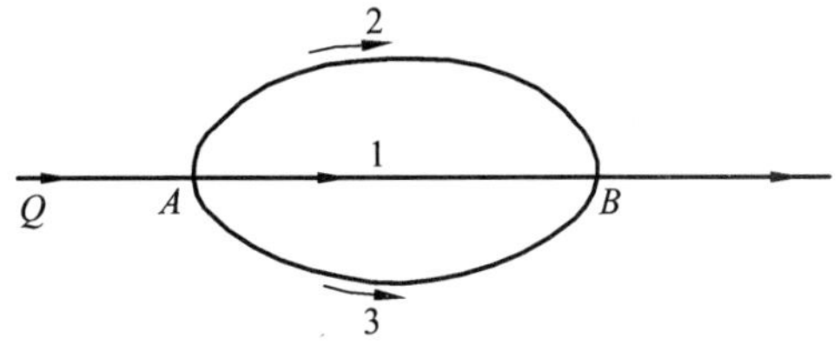

图 6-18

求并联管路中每一管段的流量和 AB 间水头损失。

解 由式(6-28)$S=\dfrac{10.3n^2}{d^{5.33}}$，分别计算出各管道比阻

$$S_1=0.908\ \mathrm{s^2/m^6};S_2=2.40\ \mathrm{s^2/m^6};S_3=7.883\ \mathrm{s^2/m^6}$$

由式(6-35)有

$$Q_1=\sqrt{\frac{S_2 l_2}{S_1 l_1}}Q_2$$

$$Q_3=\sqrt{\frac{S_2 l_2}{S_3 l_3}}Q_2$$

代入数据得

$$Q_1=2.056Q_2 \tag{a}$$

$$Q_3=0.494Q_2 \tag{b}$$

根据连续性方程得

$$Q=Q_1+Q_2+Q_3 \tag{c}$$

解(a)、(b)、(c)联立方程得

$$Q_1\approx 0.162\ 2\ \mathrm{m^3/s}=162.2\ \mathrm{L/s}$$

$$Q_2\approx 0.078\ 9\ \mathrm{m^3/s}=78.9\ \mathrm{L/s}$$

$$Q_3\approx 0.039\ 0\ \mathrm{m^3/s}=39.0\ \mathrm{L/s}$$

因为并联管路

$$h_{fAB}=S_1 l_1 Q_1^2=S_2 l_2 Q_2^2=S_3 l_3 Q_3^2$$

所以 AB 间的水头损失

$$h_{wAB}=h_{fAB}=S_1 l_1 Q_1^2$$

$$=0.908\times 500\times(0.162)^2$$

$$=11.915\ \mathrm{m}$$

4. 沿程均匀泄流管路

水处理构筑物的多孔配水管、冷却塔的布水管，以及城市自来水管道的沿途泄流，地下工

程中长距离通风管道的漏风等水力计算，常可简化为沿程均匀泄流管路来处理。用图 6-19 来分析沿程均匀泄流管路的计算方法。设在 l 段内单位长度泄出的流量为 q，管道末端的流量为 Q_z，则管道总流量为

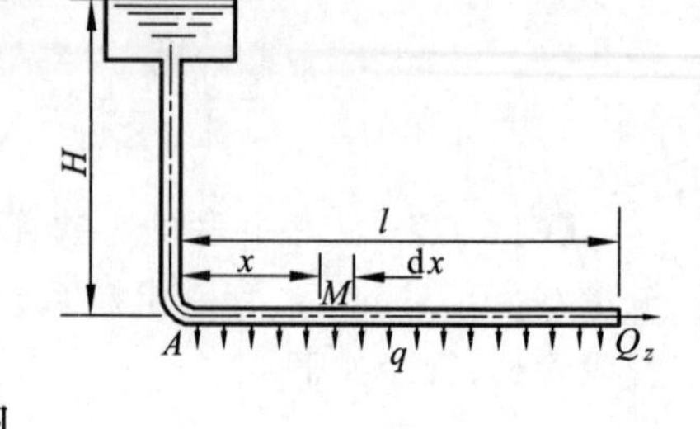

图 6-19

$$Q=Q_z+ql$$

以泄流管起始断面为 0 点，在 x 处的断面上的流量为

$$Q_x=Q-qx=Q_z+ql-qx$$

因为 dx 很小，可以认为 dx 段内的流量均等于 Q_x，此段内的水头损失

$$dh_f=SQ_x^2 dx$$

将 Q_x 代入，得

$$dh_f=S(Q_z+ql-qx)^2 dx$$

整个均布泄流管段上的水头损失

$$h_f=\int_0^l dh_f=\int_0^l S(Q_z+ql-qx)^2 dx$$

上式积分得

$$h_f=Sl\left(Q_z^2+Q_z ql+\frac{1}{3}q^2 l^2\right) \tag{6-38}$$

因为 $Q_z^2+Q_z ql+\frac{1}{3}q^2 l^2\approx(Q_z+0.55ql)^2$

所以可近似写作

$$h_f=Sl(Q_z+0.55ql)^2 \tag{6-39}$$

令 $Q_c=Q_z+0.55ql$，则又可写成

$$h_f=SlQ_c^2 \tag{6-40}$$

对于只有连续泄流 q，而转输流量 $Q_z=0$ 时，式(6-38)可写成

$$h_f=\frac{1}{3}SlQ^2 \tag{6-41}$$

此式说明管路在只有沿程均匀泄流时，其水头损失仅为转输流量通过时水头损失的 1/3。

§6-5 管网水力计算基础

管网是由简单管路、并联管路、串联管路组合而成，常用在城镇供水以及通风、空调系统中，管网基本上可分为树状管网和环状管网两种。

1. 树状管网

在给水工程中，树状管网的水力计算，可分为给水管道新建设计和扩建设计两种情形。

(1)新建给水管网的设计计算

在管网布置好以后，管路地形、管线长度、用户的位置、用水量以及用户所需自由水头等是已知的，要求确定管道的管径和管网起点的水压(或水塔高度)。其方法如下：

① 首先根据管网布置图，按照各用户接入点以及分枝点，将树状管网分段编号。

② 按连续性方程，确定各管段通过流量。

③ 以经济流速确定各管段管径

$$d_i=\left(\frac{4Q_i}{\pi v_e}\right)^{1/2}$$

经济流速 v_e 表示按此流速计算的管道可取得供水总成本（包括管道、泵站等输配水工程的投资和经常运营成本）最低的效益。按设计规范，一般选用：当 $d=100\sim400$ mm 时，$v_e=0.6\sim1.0$ m/s；当 $d>400$ mm 时，$v_e=1.0\sim1.4$ m/s。另外，这个经济流速在技术上也是合理的。

④ 取标准管径后，计算流速 v 和比阻 S 值，按长管水力计算公式计算各管段水头损失

$$h_{wi}=h_{fi}=S_i l_i Q_i^2$$

⑤ 按串联管路计算干线中从起点(水泵站或水塔)到管网的控制点(管网的控制点是指管网中管网起点至该点的水头损失，地形高程和要求自由水头三项之和最大值之点)的总水头损失。然后根据伯努利方程计算管网起点的压力(水泵扬程或水塔高度等)。例如，图 6-20 表示树状管网的干线，水塔的高度 H_t 为

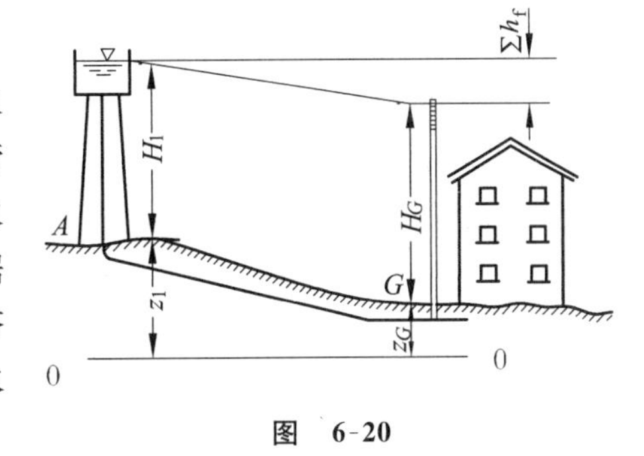

图 6-20

$$H_1=\sum h_f+H_G+z_G-z_1 \tag{6-42}$$

式中，H_G 表示控制点的自由水头，即表示用户处所需的压力。

(2) 已有管网扩建设计的水力计算

管网扩建设计计算与新建管网计算不同之处，首先是管网起点压力已知，如水塔或水泵机组已确定，且原有管网的用水、管道情况是确定的，那么对扩建的管网就要按已提供的水压和用户的用水量来确定管径。具体做法是由扩建部分的起点已知压力以及用户高程和自由水头计算出每一条主干线的平均水力坡度 J，然后选择其中平均水力坡度最小的那根干线作为扩建管网的控制干线。

设扩建部分的管网起点压力水头为 p/γ，其高程为 z_t，控制点高程为 z_0，自由水头为 H_z，则按水力坡度的定义及长管水力计算得

$$\overline{J}=\frac{(z_t+p/\gamma)-(z_0+H_z)}{\sum l_i}$$

然后在控制干线上按水头损失均匀分配，即各管段水力坡度相等的条件，计算各管段的比阻

$$S_i=\frac{\overline{J}}{Q_i^2}$$

式中，Q_i 为各管段通过流量。

按照求得的 S_i 值就可选择各管段的直径。实际选用时，可取部分管段比阻大于计算值 S_i，部分却小于计算值，使得这些管段的组合正好满足在给定水头下通过需要的流量。

当控制干线确定后应算出各接点的水头。并以此为准，继续设计各支线的管径。

【例 6-8】 设图 6-21 为某城市新建小区供水管网图。0 点为城市给水干管，干管中水压不低于 294 kPa。图中管接点 0 处高程 $z_0=126$ m，点 4 和点 7 高程相等，$z_4=z_7=120$ m，点 4 和点 7 自由水头同为 $H_z=18$ m，每一段管路长度见本题计算表内。试计算各管段的管径。

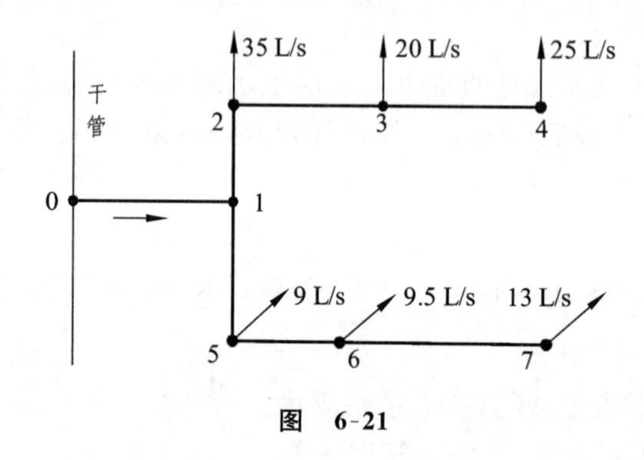

图 6-21

解 根据 0 点高程及水压和点 4、点 7 处的高程及自由水头，计算平均水力坡度。由于点 4、点 7 高程及自由水头相等，从管路长度上可判断点 7 为控制干线，即平均水力坡度为最小，则

$$\bar{J}=\frac{(p/\gamma+z_0)-(z_7+H_z)}{\sum l_i}$$

$$=\frac{(294\times10^3/9\ 800+126)-(120+18)}{400+300+200+500}$$

$$=0.012\ 86$$

再由 $S_i=\bar{J}/Q_i^2$ 及式(6-25)求出各段的比阻 S_i 和管径，并取标准管径 d_i。计算结果均列于表中。主控干线的 6-7、5-6、1-5 和 0-1 段，再由 0 点和 4 点求出另一支路平均水力坡度 $\bar{J}_{0\text{-}4}=\frac{(294\times10^3/9800+126)-(120+18)}{400+200+250+350}=0.015$，以此平均水力坡度求 1－4 各支管比阻 S_i 和由(6－25)求出各段管径，取标准管径 d_i，见表中支线 3－4，2－3，1－2 段。

管段编号		管路长度 l(m)	管中流量 (L/s)	比阻 $S(s^2/m^6)$	管径 d(mm)	管中流速 v(m/s)
支线	3-4	350	25	24.0	200	0.80
	2-3	250	45	7.407	250	0.917
	1-2	200	80	2.344	300	1.132
主控干线	6-7	500	13	76.095	150	0.736
	5-6	200	22.5	25.402	200	0.716
	1-5	300	31.5	12.96	200	1.00
	0-1	400	111.5	1.034	300	1.577

在以上的计算中，由于管道一般要取标准管径，除计算出的速度远低于 1.2 m/s，需要用式(6-25)的第二式再计算一次管径外，一般情况可按式(6-25)第一式计算比较方便，而且精度要求足以满足。

2. 环状管网

环状管网是并联管路的扩展，水流从起点到流出点可以有多条路线(见图 6-22)。环状管网的计算是在管网的管线布置和各管段的长度、管网节点流出流量已知的情况下，确定各管段流量 Q，进而确定各管段的管径 d 和计算水头损失，确定给水系统所需水压。

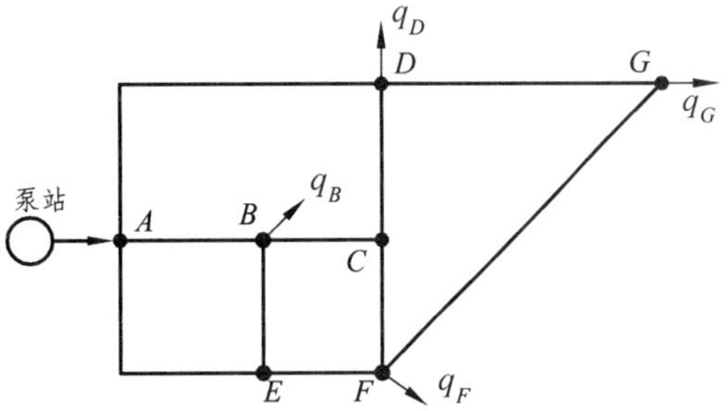

图 6-22

以下介绍环状管网的计算原理。首先对管网图进行分析，可以发现管网上管段数目 n_q 和环数 n_k 及节点数目 n_p 存在下列关系

$$n_q = n_k + n_p - 1$$

对于图 6-22，$n_p = 7$，$n_q = 10$，则 $n_k = n_q - n_p + 1 = 10 - 7 + 1 = 4$，说明图 6-22 中的独立的环数为 4。环状管网中各管段的流量和管径均为未知，那么对于一个管段数为 n_q 的环状管网，则未知数的总数应为

$$2n_q = 2(n_k + n_p - 1)$$

另外，根据管道流动流体力学原理，对环状管网还应具有以下两个基本规律：

① 依据连续性条件，在各个节点上，流向节点的流量应等于由此节点流出的流量。如以流向节点的流量为正值，离开节点的流量为负值，则二值的总和应等于零。即在任意节点上

$$\sum Q_i \pm q_j = 0 \tag{6-43}$$

式中，Q_i 为与节点 j 相关联的管段流量；q_j 为流入(或流出)节点的流量 。

② 对任意闭合的环路，由某一节点沿两个方向至另一节点的水头损失应相等(这相当于并联管路中，各并联管段的水头损失应相等)。因此，在一个环内如以顺时针方向水流所引起的水头损失为正值，逆时针方向水流的水头损失为负值，则二者总和应等于零。即在各环内

$$\sum h_f = \sum S_i l_i Q_i^2 = 0 \tag{6-44}$$

根据式(6-43)可列出($n_p - 1$)个节点方程，由式(6-44)可列出 n_k 个方程式。因此，对环状管网可列出($n_k + n_p - 1$)个方程。显然未知数的个数大于方程个数。在管网设计计算时，各管段管径的确定还需用经济流速 v_e，即

$$d_i = \sqrt{\frac{4Q_i}{\pi v_e}} \tag{6-45}$$

这样就又有 $n_q = (n_k + n_p - 1)$ 个方程，与方程(6-43)和(6-44)合起来，方程个数与方程的未知数个数相等，方程就有确定解。但是这些方程关于 d_i、Q_i(i 为管段编号)是非线性方程，且对一般管网而言，方程个数很多，求解这些方程需用数值求解方法。哈代-克罗斯(Hardy-Cross)提出了逐步渐进法，称为哈代-克罗斯法，这是目前计算环状管网的有效方法，以下简单介绍这种方法。

首先，根据管网各节点用水情况和供水点的位置，依据节点流量平衡条件 $\sum Q_i \pm q_j = 0$ 分配各管段的流量(实际就是数值法中的初值)。

第二步用经济流速 v_e，确定各管段管径

$$d_i = \sqrt{\frac{4Q_i}{\pi v_e}}$$

第三步计算各管段比阻 S_i 及 $h_{fi} = S_i l_i Q_i^2$，求出各环路闭合差，即

$$\Delta h_{fk} = \sum h_{fi} \qquad (k \text{ 表示环路编号})$$

如果环路闭合差不为零，说明初始分配流量不满足闭合条件。也就是说不是真正解，需在各环路加入校正流量 ΔQ 进行逼近。

由于在各环路加入校正流量 ΔQ 后，各管段相应得到损失增量 Δh_{fi}，则管段水头损失为

$$h_{fi} + \Delta h_{fi} = S_i l_i (Q_i + \Delta Q)^2 = S_i l_i Q_i^2 \left(1 + \frac{\Delta Q}{Q_i}\right)^2$$

$$= S_i l_i Q_i^2 \left[1 + 2\frac{\Delta Q}{Q_i} + \left(\frac{\Delta Q}{Q_i}\right)^2\right]$$

由于 ΔQ 与 Q_i 相比很小，可略去上式方括号中第三项，得

$$h_{fi} + \Delta h_{fi} = S_i l_i Q_i^2 + 2 S_i l_i Q_i \Delta Q$$

再由环路闭合条件，则有

$$\sum h_{fi} + \sum \Delta h_{fi} = \sum S_i l_i Q_i^2 + \sum 2 S_i l_i Q_i \Delta Q = 0$$

因为 $\sum S_i l_i Q_i^2 = \sum h_{fi}$，所以

$$\Delta Q = -\frac{\sum h_{fi}}{2\sum S_i l_i Q_i} = -\frac{\sum h_{fi}}{2\sum (S_i l_i Q_i^2 / Q_i)} = -\frac{\sum h_{fi}}{2\sum (h_{fi}/Q_i)} \tag{6-46}$$

或

$$\Delta Q = -\frac{\Delta h_{fk}}{2\sum (h_{fi}/Q_i)} \tag{6-47}$$

在计算环路闭合差 $\Delta h_{fk} = \sum h_{fi}$ 时，一般规定环路水流以顺时针方向为正，逆时针方向为负，这样由式(6-47)算出的 ΔQ 与该环路的各管段流量相加得到第二次分配流量，并以同样步骤逐次计算逼近，直到满足所要求的精度。

目前，关于管网水力计算的方法很多，有解管段方程、解环方程和解节点方程方法，其中哈代-克罗斯法就是解环方程的一种方法，其他方法各有其不同的优点，其原理和计算方法详见其他给水管网系统水力分析的专门教程或论著等。

【例 6-9】 一给水管网由两个环组成(见图 6-23)。已知用水点 4 的流量 $q_4 = 0.032\ m^3/s$，用水点 5 的流量 $q_5 = 0.054\ m^3/s$。各管段均采用铸铁管，长度及直径如表所示。求各管段通过的流量(闭合差小于 0.5 m 即可)。

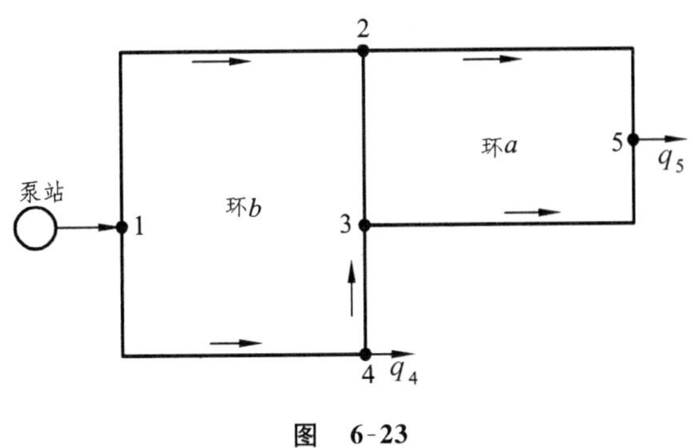

图 6-23

环 号	管 段	长度(m)	直径(mm)
a	2-5	220	200
	5-3	210	200
	3-2	90	150
b	1-2	270	200
	2-3	90	150
	3-4	80	200
	4-1	260	250

解 为了说明环状管网的计算方法,本例题采用手算法,手算一般列表进行。

① 根据管网供水点和用水点等情况初拟流向,再由节点流量平衡式 $\sum Q_i \pm q_j = 0$ 得到第一次流量分配值,列入下表内第 3 列。

环 号	管 段	第一次分配流量 Q_i(L/s)	h_{fi}(m)	$\frac{h_{fi}}{Q_i}$	ΔQ (L/s)	各管段校正流量	第二次分配流量 (L/s)	h_{fi}(m)
a	2-5	+30	+1.84	−0.061 3	−1.81	−1.81	28.19	1.64
	5-3	−24	−1.17	0.048 8		−1.81	−25.81	−1.34
	3-2	−6	−0.17	0.028 3		3.75−1.81	−4.06	−0.08
	$\sum$		+0.5	0.138				+0.22
b	1-2	+36	+3.19	0.089	−3.75	−3.75	32.25	2.61
	2-3	+6	+0.17	0.028 3		−3.75+1.81	4.06	0.08
	3-4	−18	−0.26	0.014		−3.75	−21.75	−0.37
	4-1	−50	−1.84	0.036 8		−3.75	−53.37	2.10
	$\sum$		1.26	0.168				+0.22

按分配流量计算各管段水头损失 $h_{fi} = S_i l_i Q_i^2$,比阻 S_i 用式(6-25)计算,各管段水头损失计算结果列于表内第 4 列。

② 计算环路闭合差

$$\sum h_{fa} = 1.84 - 1.17 - 0.17 = 0.5 \text{ m}$$

$$\sum h_{fb} = 3.19 + 0.17 - 0.26 - 1.84 = 1.26 \text{ m}$$

闭合差大于规定值，按式(6-47)计算各环校正流量 ΔQ，见表内第 6 列。

③ 将校正流量 ΔQ 与各管段第一次分配流量相加，得第二次分配流量，见表内第 8 列，然后重复②、③步骤计算，依此方法计算，直到各环满足闭合差的要求。本题按两次分配流量计算，已满足闭合差要求，故第二次的分配流量即为各管段的通过流量。

§6-6 离心式水泵及其水力计算

1. 离心式水泵工作原理

离心式水泵(图 6-24)是一种常用的抽水机械。它是由工作叶轮 1、叶片 2、泵壳(或称蜗壳)3、吸水管 4、压水管 5 以及泵轴 6 等零部件构成。

离心泵启动之前，先要将泵体和吸水管内充满水，充水的方式可根据水泵安装情况分为自灌方式、泵顶部注水漏斗加注、真空泵抽吸以及压水管回流等方式。泵启动后，叶轮高速转动，水在叶轮的带动下获得离心力，由叶片槽道流入叶轮外，同时在泵的叶轮入口处形成真空，吸水池的水在大气压强的作用下沿吸水管上升流入叶轮吸水口，进入叶片槽内。由于水泵叶轮连续旋转，压水吸水便连续进行。

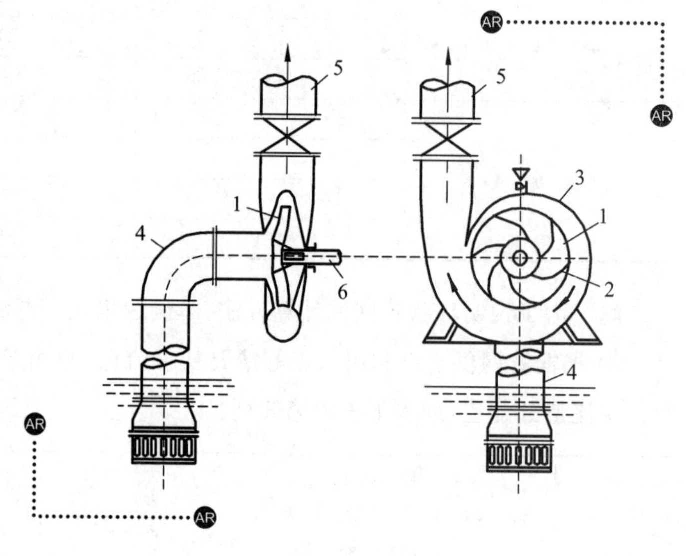

图 6-24

当液体通过叶轮时，叶片与液体的相互作用将水泵机械能传递给液体，从而使液体在随叶轮高速旋转时增加了动能和压能。因此说水泵是一种转换能量的水力机械，它将原动机的机械能转换为液体的能量。液体由叶轮流出后进入泵壳，泵壳一方面是用来汇集叶轮甩出的液体，将它平稳地引向压水管，另一方面是使液体通过蜗壳时流速降低，以达到将一部分动能转变为压能的目的。

2. 离心泵性能参数

离心泵性能参数是水泵使用中的基本依据，故也称基本工作参数。它主要有：

① 流量(Q)　单位时间通过水泵的液体体积，单位为升/秒(L/s)、米^3/秒(m^3/s)或米^3/小时(m^3/h)；

② 扬程(H)　水泵供给单位重量液体的能量，常用单位为米水柱(mH_2O)；

③ 功率(N)　水泵功率分轴功率 N_x 和有效功率 N_e；

轴功率(N_x)　电动机传递给泵的功率，也即输入功率，常用单位为瓦(W)或千瓦(kW)；

有效功率(N_e)　单位时间内液体从水泵实际得到的机械能。

$$N_e=\gamma QH \tag{6-48}$$

式中，γ 为液体重度(kN/m^3)；Q 为水泵流量(m^3/s)；H 为水泵扬程(m)；N_e 为水泵的有效功率(kW)。

④ 效率(η)　有效功率与轴功率之比，即

$$\eta=\frac{N_e}{N_x} \tag{6-49}$$

⑤ 转速(n)　水泵工作叶轮每分钟的转数，一般情况下转速固定，常有 1 450 转/分(r/min)、2 900 转/分(r/min)；

⑥ 允许吸水真空度(h_v)　水泵的吸水真空度，是指为防止水泵内气蚀发生而由实验确定的水泵进口的允许真空高度，其单位为米水柱(mH_2O)。

3. 水力计算

工程中有关水泵的水力计算问题常有：① 水泵安装高度计算(见 § 6-3)；② 水泵扬程计算以及水泵轴功率的确定；③ 水泵工况分析。

(1) 水泵工作扬程

水泵工作扬程计算可由伯努利方程分析得到。图 6-25 表示水泵管道系统，以吸水池水面作为基准面，在吸水池水面 1-1 与上水池水面 2-2 间建立伯努利方程

$$z_1+\frac{p_1}{\gamma}+\frac{v_1^2}{2g}+H=z_2+\frac{p_2}{\gamma}+\frac{v_2^2}{2g}+h_w$$

上式为 1、2 两断面间有系统外能量输入的伯努利方程。

当 $v_1\approx v_2\approx 0$，$p_1=p_2=0$，上式可写成

$$H=z_2-z_1+h_w=H_g+h_w \tag{6-50}$$

式中，$H_g=z_2-z_1$，称为几何给水高度。

上式表明，在管路系统中，水泵的扬程 H 用于使水提升几何给水高度和克服管路中的水头损失。

水泵扬程计算完以后，可根据水泵特性曲线求得水泵抽水量 Q(见下小节)，则水泵有效功率 N_e 可由式(6-48)求得，轴功率 $N_x=N_e/\eta$。

(2) 水泵工况分析

为能使水泵工作在最佳状态，在选用水泵或是水泵工作中需要分析水泵的工况，即确定水泵工作点。水泵工作点是水泵特性曲线与管路特性曲线的交点。下面先介绍水泵性能曲线和管路特性曲线。

水泵性能曲线：在转速 n 一定的情况下，水泵的扬程 H、轴功率 N_x、效率 η 与流量 Q 的关

系曲线称为泵的性能曲线。水泵性能曲线由实验确定，如图 6-26 所示为 $1\frac{1}{2}BA-6$ 型水泵的性能曲线。水泵铭牌上所列的 Q、H 值，是指最高效率时的流量和扬程值。通常水泵生产厂对每一台水泵规定一个许可工作范围，在水泵产品手册上写出此范围，水泵在这个范围工作，才能保持较高效率。一般水泵生产厂产品手册上还将同一类型、不同容量水泵的性能曲线绘在一张图上，以供用户选用。

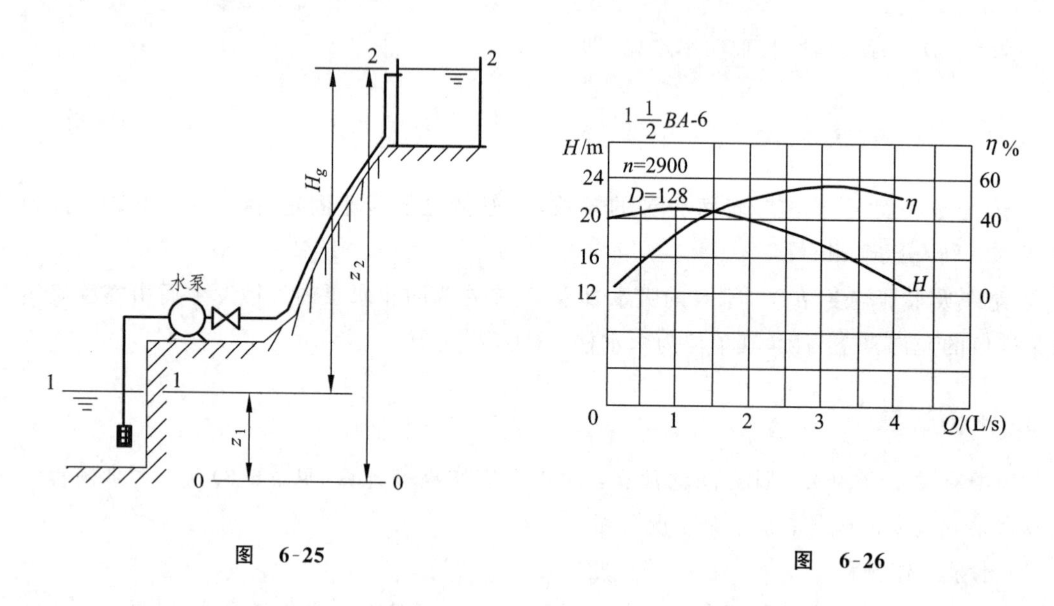

图 6-25

图 6-26

管路特性曲线：将式(6-50)改写为

$$H=H_g+h_w=H_g+\sum\lambda\frac{l}{d}\frac{v^2}{2g}+\sum\zeta\frac{v^2}{2g}$$

$$=H_g+\left[\left(\sum\lambda\frac{l}{d}+\sum\zeta\right)\frac{1}{2gA^2}\right]Q^2$$

$$=H_g+RQ^2 \tag{6-51}$$

式中，$R=\left(\sum\lambda\frac{l}{d}+\sum\zeta\right)\frac{1}{2gA^2}$，称为管路系统的总阻抗，单位为秒^2/米^5($s^2/m^5$)。

根据式(6-51)，以 Q 为自变量，绘出 H-Q 关系曲线，即为管路特性曲线，如图 6-27(a)所示。

以下说明工作点的确定：

水泵的 Q-H 性能曲线表示水泵在通过流量为 Q 时，泵对单位重量液体提供的机械能为 H。管路特性曲线表示使流量 Q 通过该管路系统，单位重量液体所需要的能量。水泵实际工作点就应是提供与需要相等的点，将水泵性能曲线和管路特性曲线按同一比例绘在同一张图上，两条曲线交点即为水泵的工作点，如图 6-27(b)中的 A 点。由此知道，水泵系统工作是否在高效段，可以通过水泵工况的分析加以了解。大型水泵站常有水泵的串联或并联的情况，此时水泵工况分析尤其重要。

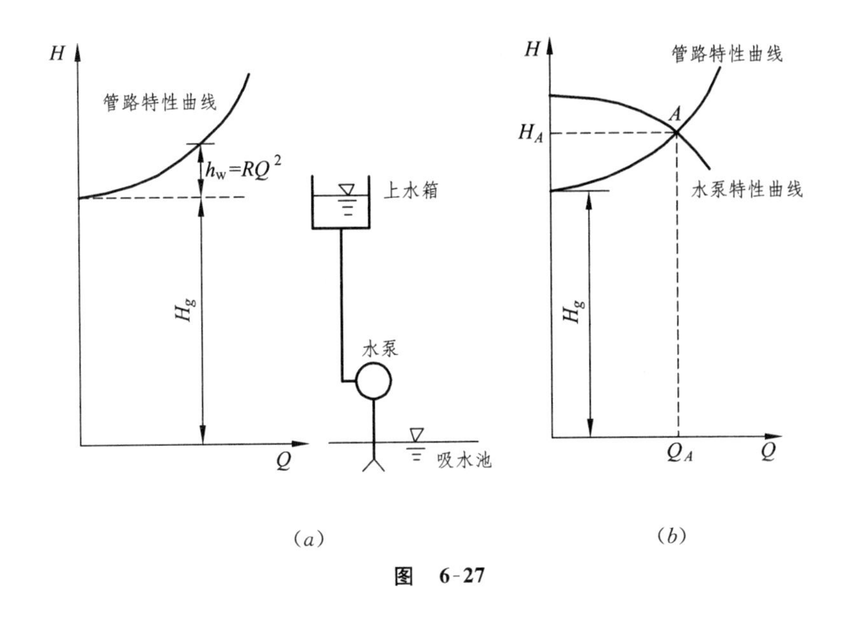

图 6-27

*§6-7 水击简介

在有压管道中，由于某种外界原因（如管道中阀门突然关闭、水泵机组突然停车等），液流受阻而流速突然变小，从而引起管道局部压强急剧升高和降低的交替变化，这种现象称为水击，或称水锤。水击引起的压强升高值，可达管道正常工作压强的几十倍甚至几百倍，这种强大的压强波动，往往会引起管道和设备的强烈振动甚至破坏。

认识水击现象的规律，合理地采取防范措施，例如缓慢关闭阀门、在管路上装设缓闭止回阀、安全阀、设置调压塔等，都是工程上常见的防止水击危害的措施。

1. 水击现象分析

为了便于了解水击的产生过程，现考虑如图 6-28 所示的管道系统，总长为 l 的管道，其上游 M 点连接水池、下游 N 点装有闸门。设水击前管道内的流动速度为 v，由于水击中速度变化极快，应充分考虑到水的压缩性和管道的变形。

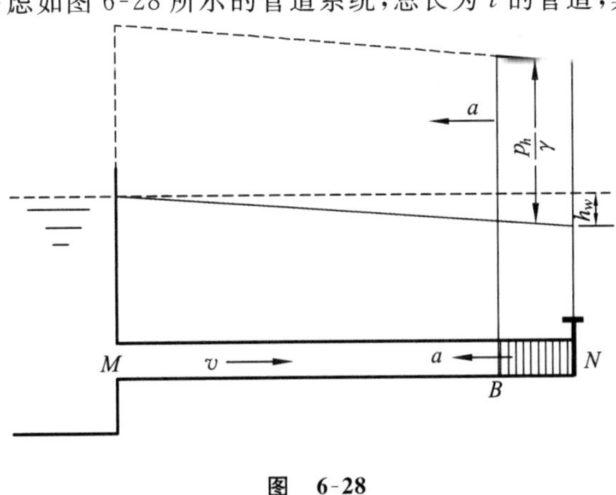

图 6-28

① 当管道末端的阀门突然关闭时（$t=0$），紧贴阀门上游的一层流体，速度突然变到零，该层流体受到后面来流的压缩，其压强突增，增值 p_h 就是水击压强[见图 6-29(a)]。这种压缩一层一层地向上游传播，称

为压缩波，其传播速度以 a 表示。

② 当压缩波到达管道入口 M 点时($t=l/a$)，整个管道内流体处于静止状态，流体受压，管道膨胀。在此时，由于管道入口处内外存在压差 p_h/γ 的作用，管道内的流体必然要以速度 v 向水池内倒流，使管内压强降低到原来的 p，管壁也恢复到原来状态。管内流体的这种由压缩到恢复原状，是从管入口一层一层以速度 a 传播到管末端 N 的[见图 6-29(b)]。

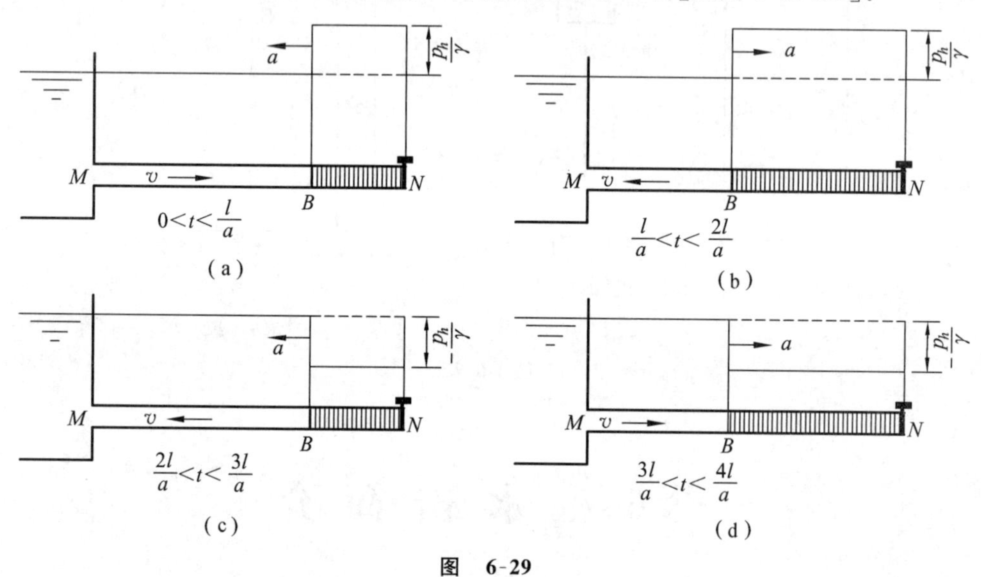

图 6-29

③ 在 $t=2l/a$ 时刻，整个管中水流的压强均变到正常压强 p，并且都具有向水池方向的运动速度 v。继 $t=2l/a$ 之后，由于流体的惯性作用管中的流体仍然向水池倒流，而阀门全部关闭无水补充，以致阀门处的一层流体必须首先停止运动，速度由 $-v$ 变为零，流体更加膨胀，压强降低到 $p-p_h$。这个减压波由管末端阀门处以速度 a 向水池传播[见图 6-29(c)]。

④ 在 $t=3l/a$ 时刻，整个管中水流处于瞬时低压状态。因管道入口压强比水池的静压强低 p_h，在压强差作用下，流体又以速度 v 向阀门方向流动，管道中的流体密度又逐层恢复正常。至 $t=4l/a$ 时，整个管中流体压强以及管壁又恢复到起始状态[见图 6-29(d)]。

由于在流体的惯性作用下管中流体仍以速度 v 向下流动，但阀门关闭，流动被阻止，于是又重复到阀门突然关闭时的状态。如此周期性地循环下去。

可见水击每经过 $4l/a$ 时间重复一次全过程，如果水击在传播过程中，没有机械能损失，水击波将一直周期性地传播下去。但实际上由于流体受摩擦阻尼作用以及流体和管材非完全弹性影响，水击压强逐渐衰减，如图 6-30 所示。

2. 水击压强的计算

前面讨论了水击的发生过程，在此基础上，研究水击压强 p_h 的计算，为防止和减小水击，设计合理的压力管道系统以及利用水击为工程实际服务提供依据。

如图 6-31 所示，当阀门突然关闭，紧贴阀门的流体开始被压缩，其压力波以速度 a 沿管道向上游传播，在 $\mathrm{d}t$ 时间内受压缩的流体长度为 $a\mathrm{d}t$，现以这部分流体为控制体。控制体内流体速度为零，流体密度为$(\rho+\Delta\rho)$，压强为 $p+p_h$，忽略管壁的膨胀，设管道截面积为 A。若忽略管道的摩擦力，则作用在控制体上的外力沿管轴的合力为

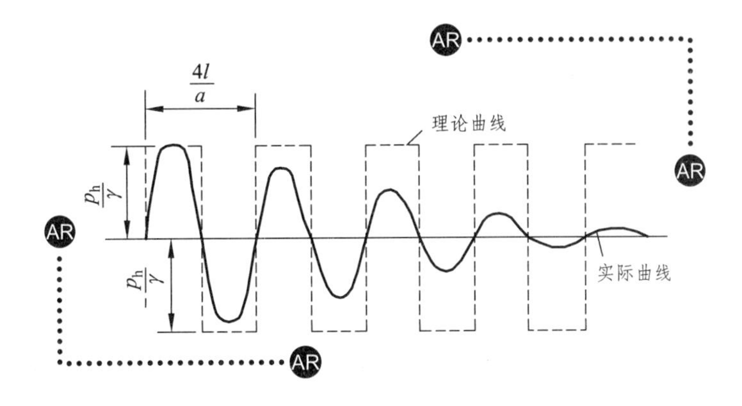

图 6-30

$$-(p+p_h)A+pA=-p_hA$$

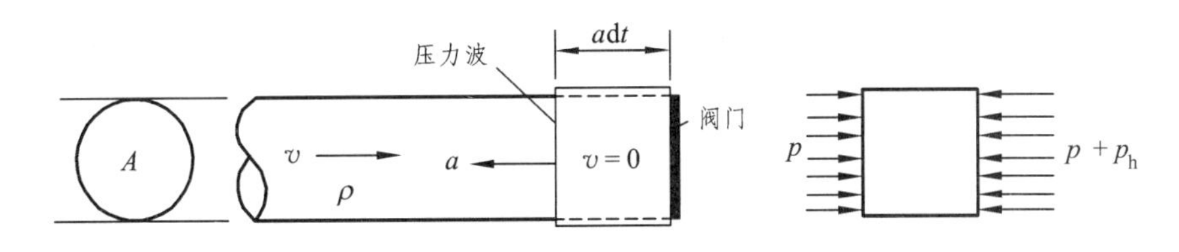

图 6-31

另外，由于阀门关闭，控制面右侧流体速度等于零，只有左侧流体以速度 v 流入控制面，因此在 $\mathrm{d}t$ 时间内，控制面内流体沿管轴方向的动量变化为

$$m(v_2-v_1)=-\rho Aa(\mathrm{d}t)v$$

根据动量方程有

$$p_hA=\frac{\rho Aa(\mathrm{d}t)v}{\mathrm{d}t}=\rho Aav$$

所以

$$p_h=\rho av \tag{6-52}$$

上式即为水击压强计算式。姑且假设压强波在水管中的传播速度 $a=1\ 000$ m/s，水的密度 $\rho=1\ 000$ kg/m^3，管道内水流速度 $v=1.0$ m/s，当阀门突然关闭时，产生的水击压强 $p_h=10^6$ Pa，约等于 100 m 水柱高，约为大气压强的 10 倍。另外从式(6-52)知道水击压强与管道内最初流动速度 v 成正比，因此对于高速水流的管道中发生的水击，其危害性是相当大的。

在上面的讨论中，假定阀门是瞬时关闭的，实际上关闭阀门总是有一个时间过程。如果阀门关闭时间 $t_z<2l/a$，即在反射膨胀波从水池传至阀门前阀门完全关闭。这时阀门处的水击压强和阀门在瞬时完全关闭时相同，这种水击称为直接水击。

如果阀门关闭时间 $t_z>2l/a$，即在阀门完全关闭前反射波已传至阀门断面，随即变为负的水击波向管道入口传播，同时由于阀门继续关闭而产生正的水击波，正负水击压强相叠加，使阀门处最大水击压强值小于按直接水击计算的数值。这种水击称为间接水击。

间接水击由于存在水击波与反射波的相互作用,计算比较复杂。一般情况下,间接水击压强可近似由下式来计算

$$p_{h}=\rho a v \frac{2l/a}{t_{z}}=\rho v \frac{2l}{t_{z}} \tag{6-53}$$

式中,t_z 为阀门关闭时间。

3. 水击波的传播速度

无论直接水击或是间接水击,水击压强与压强波传播速度 a 成正比。下面简单介绍水击波的传播速度。

压力波在介质中的传播速度为

$$a=\sqrt{\frac{K}{\rho}} \tag{6-54}$$

式中,K 是介质的体积模量,对于水的体积模量 K 大约为 2.07×10^{6} kN/m^2,那么水中压力波的传播速度 $a\approx1\ 440$ m/s。

但是,由于水击波是流体在管道中发生的,在水击过程中由于管内压强大幅度变化,管壁的弹性变形会影响压强波的传播,水的体积模量需要进行修正,用 K'表示,其计算式为(推导过程从略)

$$K'=\frac{K}{1+\frac{D}{\delta}\frac{K}{E}} \tag{6-55}$$

式中,D 和 δ 分别为管道直径和管壁厚度;E 是管材的弹性模量。将此式的 K'替代式(6-54)中的 K 后,得到考虑了管壁弹性变形影响的水击波传播速度

$$a=\sqrt{\frac{1}{\rho}K'}=a_{0}\sqrt{\frac{1}{1+\frac{D}{\delta}\frac{K}{E}}} \tag{6-56}$$

式中,a_0 是水中声波的传播速度。

习　　题

一、单项选择题

6-1　实验证明在孔口外接一管嘴,管嘴的出流量比同样断面积的孔口出流量增大,其主要原因是(　　)。

A. 管嘴阻力增加　　B. 管嘴收缩系数增大

C. 管嘴收缩断面处产生了真空　　D. 管嘴进口局部阻力系数减小

6-2　已知圆柱形管嘴(流量系数 $\mu_n=0.82$)的泄流量 $Q_n=3$ L/s,则与其同直径同水头作用下的孔口(流量系数 $\mu=0.60$)的泄流量 $Q=$(　　)L/s。

A. 2.2　　B. 2.6　　C. 3.6　　D. 3.9

6-3　在管路水力计算中，按“长管”计算时，可忽略（　　）。

A. 测压管水头　　B. 沿程水头损失、流速水头

C. 沿程水头损失、测压管高度　　D. 局部水头损失、流速水头

6-4　对于如图所示的环状管路，管路流量、水头损失的正确表达是（　　）。

A. $Q=Q_1+Q_2$，$h_{WA-B}=h_{f1}+h_{f2}$

B. $Q=Q_1+Q_2$，$h_{WA-B}=h_{f1}$

C. $Q_1=Q_2$，$h_{WA-B}=h_{f1}+h_{f2}$

D. $Q_1=Q_2$，$h_{WA-B}=h_{f2}$

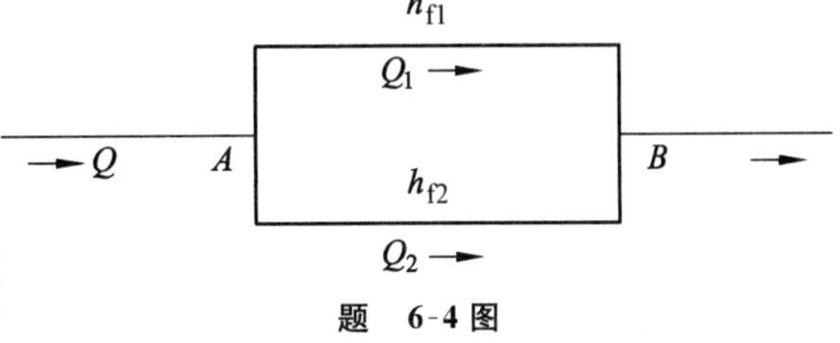

题　6-4 图

6-5　两水池的水位差为 H，用一组管道连接，如图所示。已知管路 2 出口距水池水面为 H_1，管路 3 出口距水池水面为 H_2，则正确的水力关系为（　　）。

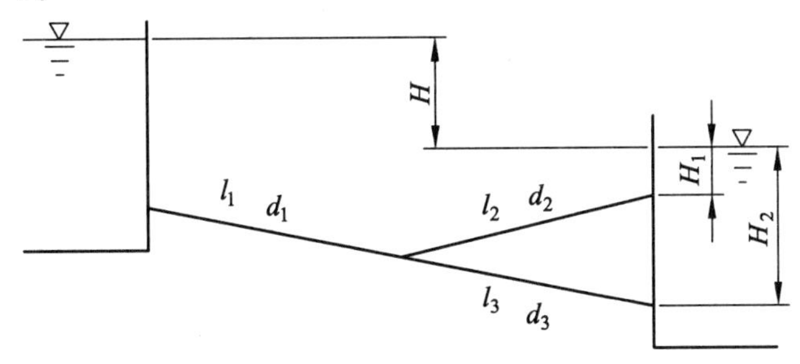

题　6-5 图

A. $H+H_1=h_{f1}+h_{f2}$　　B. $H=h_{f1}+h_{f2}+h_{f3}$

C. $H+H_2=h_{f1}+h_{f3}$　　D. $H=h_{f1}+h_{f3}$

6-6　题 6-6 图为一水泵装置安装示意图，若水泵进口处 A 点允许真空压强等于 58.8 kPa，在忽略管路水头损失的情况下，则水泵安装高度 Hs 最大值为（　　）。

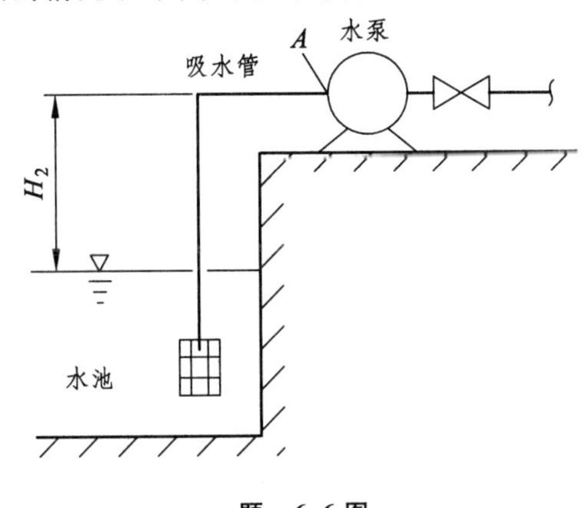

题　6-6 图

A. 3 m　　B. 4 m　　C. 6 m　　D. 8 m

二、计算分析题

6-7　有一薄壁圆形小孔口，其直径 $d=10$ mm，水头 $H=2$ m。现测得射流收缩断面的直

径 $d_c=8$ mm，在 32.8 s 时间内，经孔口流出的水量为 0.01 m^3。试求该孔口的收缩系数 ε、流量系数 μ、流速系数 φ 及孔口局部阻力系数 ζ_0。

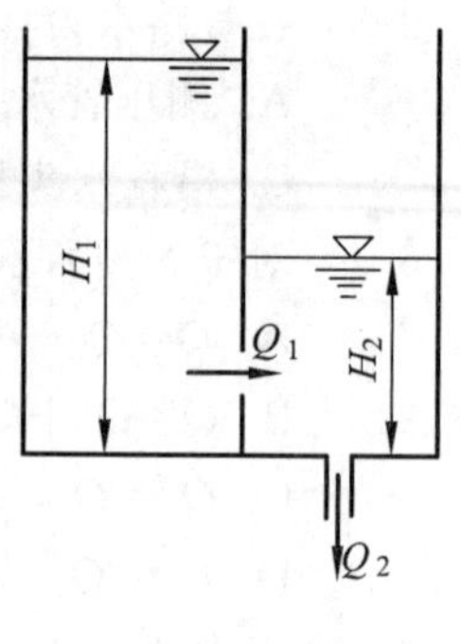

题 6-8 图

6-8 如图所示，水箱用隔板分为左右两个水箱，隔板上开一直径 $d_1=40$ mm 的薄壁小孔口，水箱底接一直径 $d_2=30$ mm 的外管嘴，管嘴长 $l=0.1$ m，$H_1=3$ m。试求在恒定出流时的水深 H_2 和水箱出流流量 Q_1、Q_2。

6-9 一平底空船如图所示，其水平面积 $\Omega=8$ m^2，船舷高 $h=0.5$ m，船自重 $G=9.8$ kN。现船底中央有一直径为 10 cm 的破孔，水自圆孔漏入船中，试问经过多少时间后船将沉没？

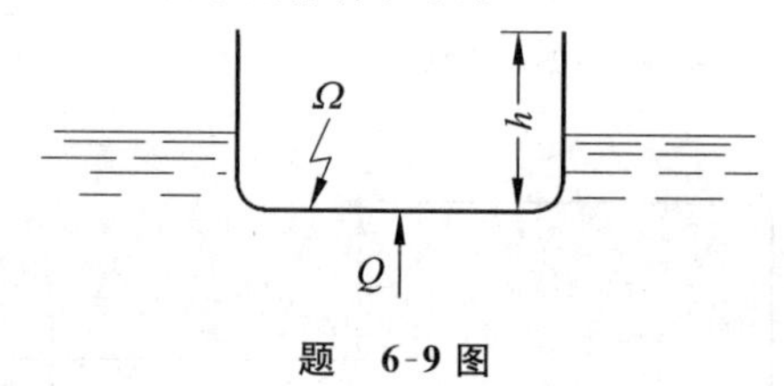

题 6-9 图

6-10 在混凝土坝中设置一泄水管如图所示，管长 $l=4$ m，管轴处的水头 $H=6$ m，现需通过流量 $Q=10$ m^3/s，若流量系数 $\mu=0.82$，试确定所需管径 d，并求管中水流在进口收缩断面处的真空值。

6-11 圆形水池直径 $D=4$ m，在水深 $H=2.8$ m 的侧壁上开一直径 $d=200$ mm 的孔口，如图所示。若近似按薄壁小孔口出流计算，试求放空（水面降至孔口处）所需时间。

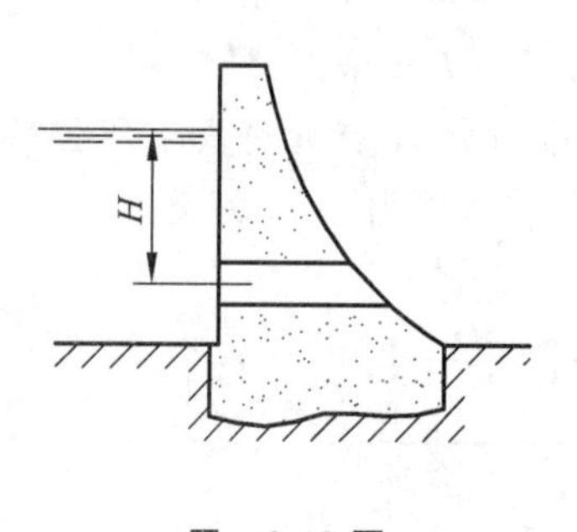

题 6-10 图

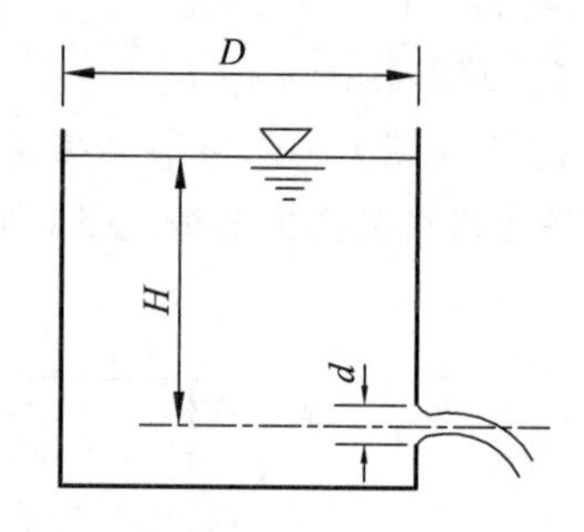

题 6-11 图

6-12 图示油槽车的油槽长度为 l，直径为 D。油槽底部设有卸油孔，孔口面积为 A，流量系数为 μ。试求该车装满油后所需的卸空时间。

6-13 通过压力容器 A 沿直径 $d=5$ cm，长度 $l=30$ m 的管道供水至水箱 B，如图所示。若供水量 $Q=3.5$ L/s，$H_1=1$ m，$H_2=10$ m，局部阻力系数 $\zeta_{进}=0.5$，$\zeta_{阀}=4.0$，$\zeta_{弯}=0.3$，$\zeta_{出}=1.0$，沿程阻力系数 $\lambda=0.021$，求容器 A 液面的相对压强 p_1。

6-14 抽水量各为 50 m^3/h 的两台水泵，同时由吸水井抽水，该吸水井与河道间有一根自流管连通，如图所示。已知自流管管径 $d=200$ mm，长 $l=60$ m，管道的粗糙系数 $n=0.011$，在管的入口装有过滤网，其阻力系数 $\zeta_1=5$，另一端装有闸阀，其全开阻力系数 $\zeta_v=0.5$，试求井中水面比河水水面低多少？

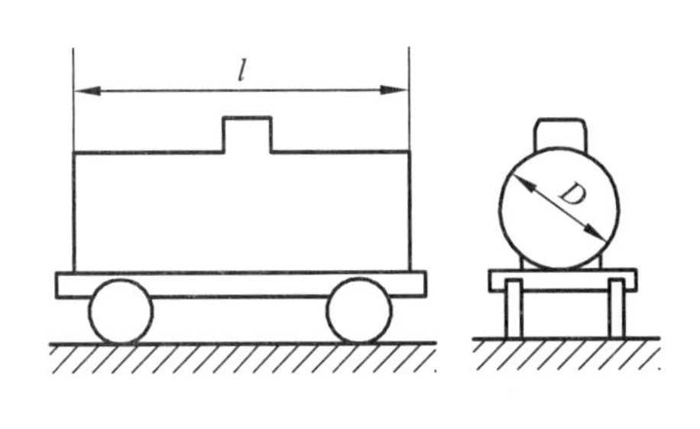

题　6-12 图

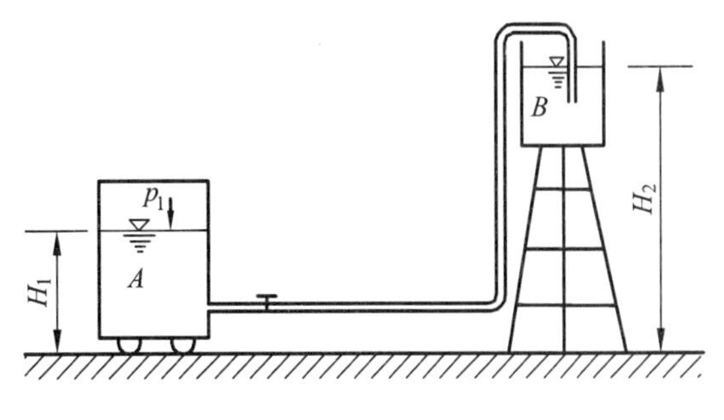

题　6-13 图

6-15　长 $L=50$ m 的自流管，将水自水池引至吸水井中，然后用水泵送至水塔，如图所示。已知泵的吸水管直径 $d=200$ mm，长 $l=6$ m，泵的抽水量 $Q=0.064\ m^3/s$，滤水网的阻力系数 $\zeta_1=\zeta_2=6$，弯头阻力系数 $\zeta_3=0.3$，自流管和吸水管的沿程阻力系数均取 $\lambda=0.03$。试求：

(1) 当水池水面与吸水井的水面高差 h 不超过 2 m 时，自流管的直径 D；

(2) 水泵的安装高度 $H_s=2$ m 时，水泵进口断面 A-A 的压强。

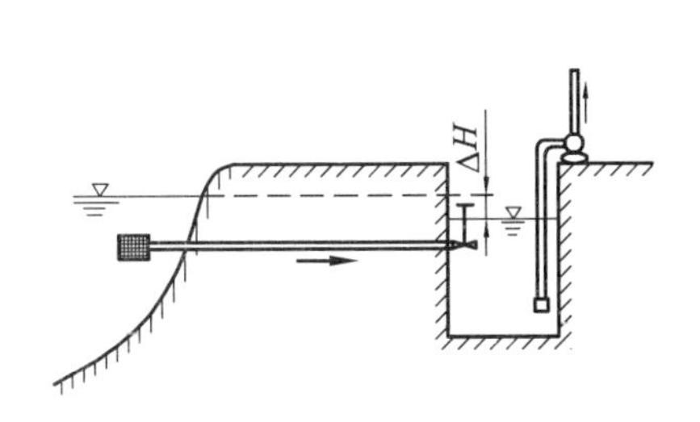

题　6-14 图

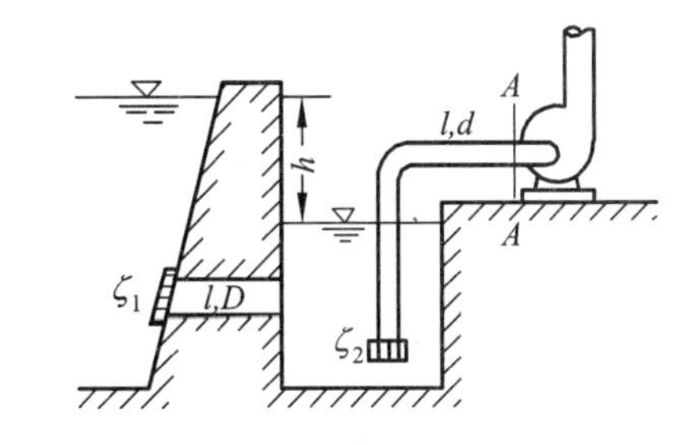

题　6-15 图

6-16　有一虹吸管如图所示，已知 $H_1=2.5$ m，$H_2=2$ m，$l_1=5$ m，$l_2=5$ m。管道沿程阻力系数 $\lambda=0.02$，管路进口设有滤网，其局部阻力系数 $\zeta_e=10$，弯头阻力系数 $\zeta_b=0.15$。试求：

(1) 通过流量为 $0.015\ m^3/s$ 时，所需管径；

(2) 校核虹吸管最高处 A 点的真空高度是否超过允许的 6.5 m 水柱高。

6-17　路基下埋设圆形有压涵管如图所示，已知涵管长 $L=50$ m，上下游水位差 $H=1.9$ m，管道沿程阻力系数 $\lambda=0.030$，局部阻力系数：进口 $\zeta_e=0.5$，弯道 $\zeta_b=0.65$，出口 $\zeta_0=1.0$，如要求涵管通过流量 $Q=1.5\ m^3/s$，试确定涵管管径。

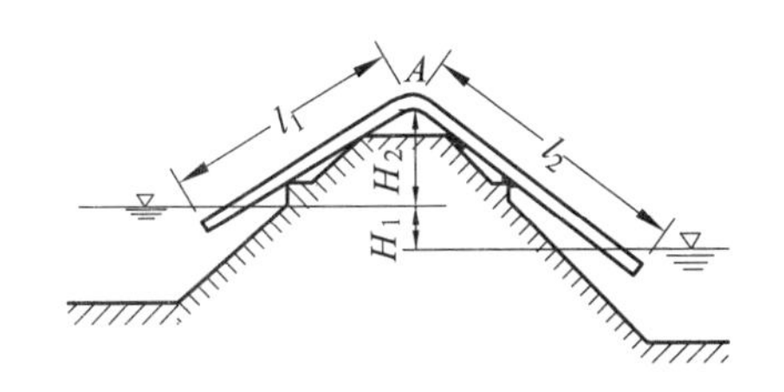

题　6-16 图

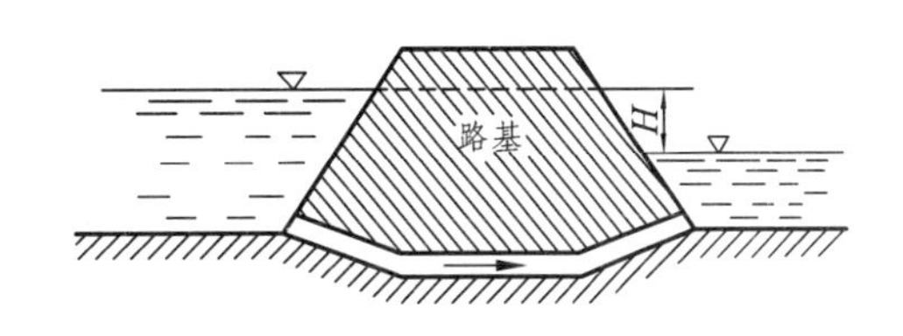

题　6-17 图

6-18　在某一污水处理设备上设计一个抽气系统，如图所示，利用出水富余水头进行自动抽气来控制设备的运行。已知 $H=2.0\ \mathrm{m}$，$H_2=1.7\ \mathrm{m}$，抽气三通前段管道的管径 $d_1=32\ \mathrm{mm}$，管长 $l_1=14.5\ \mathrm{m}$，抽气三通后段管径 $d_2=50\ \mathrm{mm}$，管长 $l_2=1.8\ \mathrm{m}$，管道沿程阻力系数均取 $\lambda=0.035$，$\zeta_{进}=0.5$，$\zeta_{弯}=0.3$。试求：

(1) 抽气管路系统的流量；

(2) 抽气三通处的真空值。

6-19　有一锅炉用烟囱进行自然通风，如图所示，烟道的直径 $d=1\ \mathrm{m}$，烟道的沿程阻力系数 $\lambda=0.03$，炉膛的局部损失 $h_z=4.8\dfrac{v^2}{2g}$（式中 v 为烟道中流速）。烟气的重度 $\gamma_s=5.98\ \mathrm{N/m^3}$，锅炉要求通风量为 $Q=30\ 000\ \mathrm{m^3/h}$ 时，试求烟囱的高度 H。（外界空气的重度以 $11.85\ \mathrm{N/m^3}$ 计）

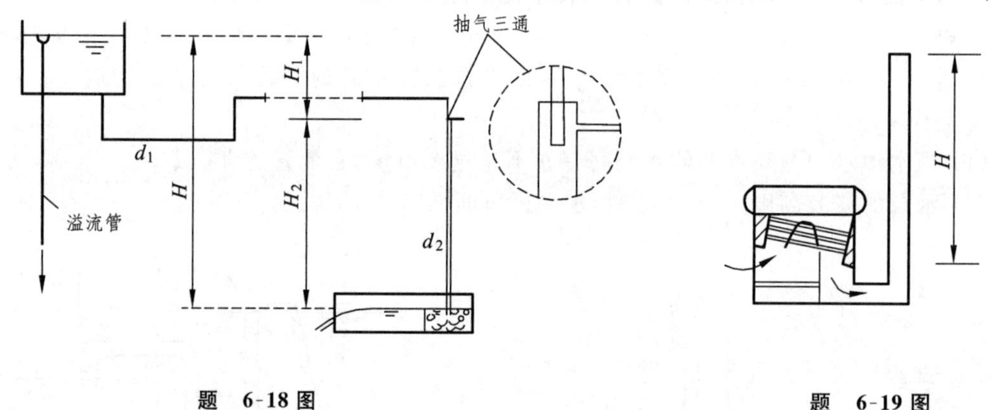

题　6-18 图　　　　题　6-19 图

6-20　某一施工工地用水由水池供给，从水池到用水点距离大约 1 000 m，水池水面与用水点高差 $H=6\ \mathrm{m}$，如图所示，用水点要求自由水头 $H_z=2\ \mathrm{m}$。若用水量 $Q=163\ \mathrm{L/s}$ 时，敷设的管径应为多少？（管道采用铸铁管）

6-21　某车间一小时用水量是 $36\ \mathrm{m^3}$，用直径 $d=75\ \mathrm{mm}$，管长 $l=140\ \mathrm{m}$ 的管道自水塔引水，如图所示，用水点要求自由水头 $h=12\ \mathrm{m}$，用水点管路末端距地面高为 2m。设管道粗糙系数 $n=0.013$。试求水塔的高度 H。

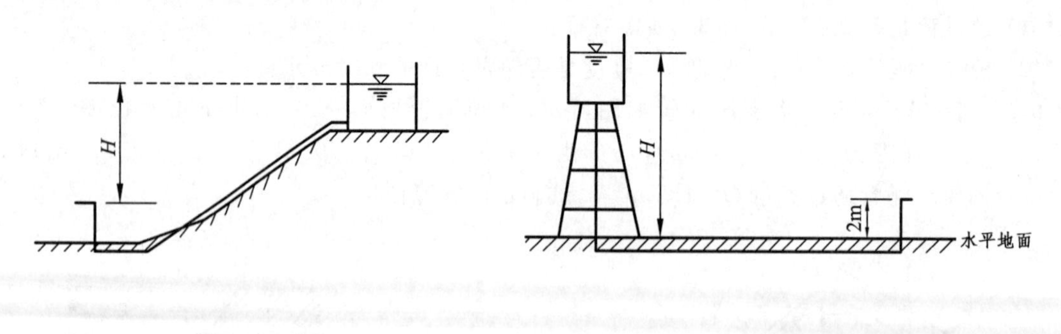

题　6-20 图　　　　题　6-21 图

6-22　某工厂供水管道如图所示，由水泵 A 向 B、C、D 三处供水。已知各点供水流量 $Q_B=0.01\ \mathrm{m^3/s}$，$Q_C=0.005\ \mathrm{m^3/s}$，$Q_D=0.01\ \mathrm{m^3/s}$，铸铁管直径 $d_{AB}=200\ \mathrm{mm}$，$d_{BC}=150\ \mathrm{mm}$，$d_{CD}=100\ \mathrm{mm}$，管长 $l_{AB}=350\ \mathrm{m}$，$l_{BC}=450\ \mathrm{m}$，$l_{CD}=100\ \mathrm{m}$。整个场地水平，试求水泵出口处的水头 H。

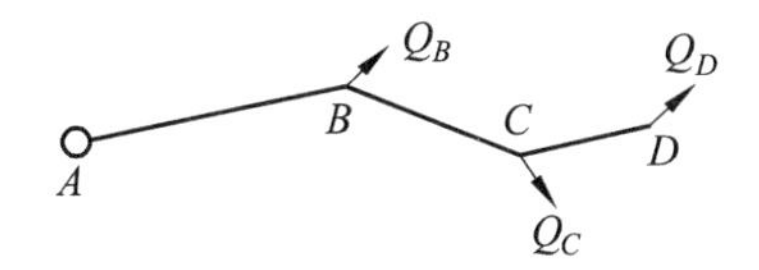

题 6-22 图

6-23 用两根不同直径的管道并联将两个水池相连接，两水池水面高差为 H，设大管径是小管径的两倍，两管损失系数 λ 相同。忽略局部损失，求两管内流量的比值。

6-24 如图所示，两水池用两根不同直径的管道串联相接，管道直径分别为：$d_1=250$ mm，$d_2=200$ mm，管道长度 $l_1=300$ m，$l_2=350$ m，设管材用铸铁管。若 $h=10$ m，求管道通过的流量。

6-25 如图所示的管路系统，管道均为铸铁管，各管段长度、管径见图示。

(1) 若管道总流量为 0.56 m^3/s，求 A 到 D 点总水头损失；

(2) 如果用一根管道代替并联的三根管道，若保证流量及总水头损失不变，问管道 3 的管径 d_3 应取多少(取标准管径)？

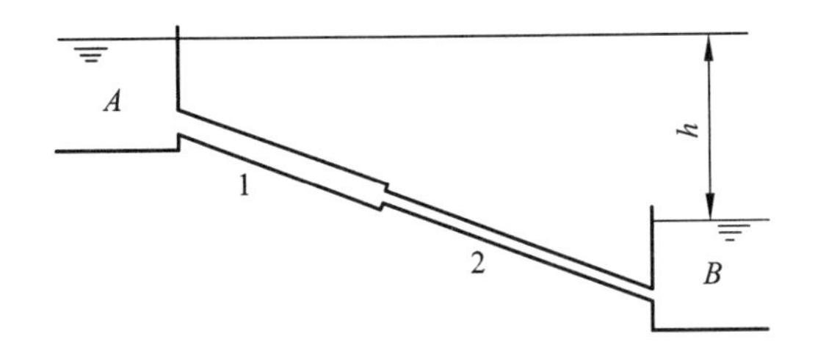

题 6-24 图

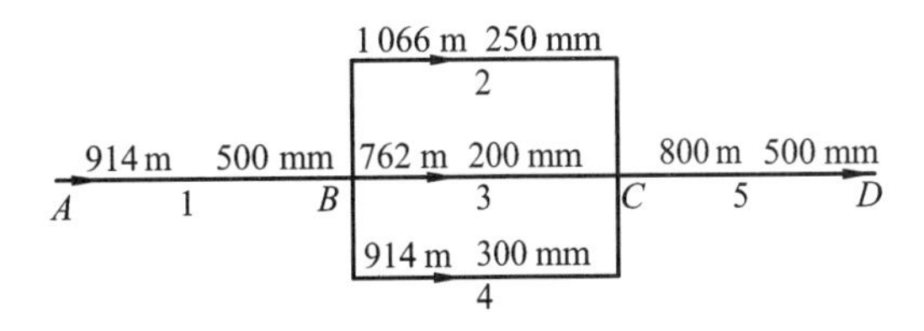

题 6-25 图

6-26 并联管路如图所示，已知干管流量 $Q=0.1$ m^3/s；长度 $l_1=1\ 000$ m，$l_2=l_3=500$ m；直径 $d_1=250$ mm，$d_2=300$ mm，$d_3=200$ mm，如采用铸铁管，试求各支管的流量及 AB 两点间的水头损失。

6-27 由水塔经铸铁管路供水如图所示，已知 C 点的流量 $Q=0.025$ m^3/s，要求自由水头 $H_z=5$ m，B 点流出流量 $q_B=12$ L/s，各管段直径 $d_1=150$ mm，$d_2=100$ mm，$d_3=200$ mm，$d_4=150$ mm，管长 $l_1=300$ m，$l_2=400$ m，$l_3=l_4=500$ m，试求并联管路 1、2 内的流量及所需水塔高度 H。

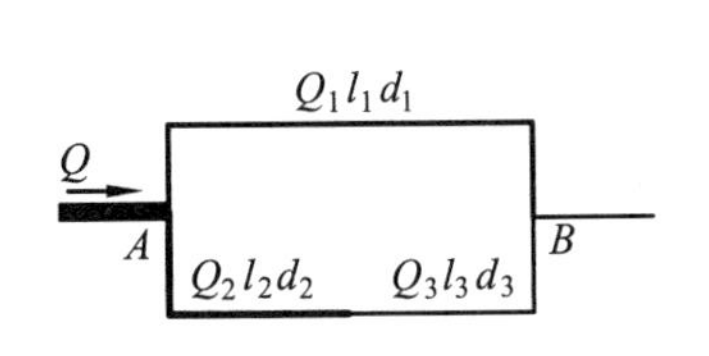

题 6-26 图

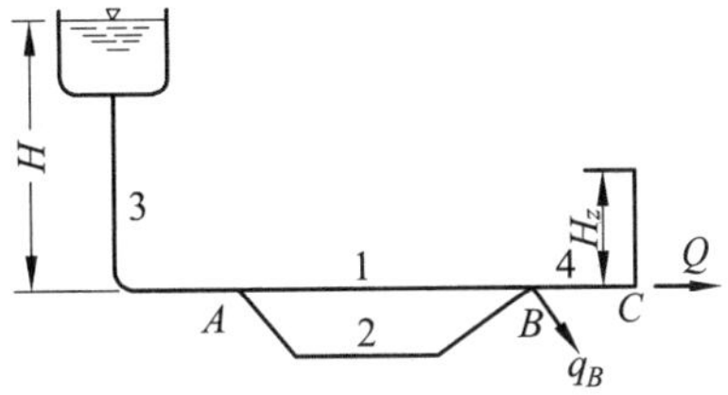

题 6-27 图

6-28　树状供水管网如图所示，已知水塔地面高程 $z_A=15$ m，管网终点 C 点和 D 点的高程 $z_C=20$ m，$z_D=15$ m，自由水头 H_Z 都为 5 m，$q_C=20$ L/s，$q_D=7.5$ L/s，$l_1=800$ m，$l_2=400$ m，$l_3=700$ m，水塔高度 $H=35$ m，试设计 AB、BC、BD 管段的管径。

6-29　水平给水环路如图所示，A 为水塔，C、D 为用水点，出水量 $Q_C=25$ L/s，$Q_D=20$ L/s，自由水头均要求 6 m，各管段长度 $l_{AB}=4\ 000$ m，$l_{BC}=1\ 000$ m，$l_{BD}=1\ 000$ m，$l_{CD}=500$ m，直径 $d_{AB}=250$ mm，$d_{BC}=200$ mm，$d_{BD}=150$ mm，$d_{CD}=100$ mm，采用铸铁管，试求各管段流量和水塔高度 H（闭合差小于 0.3 m 即可）。

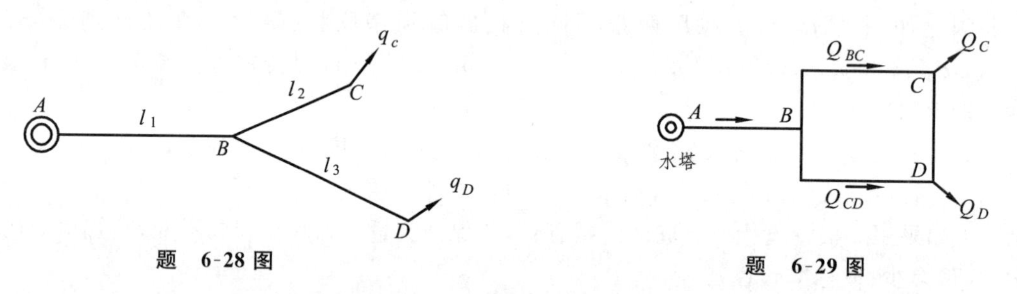

题　6-28 图　　　　题　6-29 图

6-30　如图所示一水泵抽水系统，设所有管道管径均为 80 mm，管长：$l_{BC}=6$ m，$l_{DE}=60$ m，$\Delta z=21$ m，沿程阻力系数 $\lambda=0.04$，水泵进口 C 点距吸水池液面高 4.5 m。

(1) 如果水泵进口最大真空值 $p_v=54$ kPa，则水泵的抽水量最大值为每小时多少立方米？

(2) 如果水泵效率是 60%，则水泵的轴功率为多少？

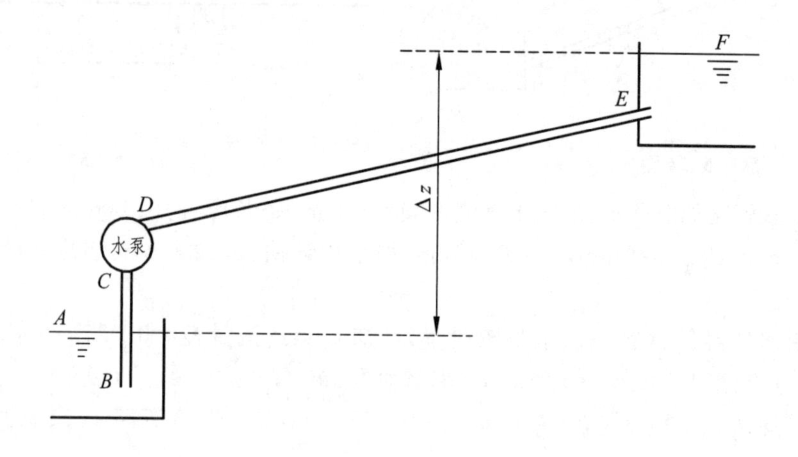

题　6-30 图

6-31　隧道施工工地用水，由水泵把河水抽送至山上贮水池中。已知几何给水高度 $H_g=70$ m，抽水量 $Q=18.5\ m^3/h$，压水管长 $l_1=110$ m，吸水管长 $l_2=10$ m，管径 $d=75$ mm，管路沿程阻力系数 $\lambda=0.025$，试求水泵的扬程及电机功率。（水泵的效率 $\eta=55\%$）

6-32　输水钢管（弹性模量 $E=2.06\times10^{11}$ Pa）直径 $d=100$ mm，壁厚 $\delta=7$ mm，若水流流速 $v=1.5$ m/s，试求阀门突然关闭时，水击波的传播速度和水击压强；若钢管改用铸铁管（$E=8.73\times10^{10}$ Pa），其他条件均相同，水击压强有何变化？

第七章　明渠恒定流动

人工渠道、天然河道以及未充满水流的管道等统称为明渠。明渠流是一种具有自由水面的流动，水面上各点受大气压强作用，其相对压强为零，所以明渠流动又称为无压流动。

明渠水流根据其空间点上运动要素是否随时间变化分为恒定流动与非恒定流动；对于明渠恒定流动又根据运动要素是否沿程变化分为均匀流动与非均匀流动。本章将着重介绍明渠恒定流的水力计算。

§7-1　明渠的分类

由于过流断面形状、尺寸与底坡的变化对明渠水流有重要影响，因此在工程流体力学中把明渠分为以下类型：

（1）按断面形状和尺寸是否沿程变化，可分为棱柱形渠道与非棱柱形渠道

凡是断面形状及尺寸沿程不变的长直渠道，称为棱柱形渠道，否则为非棱柱形渠道。前者的过流断面面积 A 仅随水深 h 而变化，即 $A=f(h)$；后者的过流断面面积 A 不仅随水深 h 变化，而且还随各断面的沿程位置 s 而变化，即 $A=f(h,s)$。断面规则的长直人工渠道及涵洞是典型的棱柱形渠道。而连接两条断面形状和尺寸不同的渠道的过渡段，则是典型的非棱柱形渠道。

至于渠道的断面形状，有梯形、矩形、圆形和抛物线形等多种，如图 7-1 所示。

（2）按渠道底坡的不同，可分为顺坡、平坡和逆坡渠道

明渠的底一般是个倾斜平面，它与渠道纵剖面的交线称为渠底线，如图 7-2 所示。该渠底线与水平线交角 θ 的正弦称为渠底坡度，用 i 表示，即

$$i=\sin\theta=\frac{z_1-z_2}{l}=-\frac{\Delta z}{l} \tag{7-1}$$

在一般情况下，θ 角很小（$i\leqslant 0.01$），渠底线长度 l 在实用上可认为与其水平投影长度 l_x 相等，即

$$i\approx-\frac{\Delta z}{l_x}=\tan\theta \tag{7-2}$$

同样，因渠道底坡很小，可用铅垂断面代替实际的过流断面，用铅垂水深 h 代替过流断面水深，从而给工程计算和测量提供了方便。

一般规定：渠底沿程降低，即 $i>0$ 的渠道为顺坡渠道，如图 7-3(a)所示；渠底水平，即 $i=0$ 的渠道为平坡渠道，如图 7-3(b)所示；渠底沿程升高，即 $i<0$ 的渠道为逆坡渠道，如图 7-3(c)所示。

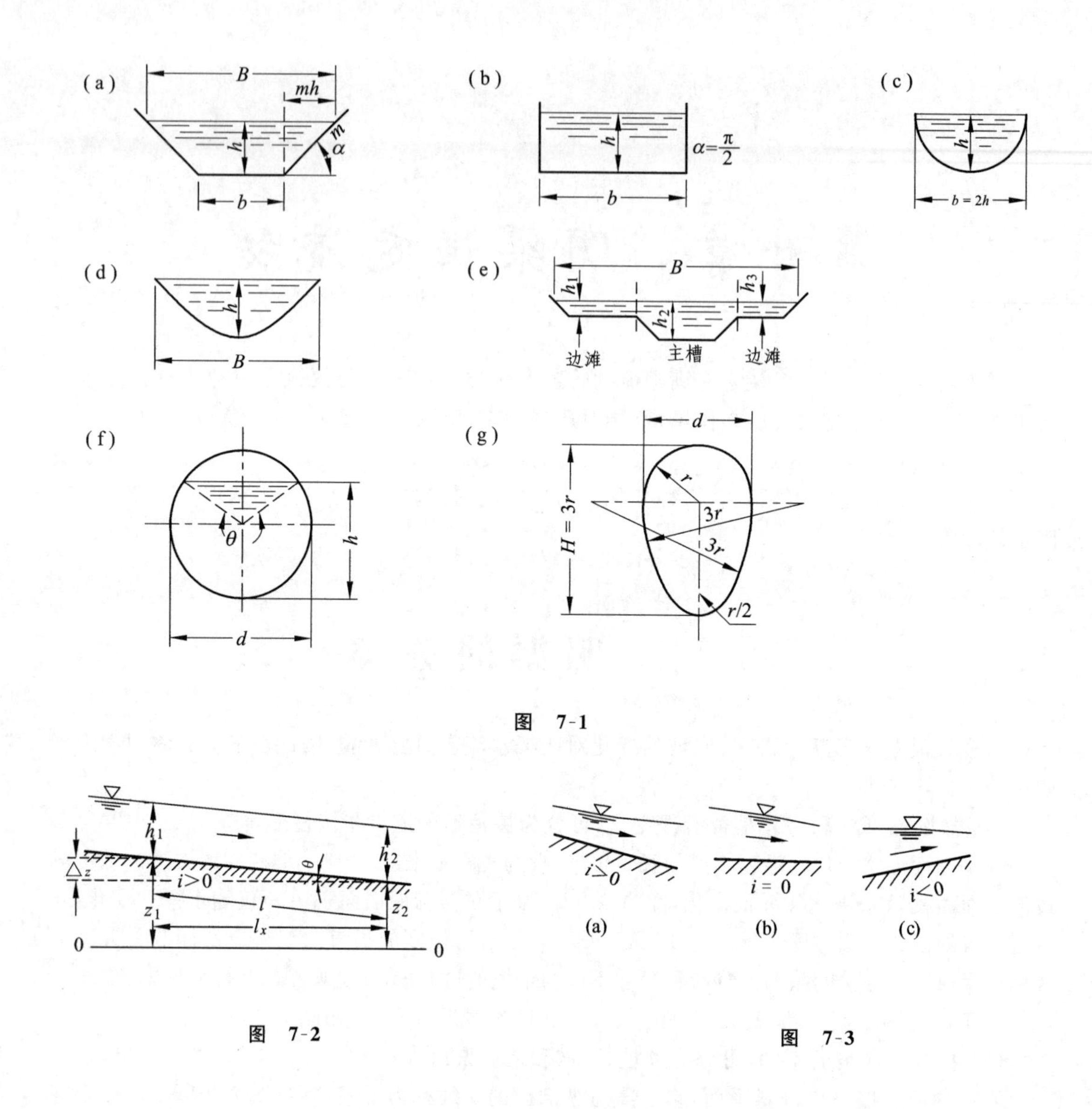

图 7-1

图 7-2

图 7-3

§7-2 明渠均匀流

1. 明渠均匀流的特征及形成条件

均匀流动是指运动要素沿程不变的流动。明渠均匀流就是明渠中水深、断面平均流速、流速分布均沿程保持不变的流动。由于水深及流速水头沿程不变，水面线、渠底线及总水头线三线互相平行，如图 7-4 所示，也就是说明渠均匀流的水力坡度 J、测压管水头线坡度 J_p 和渠道底坡 i 彼此相等，即

$$J = J_p = i \tag{7-3}$$

明渠均匀流既然是一种等速直线运动，没有加速度，则作用在水体上的力必然是平衡的。

在图 7-4 所示均匀流动中取出断面 1-1 和断面 2-2 之间的水体进行分析，作用在水体上的力有重力 G、阻力 F、两断面上的动水压力 P_1 和 P_2。写流动方向的平衡方程

$$P_1+G\sin\theta-F-P_2=0$$

因流动为均匀流动，其压强符合静水压强分布规律，水深又不变，故 P_1 和 P_2 大小相等，方向相反，因而得

$$G\sin\theta=F \tag{7-4}$$

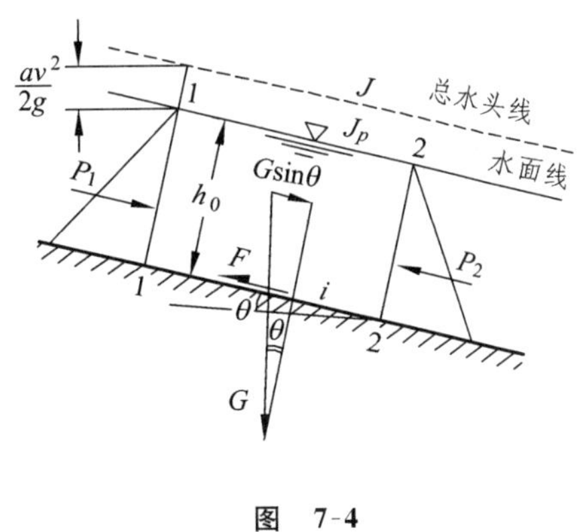

图 7-4

也就是明渠均匀流动中阻碍水流运动的摩擦阻力 F 与促使水流运动的重力分量 $G\sin\theta$ 相平衡。

由于明渠均匀流具有上述特征，它的形成就需要一定的条件，即要求明渠中的水流必须是恒定的，流量保持不变，沿程没有水流流出或汇入。渠道必须是长而直的顺坡（$i>0$）棱柱形渠道，渠底坡 i 和粗糙系数 n 要沿程不变，没有建筑物的局部干扰。上述条件只有在人工渠道中才有可能满足，天然河道中的水流一般为非均匀流。

2. 明渠均匀流的基本公式

明渠均匀流的基本公式为第五章所介绍的谢才公式，即

$$v=C\sqrt{RJ}$$

因明渠均匀流的水力坡度与渠底坡度相等，所以上式可写为

$$v=C\sqrt{Ri} \tag{7-5}$$

根据连续性方程，可得明渠均匀流的流量

$$Q=AC\sqrt{Ri}=K\sqrt{i} \tag{7-6}$$

式中，$K=AC\sqrt{R}$，称为流量模数，具有流量的量纲。它表示在一定断面形状和尺寸的棱柱形渠道中，当底坡 i 等丁 1 时通过的流量。

均匀流公式中的谢才系数 C，在第五章已有说明，通常采用曼宁公式(5-42)或巴甫洛夫斯基公式(5-43)来确定，即

$$C=\frac{1}{n}R^{1/6}$$

或

$$C=\frac{1}{n}R^{y}$$

其中，$y=2.5\sqrt{n}-0.13-0.75\sqrt{R}(\sqrt{n}-0.10)$。

谢才系数 C 是反映断面形状尺寸和粗糙程度的一个综合系数，从计算式可以看出，它与水力半径 R 值和粗糙系数 n 值有关，而 n 值的影响远比 R 值大得多。因此，正确地选择渠道壁面的粗糙系数 n 对于渠道水力计算成果和工程造价的影响颇大。对于一些重要河渠工程的 n 值，有时要通过实验或实测来确定，对于一般的工程计算，可选用附录Ⅱ表中的数值。

式(7-5)、式(7-6)为明渠均匀流的基本公式。反映了 Q、A、R、i、n 等几个物理量间的相互关系。明渠均匀流的水力计算，就是应用这些公式由某些已知量推求一些未知量。

3. 明渠的水力最优断面和允许流速

(1) 水力最优断面

明渠均匀流输水能力的大小取决于渠道底坡、粗糙系数以及过流断面的形状和尺寸。在设计渠道时，底坡 i 一般随地形条件而定，粗糙系数 n 取决于渠壁的材料，故 i 和 n 是事先确定的，于是，渠道输水能力 Q 只取决于断面的大小和形状。从设计的角度考虑，希望在一定的流量下，能得到最小的过流断面面积，以减少工程量，节省投资；或者是在过流断面面积 A、粗糙系数 n 和渠底纵坡 i 一定的条件下，使渠道所通过的流量最大。凡是符合这一条件的断面形式就称为水力最优断面。

从明渠均匀流基本关系式

$$Q=AC\sqrt{Ri}=\frac{A}{n}R^{2/3}i^{1/2}=\frac{i^{1/2}}{n}\frac{A^{5/3}}{\chi^{2/3}}$$

可看出：当 i、n 及 A 给定后，则水力半径 R 最大，即湿周 χ 最小的断面，能通过最大的流量。在所有面积相等的几何图形中，圆形具有最小的周边，因而管道的断面形式通常为圆形，对于明渠则为半圆形。但是，半圆形断面施工困难，除在钢筋混凝土或钢丝网水泥渡槽等采用外，其余很少应用。在天然土壤中开挖的渠道，一般都采用梯形断面，边坡系数 $m=\cot\alpha$ 是由边坡稳定要求和施工条件确定的。这样，在不同的宽深比条件下有不同的湿周，其输水能力是不相同的。下面讨论边坡系数已经确定的梯形断面的水力最优条件。

梯形过流断面如图 7-5 所示，断面各水力要素间的关系为

$$\left.\begin{aligned}&A=(b+mh)h\\&\chi=b+2h\sqrt{1+m^2}\\&R=\frac{A}{\chi}=\frac{(b+mh)h}{b+2h\sqrt{1+m^2}}\\&B=b+2mh\end{aligned}\right\}\qquad(7\text{-}7)$$

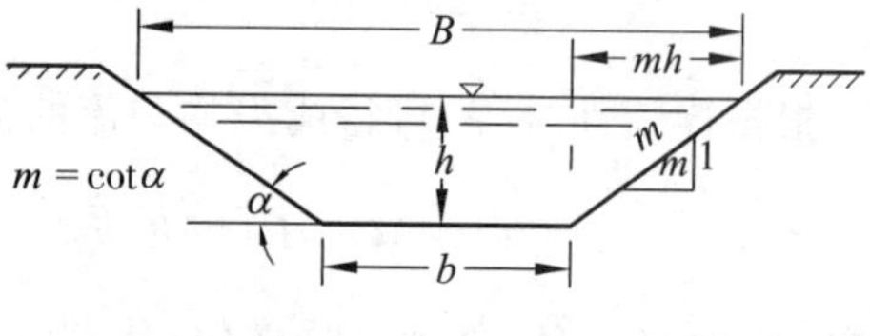

图 7-5

由式(7-7)可得梯形断面湿周 χ 为

$$\chi=\frac{A}{h}-mh+2h\sqrt{1+m^2}\qquad(7\text{-}8)$$

根据水力最优断面的定义，当 A 为常数，湿周 χ 最小的断面，通过的流量最大。因此将式(7-8)对水深 h 求导，求 $\chi=f(h)$ 的极小值。即令

$$\frac{\mathrm{d}\chi}{\mathrm{d}h}=-\frac{A}{h^2}-m+2\sqrt{1+m^2}=0\qquad(7\text{-}9)$$

再求二阶导数得

$$\frac{\mathrm{d}^2\chi}{\mathrm{d}h^2}=2\frac{A}{h^3}>0$$

故有 $\chi_{\min}$ 存在。解式(7-9)，并以 $A=(b+mh)h$ 代入，可得以宽深比 $\beta=b/h$（通常写成 β_h）表示

的梯形断面水力最优条件为

$$\beta_{\mathrm{h}}=\left(\frac{b}{h}\right)_{\mathrm{h}}=2(\sqrt{1+m^{2}}-m) \tag{7-10}$$

由此可见，梯形水力最优断面的宽深比 β_{h} 仅是边坡系数 m 的函数。将上式依次代入 A、χ 关系式中，可得

$$R=\frac{h}{2} \tag{7-11}$$

式(7-11)说明梯形水力最优断面的水力半径等于水深的一半，且与边坡系数无关。

对于矩形断面来说，以 $m=0$ 代入式(7-10)得 $\beta_{\mathrm{h}}=2$，即 $b=2h$，说明水力最优矩形断面的底宽 b 为水深 h 的两倍。

应当指出，上述水力最优断面的概念只是从水力学角度提出的，并不完全等同于技术经济最优。在工程实践中还必须依据造价、施工技术、运转要求和养护等各方面的条件来综合考虑和比较，选出最经济合理的断面形式。对于小型渠道，其造价基本上是由过流断面的土石方量决定，它的水力最优断面和其经济合理断面比较接近，按水力最优断面设计是合理的。对于大型渠道，水力最优断面往往是窄而深的断面形式，使得施工时深挖高填，养护时也较困难，因而不是最经济合理的断面。另外，渠道的设计不仅要考虑输水，还要考虑航运对水深和水面宽度等的要求，需要综合各方面的因素来考虑，在这里所提出的水力最优条件，便是一种应考虑的因素。

(2) 渠道的允许流速

众所周知，渠中流速过大会引起渠道的冲刷和破坏，过小又会导致水中悬浮的泥沙在渠中淤积，且易在河滩上滋生杂草，从而影响渠道的输水能力。因此，在设计渠道时，除考虑上述水力最优条件及经济因素外，还应使渠道的断面平均流速 v 在允许流速范围内，即

$$v_{\min}<v<v_{\max}$$

式中，$v_{\max}$ 为免遭冲刷的最大允许流速，简称不冲允许流速；$v_{\min}$ 为免受淤积的最小允许流速，简称不淤允许流速。

渠道中的不冲允许流速 $v_{\max}$ 取决于土质情况，即土壤种类、颗粒大小和密实程度，或取决于渠道的衬砌材料，以及渠中流量等因素。表 7-1 为各种渠道免遭冲刷的最大允许流速，可供设计明渠时选用。

表 7-1a　坚硬岩石和人工护面渠道的不冲允许流速

岩石或护面种类 ＼ 不冲允许流速(m/s) ＼ 渠道流量(m^3/s)	<1	1～10	>10
软质水成岩(泥灰岩、页岩、软砾岩)	2.5	3.0	3.5
中等硬质水成岩(致密砾岩、多孔石灰岩、层状石灰岩、白云石灰岩、灰质砂岩)	3.5	4.25	5.0
硬质水成岩(白云砂岩、硬质石灰岩)	5.0	6.0	7.0
结晶岩、火成岩	8.0	9.0	10.0
单层块石铺砌	2.5	3.5	4.0
双层块石铺砌	3.5	4.5	5.0
混凝土护面(水流中不含砂和砾石)	6.0	8.0	10.0

表 7-1b 土质渠道的不冲允许流速

土质	粒径(mm)	不冲允许流速(m/s)	说明
均质黏性土质			(1) 均质黏性土质渠道中各种土质的干容重为 12 740～16 660 N/m³
轻壤土		0.6～0.8	(2) 表中所列为水力半径 $R=1.0$ m的情况，如 $R\neq1.0$ m时，则应将表中数值乘以 R^{α} 才得相应的不冲允许流速值。
中壤土		0.65～0.85	对于砂、砾石、卵石、疏松的壤土、黏土 $\alpha=\frac{1}{3}\sim\frac{1}{4}$
重壤土		0.70～1.0	对于密实的壤土、黏土 $\alpha=\frac{1}{4}\sim\frac{1}{5}$
黏土		0.75～0.95	
均质无黏性土质			
极细砂	0.05～0.1	0.35～0.45	
细砂和中砂	0.25～0.5	0.45～0.60	
粗砂	0.5～2.0	0.60～0.75	
细砾石	2.0～5.0	0.75～0.90	
中砾石	5.0～10.0	0.90～1.10	
粗砾石	10.0～20.0	1.10～1.30	
小卵石	20.0～40.0	1.30～1.80	
中卵石	40.0～60.0	1.80～2.20	

渠道中的不淤允许流速 $v_{\min}=0.4$ m/s；也可采用下列经验公式计算

$$v_{\min}=\alpha h^{0.64} \tag{7-12}$$

式中，α 为淤积系数：夹带物中含粗粒砂时，$\alpha=0.60\sim0.71$；含中砂时，$\alpha=0.54\sim0.57$；含细砂时，$\alpha=0.39\sim0.41$。h 为渠中正常水深，单位为 m；$v_{\min}$ 的单位为 m/s。

如果渠道水力计算的结果为 $v>v_{\max}$ 或 $v<v_{\min}$，则应设法调整。

4. 明渠均匀流水力计算的基本问题和方法

明渠均匀流的水力计算，主要介绍工程中常见的梯形断面、圆形断面和复式断面的水力计算问题及其方法。

(1) 梯形断面明渠均匀流的水力计算

由均匀流基本公式(7-6)可看出，各水力要素间存在着以下的函数关系，即

$$Q=AC\sqrt{Ri}=f(b,h,m,n,i)$$

在一般情况下，边坡系数 m 值取决于土壤性质或铺砌形式，通常是预先确定的，因此，梯形断面渠道的水力计算主要解决以下四类问题。

第一类问题：已知 b、h、m、n、i，求流量 Q。这类问题主要是针对既有渠道进行校核性的水力计算。另外，根据洪水位近似估算洪水流量也属于这类问题。在这种情况下，可根据已知值求出 A、R 及 C 后，直接按式(7-6)求出流量 Q。流量求出后，可按允许流速的要求进行校核，以判断是否会发生冲刷或淤积。

第二类问题：已知 Q、b、h、m、i，求渠道的粗糙系数 n。这类问题一般是针对已有渠道进行的。

在已建渠道中测定粗糙系数，以便积累资料，供以后设计时参考。此类问题可由各已知值求出 A、R，然后根据均匀流基本公式得 $n=AR^{2/3}i^{1/2}/Q$，即可求得粗糙系数 n。

第三类问题：已知 Q、b、h、m、n，求渠道的底坡 i。这类问题在渠道的设计中会遇到。如兼作通航的渠道，需由通航允许流速来设计底坡就属这类问题。解决这类问题可先求出 A、R、C，并计算流量模数 K，然后由 $i=Q^2/K^2$ 即可求出 i。

第四类问题：已知 Q、m、n、i，设计渠道的过流断面尺寸 b 和 h。这类问题是新渠道设计的主要内容。从基本公式 $Q=AC\sqrt{Ri}=f(b,h,m,n,i)$ 看出，这六个量中仅知四个量，需求两个未知量（b 和 h），可能有许多组 b 和 h 的数值能满足这个方程式。为了使这类问题的解能够确定，必须根据工程要求及经济技术条件，先定出渠道底宽 b，或水深 h，或者宽深比 $\beta_h=b/h$；有时，还可根据渠道的最大允许流速 v_{max} 来进行设计。现就四类问题说明如下：

① 底宽 b 已定，求相应的水深 h。

由式(7-6)得

$$K=\frac{Q}{\sqrt{i}}=AC\sqrt{R}=\frac{1}{n}A^{5/3}\chi^{-2/3}$$

$$=\frac{1}{n}[bh+mh^2]^{5/3}\cdot[b+2h\sqrt{1+m^2}]^{-2/3}$$

这是一个较复杂的隐函数，不易直接求解，一般采用迭代法或作图法求解，也可选用各种方程求根方法，编制计算机程序求解。

如用作图法求解可假定一系列 h 值，求出相应的流量模数 K 值，做出 $K=f(h)$ 曲线，如图 7 6 所示。再根据给定的 Q 和 i，算出 $K=Q/\sqrt{i}$。在曲线上找出对应于此 K 值的 h 值，此 h 值即为所求的正常水深 h。

② 水深 h 已定，求相应的底宽 b。

求解方法与求 h 值类似，如用作图法求解，应作 $K=f(b)$ 曲线，如图 7-7 所示，然后找出对应于 $K=Q/\sqrt{i}$ 的 b 值，即为所求的底宽 b。

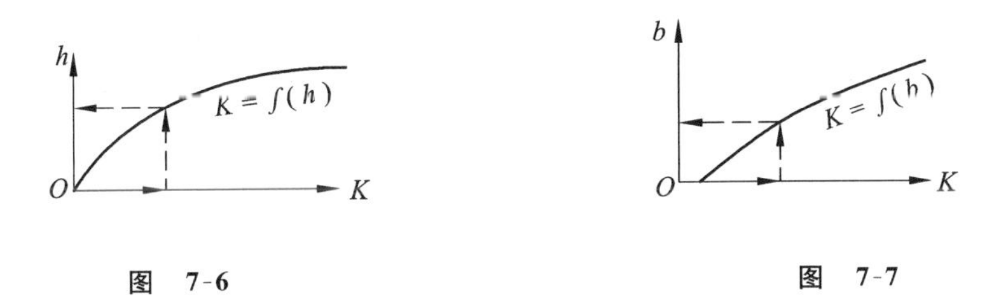

图 7-6　　　　图 7-7

③ 给定宽深比 $\beta=b/h$，求相应的 h 和 b 值。

此处给定 β 值这一补充条件后，问题的解是可以确定的。对于小型渠道的宽深比 β，一般按水力最优设计，$\beta=\beta_h=2(\sqrt{1+m^2}-m)$；对于大型渠道的宽深比 β，则要在考虑经济技术的条件下给出，对通航渠道则应按特殊要求设计。

④ 从最大允许流速 v_{max} 出发，求相应的 b 和 h。

解决这类问题的方法是将 v_{max} 作为被设计渠道的实际断面平均流速来考虑。由连续性方程得 $A=Q/v_{max}$，由谢才公式得 $R=(nv_{max}/i^{1/2})^{3/2}$。将所得 A、R 代入梯形断面的几何关系式，即

$$\begin{cases}(b+mh)h=A & \text{(a)}\\ \dfrac{A}{b+2h\sqrt{1+m^2}}=R & \text{(b)}\end{cases}$$

联立(a)、(b)两式，可解得 b 和 h 值。

【例 7-1】 有一梯形断面渠道，已知底坡 $i=0.0006$，边坡系数 $m=1.0$，粗糙系数 $n=0.03$，底宽 $b=1.5$ m，求通过流量 $Q=1$ m³/s 时的正常水深 h。

解

$$K=\frac{Q}{\sqrt{i}}=\frac{1}{\sqrt{0.0006}}=40.82\ \mathrm{m^3/s}$$

$$A=(b+mh)h=(1.5+1.0h)h=1.5h+h^2$$

$$\chi=b+2h\sqrt{1+m^2}=1.5+2h\sqrt{1+1.0^2}=1.5+2.83h$$

假定一系列 h 值，由基本公式 $K=AC\sqrt{R}=(A^{5/3}/n)/\chi^{2/3}=f(h)$，可得对应的 K 值，计算结果列于表内，并绘出 $K=f(h)$ 曲线，如图 7-8 所示。当 $K=40.82$ m³/s 时，得 $h=0.83$ m。

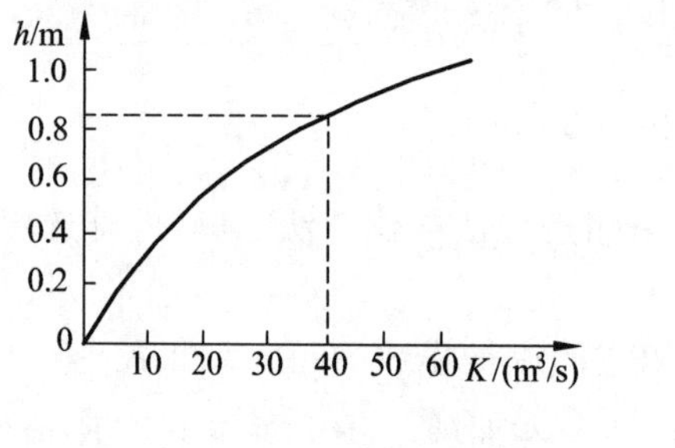

图 7-8

h (m)	0	0.2	0.4
K (m³/s)	0	3.40	11.07
h (m)	0.6	0.8	1.0
K (m³/s)	22.57	38.06	57.78

【例 7-2】 有一梯形断面排水沟，土质是细砂土，需要通过的流量 $Q=3.5$ m³/s。已知底坡 $i=0.005$，边坡系数 $m=1.5$，粗糙系数 $n=0.025$，免冲的最大允许流速 $v_{max}=0.32$ m/s，要求设计此排水沟断面尺寸并考虑是否需要加固。

解 现分别就允许流速和水力最优两种方案进行设计与比较。

第一方案——按允许流速 v_{max} 进行设计。

由梯形过流断面得

$$A=(b+mh)h \qquad \text{(a)}$$

$$R=\frac{A}{\chi}=\frac{A}{b+2h\sqrt{1+m^2}} \qquad \text{(b)}$$

现以 v_{max} 作为设计流速，有

$$A=\frac{Q}{v_{max}}=\frac{3.5}{0.32}=10.9\ \mathrm{m^2}$$

又从谢才公式得 $R=v^2/(C^2 i)$，将 $C=(1/n)R^{1/6}$ 及 $v=v_{max}$ 代入，便有

$$R=\left(\frac{nv_{max}}{i^{1/2}}\right)^{3/2}=\left(\frac{0.025\times0.32}{0.005^{1/2}}\right)^{3/2}=0.038\ \mathrm{m}$$

将 A、R 值和 m 值代入式(a)和式(b)。解得 $h=0.04\ \mathrm{m}\approx 0$，$b=287\ \mathrm{m}$；$h=137\ \mathrm{m}$，$b=-206\ \mathrm{m}$。显然这两组答案都是完全没有意义的，说明此渠道水流不可能以 $v=v_{\max}$ 通过。

第二方案——按水力最优断面进行设计。

$$\beta_{\mathrm{h}}=2(\sqrt{1+m^2}-m)=2(\sqrt{1+1.5^2}-1.5)=0.61$$

即 $$b=0.61h$$

又 $$A=(b+mh)h=(0.61h+1.5h)h=2.11h^2$$

此外，水力最优时

$$R=0.5h$$

代入基本算式

$$Q=AC\sqrt{Ri}=A\left(\frac{1}{n}R^{1/6}\right)R^{1/2}i^{1/2}$$

$$=\frac{A}{n}R^{2/3}i^{1/2}=\frac{2.11h^2}{0.025}(0.5h)^{2/3}(0.005)^{1/2}=3.77h^{8/3}$$

将 $Q=3.5\ \mathrm{m^3/s}$ 代入上式，便得

$$h=\left(\frac{Q}{3.77}\right)^{3/8}=\left(\frac{3.5}{3.77}\right)^{3/8}=0.97\ \mathrm{m}$$

$$b=0.61h=0.59\ \mathrm{m}$$

断面尺寸算出后，还需检验 v 是否在许可范围之内，因

$$v=C\sqrt{Ri}=\frac{1}{n}R^{2/3}i^{1/2}$$

$$=\frac{1}{n}(0.5h)^{2/3}i^{1/2}=\frac{1}{0.025}(0.5\times 0.97)^{2/3}(0.005)^{1/2}$$

$$=1.75\ \mathrm{m/s}$$

这一流速，比允许流速 $v_{\max}=0.32\ \mathrm{m/s}$ 大得多，说明渠床需要加固。

选用干砌块石护面，可把允许流速 $v_{\max}$ 提高到 $2.0\ \mathrm{m/s}(>1.75\ \mathrm{m/s})$，从而使得渠床免受冲刷。由于干砌块石渠道的 n 值与原来细沙土质渠道不同，实际流速 v 不再是 $1.75\ \mathrm{m/s}$。因此，便需对过流断面的尺寸重新进行计算，其计算方法同上。

(2) 无压圆管均匀流的水力计算

无压管道是指不满流的长管道，如下水管道。考虑到水力最优条件，无压管道常采用圆形的过流断面形式，在流量比较大时还采用非圆形的断面，下面仅讨论圆形断面的情况，其他断面的水流情况类似。

直径不变的长直无压圆管，其水流状态与明渠均匀流相同，它的水力坡度 J、水面坡度 J_{p} 以及底坡 i 彼此相等，即 $J=J_{\mathrm{p}}=i$。除此之外，无压圆管均匀流还具有这样一种水力特性，即流速和流量分别在水流为满流之前，达到其最大值。也就是说，其水力最优情形发生在满流之前。

无压圆管均匀流的过流断面如图 7-9 所示。水流在管中的充满程度可用水深与直径的比值，即充满度 $\alpha=h/d$ 表示。θ 称为充满角。由几何关系可得各水力要素间的关系如下：

$$
\left.\begin{aligned}
&\text{过流断面面积}\quad A=\frac{d^2}{8}(\theta-\sin\theta)\\
&\text{湿　　　　周}\quad \chi=\frac{d}{2}\theta\\
&\text{水 力 半 径}\quad R=\frac{d}{4}\left(1-\frac{\sin\theta}{\theta}\right)\\
&\text{水 面 宽 度}\quad B=d\sin\frac{\theta}{2}\\
&\text{流　　　　速}\quad v=C\sqrt{Ri}=\frac{C}{2}\sqrt{d\left(1-\frac{\sin\theta}{\theta}\right)i}\\
&\text{流　　　　量}\quad Q=AC\sqrt{Ri}=\frac{C}{16}d^{5/2}i^{1/2}\left[\frac{(\theta-\sin\theta)^3}{\theta}\right]^{1/2}\\
&\text{充 　满　 度}\quad \alpha=\frac{h}{d}=\sin^2\frac{\theta}{4}
\end{aligned}\right\}\tag{7-13}
$$

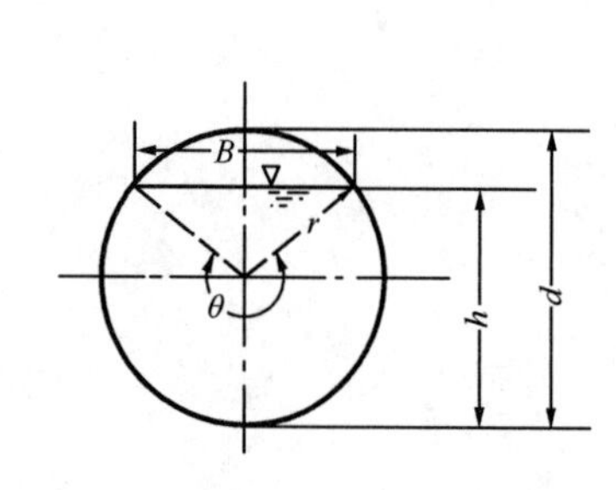

图　7-9

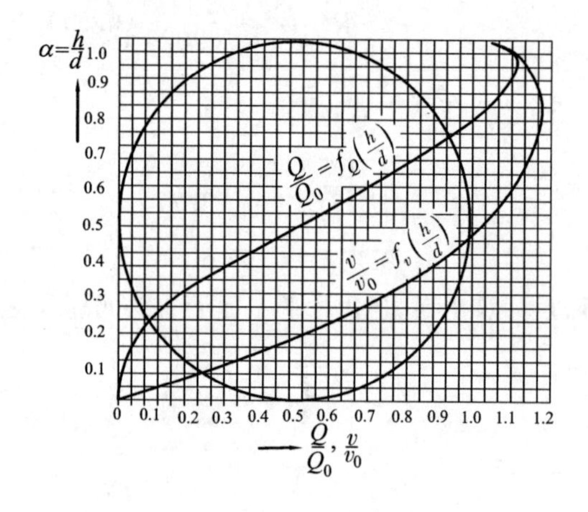

图　7-10

无压圆管均匀流若按流量公式直接计算往往相当繁复,因此,在实际工作中,常借助图或表来进行计算。图 7-10 为无压圆管均匀流中流量和平均流速随水深 h 的变化图线。为了使图在应用上更具有普遍意义,能适用于各种不同管径的圆管,特引入了几个无量纲的组合量来表示图形的坐标。图中

$$
\frac{Q}{Q_0}=\frac{AC\sqrt{Ri}}{A_0C_0\sqrt{R_0i}}=\frac{A}{A_0}\left(\frac{R}{R_0}\right)^{2/3}=f_Q\left(\frac{h}{d}\right)
$$

$$
\frac{v}{v_0}=\frac{C\sqrt{Ri}}{C_0\sqrt{R_0i}}=\left(\frac{R}{R_0}\right)^{2/3}=f_v\left(\frac{h}{d}\right)
$$

式中,不带脚标和带脚标“0”的各量分别表示不满流(即 $h<d$)和满流(即 $h=d$)时的情况;d 为圆管直径。

从图 7-10 中可以看出:

当 $h/d=0.95$ 时,Q/Q_0 呈最大值,$(Q/Q_0)_{max}=1.087$。此时,管中通过的流量 Q_{max} 超过管内恰好满流时流量 Q_0 的 8.7%。

当 $h/d=0.81$ 时，v/v_0 呈最大值，$(v/v_0)_{max}=1.16$。此时，管中流速大于管内恰好满流时流速 v_0 的 16%。

在求解具体问题时，不满流的流量可按下式计算

$$Q=\frac{C}{16}d^{5/2}i^{1/2}\left[\frac{(\theta-\sin\theta)^3}{\theta}\right]^{1/2}=f(d,\alpha,n,i)$$

公式反映 Q 与 α、n、d、i 四个变量间的关系。在管材一定(即 n 值确定)的条件下，无压圆管均匀流的水力计算，主要解决以下四类问题：

① 已知 d、α、i、n，求 Q；

② 已知 Q、d、α、n，求 i；

③ 已知 Q、d、i、n，求 α，即求 h；

④ 已知 Q、α、i、n，求 d。

在进行无压管道水力计算时，还要参考国家建设部颁发的《室外排水设计规范》中的有关规定。其中污水管道应按不满流计算，其最大设计充满度按表 7-2 选用；雨水管道和合流管道应按满流计算；排水管的最大设计流速，金属管为 10 m/s，非金属管为 5 m/s；排水管的最小设计流速，在设计充满度下，对污水管道，当管径≤500 mm 时，为 0.7 m/s；当管径>500 mm时，为 0.8 m/s。另外，对最小管径和最小设计坡度等也有规定，在实际工作中可参阅有关手册与规范。

表 7-2 最大设计充满度

管径(d)或暗渠深(H)(mm)	最大设计充满度$\left(\alpha=\frac{h}{d}\text{或}\frac{h}{H}\right)$
200～300	0.55
350～450	0.65
500～900	0.70
≥1 000	0.75

【例 7-3】 某圆形污水管管径 $d=600$ mm，管壁粗糙系数 $n=0.014$，管道底坡 $i=0.002\ 4$，求最大设计充满度时的流速及流量。

解 从表 7-2 查得，管径 600 mm 的污水管的最大设计充满度为 $\alpha=h/d=0.70$，代入 $\alpha=\sin^2(\theta/4)$，解得 $\theta=1.262\pi$。由式(7-13)得

$$A=\frac{d^2}{8}(\theta-\sin\theta)=\frac{0.6^2}{8}(1.262\pi-\sin 1.262\pi)=0.211\ 3\ \text{m}^2$$

$$\chi=\frac{d}{2}\theta=\frac{0.6}{2}\times 1.262\pi=1.188\ 8\ \text{m}$$

$$R=\frac{A}{\chi}=\frac{0.211\ 3}{1.188\ 8}=0.177\ 7\ \text{m}$$

而

$$C=\frac{1}{n}R^{1/6}=\frac{1}{0.014}\times 0.177\ 7^{1/6}=53.558\ \text{m}^{1/2}/\text{s}$$

故 $v=C\sqrt{Ri}=53.558\times\sqrt{0.1777\times0.0024}=1.11\ \text{m/s}$

$Q=vA=1.11\times0.2113=0.2337\ \text{m}^3/\text{s}$

(3) 复式断面渠道的水力计算

明渠复式断面,由两个或三个单式断面组成,例如天然河道中的主槽和边滩,如图 7-11 所示。在人工渠道中,如果要求通过的最大流量与最小流量相差很大,也常采用复式断面。它与单式断面比较,能更好地控制淤积,减少开挖量。

在复式断面渠道中,由于各部分粗糙系数不同(通常主槽的 n 值小于边滩的),水深不一,断面上各部分流速相差较大,而且断面面积和湿周都不是水深的单一函数。因此,应用单式断面的计算方法来进行复式断面的水力计算,必然产生较大的误差。为此,必须采取分别计算的办法,即将复式断面划分为若干个单式断面,如在边滩内缘作铅垂线 ab 和 cd,将断面分为主槽Ⅰ和边滩Ⅱ、Ⅲ,分别计算各部分的过流断面面积、湿周、水力半径、谢才系数、流速、流量等。复式断面的流量为各部分流量的总和,即

$$Q=\sum_{i=1}^{n}A_i v_i=\sum_{i=1}^{n}Q_i=\sum_{i=1}^{n}K_i\sqrt{i} \tag{7-14}$$

复式断面的水力计算必须遵循以下原则:

① 作为同一条渠道,渠道整体和各部分的水力坡度、水面坡度、渠底坡度均相等,即 $J_1=J_2=\cdots=J_{p1}=J_{p2}=\cdots=i_1=i_2=\cdots=i$,这是水面在同一过流断面上形成水平水面的保证。否则,将出现交错的水面,显然这是不可能的。

② 各部分的湿周仅考虑水流与固体壁面接触的周界。各单式断面间的水流交界线,如图中 ab 和 cd 上的加速或减速作用可以不计,因此,在计算时不计入湿周内。

【例 7-4】 图 7-12 表示一顺直河段的平均断面,中间为主槽,两旁为泄洪滩地。已知主槽中水位以下的面积为 160 m²,水面宽 80 m,水面坡度 0.000 2,这个坡度在水位够高时,反映出河底坡度 i。主槽粗糙系数 $n=0.03$,边滩 $n_1=0.05$。现拟在滩地修筑大堤以防 2 300 m³/s的洪水,求堤高为 4 m 时的堤距。

解 取洪水位时堤顶的超高为 1 m,则在洪水流量为 2 300 m³/s 时:

滩地水深 $h_1=4-1=3\ \text{m}$

滩地的水力半径按宽浅形河道处理 $R_1\approx h_1=3\ \text{m}$

主槽过流面积 $A_2=160+3\times80=400\ \text{m}^2$

主槽湿周 $\chi_2\approx B_2=80\ \text{m}$

主槽水力半径 $R_2=\dfrac{A_2}{\chi_2}=\dfrac{A_2}{B_2}=\dfrac{400}{80}=5\ \text{m}$

主槽泄洪量 $Q_2=A_2\dfrac{1}{n}R_2^{2/3}i^{1/2}=400\times\dfrac{1}{0.03}\times5^{2/3}\times0.0002^{1/2}$

$=552\ \text{m}^3/\text{s}$

滩地泄洪量 $Q_1+Q_3=Q-Q_2=2300-552=1748\ \text{m}^3/\text{s}$

滩地流速 $v_1=v_3=C_1\sqrt{R_1 i}=\dfrac{1}{n_1}R_1^{2/3}i^{1/2}=\dfrac{1}{0.05}\times3^{2/3}\times0.0002^{1/2}$

$=0.588\ \text{m/s}$

滩地过流面积 $\qquad A_1+A_3=\dfrac{Q_1+Q_3}{v_1}=\dfrac{1\ 748}{0.588}=2\ 973\ \mathrm{m}^2$

滩地水面宽度 $\qquad B_1+B_3=\dfrac{A_1+A_3}{3}=\dfrac{2\ 973}{3}=991\ \mathrm{m}$

堤距 $\qquad B_1+B_3+B_2=991+80=1\ 071\ \mathrm{m}$

可以看出，增加堤高就能减短堤距，这是个经济方案的比较问题。

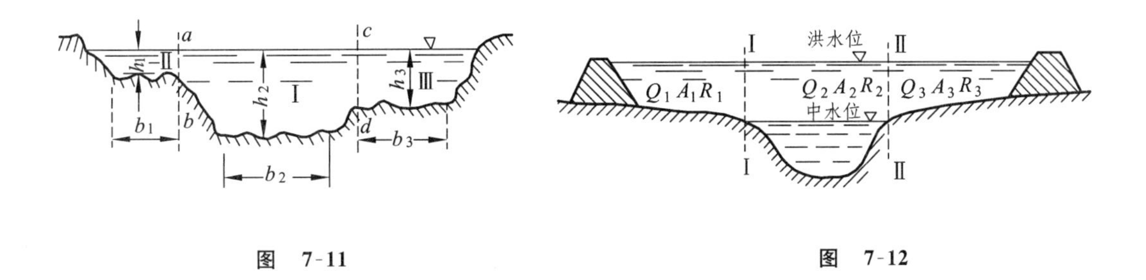

图 7-11 $\qquad\qquad$ 图 7-12

§7-3 明渠恒定非均匀流动的若干基本概念

从本节开始，我们将集中讨论工程中常遇到的明渠恒定非均匀流的问题。从§7-2节已知，明渠均匀流只能发生在断面形状、尺寸、底坡和糙率均沿程不变的长直渠道中，而且要求渠道没有修建任何水工建筑物。然而，对于铁道、道路和给排水等工程，常需在河渠上架桥（见图7-13），设涵（见图7-14）、筑坎（见图7-15）、建闸（见图7-16）和设立跌水（见图7-14）等建筑物。这些水工建筑物的兴建，破坏了河渠均匀流发生的条件，造成了流速、水深的沿程变化，从

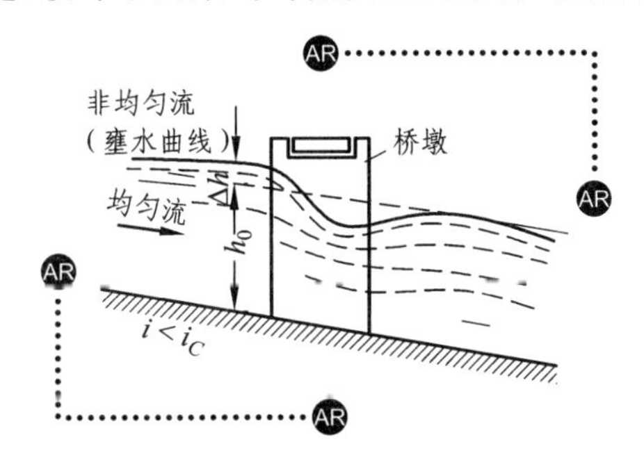

图 7-13

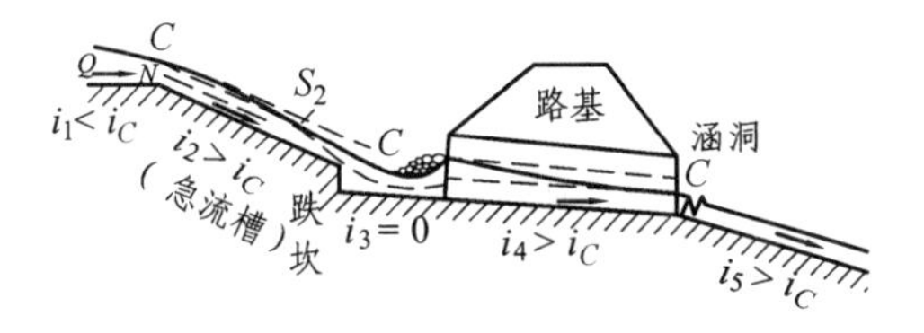

图 7-14

而产生了非均匀流动。除了人类活动因素的影响外，河渠由于受大自然的作用，过流断面的大小及河床底坡也经常变化，导致明渠水流产生非均匀流动。

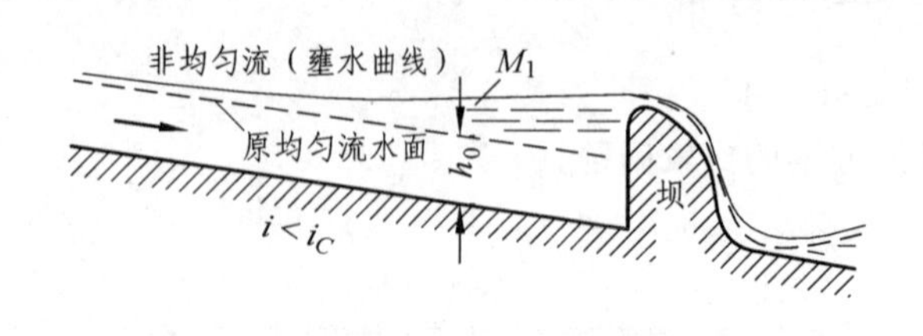

图 7-15

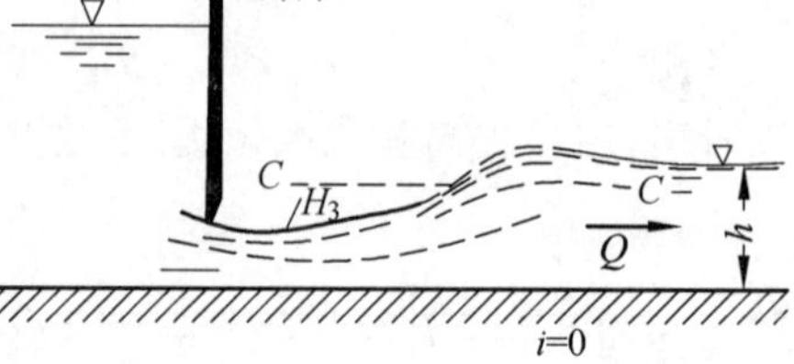

图 7-16

在明渠恒定非均匀流中，水流重力在流动方向上的分力与阻力不平衡，流速和水深沿程都要发生变化，水面线一般为曲线。因此导致 J、J_p 与 i 互不相等，如图 7-17 所示。

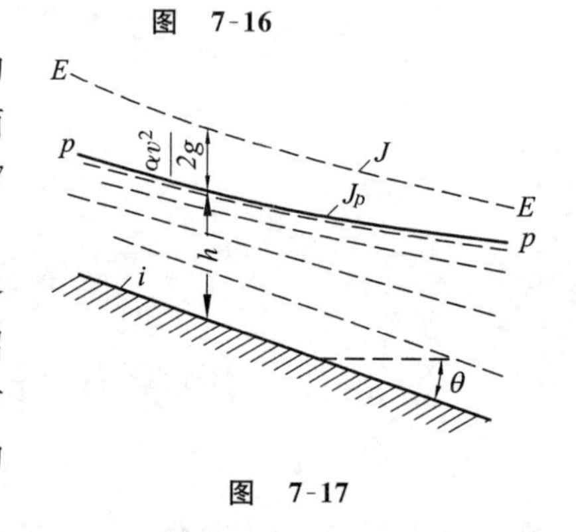

图 7-17

在明渠恒定非均匀流的水力计算中，常常需要对各断面水深或水面曲线进行计算，故下面各节将着重介绍明渠恒定非均匀流中水面曲线的变化规律及其计算方法。在深入了解非均匀流规律之前，先就明渠恒定非均匀流的若干基本概念做一些介绍。

1. 断面单位能量

在明渠流动的任一过流断面中，单位重量液体对某一基准面 0- 0（见图 7-18）的总机械能 E 为

$$E=z+\frac{p}{\gamma}+\frac{\alpha v^2}{2g}$$

式中，z 和 p/γ 分别表示过流断面中任一点 A 的位置坐标（位能）和测压管高度（压能）。

图 7-18

如果把基准面 0- 0 提高 z_1 使其经过断面的最低点，则单位重量液体对新基准面 0_1- 0_1 的机械能 e 为

$$e=E-z_1=z+\frac{p}{\gamma}+\frac{\alpha v^2}{2g}-z_1$$

$$=h+\frac{\alpha v^2}{2g} \tag{7-15}$$

在工程流体力学中把 e 称为断面单位能量或断面比能，它是基准面选在断面最低点时的机械能，也是水流通过该断面时运动参数（h 与 v）所表现出来的能量。

在讨论非均匀流问题时，机械能 E 的概念已建立，为什么还要引入断面单位能量 e 的概念？断面单位能量 e 和水流机械能 E 的概念有所不同。从第三章知，流体机械能在流动方向上总是减小的，即 $dE/ds<0$。但是，断面单位能量由于它的基准面不固定，且一般明渠水流速度与水深沿程变化，所以 e 沿水流方向可能增大，即 $de/ds>0$；也可能减小，即 $de/ds<0$；甚至还可能不变，即 $de/ds=0$（均匀流动）。另外，在一定的条件下，断面单位能量是水深的单值连续函数，即 $e=f$

(h)。由此可见，我们可利用 e 的变化规律作为对水面曲线分析与计算的一个有效工具。

对于棱柱形渠道，流量一定时式(7-15)为

$$e=h+\frac{\alpha v^2}{2g}=h+\frac{\alpha Q^2}{2gA^2}=f(h) \tag{7-16}$$

可见，当明渠断面形状、尺寸和流量一定时，断面单位能量 e 便为水深 h 的函数，它在沿程的变化随水深 h 的变化而定。这种变化情况可用图形来表示。

从式(7-16)可看出：在断面形状、尺寸以及流量一定时，当 $h\to 0$ 时，$A\to 0$，则 $\alpha Q^2/(2gA^2)\to\infty$，此时 $e\to\infty$，因此，若将图形的纵坐标作为水深 h 轴，横坐标作为 e 轴，则横坐标轴就应该是函数曲线 $e=f(h)$ 的渐近线；当 $h\to\infty$ 时，$A\to\infty$，则 $\alpha Q^2/(2gA^2)\to 0$，此时 $e\approx h\to\infty$，因此曲线 $e=f(h)$ 的第二条渐近线必为通过坐标原点与横坐标轴成 45°夹角的直线。

函数 $e=f(h)$ 一般是连续的，在它的连续区间两端均为无穷大量，故这个函数必有一极小值。

综上所述，可知函数 $e=f(h)$ 的曲线图形如图 7-19 所示。由图看出，曲线 $e=f(h)$ 有两条渐近线及一极小值。函数的极小值(A 点)将曲线分为上下两支。在下支，断面单位能量 e 随水深 h 的增加而减小，即 $\mathrm{d}e/\mathrm{d}h<0$；在上支则随着 h 的增加而增加，即 $\mathrm{d}e/\mathrm{d}h>0$。从图还可看出，相应于任一可能的 e 值，有两个水深 h_1 和 h_2 与其对应，但当 $e=e_{\min}$ 时，只有一个水深，即 $h_1=h_2=h_C$，h_C 称为临界水深。

2. 临界水深

临界水深是指在断面形式及流量一定的条件下，相应于断面单位能量为最小值时的水深。亦即 $e=e_{\min}$ 时所对应的水深，如图 7-19 所示。

临界水深 h_C 的计算公式可根据上述定义求出。为此求出 $e=f(h)$ 的极小值所对应的水深便是临界水深 h_C。对式(7-16)求导令其等于零，即可确定临界水深，即

$$\frac{\mathrm{d}e}{\mathrm{d}h}=\frac{\mathrm{d}}{\mathrm{d}h}\left(h+\frac{\alpha Q^2}{2gA^2}\right)=1-\frac{\alpha Q^2}{gA^3}\frac{\mathrm{d}A}{\mathrm{d}h}=0$$

式中，$\mathrm{d}A/\mathrm{d}h$ 为过流断面面积随水深 h 的变化率，它恰等于水面宽度 B(见图 7-20)，即 $\mathrm{d}A/\mathrm{d}h=B$。将此关系代入上式，得

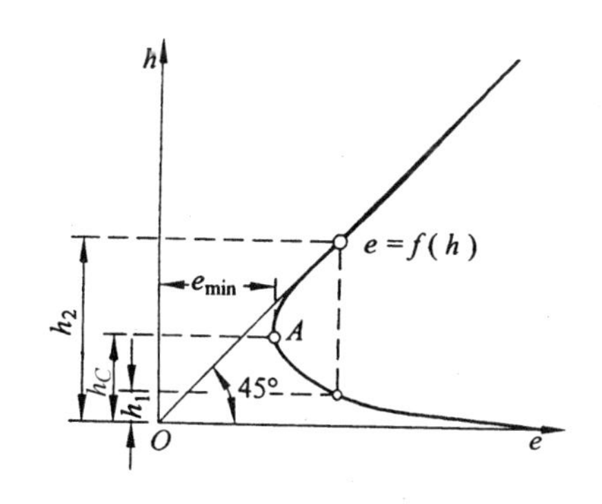

图 7-19

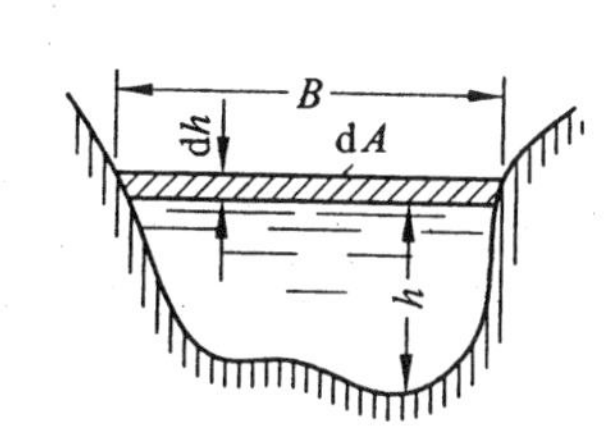

图 7-20

$$\frac{\mathrm{d}e}{\mathrm{d}h}=1-\frac{\alpha Q^2 B}{gA^3}=0 \tag{7-17}$$

这时，断面各水力要素均对应于所求的临界水深 h_C，为了区别于其他情况，相应于 h_C 的各水力要素均以下标"C"标示。则由式(7－17)可得临界水深的通用计算公式

$$\frac{A_C^3}{B_C}=\frac{\alpha Q^2}{g} \tag{7-18}$$

当给定渠道流量、断面形状和尺寸时，就可由上式求得 h_C 值。由上式可知，临界水深仅与断面形状、尺寸和流量有关，而与渠底坡度 i 及壁面粗糙系数 n 无关。下面介绍临界水深的计算方法。

式(7-18)等号的右边是已知值，左边 A_C^3/B_C 一般是临界水深 h_C 的隐函数，故常采用试算或作图法求解。对于给定的断面，设几个 h 值，依次算出相应的 A^3/B 值。以 A^3/B 为横坐标，以 h 为纵坐标，作 $A^3/B=f(h)$ 关系曲线，如图 7-21 所示，最后在曲线上找出对应于 $\alpha Q^2/g$ 值的 h 值，此 h 值即为所求的临界水深 h_C。

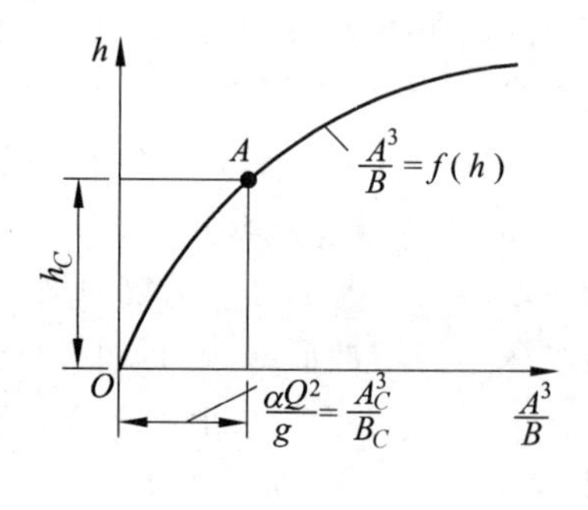

图 7-21

临界水深 h_C 也可借助有关的水力计算图表或电算法求解。

对于矩形断面的明渠水流，其水面宽度 B 等于底宽 b，代入式(7-18)便有

$$\frac{\alpha Q^2}{g}=\frac{(bh_C)^3}{b}$$

得

$$h_C=\sqrt[3]{\frac{\alpha Q^2}{gb^2}}=\sqrt[3]{\frac{\alpha q^2}{g}} \tag{7-19}$$

式中，$q=Q/b$，称为单宽流量。可见，在宽度 b 一定的矩形断面明渠中，水流在临界水深状态下，$Q=f(h_C)$。利用这种水力性质，工程上出现了有关测量流量的简便设施。

3. 临界坡度

在棱柱形渠道中，当断面形状、尺寸和流量一定时，若水流的正常水深 h_0（亦即均匀流水深，为了区别于其他情况，以后相应于均匀流的各水力要素均以下标"0"标示）恰等于临界水深 h_C 时的渠底坡度称为临界底坡，并以 i_C 表示。当正常水深等于临界水深时，明渠均匀流计算公式可写为

$$Q=A_C C_C\sqrt{R_C i_C}$$

同时，这个均匀流又是临界流动，即

$$\frac{\alpha Q^2}{g}=\frac{A_C^3}{B_C}$$

联立解以上两式，可得

$$i_C=\frac{g\chi_C}{\alpha C_C^2 B_C} \tag{7-20}$$

临界底坡 i_C 并不是实际存在的渠道底坡，它只是为了便于分析和计算非均匀流动而引入

的一个假想均匀流($h_0=h_C$)的假想底坡。如果实际的明渠底坡小于某一流量下的临界坡度，即 $i<i_C$($h_0>h_C$)，此时渠底坡度称为缓坡；如果 $i>i_C$($h_0<h_C$)，此时渠底坡度称为急坡或陡坡；如果 $i=i_C$($h_0=h_C$)，此时渠底坡度称为临界坡。必须指出，上述关于渠底坡度的缓、急之称，是对应于一定流量而言的。对于某一渠道，底坡是一定的，但当流量增大或减小时，所对应的 h_C(或 i_C)要发生变化，从而该渠道的缓坡或急坡之称也要随之改变。

4. 缓流、急流、临界流及其判别

明渠水流在临界水深时的流速称为临界流速，以 v_C 表示。这样的明渠水流状态称为临界流。当明渠水流流速小于临界流速时，称为缓流。大于临界流速时，称为急流。

明渠的水流状态还可用断面单位能量 e 来判别。缓流时，$v<v_C$，则 $h>h_C$。表明水流处在 $e=f(h)$曲线的上支(见图 7-19)，e 随着水深 h 的增加而增加，即 $\mathrm{d}e/\mathrm{d}h>0$；急流时，$v>v_C$，则 $h<h_C$。表明水流处在 $e=f(h)$曲线的下支，e 随着水深 h 的增加而减小，即 $\mathrm{d}e/\mathrm{d}h<0$；临界流时，$v=v_C$，则 $h=h_C$。表明水流处在 $e=f(h)$曲线的 $e_{\min}$点上，即 $\mathrm{d}e/\mathrm{d}h=0$。

缓流与急流的判别在明渠恒定非均匀流的分析和计算中，具有重要意义。除了可用临界流速 v_C、临界水深 h_C 或断面单位能量 e 进行判别外，还可用弗劳德数 Fr 进行判别。

从式(7-17)知，$\alpha Q^2B/(gA^3)$是一个无量纲的组合数，经化简可知，此无量纲的组合数恰为第四章中已经提到过的弗劳德数 Fr 的平方，由此可知

$$\frac{\mathrm{d}e}{\mathrm{d}h}=1-Fr^2 \tag{7-21}$$

如令 $A/B=h_m$ 表示过流断面上的平均水深，则式中的弗劳德数 Fr 的平方便为

$$Fr^2=\frac{\alpha Q^2B}{gA^3}=\frac{\alpha Q^2}{gA^2}\frac{1}{h_m}=\frac{\alpha v^2}{gh_m}=2\frac{\alpha v^2/(2g)}{h_m} \tag{7-22}$$

式(7-22)表明，弗劳德数 Fr 的平方代表能量的比值，为水流中单位重量液体的动能对其平均势能比值的 2 倍。说明水流中的动能愈大，Fr 愈大，则流态愈急。如 $Fr<1$，从式(7-21)得，$\mathrm{d}e/\mathrm{d}h>0$，则水流为缓流。由此可知

$$\left.\begin{aligned}&Fr<1\text{ 时，为缓流}\\&Fr>1\text{ 时，为急流}\\&Fr=1\text{ 时，为临界流}\end{aligned}\right\} \tag{7-23}$$

由于明渠水流中 Fr 的大小能反映出水流的缓、急程度，所以可用它来作为明渠水流状态的判别准则。

除此之外，在第四章中曾提到，弗劳德数 Fr 可作为水工模型试验的力学相似准则之一，它代表水流中惯性力与重力的比值。当水流中惯性力的作用与流体的重力作用相比占优势时，则流动是急流；反之，重力作用占优势时，流动为缓流；当二者达到某种平衡状态时，流动为临界流。

尚需指出，明渠中的急流与缓流在水流现象上是截然不同的。假设在明渠水流中有一块巨石或其他障碍，便可观察到缓流或急流的水流现象：如石块前的水位壅高能逆流上传到较远的地方，如图 7-22(a)所示，渠中水流就是缓流；如水面仅在石块附近隆起，石块干扰的影响不

能向上游传播，如图 7-22(b)所示，渠中水流就是急流。为什么急流和缓流会出现如此不同的现象？这是因为石块对水流的扰动必然要向四周传播，如水流速度小于微小扰动波的传播速度，扰动波就会向上游传播，这就出现缓流中看到的现象。反之，扰动波只能向下游传播，不能向上游传播，于是出现急流中所看到的现象。

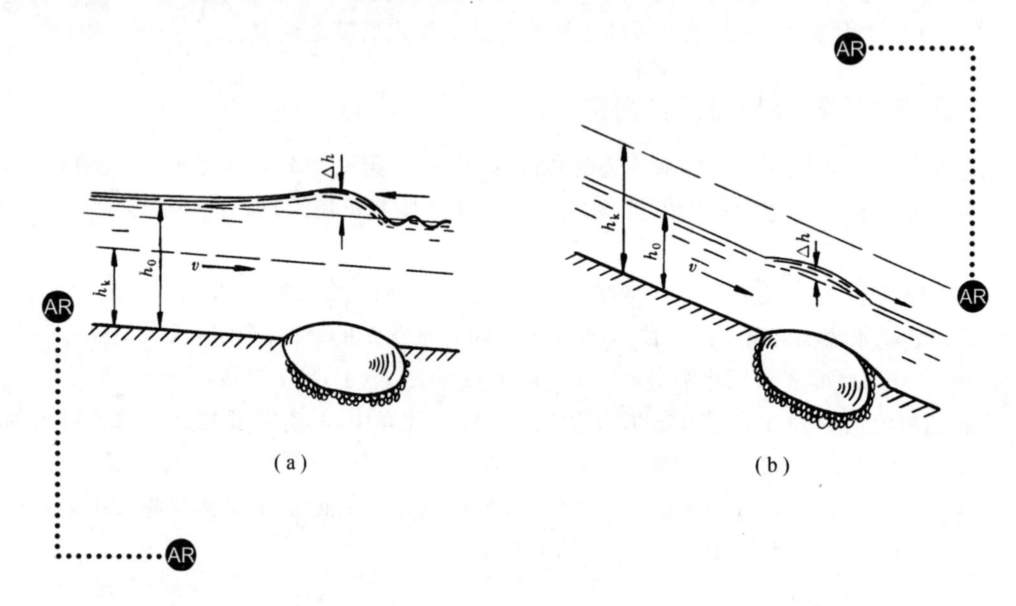

图 7-22

由此看来，比较水流速度 v 和微小扰动波的传播速度 a，也可以判别水流状态。

根据水流的能量方程与连续性方程，可推导出微小扰动波的传播速度(简称微波波速)

$$a=\sqrt{\frac{gA}{\alpha B}}=\sqrt{gh_m/\alpha}$$

如水流速度 v 大于微波波速 a，即急流时，有

$$v>\sqrt{gh_m/\alpha}$$

改写上式得

$$\frac{v}{\sqrt{gh_m/\alpha}}=Fr>1 \tag{a}$$

同理，对于临界流($v=a$)和缓流($v<a$)，分别得到

$$\frac{v}{\sqrt{gh_m/\alpha}}=Fr=1 \tag{b}$$

$$\frac{v}{\sqrt{gh_m/\alpha}}=Fr<1 \tag{c}$$

式(a)、(b)、(c)正是上述判别明渠水流状态的准则，即式(7-23)。

【例 7-5】 一条长直的矩形断面渠道，粗糙系数 $n=0.02$，宽度 $b=5$ m，正常水深 $h_0=2$ m 时，其通过流量 $Q=40$ m^3/s。试分别用 h_C、i_C、Fr 及 v_C 来判别该明渠水流的缓、急状态。

解

① 用临界水深判别

$$h_C=\sqrt[3]{\frac{\alpha Q^2}{gb^2}}=\sqrt[3]{\frac{1\times 40^2}{9.8\times 5^2}}=1.87\ \text{m}$$

因 $h_0=2\ \text{m}>h_C=1.87\ \text{m}$，故此明渠均匀流为均匀缓流。

② 用临界坡度判别

$$A_C=bh_C=5\times 1.87=9.35\ \text{m}^2$$

$$\chi_C=b+2h_C=5+2\times 1.87=8.74\ \text{m}$$

$$R_C=\frac{A_C}{\chi_C}=\frac{9.35}{8.74}=1.07\ \text{m}$$

得
$$i_C=\frac{Q^2 n^2}{A_C^2 R_C^{4/3}}=\frac{40^2\times 0.02^2}{9.35^2\times 1.07^{4/3}}=0.006\ 69$$

又
$$A_0=bh_0=5\times 2=10\ \text{m}^2$$

$$\chi_0=b+2h_0=5+2\times 2=9\ \text{m}$$

$$R_0=\frac{A_0}{\chi_0}=\frac{10}{9}=1.11\ \text{m}$$

得
$$i=\frac{Q^2 n^2}{A_0^2 R_0^{4/3}}=\frac{40^2\times 0.02^2}{10^2\times 1.11^{4/3}}=0.005\ 57$$

因 $i<i_C$，可见此渠道为缓坡渠道；又由于流动为均匀流动，则流态必为缓流。

③ 用弗劳德数判别

$$Fr=\sqrt{\frac{\alpha Q^2 B}{gA^3}}$$

其中
$$A=A_0=bh_0=5\times 2=10\ \text{m}^2$$

$$B=b=5\ \text{m}$$

则
$$Fr=\sqrt{\frac{1\times 40^2\times 5}{9.8\times 10^3}}=0.903$$

由 $Fr<1$，可知均匀流为缓流。

④ 用临界流速判别

$$v_C=\frac{Q}{A_C}=\frac{Q}{bh_C}=\frac{40}{5\times 1.87}=4.28\ \text{m/s}$$

$$v_0=\frac{Q}{A_0}=\frac{Q}{bh_0}=\frac{40}{5\times 2}=4\ \text{m/s}$$

由 $v_0<v_C$ 可知，此均匀流为缓流。

上述分别利用 h_C、i_C、Fr 及 v_C 来判别明渠水流状态是等价的，但一般采用具有综合参数意义的弗劳德数 Fr 来判别在物理概念上更清晰些。

§7-4　水跃和跌水

1. 水　跃

(1) 水跃现象

水跃是明渠水流从急流状态过渡到缓流状态时水面骤然跃起的局部水力现象，如图 7-23 所示。它可以在溢洪道下、泄水闸下、跌水下(见图 7-14)形成，也可以在平坡渠道中闸下出流(图 7-16)时形成。

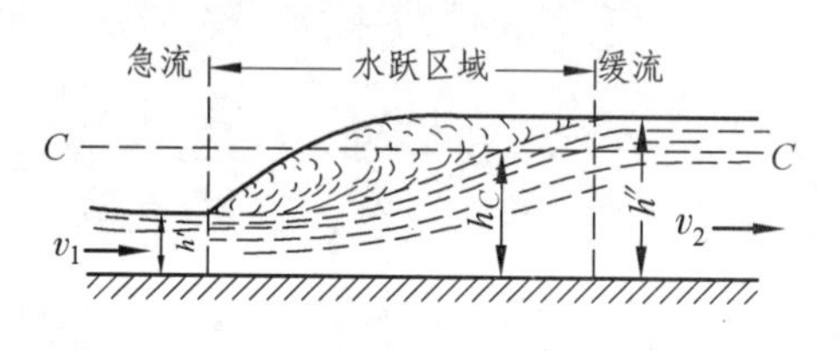

图　7-23

在水跃发生的流段内，流速大小及其分布不断变化。水跃区域的上部为从急流冲入缓流所激起的表面漩流，翻腾滚动，饱掺空气，叫作"表面水滚"。下部是水滚下面的主流区，流速由快变慢，水深由浅变深。主流与表面水滚间并无明显的分界，两者之间不断地进行着质量交换，即主流质点被卷入表面水滚，同时，表面水滚内的质点又不断地回到主流中。通常将表面水滚的始端称为跃首或跃前断面，该处的水深称为跃前水深；表面水滚的末端称为跃尾或跃后断面，该处的水深称为跃后水深。跃前与跃后水深之差称为跃高。跃前跃后两断面的距离称为水跃长度。

水跃是明渠非均匀急变流的重要现象，它的发生不仅增加了上、下游水流衔接的复杂性，还引起大量的能量损失，成为有效的消能方式。

(2) 水跃的基本方程

这里仅讨论平坡($i=0$)渠道中的完整水跃。所谓完整水跃是指发生在棱柱形渠道的，其跃前水深 h' 和跃后水深 h'' 相差显著的水跃。

由于水跃区内部水流极为紊乱复杂，其阻力分布规律尚未弄清，应用能量方程还有困难，故应用不需考虑水流能量损失的动量方程来推导。并在推导过程中，根据水跃发生的实际情况，作下列一些假设：

① 水跃段长度不大，可忽略渠床的摩擦阻力；

② 跃前、跃后两过流断面为渐变流过流断面，因此断面上的动水压强分布可按静水压强分布规律考虑；

③ 设跃前、跃后两过流断面的动量修正系数相等，即 $\beta_1=\beta_2=\beta$。

在上述假设下，对控制面 $ABDCA$ 内的水体(图 7-24)建立动量方程，投影轴 s-s 置于渠道底线，并指向水流方向。

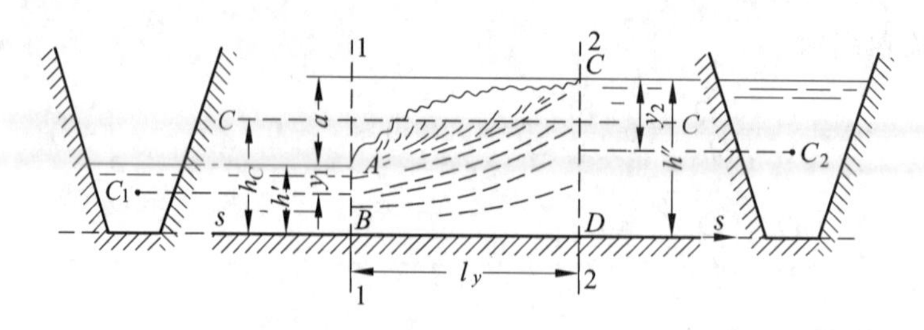

图　7-24

根据假设，因内力不必考虑，渠床的反作用力与水体重力均与投影轴正交，所以沿投影轴方向作用在水体上的外力只有跃前、跃后两断面上的动水总压力 $P_1=\gamma y_1 A_1$ 和 $P_2=\gamma y_2 A_2$，其中 y_1、y_2 分别为跃前断面 1-1 及跃后断面 2-2 形心处的水深。

在单位时间内，控制面 $ABDCA$ 内的水体动量的增量为

$$\frac{\beta\gamma Q}{g}(v_2-v_1)$$

写流动方向的动量方程

$$\gamma(y_1A_1-y_2A_2)=\frac{\beta\gamma Q}{g}(v_2-v_1)$$

以 Q/A_1 代 v_1，Q/A_2 代 v_2，经整理得

$$\frac{\beta Q^2}{gA_1}+y_1A_1=\frac{\beta Q^2}{gA_2}+y_2A_2 \tag{7-24}$$

这就是棱柱形平坡渠道中完整水跃的基本方程。

令

$$\theta(h)=\frac{\beta Q^2}{gA}+yA \tag{7-25}$$

式中，y 为断面形心处的水深；$\theta(h)$ 称为水跃函数。当流量和断面尺寸一定，水跃函数仅是水深 h 的函数。因此，完整水跃的基本方程式(7-24)可写为

$$\theta(h_1)=\theta(h_2)$$

或

$$\theta(h')=\theta(h'') \tag{7-26}$$

式中，h'、h'' 分别为跃前、跃后水深，合称为共轭水深。

上述水跃基本方程表明，对于某一流量 Q，具有相同的水跃函数 $\theta(h)$ 的两个水深，这一对水深即为共轭水深。

可以证明①，在棱柱形明渠中，当流量 Q 一定时，若近似地认为水流的动能修正系数 α 与动量修正系数 β 相等，则相应于水跃函数最小值 $\theta(h)_{\min}$ 的水深恰好也是该流量下已给断面的临界水深。

(3) 共轭水深的计算

对于矩形断面的棱柱形渠道，有 $A=bh$，$y=h/2$，$q=Q/b$ 和 $(\alpha q^2/g)=h_C^3$，将这些关系代入式(7-25)可得

$$\begin{aligned}\theta(h)&=\frac{\beta Q^2}{gA}+yA=\frac{\alpha b^2q^2}{gbh}+\frac{h}{2}bh\\&=b\left(\frac{\alpha q^2}{gh}+\frac{h^2}{2}\right)=b\left(\frac{h_C^3}{h}+\frac{h^2}{2}\right)\end{aligned}$$

因 $\theta(h')=\theta(h'')$，故有

$$b\left(\frac{h_C^3}{h'}+\frac{h'^2}{2}\right)=b\left(\frac{h_C^3}{h''}+\frac{h''^2}{2}\right)$$

即

$$h'^2h''+h'h''^2-2h_C^3=0$$

---

① 参见 西南交通大学水力学教研室编：水力学(第三版)．高等教育出版社 1983 年版。

从而解得

$$\left.\begin{aligned} h' &= \frac{h''}{2}\left[\sqrt{1+8\left(\frac{h_C}{h''}\right)^3}-1\right] \\ h'' &= \frac{h'}{2}\left[\sqrt{1+8\left(\frac{h_C}{h'}\right)^3}-1\right] \end{aligned}\right\} \tag{7-27}$$

由于$(h_C/h)^3=\alpha q^2/gh^3=\alpha v^2/gh=Fr^2$，所以式(7－27)又可写为

$$\left.\begin{aligned} h' &= \frac{h''}{2}\left[\sqrt{1+8Fr_2^2}-1\right] \\ h'' &= \frac{h'}{2}\left[\sqrt{1+8Fr_1^2}-1\right] \end{aligned}\right\} \tag{7-28}$$

上述两式即为矩形断面平坡渠道中的水跃共轭水深关系式。对于梯形断面棱柱形渠道，其共轭水深的计算可根据水跃基本方程试算确定或查阅有关书籍、手册求得。

对于渠底坡度较大的矩形明渠，在推导其水跃基本方程时，则要考虑重力的影响。

(4) 水跃的能量损失与长度

水跃现象不仅改变了水流的外形，也引起了水流内部结构的剧烈变化(图 7-25)。随着这种变化而来的是水跃所引起的大量的能量损失。研究表明，水跃造成的能量损失主要集中在水跃区，即图 7-25 所示的断面 1-1、2-2 间的水跃段内，仅有少量分布在跃后流段。因此，通常均按能量损失全部消耗在水跃区来进行计算。这样，单位重量水体的能量损失为

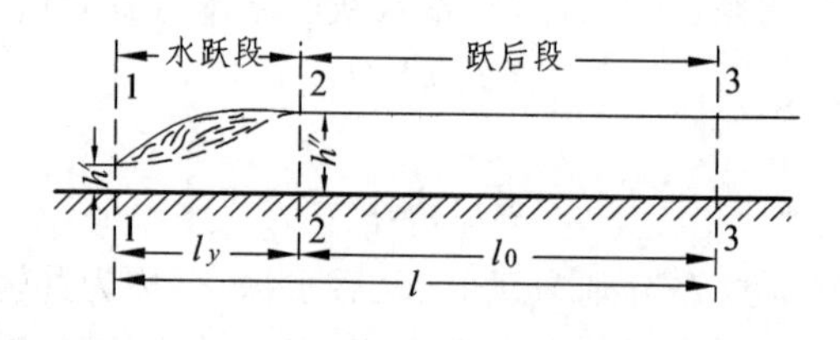

图 7-25

$$\Delta h_w = E_1 - E_2 = \left(z_1+\frac{p_1}{\gamma}+\frac{\alpha_1 v_1^2}{2g}\right)-\left(z_2+\frac{p_2}{\gamma}+\frac{\alpha_2 v_2^2}{2g}\right)$$

对于平坡($i=0$)矩形断面明渠

$$\Delta h_w = \left(h'+\frac{\alpha_1 v_1^2}{2g}\right)-\left(h''+\frac{\alpha_2 v_2^2}{2g}\right)=e'-e''$$

若再引用式(7-19)与式(7-27)代入后，可得

$$\Delta h_w = \frac{(h''-h')^3}{4h'h''} \tag{7-29}$$

可见，在给定流量下，水跃愈高，即跃后水深 h'' 与跃前水深 h' 的差值愈大，则水跃中的能量损失 Δh_w 也愈大。

水跃长度 l 应理解为水跃段长度 l_y 和跃后段长度 l_0 之和

$$l = l_y + l_0 \tag{7-30}$$

水跃长度是泄水建筑物消能设计的主要依据之一，因此跃长的确定具有重要的实际意义。由于水跃运动复杂，目前水跃长度仍只是根据经验公式计算，关于水跃段长度 l_y，对于 i 较小的矩形断面渠道可用以下公式计算

$$l_y = 4.5h'' \tag{7-31}$$

或

$$l_y=\frac{1}{2}(4.5h''+5a) \tag{7-32}$$

式中，a 为水跃高度(即 $h''-h'$)。

跃后段长度 l_0 可用下式计算

$$l_0=(2.5\sim3.0)l_y \tag{7-33}$$

上述经验公式，仅适用于底坡较小的矩形渠道，可在工程上作为初步估算之用，若要获得准确值，尚需通过水工模型试验来确定。

2. 跌　水

处于缓流状态的明渠水流，或因下游渠底坡度变陡($i>i_C$)，或因下游渠道断面形状突然改变，水面急剧降落，水流以临界流动状态通过这个突变的断面，转变为急流。这种从缓流向急流过渡的局部水力现象称为“水跌”或“跌水”。了解跌水现象对分析和计算明渠恒定非均匀流的水面曲线具有重要的意义。例如缓坡渠道后接一急坡渠道，水流经过连接断面时的水深可认为是临界水深，这一断面称为控制断面，其水深称为控制水深。在进行水面曲线分析和计算时可作为已知水深，从而给分析、计算提供了一个已知条件。

【例 7-6】 两段底坡不同的矩形断面渠道相连，渠道底宽都是 5 m，上游渠道中水流作均匀流，水深为 0.7 m。下游渠道为平坡渠道，在连接处附近水深约为 6.5 m，通过流量为 48 m^3/s。

① 试判断在两渠道连接处是否会发生水跃?

② 若发生水跃，试以上游渠中水深为跃前水深，计算其共轭水深。

③ 计算水跃长度和水跃所消耗的水流能量。

解

① 判别是否发生水跃

$$h_C=\sqrt[3]{\frac{\alpha q^2}{g}}=\sqrt[3]{\frac{1\times48^2}{9.8\times5^2}}=2.11\ \text{m}$$

上游 $h_1=0.7\ \text{m}<2.11\ \text{m}$ 为急流；下游 $h_2=6.5\ \text{m}>2.11\ \text{m}$ 为缓流。水流由急流转变为缓流，必将发生水跃。

② 以 $h'=0.7$ m 计算共轭水深 h''

根据公式(7-28)

$$h''=\frac{h'}{2}(\sqrt{1+8Fr_1^2}-1)$$

又
$$Fr_1^2=\frac{v^2}{gh'}=\frac{48^2/(5\times0.7)^2}{9.8\times0.7}=27.42$$

则
$$h''=\frac{0.7}{2}(\sqrt{1+8\times27.42}-1)=4.85\ \text{m}$$

③ 由式(7-31)计算水跃段长度为

$$l_y=4.5h''=4.5\times4.85=21.83\ \text{m}$$

单位重量液体通过水跃损失的能量为

$$\Delta h_{\mathrm{w}}=e'-e''=\left(0.7+\frac{48^2}{2g(5\times0.7)^2}\right)-\left(4.85+\frac{48^2}{2g(5\times4.85)^2}\right)$$

$$=10.3-5.05=5.25\ \mathrm{m}$$

§7-5 明渠恒定非均匀渐变流的基本微分方程

明渠中水面曲线的一般分析和具体计算，在水工实践中具有重要意义。下面将讨论和建立明渠恒定非均匀渐变流的基本微分方程，以便用其进行水面曲线变化规律的分析和计算。

现有一明渠水流，如图 7-26 所示。在某起始断面 0′-0′的下游 s 处，取断面 1-1 和 2-2，两者相隔一无限短的距离 $\mathrm{d}s$。

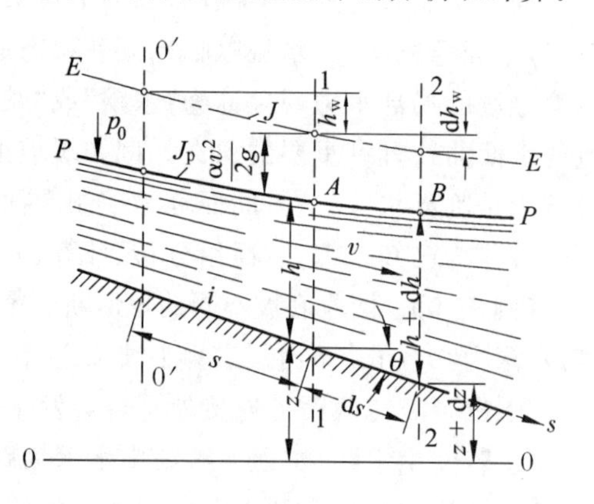

图 7-26

两断面间水流的能量变化关系可引用总流的能量方程来表达。为此，取 0-0 作为基准面，在断面 1-1 与 2-2 之间建立能量方程

$$z+h+\frac{\alpha v^2}{2g}=(z+\mathrm{d}z)+(h+\mathrm{d}h)+\frac{\alpha(v+\mathrm{d}v)^2}{2g}+\mathrm{d}h_{\mathrm{w}} \tag{7-34}$$

式中，$\mathrm{d}h_{\mathrm{w}}$ 为所取两断面间的水头损失，$\mathrm{d}h_{\mathrm{w}}=\mathrm{d}h_{\mathrm{f}}+\mathrm{d}h_{\mathrm{j}}$。因为是渐变流，局部水头损失 $\mathrm{d}h_{\mathrm{j}}$ 可忽略不计，即 $\mathrm{d}h_{\mathrm{w}}\approx\mathrm{d}h_{\mathrm{f}}$。

将上式展开并略去二阶微量$(\mathrm{d}v)^2$ 后，得

$$\mathrm{d}z+\mathrm{d}h+\mathrm{d}\left(\frac{\alpha v^2}{2g}\right)+\mathrm{d}h_{\mathrm{f}}=0 \tag{7-35}$$

各项除以 $\mathrm{d}s$，则上式为

$$\frac{\mathrm{d}z}{\mathrm{d}s}+\frac{\mathrm{d}h}{\mathrm{d}s}+\frac{\mathrm{d}}{\mathrm{d}s}\left(\frac{\alpha v^2}{2g}\right)+\frac{\mathrm{d}h_{\mathrm{f}}}{\mathrm{d}s}=0 \tag{7-36}$$

现要求从上述微分方程中推求 $\mathrm{d}h/\mathrm{d}s$ 的表达式，以便分析水深沿流程的变化。为此，就式中各项分别进行讨论：

$\frac{\mathrm{d}z}{\mathrm{d}s}=-i$，$i$ 为渠底坡度，$i=\sin\theta=\frac{z_1-z_2}{\mathrm{d}s}$（见图 7-26），而此时 $\mathrm{d}z=z_2-z_1$；

$$\frac{\mathrm{d}}{\mathrm{d}s}\left(\frac{\alpha v^2}{2g}\right)=\frac{\mathrm{d}}{\mathrm{d}s}\left(\frac{\alpha Q^2}{2gA^2}\right)=-\frac{\alpha Q^2}{gA^3}\frac{\mathrm{d}A}{\mathrm{d}s}=-\frac{\alpha Q^2}{gA^3}\left(\frac{\partial A}{\partial h}\frac{\mathrm{d}h}{\mathrm{d}s}+\frac{\partial A}{\partial s}\right)=-\frac{\alpha Q^2}{gA^3}\left(B\frac{\mathrm{d}h}{\mathrm{d}s}+\frac{\partial A}{\partial s}\right);$$

$\mathrm{d}h_{\mathrm{f}}/\mathrm{d}s\approx J=Q^2/K^2=Q^2/(A^2C^2R)$。在此处做一个假设，即非均匀渐变流微小流段内的水头损失计算可当作均匀流情况来处理。

将以上各项代入式(7-36)，便得到反映非棱柱形渠道中水深沿程变化规律的基本微分方程

$$\frac{\mathrm{d}h}{\mathrm{d}s}=\frac{i-\frac{Q^2}{K^2}\left(1-\frac{\alpha C^2 R}{gA}\frac{\partial A}{\partial s}\right)}{1-\frac{\alpha Q^2 B}{gA^3}} \tag{7-37}$$

对于棱柱形渠道，$A=f(h)$，$\partial A/\partial s=0$，从而上式简化为

$$\frac{\mathrm{d}h}{\mathrm{d}s}=\frac{i-(Q/K)^2}{1-(\alpha Q^2 B/gA^3)} \tag{7-38}$$

上式中，在 Q、i 和 n 给定的情况下，K、A 和 B 均为水深 h 的函数。因此可对式(7-38)进行积分，便可得出棱柱形渠道非均匀渐变流中水深沿程变化的规律。但是，通常在定量计算水面曲线之前，先要根据具体条件进行定性分析，以便判明各流段水面曲线的变化趋势及其类型，从而在宏观上可对水面曲线的计算起到指导作用。

§7-6 棱柱形渠道中恒定非均匀渐变流的水面曲线分析

1. 水流的渐变流段与局部现象

水工实践中一般遇见的流程，常常是由一些水流的局部现象和均匀流段或非均匀渐变流段组成，形成极为复杂的外观，如图 7-27 所示。图中除渐变流和均匀流段外，还有一些局部水流现象，如闸下出流、水跃、堰顶溢流和跌水等。这些局部水流实为非均匀急变流现象。流程的最后一段为均匀流，如果渠道情况保持不变，则均匀流亦不会受扰动。

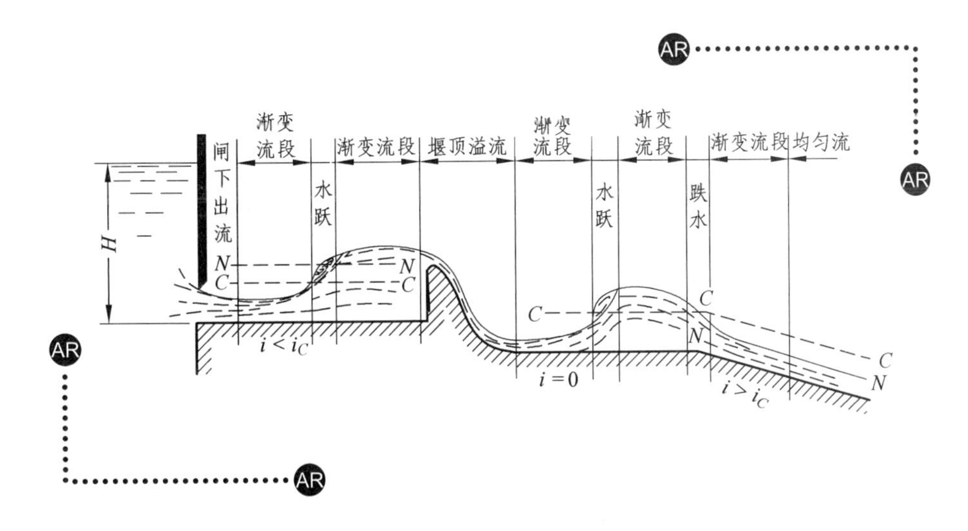

图 7-27

实际流程之所以由不同性质的流动现象所组成且外观形式一定，是因为水流的变化遵循一定的规律。明渠恒定非均匀渐变流水面曲线分析的主要任务，就是根据渠道的槽身条件、来流条件以及水工建筑物情况等确定水面曲线的沿程变化趋势和变化范围，定性地绘出水面曲线。

2. 渐变流水面曲线的变化规律

反映渐变流水面曲线变化规律的基本方程为式(7-38)。为了便于分析，尚需将式中的流量Q用某一种水深的关系来表示。为此，在$i>0$时引入一辅助的均匀流，令它在所给定的渠道断面形式和底坡i情况下，通过的流量等于非均匀流时渠道所通过的实际流量Q，即

$$Q=A_0C_0\sqrt{R_0 i}=K_0\sqrt{i}=f(h_0)$$

引入上式后，则基本微分方程式(7-38)可表示为

$$\frac{\mathrm{d}h}{\mathrm{d}s}=\frac{i-(Q/K)^2}{1-(\alpha Q^2B/gA^3)}=\frac{i-(K_0^2 i/K^2)}{1-Fr^2}=i\,\frac{1-(K_0/K)^2}{1-Fr^2} \tag{7-39}$$

式中，K_0是对应于h_0的流量模数；K是对应于非均匀流水深h的流量模数；Fr为弗劳德数。

经过变形后的微分方程中包含了h、h_0、h_C及i的相互关系。由于在不同渠道底坡i下，上述三个水深值有不同的组合，从而形成了明渠非均匀流水面曲线的各种变化：$\mathrm{d}h/\mathrm{d}s>0$、$\mathrm{d}h/\mathrm{d}s=0$、$\mathrm{d}h/\mathrm{d}s<0$、$\mathrm{d}h/\mathrm{d}s\to i$及$\mathrm{d}h/\mathrm{d}s\to\pm\infty$等。

为了便于分析水面曲线沿程变化的情况，一般在水面曲线的分析图上做出两条平行于渠底的直线。其中一条距渠底h_0，为正常水深线N-N；而另一条距渠底h_C，为临界水深线C-C。在渠底以上画出的这两条辅助线(N-N和C-C)把渠道水流划分成三个不同的区域。这三个区分别称为1区、2区和3区，各区的特点如下：

所有处在 1区、2区、3区 的水面曲线，其水深h 分别：
- 1区：大于h_0，h_C
- 2区：介于h_0和h_C之间
- 3区：小于h_0，h_C

现着重对顺坡($i>0$)棱柱形渠道中水面曲线变化的情形进行讨论。在顺坡渠道中有下面三种情况：

$h_0>h_C$，即$i<i_C$(缓坡渠道)，如图7-28所示；

$h_0<h_C$，即$i>i_C$(急坡渠道)，如图7-29所示；

$h_0=h_C$，即$i=i_C$(临界坡渠道)，如图7-30所示。

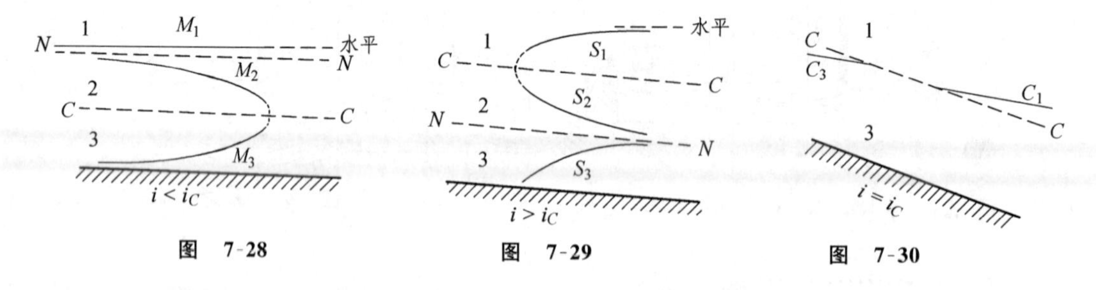

图 7-28　　图 7-29　　图 7-30

由图可见，在顺坡渠道中有缓坡三个区，急坡三个区，临界坡两个区，这8个区共有8种水面曲线。这些曲线的变化趋势均可利用基本微分方程(式7-39)去分析，并可得如下规律：

① 在1、3区内的水面曲线，水深沿程增加，即$\mathrm{d}h/\mathrm{d}s>0$，而2区的水面曲线，水深沿程减

小，即 $\mathrm{d}h/\mathrm{d}s<0$。

1 区中的水面曲线，其水深 h 均大于正常水深 h_0 和临界水深 h_C。由 $h>h_0$ 得 $K=AC\sqrt{R}>K_0=A_0C_0\sqrt{R_0}$，式(7-39)的分子 $[1-(K_0/K)^2]>0$。当 $h>h_C$，则 $Fr<1$，该式的分母 $(1-Fr^2)>0$。由此得 $\mathrm{d}h/\mathrm{d}s>0$，说明缓坡渠道 M_1 型、急坡渠道 S_1 型及临界坡渠道 C_1 型曲线的水深沿程增加，为增深曲线，亦称壅水曲线。

3 区中的水面曲线，其水深 h 均小于 h_0 和 h_C，式(7-39)中的分子与分母均为"－"值，由此可得 $\mathrm{d}h/\mathrm{d}s>0$，这说明 缓坡渠道 M_3 型、急坡渠道 S_3 型及临界坡渠道 C_3 型曲线的水深沿程增加，也为壅水曲线。

2 区中的水面曲线，其水深 h 介于 h_0 和 h_C 之间，利用基本微分方程式(7-39)，可证得 $\mathrm{d}h/\mathrm{d}s<0$，说明 缓坡渠道 M_2 型、急坡渠道 S_2 型曲线的水深沿程减小，为减深曲线，亦称降水曲线。

② 水面曲线与正常水深线 N-N 渐近相切。

当 $h\to h_0$ 时，$K\to K_0$，式(7-39)的分子 $[1-(K_0/K)^2]\to 0$，则 $\mathrm{d}h/\mathrm{d}s\to 0$，说明在非均匀流动中，当 $h\to h_0$ 时，水深沿程不再变化，水流成为均匀流。

③ 水面曲线与临界水深线 C-C 呈正交。

当 $h\to h_C$ 时，$Fr\to 1$，式(7-39)的分母 $(1-Fr^2)\to 0$，由此可得 $\mathrm{d}h/\mathrm{d}s\to\pm\infty$。这说明在非均匀流动中，当 $h\to h_C$ 时，水面线将与 C-C 线垂直，即渐变流水面曲线的连续性在此中断。但是实际水流仍要向下游流动，因而水流便越出渐变流的范畴而形成了急变流动的水跃或跌水现象。

④ 水面曲线在向上、下游无限加深时渐趋于水平直线。

当 $h\to\infty$ 时，$K\to\infty$，式(7-39)中的分子 $[1-(K_0/K)^2]\to 1$；又当 $h\to\infty$ 时，$A=f(h)\to\infty$，$Fr^2=\alpha Q^2B/gA^3\to 0$，该式分母 $(1-Fr^2)\to 1$，$\mathrm{d}h/\mathrm{d}s\to i$。从图 7-31 看出，这一关系只有当水面曲线趋近于水平直线时才成立。因为这时 $\mathrm{d}h=h_2-h_1=\sin\theta\mathrm{d}s=i\mathrm{d}s$，故 $\mathrm{d}h/\mathrm{d}s=i$。

⑤ 在临界坡渠道($i=i_C$)的情况下，N-N 线与 C-C 线重合，上述(2)与(3)结论在此出现相互矛盾。

从式(7-39)可见，当 $h\to h_0=h_C$ 时，$\mathrm{d}h/\mathrm{d}s=0/0$，因此要另行分析。

将式(7-39)的分母改写

$$1-\frac{\alpha Q^2B}{gA^3}=1-\frac{\alpha K_0^2 i_C B}{gA^3}\frac{C^2R}{C^2R}=1-\frac{\alpha K_0^2 i_C}{g}\frac{BC^2}{A^2C^2R}\frac{R}{A}$$

$$=1-\frac{\alpha i_C C^2}{g}\frac{B}{\chi}\frac{K_0^2}{K^2}=1-j\frac{K_0^2}{K^2}$$

式中，$j=\alpha i_C C^2B/g\chi$，为几个水力要素的组合数。

在水深变化较小的范围内，近似地认为 j 为一常数，则

$$\lim_{h\to h_0=h_C}\left(\frac{\mathrm{d}h}{\mathrm{d}s}\right)=\lim_{h\to h_0=h_C} i\frac{\frac{\mathrm{d}}{\mathrm{d}h}\left(1-\frac{K_0^2}{K^2}\right)}{\frac{\mathrm{d}}{\mathrm{d}h}\left(1-j\frac{K_0^2}{K^2}\right)}=\frac{i}{j}$$

再考虑到式(7-20)，即 $i_C=g\chi_C/\alpha C_C^2B_C$，当 $h\to h_C$ 时，$j\approx 1$，故有

$$\lim_{h\to h_0=h_C}\left(\frac{\mathrm{d}h}{\mathrm{d}s}\right)\approx i$$

这说明，C_1 与 C_3 型水面曲线在接近 N-N 线或 C-C 线时都近乎水平(图 7-30)。

根据上述水面曲线变化的规律，便可勾画出顺坡渠道中可能有的 8 种水面曲线的形状，如图 7-28、7-29、7-30 所示。

实际水面曲线变化可参看图 7-13 至 7-16 所示的例子。从图中可见，在堰坝、桥墩以及缩窄水流断面的各种水工建筑物的上游，一般会形成 M_1、S_1 型壅水曲线；在跌水处常发生 M_2、S_2 型降水曲线；而在堰、闸下游则常是 M_3、S_3、C_3 型曲线或发生水跃现象。

需要指出，上述水面曲线变化的几条规律，对于平坡渠道及逆坡渠道一般也能适用。

对于平坡渠道($i=0$)的水面曲线形式(H_2 与 H_3 两种，见图 7-32)和逆坡渠道($i<0$)的水面曲线形式(A_2 与 A_3 两种，见图 7-33)，可采用上述类似的方法分析，在此不再赘述。

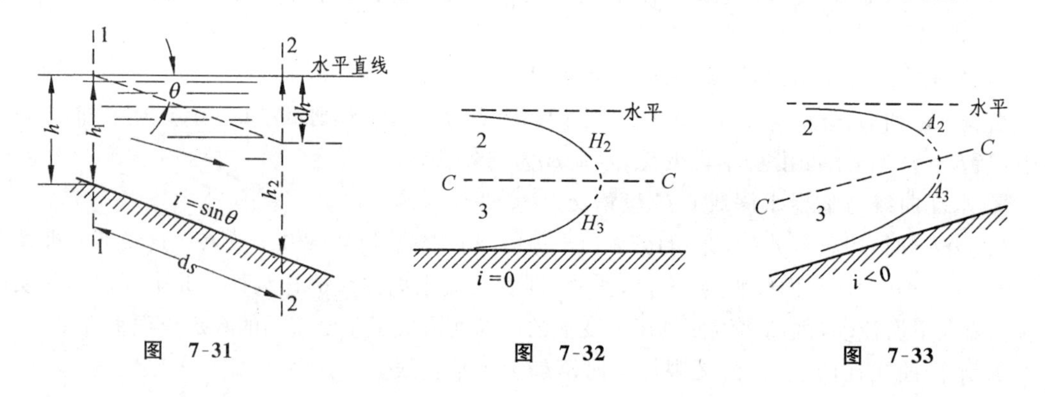

图 7-31　　图 7-32　　图 7-33

综上所述，在棱柱形渠道的恒定非均匀渐变流中，共有 12 种水面曲线，即顺坡渠道 8 种，平坡与逆坡渠道各 2 种。

3. 水面曲线的定性分析

在具体进行水面曲线分析时，可参照以下步骤进行：

① 根据已知条件，绘出 N-N 线和 C-C 线(平坡和逆坡渠道无 N-N 线)；

② 从水流边界条件出发，即从实际存在的或经水力计算确定的，已知水深的断面(即控制断面)出发，确定水面曲线的类型，并参照其增深、减深的性质和边界情形进行描绘；

③ 如果水面曲线中断，出现了不连续而产生跌水或水跃时，要做具体分析。一般情况下，水流至跌坎处便形成跌水现象。水流从急流到缓流，便发生水跃现象(图 7-34)。至于形成水跃的具体位置，则还要根据水跃原理以及水面曲线计算理论做具体分析后才能确定。

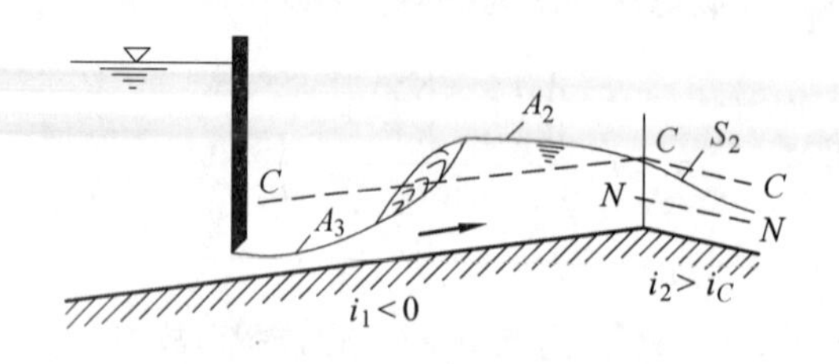

图 7-34

为了能正确地分析水面曲线还必须了解以下几点：

① 上述 12 种水面曲线，只表示了棱柱形渠道中可能发生的渐变流的情况，至于在某一底坡条件下究竟出现哪一条水面曲线，需根据具体情况而定；

② 在顺坡长渠道中，在距干扰物相当远处，水流仍为均匀流。这是水流重力与阻力相互作用，试图达到平衡的结果；

③ 由缓流向急流过渡时产生跌水；由急流向缓流过渡时产生水跃；

④ 由缓流向缓流过渡时只影响上游，下游仍为均匀流；由急流向急流过渡时只影响下游，上游仍为均匀流；

⑤ 临界底坡中的流态，视其相邻底坡的缓急而定其缓急流，如上游相邻底坡为缓坡，则视为缓流过渡到缓流，只影响上游。

【例 7-7】 底坡改变引起的水面曲线连接分析实例

现设有顺坡棱柱形渠道在某处发生变坡，为了分析变坡点前后产生何种水面曲线连接，需按以下两个步骤进行：

步骤一：根据已知条件（流量 Q、渠道断面形状尺寸、糙率 n 及底坡 i）可以判别两个底坡 i_1 及 i_2 各属何种底坡，从而定性地画出 N-N 线及 C-C 线。

步骤二：根据各渠段上控制断面水深（对充分长的顺坡渠道可以认为有均匀流段存在）判定水深的变化趋势（沿程增加或是减小）；根据这个趋势，在这两种底坡上选择符合要求的水面曲线进行连接。

以下举例均认为已完成步骤一，仅讲述步骤二。

(1) $i_1 < i_2 < i_C$

由于 i_1 及 i_2 均为顺坡，故 i_1 的上游与 i_2 的下游可以有均匀流段存在，即上游水面应在正常水深线 N_1-N_1 处，下游水面则在 N_2-N_2 处，如图 7-35 所示。这时水深应由较大的 h_{01} 降到较小的 h_{02}，所以水面曲线应为降水曲线。在缓坡渠道上降水曲线只有 M_2 型曲线。即水深从 h_{01} 通过 M_2 型曲线逐渐减小，到交界处恰等于 h_{02}，而 i_2 渠道上仅有均匀流。

(2) $i_2 < i_1 < i_C$

这里上、下游均为缓流，没有从急流过渡到缓流的问题，故无水跃发生，又因 $i_1 > i_2$，则 $h_{01} < h_{02}$。可见连接段的水深应当沿程增加，这看来必须是上游段为 M_1 型水面曲线和下游段为均匀流才有可能，如图 7-36 所示。

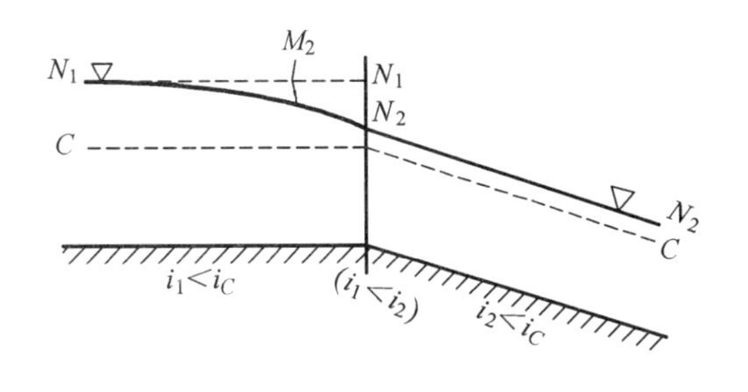

图 7-35

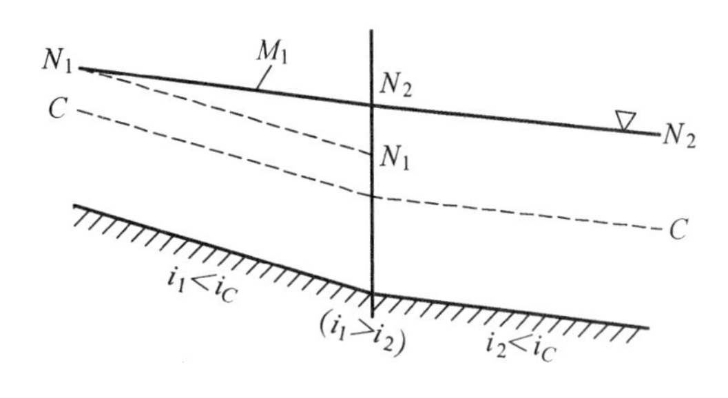

图 7-36

(3) $i_1 < i_C$、$i_2 > i_C$

此时 $h_{01} > h_C$、$h_{02} < h_C$，则水深将由较大的 h_{01} 逐渐下降到较小的 h_{02}，水面线必须采取降水曲线的形式。在这两种底坡上只有 M_2 及 S_2 型曲线可以满足这一要求，因此在 i_1 渠道上发生 M_2 型曲线，在 i_2 渠道上发生 S_2 型曲线，它们在变坡处互相衔接，如图 7-37 所示。

(4) $i_1 > i_C$、$i_2 < i_C$

由于 $h_{01} < h_C$ 是急流，而 $h_{02} > h_C$ 是缓流，所以从 h_{01} 过渡到 h_{02} 乃是从急流过渡为缓流，此时必然发生水跃。这种连接又有三种可能，如图 7-38 所示。究竟发生哪一种，在何处发生，应根据 h_{01} 和 h_{02} 的大小做具体分析。

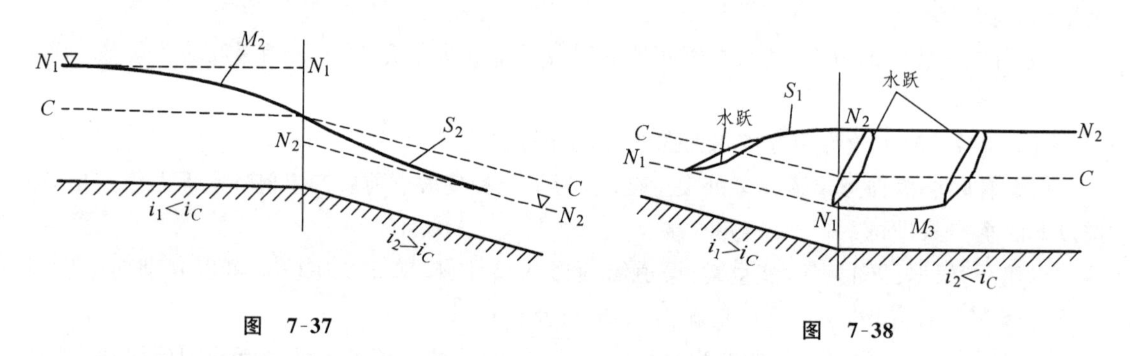

图 7-37

图 7-38

求出与 h_{01} 共轭的跃后水深 h''_{01}，并与 h_{02} 比较，有以下三种可能：

① $h_{02} < h''_{01}$——水跃发生在 i_2 渠道上，称为远驱式水跃。这说明下游段的水深 h_{02} 挡不住上游段的急流而被冲向下游。水面连接由 M_3 型壅水曲线及其后面的水跃组成，为远驱式水跃连接。

② $h_{02} = h''_{01}$——水跃发生在底坡交界断面处，称为临界水跃。

③ $h_{02} > h''_{01}$——水跃发生在 i_1 渠道上，即发生在上游渠段，称为淹没水跃。

【例 7-8】 如图 7-39 所示梯形断面棱柱形渠道，已知底宽 $b=1.5$ m，边坡系数 $m=1.5$，渠道纵坡 $0<i_1<i_2$，上游无端均匀流 $Fr<1$，下游跌坎附近为凸形降水曲线，跌坎处水深 $h=1.0$ m。试求：① 判定上、下游渠道坡度性质（急坡/缓坡）；② 完成该渠道水面曲线连接；③ 渠道流量 Q；④ 若上游远端为水力最优断面，求相应的水深 h_0。

解 ① 因上游远端均匀流 $Fr<1$，故知在 i_1 渠道如发生均匀流则为缓流，而对应的渠道应为缓坡渠道；又知下游跌坎附近为凸形降水曲线，且 $0<i_1<i_2$，其凸形降水曲线只能发生在缓坡渠道，因此 i_2 渠道也为缓坡渠道。

② 水面曲线在上游应为 M_2 型降水曲线，在变坡断面处降到下游渠道的 2 区，在下游的 2 区仍为 M_2 型降水曲线，在跌坎处以临界水深通过，具体连接如图 7-40 所示。

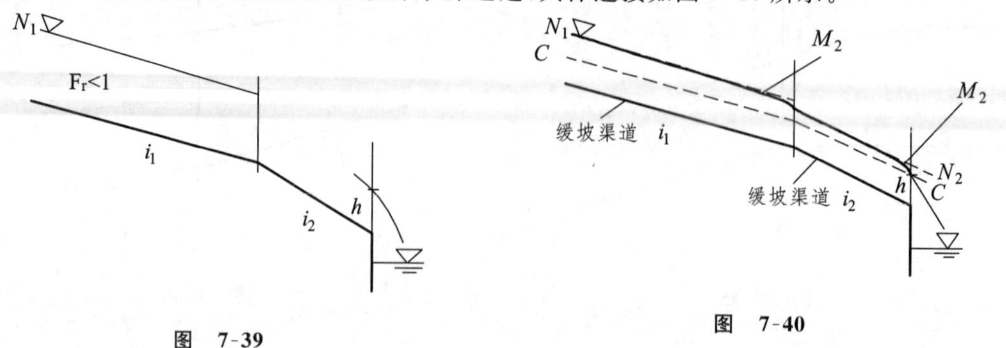

图 7-39

图 7-40

③ 由水面曲线连接可知，跌坎处水深应为临界水深，即 $h=h_C$，由$\frac{\alpha Q^2}{g}=\frac{A_C^3}{B_C}$可得

$$Q=\sqrt{\frac{gA_C^3}{\alpha B_C}}$$

∵ $$A_C=(b+mh_C)h_C=(b+1.5h_C)h_C=3\ \text{m}^2$$

$$B_C=b+2mh_C=4.5\ \text{m}$$

则 $$Q=\sqrt{\frac{gA_C^3}{\alpha B_C}}=7.67\ \text{m}^3/\text{s}$$

④ 求上游正常水深

$$\beta_h=\left(\frac{b}{h}\right)_h=2(\sqrt{1+m^2}-m)=2((1+1.5^2)-1.5)=0.61$$

则 $$h_0=2.46\ \text{m}$$

§7-7 棱柱形渠道中恒定非均匀渐变流水面曲线的计算

对水面曲线的变化进行了定性分析后，需对它进行定量计算，根据计算结果，便可绘出非均匀流的水面曲线，从而满足工程实践的需要。

计算水面曲线的方法很多，目前应用较普遍的是分段求和法和数值积分法，以及在这些方法基础上的电算法。

1. 分段求和法

分段求和法是明渠水面曲线计算的基本方法。它将整个流程 l 分成若干流段 Δl 考虑，并以有限差分式来代替原来的微分式，然后根据有限差分式求得所需要的水力要素。

分段求和法的有限差分式可直接从式(7-38)得出

$$\frac{\mathrm{d}h}{\mathrm{d}s}=\frac{i-(Q/K)^2}{1-(\alpha Q^2B/gA^3)}=\frac{i-(Q/K)^2}{\mathrm{d}e/\mathrm{d}h}$$

化简上式，得

$$\frac{\mathrm{d}e}{\mathrm{d}s}=i-\frac{Q^2}{K^2} \tag{7-40}$$

对于渐变流，水头损失只考虑沿程水头损失，并认为在流程的各个分段内，其沿程水头损失可近似按均匀流规律计算，即

$$\Delta h_f=\overline{J}\cdot\Delta l=\frac{Q^2}{\overline{K}^2}\cdot\Delta l$$

则 $$\overline{J}=\frac{Q^2}{\overline{K}^2}=\frac{\overline{v}^2}{\overline{C}^2\overline{R}}$$

式中，$\overline{v}$、$\overline{C}$ 及 $\overline{R}$ 表示在所给流段内各水力要素的平均值，即

$$\overline{v}=\frac{v_1+v_2}{2};\quad \overline{C}=\frac{C_1+C_2}{2};\quad \overline{R}=\frac{R_1+R_2}{2}$$

以有限差分式代替式(7- 40)的微分式后，便得

$$\frac{\Delta e}{\Delta s}=i-\overline{J}$$

或 $$\Delta s=\Delta l=\frac{\Delta e}{i-\overline{J}} \tag{7-41}$$

式中，Δe 为 Δl 流程范围内两断面单位能量的有限差值

$$\Delta e=e_2-e_1=\left(h_2+\frac{\alpha_2 v_2^2}{2g}\right)-\left(h_1+\frac{\alpha_1 v_1^2}{2g}\right)$$

$\overline{J}$ 为水流在 Δl 段内的平均水力坡度；i 为渠道坡度；Δl 为分段长度，即两个计算断面(1-1 与 2-2)间的距离。

式(7-41)为分段计算水面曲线的有限差分式，称为分段求和法计算公式。利用它便可逐步算出非均匀流中明渠各个断面的水深及它们相隔的距离，从而整个流程 $l=\sum\Delta l$ 上的水面曲线便可定量地确定和给出。

采用分段求和法计算水面曲线，分段愈多，计算结果的精度愈高，但计算工作量也愈大，因此，分段情况需根据工程要求而定。

分段求和法对棱柱形渠道和非棱柱形渠道的恒定渐变流均可适用。

2. 数值积分法

对基本微分方程式(7-38)分离变量，得

$$\mathrm{d}s=\frac{1-(\alpha Q^2 B/gA^3)}{i-(Q/K)^2}\mathrm{d}h$$

对于某一给定的棱柱形渠道，上式右端的 α、Q、g、i 均为常数，B、A、K 均为水深 h 的函数，因此，上式可写成

$$\mathrm{d}s=\varphi(h)\mathrm{d}h$$

积分得

$$l=s_2-s_1=\int_{h_1}^{h_2}\varphi(h)\mathrm{d}h \tag{7- 42}$$

式中，l 是水深为 h_1 和 h_2 这两个断面之间的距离。

如果绘出 h-$\varphi(h)$关系曲线，如图 7-41 中的曲线 MN。则积分 $\int_{h_1}^{h_2}\varphi(h)\mathrm{d}h$ 的值显然为曲

线 MN 下面横坐标 h_1 和 h_2 之间所包围的面积，即图形 $ABDC$ 的面积。但由于被积函数 $\varphi(h)$ 相当复杂，要准确地绘出 h-$\varphi(h)$ 曲线很困难，因此有必要寻求其近似解，即进行积分的数值计算。常用的方法有梯形法、矩形法或辛普生(Simpson)法。工程上常采用梯形法计算，即将积分区间 $[h_1, h_2]$ 分成 m 个小区间，在每个小区间上以梯形面积代替曲边梯形面积，然后将各个小区间的梯形面积叠加起来，即得式(7-42)所表示的积分的近似值

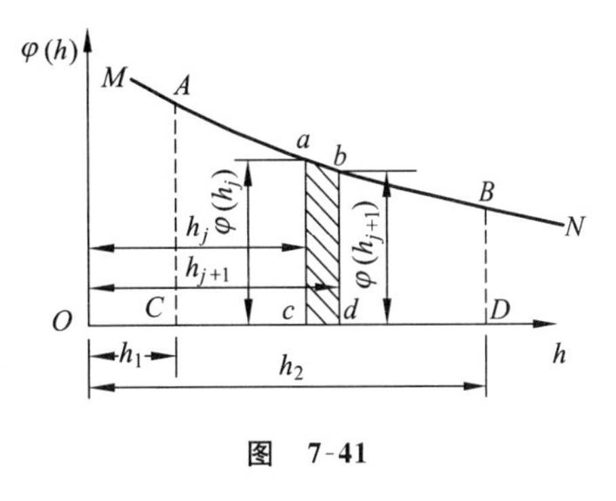

图 7-41

$$l = \int_{h_1}^{h_2} \varphi(h)\,\mathrm{d}h \approx \sum \Delta l_j = \sum_{j=1}^{m} \frac{\varphi(h_j) + \varphi(h_{j+1})}{2}(h_{j+1} - h_j) \qquad (7\text{-}43)$$

3. 计算机在水面曲线计算中的应用

明渠恒定非均匀渐变流水面曲线也可采用计算机进行计算。现以分段求和法为例，介绍其计算步骤及方法。

(1) 正常水深 h_0 的计算

由均匀流基本公式 $Q = A_0 C_0 \sqrt{R_0 i}$，$C_0 = R^{1/6}/n$，$R_0 = A_0/\chi_0$，可得

$$Q = \frac{i^{1/2}}{n} A_0^{5/3} \chi_0^{-2/3}$$

或
$$1 - \frac{Qn\chi_0^{2/3}}{i^{1/2} A_0^{5/3}} = 0$$

式中，Q、i、n 均为已知量；A_0、χ_0 为 h_0 的函数。上式是以 h_0 为未知量的非线性超越方程，可采用多种迭代方法求 h_0。如采用牛顿迭代法，则上式可写为

$$f(h_0) = 1 - \frac{Qn\chi_0^{2/3}}{i^{1/2} A_0^{5/3}} = 0$$

求出 $f(h_0)$ 的导数 $f'(h_0)$，进而得迭代式为

$$h_{0(j+1)} = h_{0j} - \frac{f(h_{0j})}{f'(h_{0j})}$$

计算时，给定一初值 h_{0j} 可得一终值 $h_{0(j+1)}$，以此终值作为下次计算的初值，如此循序计算，直到相邻两次终值之差满足预先给定的控制精度为止。

(2) 临界水深 h_C 的计算

临界水深依据式(7-18)进行计算，求根方法同(1)。求出 h_0、h_C 后，比较 h_0、h_C 的大小以确定底坡形式，比较实际水深与 h_0、h_C 的大小以确定水面曲线形式，从而确定计算的起始断面。

(3) 从起始断面开始，据式(7-41)按水深分段计算 Δl_j 及 l

分段数需综合考虑精度要求及计算机容量后确定。

(4) 输出计算结果

有条件的可通过计算机自动绘制水面曲线。

【例 7-9】 现要设计一土渠，某段因所经地形较陡，故将设立跌坎通过，如图 7-42 所示。因此，渠道产生非均匀流，其中包括跌水现象。试问在跌坎前的土渠会不会受冲刷？若发生冲刷，问渠道的防冲铺砌长度 Δl 需要多长？

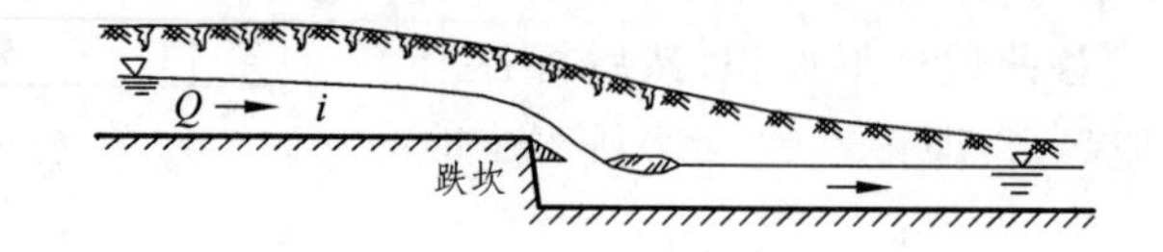

图 7-42

水力计算依据：明渠输水量 $Q=3.5\ \mathrm{m^3/s}$，沿程过流断面均为梯形，断面边坡系数 $m=1.5$，渠道粗糙系数 $n=0.025$，底宽 $b=1.2\ \mathrm{m}$。允许流速 $v_{max}=1.2\ \mathrm{m/s}$，明渠底坡 i 按允许流速确定。

解 因设跌坎，渠道中产生了非均匀流动，故首先要分析水面曲线的变化，然后再校核流速是否超过了允许流速，最后决定防冲长度。

(1) 正常水深 h_0 和渠道底坡 i 的计算

从允许流速 v_{max} 出发，有

$$A_0=\frac{Q}{v_{max}}=\frac{3.5}{1.2}=2.92\ \mathrm{m^2}$$

又从

$$A_0=(b+mh_0)h_0=(1.2+1.5h_0)h_0=2.92\ \mathrm{m^2}$$

$$1.5h_0^2+1.2h_0-2.92=0$$

得

$$h_0=1.05\ \mathrm{m}$$

从

$$i=\frac{v^2}{C_0^2R_0}=\frac{v^2}{(R_0^{1/6}/n)^2R_0}=\frac{n^2(v_{max})^2}{R_0^{4/3}}$$

而

$$R_0=\frac{A_0}{\chi_0}=\frac{A_0}{b+2h_0\sqrt{1+m^2}}=\frac{2.92}{1.2+2\times1.05\sqrt{1+1.5^2}}=0.586\ \mathrm{m}$$

得

$$i=\frac{(0.025\times1.2)^2}{(0.586)^{4/3}}=0.001\ 84$$

(2) 临界水深 h_C 的计算

根据计算 h_C 的普遍式(7-18)有

$$\frac{A_C^3}{B_C}=\frac{\alpha Q^2}{g}$$

而

$$\frac{\alpha Q^2}{g}=\frac{1\times 3.5^2}{9.8}=1.25\ \mathrm{m}^5$$

$$\frac{A_C^3}{B_C}=\frac{[(b+mh_C)h_C]^3}{(b+2mh_C)}=\frac{[(1.2+1.5h_C)h_C]^3}{1.2+2\times 1.5h_C}$$

用试算法解上式，列表如下：

h_C(m)	1.0	0.70	0.75	0.71
$\frac{A_C^3}{B_C}$(m^5)	4.69	1.19	1.54	1.25

可见，当 $A_C^3/B_C=\alpha Q^2/g=1.25\ \mathrm{m}^5$ 时得

$$h_C=0.71\ \mathrm{m}$$

由上述结果可知：$h_0=1.05\ \mathrm{m}>h_C=0.71\ \mathrm{m}$，故 $i<i_C$（缓坡渠道），便可标出 N-N 与 C-C 线。再考虑此段非均匀流的边界条件，起始断面的水深 $h_1<h_0$，末端跌坎上的水深 $h_2=h_C$。因此，此段水流处于 2 区，水面曲线为 M_2 型降水曲线，如图 7-43 所示。

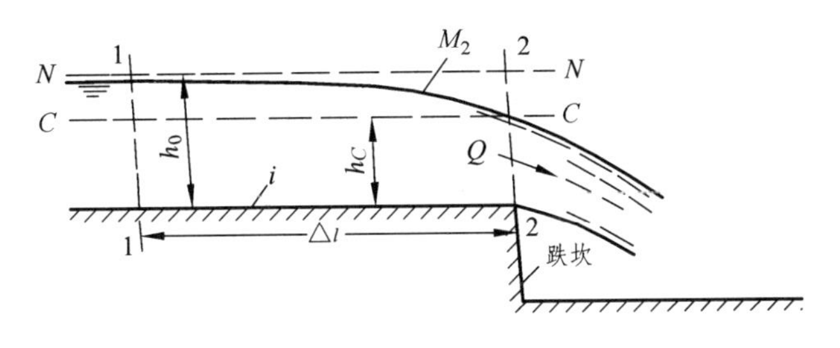

图 7-43

(3) 渠中流速的校核

因为是 M_2 型曲线，在跌坎 2-2 处的水深为 $h_2=h_C=0.71\ \mathrm{m}$，渠中非均匀流的最大流速 v_C 便发生在该处。此时

$$v_C=\frac{Q}{A_C}=\frac{3.5}{(1.2+1.5\times 0.71)\times 0.71}=2.18\ \mathrm{m/s}>v_{\max}=1.2\ \mathrm{m/s}$$

可见，v_C 远远超过允许流速 $v_{\max}$，水流对渠底将产生巨大的冲刷。

(4) 防冲铺砌长度 Δl 的计算

现决定在 $v\geqslant 1.5\ \mathrm{m/s}$（比允许流速稍大）的一段渠道上铺砌防冲层。为此，可根据分段求和法计算公式确定铺砌长度 Δl

$$\Delta l=\frac{\Delta e}{i-\overline{J}}$$

而
$$\Delta e=\left(h_2+\frac{\alpha_2 v_2^2}{2g}\right)-\left(h_1+\frac{\alpha_1 v_1^2}{2g}\right)$$

现 $h_2=h_C=0.71$ m，$v_2=v_C=2.18$ m/s，并设 $\alpha_1=\alpha_2=1$，h_1（未知）可根据 $v_1=1.5$ m/s 计算

$$A_1=\frac{Q}{v_1}=\frac{3.5}{1.5}=2.33\ \mathrm{m}^2$$

$$A_1=(b+mh_1)h_1=(1.2+1.5h_1)h_1$$

解得防冲起始断面 1-1 的水深 $h_1=0.91$ m，则水力坡度的平均值为

$$\overline{J}=\frac{\overline{v}^2}{\overline{C}^2\overline{R}}=\frac{\overline{v}^2}{(\overline{R}^{1/6}/n)^2\overline{R}}=\frac{n^2\overline{v}^2}{\overline{R}^{4/3}}$$

而

$$\overline{v}=\frac{(v_1+v_2)}{2}=\frac{1.5+2.18}{2}=1.84\ \mathrm{m/s};\quad n=0.025$$

$$\overline{R}=\overline{A}/\overline{\chi}=(b+m\overline{h})\overline{h}/(b+2\overline{h}\sqrt{1+m^2})$$

$$=(1.2+1.5\times0.81)\times0.81/(1.2+2\times0.81\sqrt{1+1.5^2})=0.475\ \mathrm{m}$$

代入后，有

$$\overline{J}=\frac{(0.025\times1.84)^2}{(0.475)^{4/3}}=\frac{0.002\ 12}{0.371}=0.005\ 71$$

将上述数据代入分段法算式后，便得到渠道的防冲铺砌长度为

$$\Delta l=\frac{\Delta e}{i-\overline{J}}=\frac{(0.71+0.051\times2.18^2)-(0.91+0.051\times1.5^2)}{0.001\ 84-0.005\ 71}=18.7\ \mathrm{m}$$

【例 7-10】 图 7-44 所示的急流槽（即 $i>i_C$ 的急坡渠道）中，通过流量 $Q=3.5$ m³/s，长度 $l=10$ m，沿程的过流断面均为矩形，断面宽 $b=2$ m，粗糙系数 $n=0.020$，渠底坡度 $i=0.30$。要求按分段求和法计算并绘出急流槽的水面曲线。

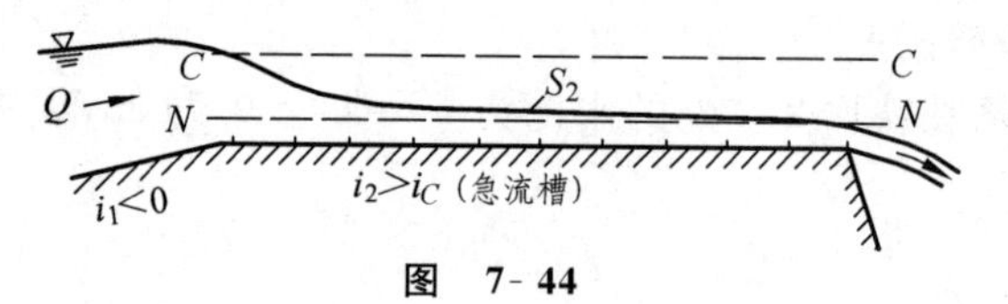

图 7-44

解 ① 首先确定水面曲线类型。为此需计算 h_C 与 h_0，以标出 C-C 线与 N-N 线。

因为是矩形断面，临界水深可直接按式(7-19)计算，则

$$h_C=\sqrt[3]{\frac{\alpha Q^2}{gb^2}}=\sqrt[3]{\frac{1\times3.5^2}{9.8\times2^2}}=0.68\ \mathrm{m}$$

而

$$v_C=\frac{Q}{bh_C}=\frac{3.5}{2\times0.68}=2.57\ \mathrm{m/s}$$

$$A_C=bh_C=2\times0.68=1.36\ \mathrm{m}^2$$

$$\chi_C = b + 2h_C = 2 + 2 \times 0.68 = 3.36 \text{ m}$$

相应的坡度为

$$i_C = \frac{v_C^2}{C_C^2 R_C} = \frac{v_C^2}{(R_C^{1/6}/n)^2 R_C} = \frac{(nv_C)^2}{R_C^{4/3}} = \frac{(nv_C)^2}{(A_C/\chi_C)^{4/3}} = \frac{(0.02 \times 2.57)^2}{(1.36/3.36)^{4/3}}$$

$$= 0.008\,8 < i = 0.30$$

故为急坡渠道。

正常水深 h_0 可按均匀流基本关系式计算

$$Q = A_0 C_0 \sqrt{R_0 i} = A_0 \left(\frac{1}{n} R_0^{1/6}\right) \sqrt{R_0 i} = \frac{A_0^{5/3}}{n} \frac{i^{1/2}}{\chi_0^{2/3}} = \frac{b^{5/3} i^{1/2}}{n} \frac{h_0^{5/3}}{(b + 2h_0)^{2/3}}$$

$$= \frac{2^{5/3}(0.3)^{1/2}}{0.02} \frac{h_0^{5/3}}{(2 + 2h_0)^{2/3}} = 86.9 f(h_0)$$

将流量 Q 的数值代入并经试算后得

$$h_0 = 0.21 \text{ m} < h_C = 0.68 \text{ m} \qquad \text{（急坡渠道）}$$

根据上述结果，便可在图中标出 $C\text{-}C$ 线与 $N\text{-}N$ 线（见图 7-44）。现水流在急流槽进口处的水深为 h_C，出口处的水深大于 h_0。可见，水流处于 2 区，为 S_2 型降水曲线。

② 按分段求和法公式计算急流槽中各断面的水深、速度及各分段长度。

从急流槽的起始断面（$h_1 = h_C$）出发进行计算

$$h_1 = h_C = 0.68 \text{ m} \qquad v_1 = v_C = 2.574 \text{ m/s}$$

则流速水头　$\dfrac{\alpha v_1^2}{2g} = \dfrac{1 \times 2.574^2}{2 \times 9.8} = 0.338 \text{ m}$

湿周　$\chi_1 = b + 2h_1 = 2 + 2 \times 0.68 = 3.36 \text{ m}$

过流断面　$A_1 = bh_1 = 2 \times 0.68 = 1.36 \text{ m}^2$

水力半径　$R_1 = \dfrac{A_1}{\chi_1} = \dfrac{1.36}{3.36} = 0.405 \text{ m}$

谢才系数　$C_1 = \dfrac{1}{n} R_1^{1/6} = \dfrac{1}{0.02}(0.405)^{1/6} = 43.008 \text{ m}^{1/2}/\text{s}$

设第二个断面的水深为 $h_2 = 0.42$ m（因为是 S_2 型曲线，其深度逐渐减小，但是最小水深不能小于 $h_0 = 0.21$ m）。同理算得

$$A_2 = 0.84 \text{ m}^2;\ v_2 = 4.167 \text{ m/s};\ \frac{\alpha v_2^2}{2g} = 0.886 \text{ m};$$

$$\chi_2 = 2.84 \text{ m};\ R_2 = 0.296 \text{ m};\ C_2 = 40.818 \text{ m}^{1/2}/\text{s}$$

两断面间水力要素的平均值为

$$\bar{v}=\frac{v_1+v_2}{2}=\frac{2.574+4.167}{2}=3.371\ \text{m/s}$$

$$\bar{C}=\frac{C_1+C_2}{2}=\frac{43.008+40.818}{2}=41.913\ \text{m}^{1/2}/\text{s}$$

$$\bar{R}=\frac{R_1+R_2}{2}=\frac{0.405+0.296}{2}=0.351\ \text{m}$$

$$\bar{J}=\frac{\bar{v}^2}{\bar{C}^2\bar{R}}=\frac{(3.371)^2}{(41.9)^2\times 0.35}=0.018$$

两断面间的距离为

$$\Delta l_{1-2}=\frac{\Delta e}{i-\bar{J}}=\frac{e_2-e_1}{i-\bar{J}}=\frac{(0.42+0.886)-(0.68+0.338)}{0.30-0.018}\approx 1.021\ \text{m}$$

然后继续按式(7-41)进行各分段计算。本例题因渠长较短，仅仅分成四段计算，其计算过程及结果列于表7-3中，水面曲线的变化见图7-42。

*§7-8 天然河道中水面曲线的计算

1. 概 述

在天然河道中修建桥梁、堰、坝或导流堤等建筑物时，必然会遇到建筑物修建后所引起的有关水面曲线的一些问题。在天然河道中，估算在情况变化后的新的水面曲线的最大困难，在于天然河道中水力要素变化急剧，因而不得不使用某种平均值作为计算的依据。此外，新的水面曲线常需估算到以往仅是洪水期所能见到的水位，或者甚至根本在该河段中未曾见过的高水位。

天然河道水面曲线的计算方法大致可分为两类。第一类是前面介绍过的分段求和法，但在天然河道水面曲线的计算中，一般不用水深的变化来表示，这是因为河床起伏不平且不断发生冲淤变化，水面线计算如用水深表示极为不便，也不易得出准确结果。一般观测河道水情首先是水位涨落，因此天然河道水面线用水位高程的沿程变化来表示。第二类是将不规则的天然河道，人为地化为具有平均底坡的棱柱形渠道，并据此进行它所代替的天然河道的计算。前者在工程实践中最常采用，故本节仅介绍天然河道水面曲线计算中的分段求和法。

2. 河道的分段

前已指出，天然河道水力要素沿程变化显著。为了能更好地定出各水力要素的平均值，提高计算精度，从而正确反映河道的实际情况，在计算水面曲线之前，有将河道分段的必要。

表 7-3

（已知值：$Q = 3.5\ m^3/s$，$i = 0.30$，$b = 2\ m$，$n = 0.020$，$l = 10\ m$，矩形过水断面）

断面	h (m)	A (m^2)	v (m/s)	$\bar{v}$ (m/s)	$\frac{\alpha v^2}{2g}$ (m)	$e = h + \frac{\alpha v^2}{2g}$ (m)	Δe (m)	χ (m)	R (m)	$\bar{R}$ (m)	C ($m^{1/2}/s$)	$\bar{C}$ ($m^{1/2}/s$)	$\bar{J} = \frac{\bar{v}^2}{\bar{C}^2\bar{R}}$	$i-\bar{J}$	$\Delta l = \frac{\Delta e}{i-\bar{J}}$ (m)	$l = \sum \Delta l$ (m)
1	0.68	1.36	2.574		0.338	1.018		3.36	0.405		43.008					
				3.371			0.288			0.351		41.913	0.0184	0.282	1.021	1.021
2	0.42	0.84	4.167		0.886	1.306		2.84	0.296		40.818					
				5.00			0.73			0.264		39.992	0.0592	0.241	3.029	4.05
3	0.30	0.60	5.833		1.736	2.036		2.60	0.231		39.166					
				6.417			0.714			0.216		38.701	0.1273	0.173	4.127	8.18
4	0.25	0.50	7.00		2.50	2.75		2.50	0.200		38.236					
				7.146			0.203			0.197		38.14	0.1782	0.122	1.664	$9.84 \simeq 10$
5	0.24	0.48	7.292		2.713	2.953		2.48	0.194		38.043					
																相对误差：$\left\lvert \frac{9.84-10}{10} \right\rvert = 1.6\%$

从表中计算结果可见，整个急流槽的最大流速发生在末端，该处水深 $h_5 = 0.24$ m，接近于正常水深 $h_0 = 0.21$ m，说明整个急流槽的水面曲线为 S_2 型。

分段的方法是使各分段范围内尽可能具有同一的水面坡度，而且过流断面的大小和形状无急剧变化。各段长度应沿河道几何轴线或最大水深线量取；其水面落差不宜过大，一般限制在数十厘米以内，山区河流，各段的水位差可稍大些。

沿河道若有支流注入，则在支流汇流处或至少在其附近应分成不同的两段进行计算。另外，对水位高程提出特定要求的控制点（如工厂、铁路和城镇等），应作为分段点，并根据其范围适当加段计算，以得出较准确的结果。

3. 河道的水面曲线计算

在天然河道中，常用水位变化来代替水深变化进行分析。在图 7-45 中，各断面的水位以 z_i 表示，现在断面 1-1 与 2-2 间建立能量方程，便得出与式(7-35)类似的微分方程式

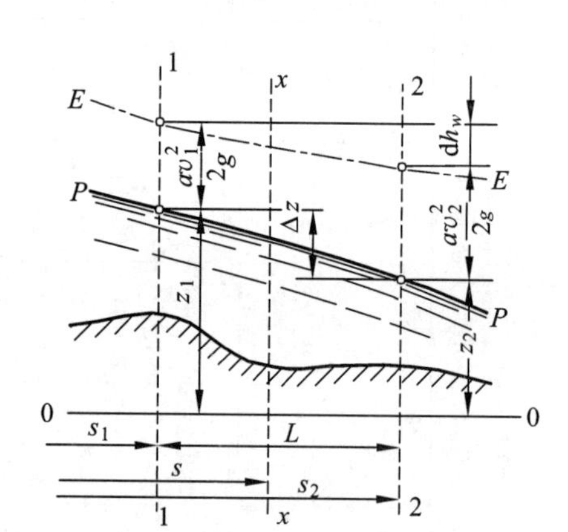

图 7-45

$$dz+d\left(\frac{\alpha v^2}{2g}\right)+dh_w=0$$

或

$$dz+d\left(\frac{\alpha v^2}{2g}\right)+dh_f+dh_j=0 \quad (7-44)$$

在天然河道中，由于过流断面沿程变化较大，所以各流段内的局部水头损失 dh_j 一般不能忽略。在各流段内的沿程水头损失 dh_f 仍可按均匀流规律考虑。

式(7-44)各项除以 ds，得

$$\frac{dz}{ds}+\frac{d}{ds}\left(\frac{\alpha v^2}{2g}\right)+\frac{dh_f}{ds}+\frac{d}{ds}\left(\bar{\zeta}\frac{v^2}{2g}\right)=0$$

或

$$-\frac{dz}{ds}=(\alpha+\bar{\zeta})\frac{d}{ds}\left(\frac{v^2}{2g}\right)+\frac{dh_f}{ds} \quad (7-45)$$

这便是天然河道恒定非均匀渐变流的微分方程式。$\bar{\zeta}$ 表示流段内局部阻力系数的平均值。将上述微分方程以有限差分式代替，便得天然河道水面曲线计算的差分方程

$$-\frac{\Delta z}{\Delta s}=(\alpha+\bar{\zeta})\frac{\Delta(v^2/2g)}{\Delta s}+\frac{\Delta h_f}{\Delta s} \quad (7-46)$$

或

$$-\Delta z=(\alpha+\bar{\zeta})\Delta\left(\frac{v^2}{2g}\right)+\Delta h_f \quad (7-47)$$

于是

$$-(z_2-z_1)=(\alpha+\bar{\zeta})\left(\frac{v_2^2}{2g}-\frac{v_1^2}{2g}\right)+\bar{J}\cdot\Delta l \quad (7-48)$$

或将上述方程改写为

$$z_1+(\alpha+\bar{\zeta})\frac{v_1^2}{2g}=z_2+(\alpha+\bar{\zeta})\frac{v_2^2}{2g}+\frac{Q^2}{\bar{K}^2}\Delta l \tag{7-49}$$

式中，$\bar{J}=Q^2/\bar{K}^2$ 为流段(Δl)内的平均水力坡度；而流量模数的平均值 $\bar{K}=\bar{A}\bar{C}\ \bar{R}^{1/2}$；$\bar{\zeta}$ 为流段 Δl 内的局部阻力系数的平均值：对收缩段，局部水头损失较小，常可忽略不计，此时 $\bar{\zeta}=0$；对扩展段，Δh_j 值不可忽略不计，一般采用 $\bar{\zeta}=-0.33\sim-1.0$，$\bar{\zeta}$ 用负号是为了使局部水头损失得正值。

式(7-47)或(7-49)为天然河道水面曲线进行分段计算的基本式。

当流段的过流断面面积变化不大，亦即流速水头的变化 $\Delta(\alpha v^2/2g)$ 很小时，则天然河道水面曲线的计算式(7-47)可简化为

$$-\Delta z=\Delta h_f$$

即

$$z_1-z_2=\frac{Q^2}{\bar{K}^2}\Delta l$$

或

$$z_1=z_2+\frac{Q^2}{\bar{K}^2}\Delta l \tag{7-50}$$

在利用式(7-49)或式(7-50)进行天然河道水面曲线计算时，首先将有关计算的河道分成若干小段，然后就分段的上端或下端的已知水位，依次沿各个分段进行计算，直到算完有关河段为止。其计算步骤与上节所讲的分段求和法类似。

习　　题

一、单项选择题

7-1　水力最优断面是(　　)。

A. 水力半径 R 最小、湿周 χ 最大的断面形状

B. 水力半径 R 最小、湿周 χ 也最小的断面形状

C. 水力半径 R 最大、湿周 χ 最小的断面形状

D. 水力半径 R 最大、湿周 χ 也最大的断面形状

7-2　对于无压圆管均匀流，流量达最大值的充满度是(　　)。

A. 0.81　　B. 0.90　　C. 0.95　　D. 1.0

7-3　下列关于微幅干扰水面波传播的说法中，正确的是(　　)。

A. 在急流和缓流中均能向上游传播

B. 在急流和缓流中均不能向上游传播

C. 在缓流中能向上游传播，急流中能向下游传播

D. 在急流中能向上游传播，缓流中能向下游传播

7-4　只适用于明渠均匀流流动状态(急流、缓流、临界流)的判别方法是(　　)法。

A. 微波波速　　B. 临界底坡　　C. 弗劳德数　　D. 临界水深

7-5　下面关于水跃流量一定情况下其共轭水深 h' 和 h'' 的说法中，正确的是(　　)。

A. h'' 随 h' 增大而增大　　B. h'' 随 h' 增大而减小

C. h'' 随 h' 增大而先增大后减小　　D. h'' 不随 h' 变化

7-6　棱柱形渠道发生 M_2 型水面曲线时，水流的特性为(　　)。

A. $Fr<1 \quad h>hc$　　　　B. $Fr>1 \quad h>hc$

C. $Fr<1 \quad h<hc$　　　　D. $Fr>1 \quad h<hc$

二、计算分析题

7-7　有一明渠均匀流，过流断面如图所示。$B=1.2$ m，$r=0.6$ m，$i=0.000\,4$。当流量 $Q=0.55\ m^3/s$ 时，断面中心线水深 $h=0.9$ m，问此时该渠道的流速系数(谢才系数)C 值应为多少？

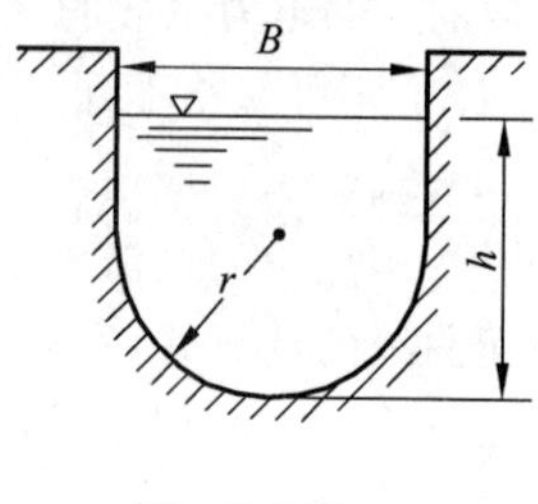

题　7-7 图

7-8　在我国铁路现场中，路基排水的最小梯形断面尺寸一般规定如下：其底宽 b 为 0.4 m，过流深度 h 按 0.6 m 考虑，沟底坡度 i 规定最小值为 0.002。现有一段梯形排水沟在土层开挖($n=0.025$)，边坡系数 $m=1$，b、h 和 i 均采用上述规定的最小值，问此段排水沟按曼宁公式和巴甫洛夫斯基公式计算其通过的流量有多大？

7-9　有一条长直的矩形断面明渠，过流断面宽 $b=2$ m，水深 $h=0.5$ m。若流量变为原来的两倍，水深变为多少？假定流速系数 C 不变。

7-10　为测定某梯形断面渠道的粗糙系数 n 值，选取 $l=150$ m 长的均匀流段进行测量。已知渠底宽度 $b=10$ m，边坡系数 $m=1.5$，水深 $h_0=3.0$ m，两断面的水面高差 $\Delta z=0.3$ m，流量 $Q=50\ m^3/s$，试计算 n 值。

7-11　某梯形断面渠道中的均匀流动，流量 $Q=20\ m^3/s$，渠道底宽 $b=5.0$ m，水深 $h=2.5$ m，边坡系数 $m=1.0$，粗糙系数 $n=0.025$，试求：(1)渠道底坡 i；(2)若要进行模型实验，取 $\lambda_n=1$，$\lambda_l=100$，为保证其流动相似，试求 λ_i。

7-12　一路基排水沟需要通过流量 $Q=1.0\ m^3/s$，沟底坡度 $i=0.004$，水沟断面采用梯形，并用小片石干砌护面，$n=0.02$，边坡系数 $m=1$。试按水力最优条件设计此排水沟的断面尺寸。

7-13　有一输水渠道，在岩石中开凿，$n=0.02$，采用矩形过流断面。$i=0.003$，$Q=1.2\ m^3/s$。试按水力最优条件设计断面尺寸。

7-14　今欲开挖一梯形断面土渠。已知流量 $Q=10\ m^3/s$，边坡系数 $m=1.5$，粗糙系数 $n=0.02$，为防止冲刷取最大允许流速 $v=1.0$ m/s。试求：(1)按水力最优条件设计断面尺寸；(2)渠道底坡 i 为多少？

7-15　有一梯形断面明渠，已知 $Q=2\ m^3/s$，$i=0.001\,6$，$m=1.5$，$n=0.02$，若允许流速 $v_{max}=1.0$ m/s。试决定此明渠的断面尺寸。

7-16　梯形断面渠道，底宽 $b=1.5$ m，边坡系数 $m=1.5$，通过流量 $Q=3\ m^3/s$，粗糙系数 $n=0.03$，当按最大不冲流速 $v'=0.8$ m/s 设计时，求正常水深及底坡。

7-17　有一梯形渠道，用大块石干砌护面，$n=0.02$。已知底宽 $b=7$ m，边坡系数 $m=1.5$，底坡 $i=0.001\,5$，需要通过的流量 $Q=18\ m^3/s$，试决定此渠道的正常水深 h_0。

7-18　在题 7-17 中，b、m、n 及 i 不变，若通过流量比原设计流量增大 50%，问水深增加多少(是否超过一般排水沟的安全超高 20 cm)？

7-19　有一梯形渠道，设计流量 $Q=10\ m^3/s$，采用小片石干砌护面，$n=0.02$，边坡系数 $m=1.5$，底坡 $i=0.003$，要求水深 $h=1.5$ m，问断面的底宽 b 应为多少？

7-20　如图所示有近似为矩形断面的分岔河道，已知长度 $l_1=6$ km，$l_2=2.5$ km，宽度 $b_1=80$ m，$b_2=150$ m，水深 $h_1=2.2$ m，$h_2=4$ m，河床的粗糙系数 $n=0.03$。当总流量 $Q=400\ m^3/s$ 时，

1—1 断面处的水面高程$\nabla_1 = 120.00$ m。试近似地按均匀流计算:(1)2—2 断面的水面高程∇_2;(2)流量分配 Q_1 及 Q_2。

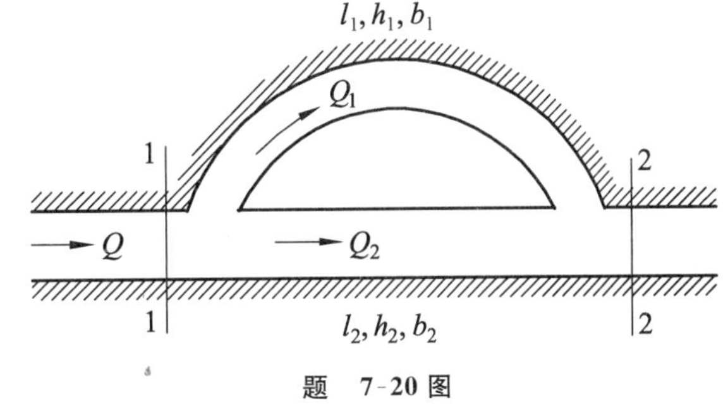

题 7-20 图

7-21 某圆形污水管道,已知管径 $d=1\ 000$ mm,粗糙系数 $n=0.016$,底坡 $i=0.01$,试求最大设计充满度时的流量 Q 及断面平均流速 v。

7-22 有一钢筋混凝土圆形排水管($n=0.014$),管径 $d=500$ mm,试问在最大设计充满度下需要多大的管底坡度 i 才能通过 0.3 m^3/s 的流量?

7-23 已知混凝土圆形排水管($n=0.014$)的污水流量 $Q=0.2\ m^3/s$,底坡 $i=0.005$,试决定管道的直径 d。

7-24 有一直径为 $d=200$ mm 的混凝土圆形排水管($n=0.014$),管底坡度 $i=0.004$,试问通过流量 $Q=20$ L/s 时管内的正常水深 h 为多少?

7-25 在直径为 d 的无压管道中,水深为 h,求证当 $h=0.81d$ 时,管中流速 v 达到其最大值。

7-26 某一复式断面渠道,如图所示,已知底坡 $i=0.000\ 1$,主槽粗糙系数 $n_2=0.025$,滩地粗糙系数 $n_1=n_3=0.03$,洪水位及有关尺寸见图示,求可通过的洪水流量。

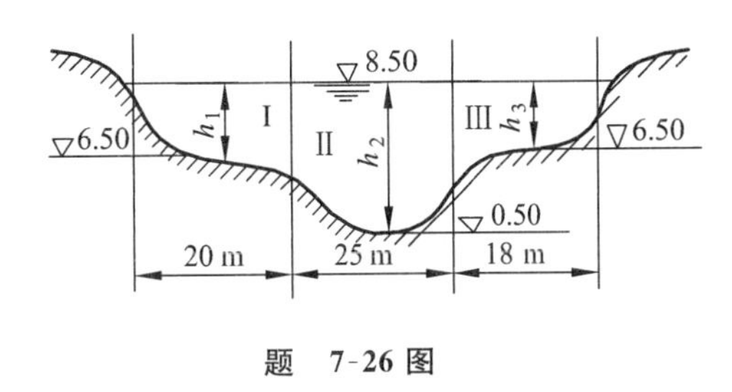

题 7-26 图

7-27 一顺坡明渠渐变流段,长 $l=1$ km,全流段平均水力坡度 $\overline{J}=0.001$。若把基准面取在末端过流断面底部以下 0.5 m,则水流在起始断面的总能量 $E_1=3$ m。求末端断面水流所具有的断面单位能量 e_2。

7-28 试求矩形断面的明渠均匀流在临界状态下,水深与断面单位能量之间的关系。

7-29 一矩形渠道,断面宽度 $b=5$ m,通过流量 $Q=17.25\ m^3/s$,求此渠道水流的临界水深 h_C。(设 $\alpha=1.0$)

7-30 某山区河流,在一跌坎处形成瀑布(跌水),过流断面近似矩形,今测得跌坎顶上的水深 $h=1.2$ m(认为 $h_C=1.25h$),断面宽度 $b=11.0$ m,要求估算此时所通过的流量 Q。(α 以 1.0 计)

7-31 有一梯形断面土渠,底宽 $b=12$ m,边坡系数 $m=1.5$,粗糙系数 $n=0.025$,通过流量 $Q=18\ m^3/s$,求临界水深及临界坡度。(α 以 1.1 计)

7-32 有一顺直小河,断面近似矩形,已知 $b=10$ m,$n=0.04$,$i=0.03$,$\alpha=1.0$,$Q=10\ m^3/s$,试判别在均匀流情况下的水流状态(急流还是缓流)。

7-33 有一条运河,过流断面为梯形,已知 $b=45$ m,$m=2.0$,$n=0.025$,$i=0.333/1\ 000$,$\alpha=1.0$,$Q=500\ m^3/s$,试判断在均匀流情况下的水流状态。

7-34 有一按水力最优条件设计的浆砌石的矩形断面长渠道,底宽 $b=4$ m,粗糙系数 $n=0.017$,通过的流量 $Q=8\ m^3/s$,动能修正系数 $\alpha=1.1$。试分别用 h_C、i_C、Fr 及 v_C 来判别该明渠水流的缓、急状态。

7-35　在一矩形断面平坡明渠中，有一水跃发生，当跃前断面的 $Fr=3$ 时，问跃后水深 h'' 为跃前水深 h' 的几倍？

7-36　闸门下游矩形渠道中发生水跃，如图所示。已知 $b=6$ m，$Q=12.5$ m³/s，跃前断面流速 $v_1=7$ m/s，求跃后水深、水跃长度和水跃中所消耗的能量。

7-37　有两条底宽 b 均为 2 m 的矩形断面渠道相接，水流在上、下游的条件如图所示，当通过流量 $Q=8.2$ m³/s 时，上游渠道的正常水深 $h_{01}=1$ m，下游渠道正常水深 $h_{02}=2$ m，试判断水跃发生的位置。

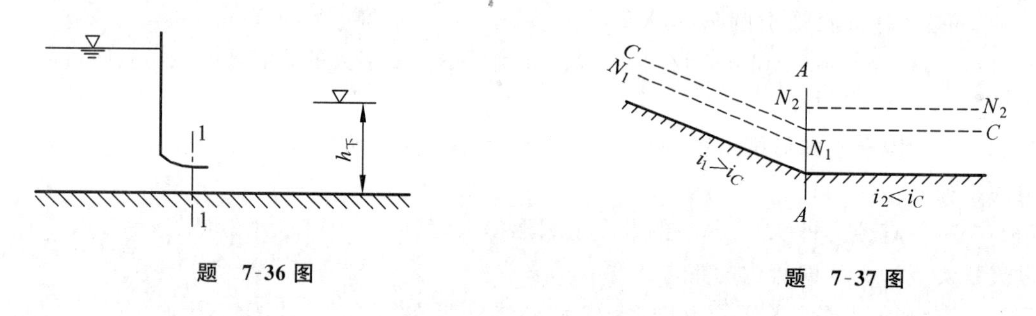

题　7-36 图　　　　题　7-37 图

7-38　棱柱形渠道中流量和糙率均沿程不变，分析下列图中当渠底坡度变化时，水面曲线连接的可能形式。

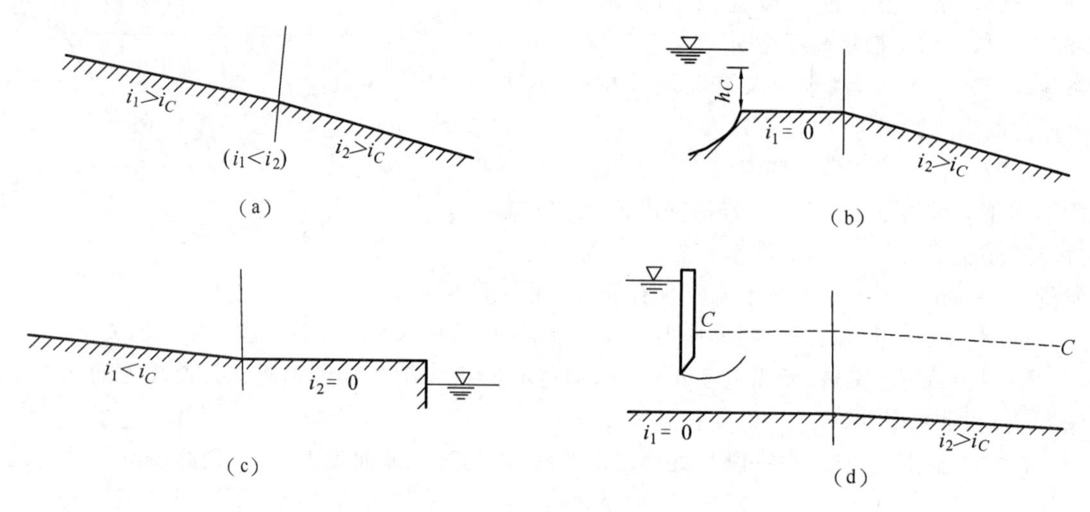

题　7-38 图

7-39　某棱柱形渠道的糙率 n 于断面 x-x 处发生变化。试定性分析图示渠道中可能发生的水面曲线形式。

7-40　矩形断面变坡棱柱形渠道，上游远端为均匀流且断面为水力最优断面，下游接一长度 l 可变的逆坡渠道，末端为跌坎。已知渠道底宽 $b=1$ m，上游渠底坡 $i=0.0004$，粗糙系数 $n=0.014$，动能修正系数 $\alpha=1.0$。试求

(1)渠道中的流量；

(2)渠道末端出口断面的水深；

(3)绘出渠道中水面曲线示意图(标出水面线类型)；

(4)若用 15 ℃的水($\nu_m=1.139\times10^{-6}$ m²/s)来模拟稀性泥石流($\nu_p=1.277\times10^{-4}$ m²/s)，

试求该渠道对应模拟的泥石流的单宽流量 q_p。

7-41　试用急流、缓流和水面曲线变化规律等概念，分析棱柱形平坡及逆坡渠道中恒定渐变流的断面单位能量 e 沿程的变化规律。

7-42　有一梯形断面小河，其底宽 $b=10$ m，边坡系数 $m=1.5$，底坡 $i=0.000\ 3$，粗糙系数 $n=0.02$，流量 $Q=31.2\ \text{m}^3/\text{s}$。现下游筑一溢水低坝，如图所示，坝高 $H_1=2.73$ m，坝上水头 $H=1.27$ m，要求用分段求和法（分成四段以上）计算筑坝后水位抬高的影响范围 l（淹没范围）。

注：水位抬高不超过原来水位的 1% 即可认为已无影响。

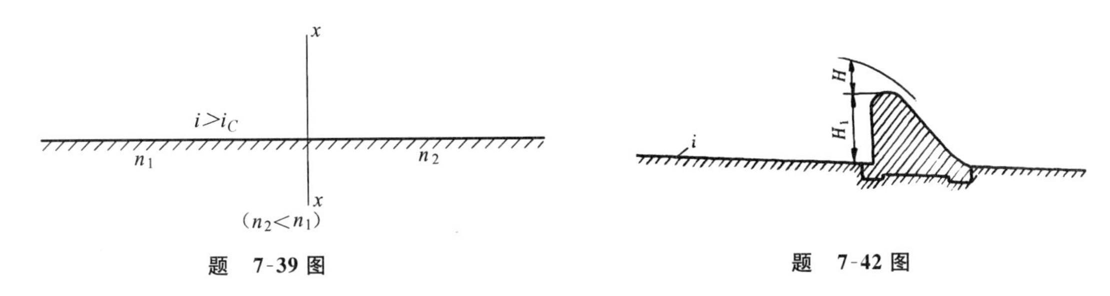

题　7-39 图　　　　　　题　7-42 图

7-43　数据与题 7-42 相同，要求用数值积分法（按 5 个以上的小区间考虑）计算筑坝后水位抬高的影响范围 l。

7-44　一土质梯形明渠，底宽 $b=12$ m，底坡 $i=0.000\ 2$，边坡系数 $m=1.5$，粗糙系数 $n=0.025$，渠长 $l=8$ km，流量 $Q=47.7\ \text{m}^3/\text{s}$，渠末水深 $h_2=4$ m。试用分段求和法（分成五段以上）计算并绘出该水面曲线；并要求根据上述计算给出渠首水深 h_1。

7-45　试按分段求和法或数值积分法编写棱柱形渠道恒定渐变流水面曲线计算程序，并上机计算题 7-42。

第八章 堰 流

本章讨论堰流现象及其水力计算。堰流在工程中应用较广，在水利工程中，常用作引水灌溉、泄洪排涝的水工建筑物；在给水排水工程中，堰流是常用的溢流设备和量水设备；在交通土建工程中，宽顶堰流理论是小桥涵孔径水力计算的基础；在城市建设中，也常用堰流知识设计人工水景瀑布，美化环境。

§8-1 堰流的定义及堰的分类

1. 堰流的定义

无压缓流经障壁溢流时，上游发生壅水，然后水面跌落，这一局部水流现象称为堰流，障壁称为堰。

堰对水流的作用，或者是侧向约束，或者是垂向(底坎)约束，前者如小桥涵洞，后者如闸坝等水工建筑物。

研究堰流的目的在于探讨流经堰的流量 Q 与堰流其他特征量如堰宽 b、堰前水头 H、堰顶厚度 δ 和它的剖面形状、下游水深 h 及下游水位高出堰顶的高度 Δ、堰上下游坎高 p 及 p'、行近流速 v_0 等(见图 8-1)的关系，从而解决工程中提出的有关流体力学(水力学)问题。

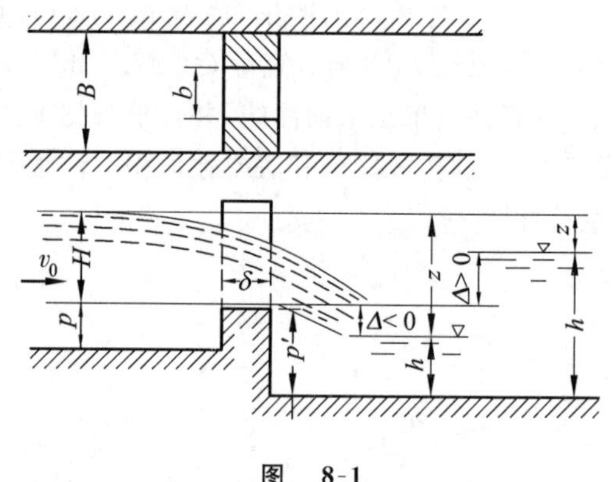

图 8-1

2. 堰的分类

根据堰流的水力特点，可按相对堰厚 δ/H 的大小将堰划分为三种基本类型：

① 薄壁堰($\delta/H<0.67$)，水流越过堰顶时，堰顶厚度 δ 不影响水流的特性，如图 8-2(a) 所示。薄壁堰根据堰口的形状，一般有矩形堰、三角堰和梯形堰等。薄壁堰主要用作量测流量的一种设备。

② 实用断面堰($0.67<\delta/H<2.5$)，堰顶厚度 δ 对水舌的形状已有一定影响，但堰顶水流仍为明显弯曲向下的流动。实用断面堰的纵剖面可以是曲线形[见图 8-2(b)]，也可以是折线形[见图 8-2(c)]。工程上的溢流建筑物常属于这种堰。

③ 宽顶堰($2.5<\delta/H<10$)，堰顶厚度 δ 已大到足以使堰顶出现近似水平的流动[见图 8-2(d)]，但其沿程水头损失还未达到显著的程度而仍可以忽略。水利工程中的引水闸坝即属于这种堰。

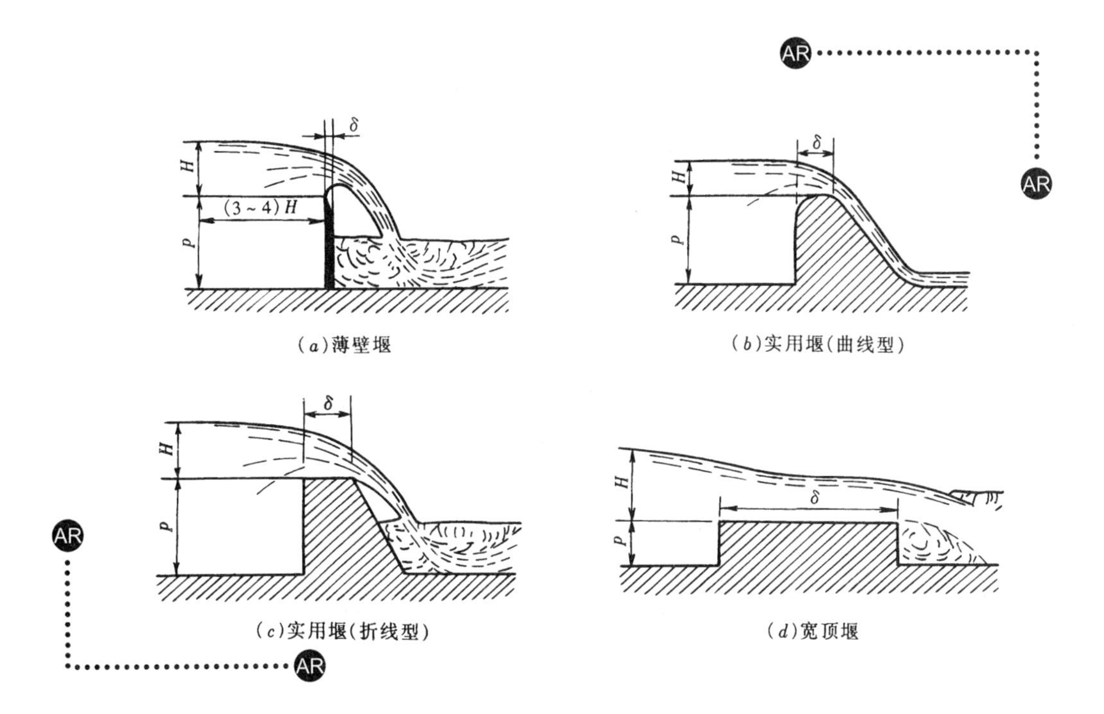

图 8-2

当 $\delta/H > 10$ 时，沿程水头损失逐渐起主要作用，不再属于堰流的范畴。

堰流形式虽多，但其流动却具有一些共同特征。水流趋近堰顶时，流股断面收缩，流速增大，动能增加而势能减小，故水面有明显降落。从作用力方面看，重力作用是主要的；堰顶流速变化大，且流线弯曲，属于急变流动，惯性力作用也显著；在曲率大的情况下有时表面张力也有影响；因溢流在堰顶上的流程短（$0 \leqslant \delta \leqslant 10H$），黏性阻力作用小。在能量损失上主要是局部水头损失，沿程水头损失可忽略不计（如宽顶堰和实用断面堰），或无沿程水头损失（如薄壁堰）。由于上述共同特征，堰流基本公式可具有同样的形式。

影响堰流性质的因素除了 δ/H 以外，堰流与下游水位的连接关系也是一个重要因素。当下游水深足够小，不影响堰流性质（如堰的过流能力）时，称为自由式堰流，否则称为淹没式堰流。开始影响堰流性质的下游水深，称为淹没标准。

此外，当堰宽 b 小于上游渠道宽度 B 时，称为侧收缩堰，当 $b = B$ 时则称为无侧收缩堰。

§8-2 堰流基本公式

薄壁堰、实用断面堰和宽顶堰的水流特点，因其边界条件不同，一般是有差别的。但它们都是可以不计或无沿程水头损失，这是它们的共性，这种共性是堰流的主要特征。因此，可以理解，堰流应具有同一结构形式的基本公式，而差别则仅表现在某些系数数值的不同上。

现以自由溢流的无侧收缩矩形薄壁堰（见图 8-3）为例，推求堰流基本公式。过水断面 1-1 取在离堰壁上游 $(3 \sim 5)H$ 处（据实验和观测证实，此处水面尚无明显降落），过水断面 2-2 的中心与堰顶同高，以通过堰顶的水平面 0-0 为基准面，对 1-1 和 2-2 两过水断面写恒定总流

的伯努利方程

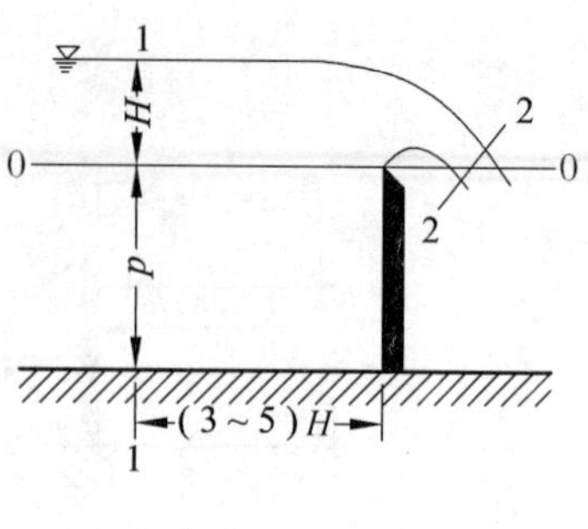

图 8-3

$$H+\frac{\alpha_0 v_0^2}{2g}=\frac{p_2}{\gamma}+\frac{\alpha_2 v_2^2}{2g}+\zeta\frac{v_2^2}{2g}$$

式中，ζ 为堰进口所引起的局部阻力系数；p_2/γ 为 2-2 断面的平均压强水头，$p_2/\gamma\approx 0$。

若令 $$H_0=H+\frac{\alpha_0 v_0^2}{2g}$$

则由上式可得 $$v_2=\frac{1}{\sqrt{\alpha_2+\zeta}}\sqrt{2gH_0}=\varphi\sqrt{2gH_0}$$

故 $$Q=v_2A_2=\varphi b e\sqrt{2gH_0}$$

式中，$\varphi=1/\sqrt{\alpha_2+\zeta}$ 为流速系数；b 为堰宽；e 为断面 2-2 上水舌的厚度。

若令 $e=kH_0$，这里 k 为系数，则上式成为

$$Q=\varphi k b\sqrt{2g}H_0^{1.5}=mb\sqrt{2g}H_0^{1.5} \tag{8-1}$$

式中，$m=k\varphi$，称为堰流流量系数。

如果将堰上游行近流速 v_0 的影响纳入流量系数中去考虑，则式(8-1) 成为

$$Q=m_0 b\sqrt{2g}H^{1.5} \tag{8-2}$$

式中，$m_0=m(1+\alpha_0 v_0^2/2gH)^{1.5}$，为计及行近流速的堰流流量系数。

采用式(8-1) 或式(8-2) 进行计算，各有方便之处。式(8-1) 或式(8-2) 虽然是根据矩形薄壁堰推导出来的流量公式，但若仿此，对实用断面堰和宽顶堰进行推导，将得到与式(8-1) 或式(8-2) 一样形式的流量公式。因此，式(8-1) 或式(8-2) 称为堰流基本公式。

堰流基本公式也可应用实验和量纲分析法导得。

对于水舌下通风的自由式堰进行实验研究得知，影响堰流流量 Q 的因素有：流体的密度 ρ、黏度 μ（由于上游渠道的雷诺数一般是相当大的，因此 μ 的影响可以忽略）、重力加速度 g、表面张力 σ 以及堰宽 b、上游渠宽 B、上游坎高 p、堰前水头 H 等。因此有函数关系

$$Q=f_1(\rho,g,H,b,B,p,\sigma)$$

选 ρ,g,H 为基本物理量，利用 π 定理可得

$$\frac{Q}{\sqrt{g}H^{2.5}}=f_2\left(\frac{b}{H},\frac{B}{H},\frac{p}{H},We\right)$$

其中，We 为韦伯数，$We=\rho gH^2/\sigma$。

对于矩形堰，通过实验得知 Q 与 b 成正比，则上式可写为

$$Q=f\left(\frac{B}{H},\frac{p}{H},We\right)b\sqrt{2g}H^{1.5}$$

令 $m_0=f\left(\frac{B}{H},\frac{p}{H},We\right)$，称为堰流流量系数，则有式(8-2)

$$Q=m_0 b\sqrt{2g}H^{1.5}$$

若考虑堰上游行近流速 v_0 对上游总水头增大的影响，则上式可写成式(8-1)

$$Q=mb\sqrt{2g}H_0^{1.5}$$

如果下游水位影响堰流性质，在相同水头 H 情况下，其流量 Q 小于自由式堰流的流量，可

用小于1的淹没系数σ表明其影响，因此淹没式的堰流基本公式可表示为

$$Q=\sigma mb\sqrt{2g}H_0^{1.5} \tag{8-3}$$

或

$$Q=\sigma m_0 b\sqrt{2g}H^{1.5} \tag{8-4}$$

下面将分别探讨薄壁堰、实用断面堰和宽顶堰的水流特点。

§8-3 薄 壁 堰

1. 矩形堰

堰口形状为矩形的薄壁堰，称为矩形堰，如图8-4所示。

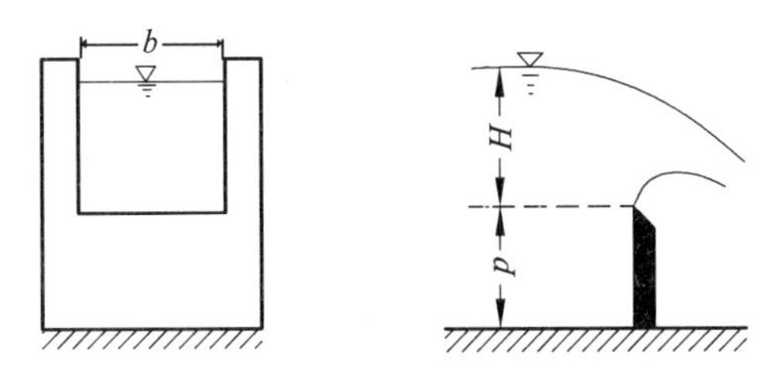

图 8-4

图8-5是经无侧收缩、自由式、水舌下通风的矩形薄壁正堰①（也称为完全堰）的溢流，系根据巴赞(Bazin)的实测数据用水头H作为参数绘制的。由图可见，当$\delta/H<0.67$时，堰顶厚度不影响堰流的性质，这正是薄壁堰的水力特点。

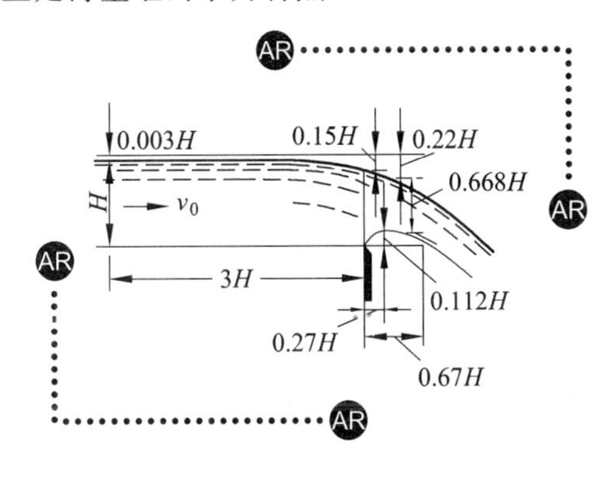

图 8-5

由于薄壁堰主要用作量水设备，故用式(8-2)较为方便。水头H在堰板上游大于$3H$的地方量测，流量系数m_0的数值大致为0.42～0.50，可采用雷布克(Rehbock)公式

$$m_0=0.403+0.053\frac{H}{p}+\frac{0.0007}{H} \tag{8-5}$$

计算。其中H以m计。实验证明，式(8-5)在$0.10\ \text{m}<p<1.0\ \text{m}$，$2.4\ \text{cm}<H<60\ \text{cm}$，且

① 与水流方向正交的堰称为正堰。

$H/p < 1$ 的条件下，误差在 0.5% 以内。

流量系数 m_0 也可采用巴赞公式

$$m_0 = \left(0.405 + \frac{0.0027}{H}\right)\left[1 + 0.55\left(\frac{H}{H+p}\right)^2\right] \tag{8-6}$$

计算。其中 H 以 m 计。该式在 $0.2\ \mathrm{m} < b < 2.0\ \mathrm{m}$，$0.1\ \mathrm{m} < H < 0.6\ \mathrm{m}$ 及 $H/p \leqslant 2$ 的条件下，误差为 1% 左右。

对于有侧向收缩($B/b > 1$)的情况，在相同的 b、p 和 H 条件下，其流量比完全堰要小些。可用某一较小的流量系数 m_c 代替 m_0，以计及这一影响，即

$$Q = m_c b\sqrt{2g}H^{1.5} \tag{8-7}$$

式中

$$m_c = \left(0.405 + \frac{0.0027}{H} - 0.03\frac{B-b}{H}\right) \times \left[1 + 0.55\left(\frac{b}{B}\right)^2\left(\frac{H}{H+p}\right)^2\right] \tag{8-8}$$

其中，H 以 m 计。

当堰下游水位高于堰顶且下游发生淹没水跃时，将会影响堰流性质，形成淹没式堰流。前者为淹没的必要条件，后者则为充分条件。

如图 8-6 所示，设 z_C 为堰流溢至下游渠道即将发生淹没水跃(即临界水跃式水流连接)的堰上、下游水位差。当 $z > z_C$ 时，在下游渠道发生远驱水跃水流连接，则为自由式堰流；当 $z < z_C$ 时，即发生淹没水跃。因此薄壁堰的淹没标准为

$$z \leqslant z_C \tag{8-9a}$$

或

$$\frac{z}{p'} \leqslant \left(\frac{z}{p'}\right)_C \tag{8-9b}$$

式中，z 为堰上、下游水位差；$(z/p')_C$ 与 H/p' 和计及行近流速的流量系数 m_0 有关，可由表 8-1 查取。

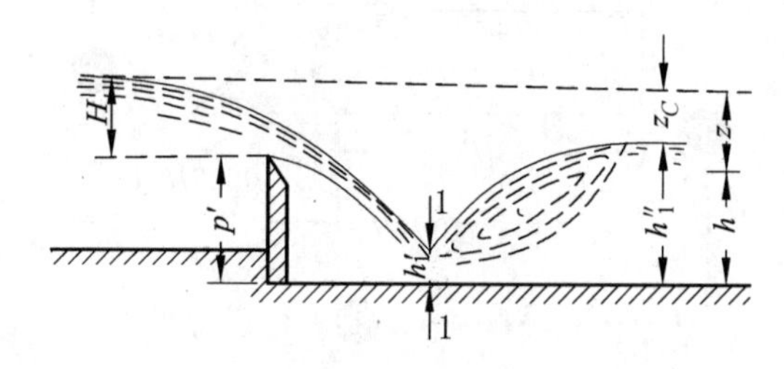

图 8-6

表 8-1 薄壁堰相对落差临界值 $(z/p')_C$

m_0	H/p'							
	0.10	0.20	0.30	0.40	0.50	0.75	1.00	1.50
0.42	0.89	0.84	0.80	0.78	0.76	0.73	0.73	0.76
0.46	0.88	0.82	0.78	0.76	0.74	0.71	0.70	0.73
0.48	0.86	0.80	0.76	0.74	0.71	0.68	0.67	0.70

淹没式堰的流量公式为(8-4),其中淹没系数 σ 可用巴赞公式

$$\sigma = 1.05\left(1 + 0.2\frac{\Delta}{p'}\right)\sqrt[3]{\frac{z}{H}} \tag{8-10}$$

计算,式中 Δ 为下游水位高出堰顶的高度,即 $\Delta = h - p'$。

2. 三角堰

堰口形状为三角形的薄壁堰,称为三角形堰,简称三角堰,如图 8-7 所示。

若量测的流量较小(如 $Q < 0.1\ \mathrm{m^3/s}$),采用矩形薄壁堰则因水头过小,测量水头的相对误差增大,一般改用三角形薄壁堰。三角堰的流量公式为

$$Q = MH^{2.5} \tag{8-11}$$

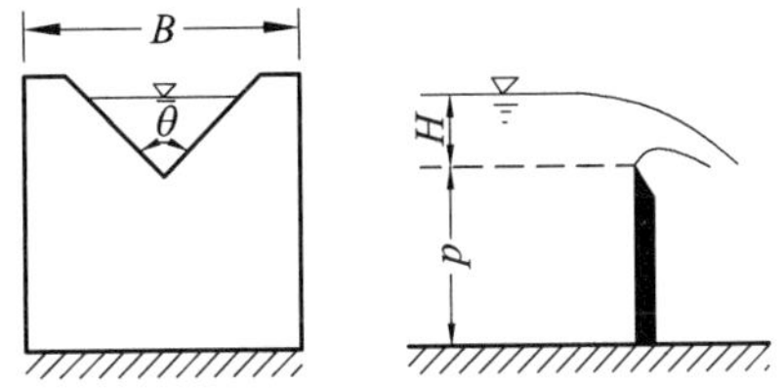

此式可由式(8-2)及 $b = 2H\mathrm{tg}(\theta/2)$ 得到。当 $\theta = 90°$,$H = 0.05 \sim 0.25$ m 时,可用下式计算

图 8-7

$$Q = 0.0154H^{2.47} \quad (\mathrm{L/s}) \tag{8-12}$$

式中,H 为堰顶水头,以 cm 计。

3. 梯形堰

当流量大于三角堰量程(约 50 L/s 以下)而又不能用无侧收缩矩形堰时,常采用梯形堰(见图 8-8)。梯形堰实际上是矩形堰(中间部分)和三角堰(两侧部分合成)的组合堰。因此,经梯形堰的流量为两堰流量之和,即

$$Q = m_0 b\sqrt{2g}H^{1.5} + MH^{2.5} = \left(m_0 + \frac{MH}{\sqrt{2g}b}\right)b\sqrt{2g}H^{1.5}$$

令 $m_t = m_0 + \dfrac{MH}{\sqrt{2g}b}$,得

$$Q = m_t b\sqrt{2g}H^{1.5} \tag{8-13}$$

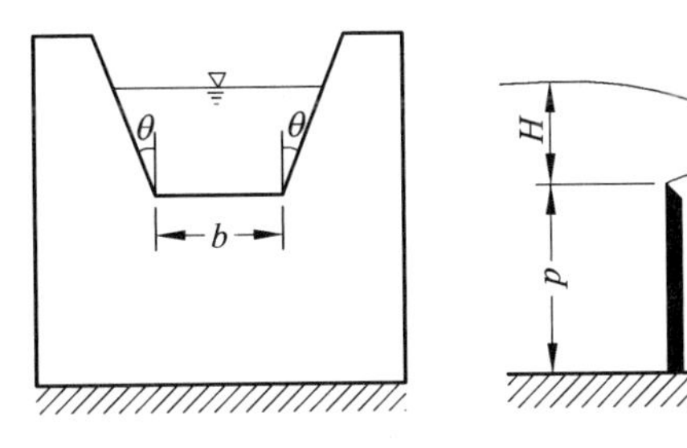

图 8-8

实验研究表明,当 $\theta = 14°$ 时,流量系数 m_t 不随 H 及 b 变化,且约为 0.42。

利用薄壁堰作为量水设备时,一般不宜在淹没条件下工作,且测量水头 H 的位置必须在堰板上游 $3H$ 或更远。为了减小水面波动,提高量测精度,在堰槽上一般应设置整流栅。

*§8-4 实用断面堰

实用断面堰主要用作蓄水挡水建筑物——坝，或净水建筑物的溢流设备。根据堰的专门用途和结构本身的稳定性要求，其剖面可以设计成曲线形或折线形。

曲线形实用断面堰根据堰的剖面曲线与薄壁堰水舌下缘外形是否相符，又可分为真空堰［见图8-9(a)］和非真空堰［见图8-9(b)］。

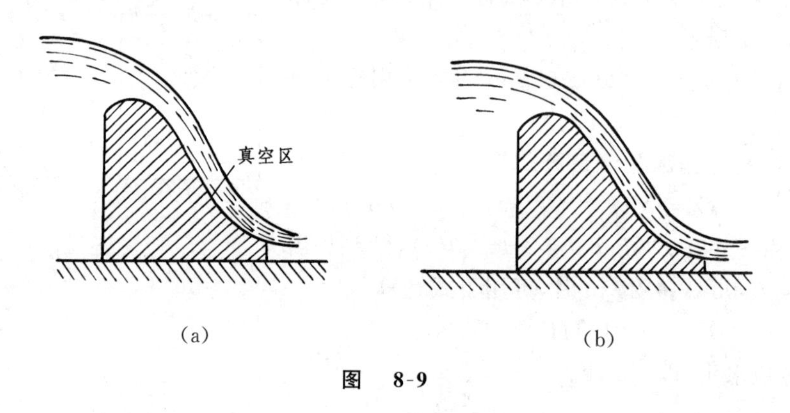

图 8-9

真空堰由于堰面上真空区的存在，与管嘴的水力性质相似，增加了堰的过流能力，即增大了流量系数。但是，由于真空区的存在，水流不稳定将引起建筑物的振动，且在堰面上发生空穴现象，对堰的安全有很大影响。

当材料(堆石、木材等)不便加工成曲线时，常采用折线形，如图8-10所示。

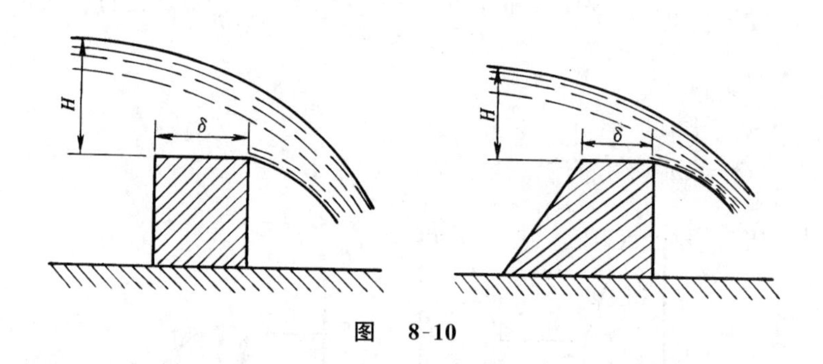

图 8-10

实用断面堰的流量计算可采用堰流基本公式(8-1)，其淹没标准与薄壁堰相同，只是$(z/p')_C$因流量系数m_0不同而有所不同。

由于实用断面堰堰面对水舌有影响，所以堰壁的形状及尺寸对流量系数也有影响，其数值应由模型试验确定。在初步估算中，当为自由溢流、无侧收缩时，真空堰$m \approx 0.50$，非真空堰$m \approx 0.45$，折线形堰$m \approx 0.35 \sim 0.42$；当为淹没溢流或有侧收缩时，应考虑淹没或侧收缩的影响，可参阅有关水利类的水力学教材。

§8-5　宽　顶　堰

许多水工建筑物的水流性质，从工程流体力学（水力学）的观点来看，一般都属于宽顶堰流。例如，小桥桥孔的过水，无压短涵管的过水，水利工程中的节制闸、分洪闸、泄水闸，灌溉工程中的进水闸、分水闸、排水闸等，当闸门全开时都具有宽顶堰的水力性质。另外，在城市建设中，人工瀑布的布水系统设计，也将用到宽顶堰流知识。因此，宽顶堰理论与水工建筑物的设计有密切的关系。

宽顶堰上的水流现象是很复杂的。根据其主要特点，抽象出的计算图形如图 8-11（自由式）及图 8-12（淹没式）所示。

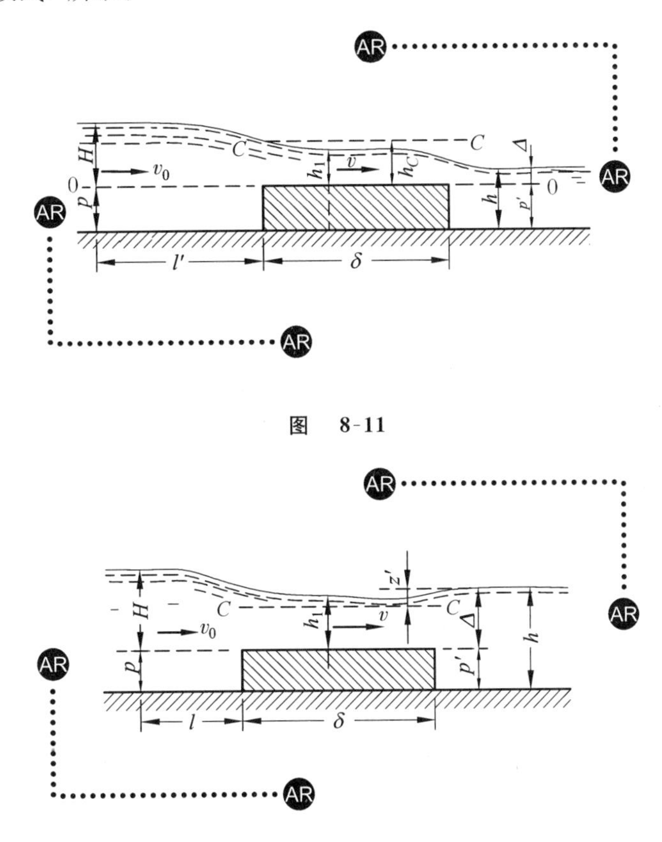

图　8-11

图　8-12

下面先讨论自由式无侧收缩宽顶堰，然后再就淹没及侧收缩等因素对堰流的影响进行讨论。在工程中，宽顶堰堰口形状一般为矩形。

1. 自由式无侧收缩宽顶堰

宽顶堰上的水流现象是很复杂的。根据其主要特点，可以认为：自由式宽顶堰流在进口不远处形成一收缩水深 h_1（即水面第一次降落），此收缩水深 h_1 小于堰顶断面的临界水深 h_C，然后形成流线近似平行于堰顶的渐变流，最后在出口（堰尾）水面再次下降（水面第二次降落），如图 8-11 所示。

自由式无侧收缩宽顶堰的流量计算可采用堰流基本公式(8-1)

$$Q = mb\sqrt{2g}H_0^{1.5}$$

式中,流量系数 m 与堰的进口形式以及堰的相对高度 p/H 等有关,可按别列津斯基经验公式计算:

对于直角边缘进口

$$m = \begin{cases} 0.32 & [(p/H) \geqslant 3] \\ 0.32 + 0.01\dfrac{3-(p/H)}{0.46+0.75(p/H)} & [0 < (p/H) < 3] \end{cases} \tag{8-14}$$

对于圆角边缘进口(当 $r/H \geqslant 0.2$,r 为圆进口圆弧半径)

$$m = \begin{cases} 0.36 & [(p/H) \geqslant 3] \\ 0.36 + 0.01\dfrac{3-(p/H)}{1.2+1.5(p/H)} & [0 < (p/H) < 3] \end{cases} \tag{8-15}$$

根据理论推导[①]宽顶堰的流量系数最大不超过 0.385,因此,宽顶堰的流量系数 m 的变化范围,应在 0.32 ~ 0.385 之间。

2. 淹没式无侧收缩宽顶堰

自由式宽顶堰堰顶上的水深 h_1 小于临界水深 h_C,即堰顶上的水流为急流。从图 8-11 可见,当下游水位低于坎高,即 $\Delta < 0$ 时,下游水流绝对不会影响堰顶上水流的性质。因此,$\Delta > 0$ 是下游水位影响堰顶上水流的必要条件,即 $\Delta > 0$ 是形成淹没式堰的必要条件。至于形成淹没式堰的充分条件,是堰顶上水流由急流因下游水位影响而转变为缓流。但是由于堰壁的影响,堰下游水流情况复杂,因此使其发生淹没水跃的条件也较复杂。目前用理论分析来确定淹没充分条件尚有困难,在工程实际中,一般采用实验资料来加以判别。通过实验,可以认为淹没式宽顶堰的充分条件是

$$\Delta = h - p' \geqslant 0.8H_0 \tag{8-16}$$

当满足式(8-16)时,为淹没式宽顶堰。淹没式宽顶堰的计算图式如图 8-12 所示。堰顶水深受下游水位影响决定,$h_1 = \Delta - z'$(z' 称为动能恢复),且 $h_1 > h_C$。

淹没式无侧收缩宽顶堰的流量计算可采用式(8-3),即

$$Q = \sigma mb\sqrt{2g}H_0^{1.5}$$

式中,淹没系数 σ 是 Δ/H_0 的函数,其实验结果见表 8-2。

表 8-2 淹 没 系 数

Δ/H_0	0.80	0.81	0.82	0.83	0.84	0.85	0.86	0.87	0.88	0.89
σ	1.00	0.995	0.99	0.98	0.97	0.96	0.95	0.93	0.90	0.87
Δ/H_0	0.90	0.91	0.92	0.93	0.94	0.95	0.96	0.97	0.98	
σ	0.84	0.82	0.78	0.74	0.70	0.65	0.59	0.50	0.40	

① 参见 西南交通大学水力学教研室编:《水力学》(第三版). 高等教育出版社 1983 年版。

3. 侧收缩宽顶堰

如堰前引水渠道宽度 B 大于堰宽 b，则水流流进堰后，在侧壁发生分离，使堰流的过水断面宽度实际上小于堰宽，同时也增加了局部水头损失。若用侧收缩系数 ε 考虑上述影响，则自由式侧收缩宽顶堰的流量公式为

$$Q = m\varepsilon b\sqrt{2g}H_0^{1.5} = mb_c\sqrt{2g}H_0^{1.5} \tag{8-17}$$

式中，$b_c = \varepsilon b$，称为收缩堰宽；收缩系数 ε 可用别列津斯基经验公式

$$\varepsilon = 1 - \frac{a}{\sqrt[3]{0.2 + (p/H)}}\sqrt[4]{\frac{b}{B}}\left(1 - \frac{b}{B}\right) \tag{8-18}$$

计算，其中 a 为墩形系数：直角边缘，$a = 0.19$；圆角边缘，$a = 0.10$。

若为淹没式侧收缩宽顶堰，其流量公式只需在式(8-17) 右端乘以淹没系数 σ 即可，即

$$Q = \sigma mb_c\sqrt{2g}H_0^{1.5} \tag{8-19}$$

【例 8-1】 求流经直角进口无侧收缩宽顶堰的流量 Q。已知堰顶水头 $H = 0.85$ m，坎高 $p = p' = 0.50$ m，堰下游水深 $h = 1.10$ m，堰宽 $b = 1.28$ m，取动能修正系数 $\alpha = 1.0$。

解

① 首先判明此堰是自由式还是淹没式

$$\Delta = h - p' = 1.10 - 0.50 = 0.60 \text{ m} > 0$$

故淹没式的必要条件满足，但

$$0.8H_0 > 0.8H = 0.8 \times 0.85 = 0.68 \text{ m} > \Delta$$

则淹没式的充分条件不满足，故此堰是自由式。

② 计算流量系数 m：

因 $p/H = 0.50/0.85 = 0.588 < 3$，则由式(8-14) 得

$$m = 0.32 + 0.01\frac{3 - 0.588}{0.46 + 0.75 \times 0.588} = 0.347$$

③ 计算流量 Q：

宽顶堰流量计算式为高次超越方程，计算中常采用迭代法求解。

将 $H_0 = H + \dfrac{\alpha Q^2}{2g[b(H + p)]^2}$ 代入式(8-1)，并写成迭代式为

$$Q_{(n+1)} = mb\sqrt{2g}\left[H + \frac{\alpha Q_{(n)}^2}{2gb^2(H + p)^2}\right]^{1.5}$$

式中，下标 n 为迭代循环变量。

将有关数据代入上式

$$Q_{(n+1)} = 0.347 \times 1.28 \times \sqrt{2 \times 9.8} \times \left[0.85 + \frac{1.0 \times Q_{(n)}^2}{2 \times 9.8 \times 1.28^2 \times (0.85 + 0.50)^2}\right]^{1.5}$$

得

$$Q_{(n+1)} = 1.966 \times \left[0.85 + \frac{Q_{(n)}^2}{58.525}\right]^{1.5}$$

取初值$(n=0)Q_{(0)}=0$,得

第一次近似值：$Q_{(1)}=1.966\times0.85^{1.5}=1.54\ \mathrm{m^3/s}$

第二次近似值：$Q_{(2)}=1.966\times\left[0.85+\dfrac{1.54^2}{58.525}\right]^{1.5}=1.65\ \mathrm{m^3/s}$

第三次近似值：$Q_{(3)}=1.966\times\left[0.85+\dfrac{1.65^2}{58.525}\right]^{1.5}=1.67\ \mathrm{m^3/s}$

现
$$\left|\frac{Q_{(3)}-Q_{(2)}}{Q_{(3)}}\right|=\frac{1.67-1.65}{1.67}\approx0.01$$

若此计算误差小于要求的误差限值,则 $Q\approx Q_{(3)}=1.67\ \mathrm{m^3/s}$。

当计算误差限值要求为 ε 值,要一直计算到
$$\left|\frac{Q_{(n+1)}-Q_{(n)}}{Q_{(n+1)}}\right|\leqslant\varepsilon$$
为止,则 $Q\approx Q_{(n+1)}$。

④ 校核堰上游是否为缓流：

因
$$v_0=\frac{Q}{b(H+p)}=\frac{1.67}{1.28\times(0.85+0.50)}=0.97\ \mathrm{m/s}$$

则
$$Fr=\frac{v_0}{\sqrt{g(H+p)}}=\frac{0.97}{\sqrt{9.8\times(0.85+0.50)}}=0.267<1$$

故上游水流确为缓流。缓流流经障壁形成堰流,因此上述计算有效。

对于淹没式宽顶堰流计算,尚需考虑淹没系数,即每次迭代时,需根据$\Delta/H_{0(n)}$ 从表 8-2 查出 $\sigma_{(n)}$,代入
$$Q_{(n+1)}=\sigma_{(n)}mb\sqrt{2g}\left[H+\frac{\alpha Q_{(n)}^2}{2gb^2(H+p)^2}\right]^{1.5}$$
进行迭代计算。

从上述计算可知,用迭代法求解宽顶堰流量高次方程,是一种行之有效的方法,但计算繁琐,可编制程序,用电子计算机求解。

§8-6　小桥孔径水力计算

交通土建工程中的小桥、无压短涵洞以及水利工程中的灌溉节制闸等的孔径计算,基本上都是利用宽顶堰理论。

下面将以小桥孔径计算为讨论对象。从工程流体力学(水力学) 观点来看,无压短涵洞、节制闸等的计算,原则上与小桥孔径的计算方法相同。

1. 小桥孔径的水力计算公式

小桥过水情况与上节所述宽顶堰基本相同,这里堰流的发生是在缓流河沟中,是由于路基及

墩台约束了河沟过水面积而引起侧向收缩的结果，一般坎高 $p = p' = 0$，故可称为无坎宽顶堰流。

小桥过水也分为自由式和淹没式两种情况，如图 8-13 所示。

实验发现，当桥下游水深 $h < 1.3h_C$（h_C 为桥孔水流的临界水深）时，为自由式小桥过水，如图[8-13(a)]所示。当 $h \geqslant 1.3h_C$ 时，为淹没式小桥过水，如图[8-13(b)]所示，这就是小桥过水的淹没标准。

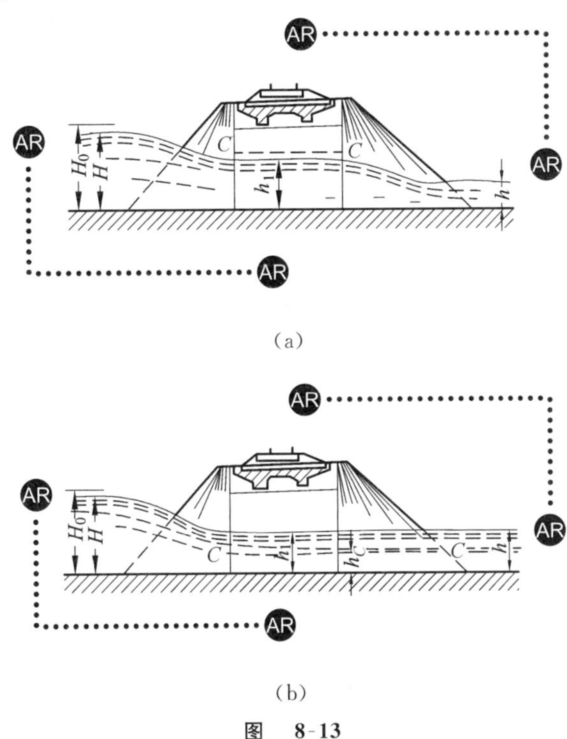

图 8-13

自由式小桥桥孔中水流的水深 $h_1 < h_C$，即桥孔水流为急流。计算时可令 $h_1 = \psi h_C$，这里 ψ 为垂向收缩系数，$\psi < 1$，视小桥进口形状决定其数值。

淹没式小桥桥孔中水流的水深 $h_1 > h_C$，即桥孔水流为缓流。计算时一般可忽略小桥出口的动能恢复 z'，因此有 $h_1 = h$，即淹没式小桥桥下水深等于桥下游水深。

小桥孔径的水力计算公式可由恒定总流的伯努利方程和连续性方程导得。

自由式

$$v = \varphi \sqrt{2g(H_0 - \psi h_C)} \tag{8-20}$$

$$Q = \varepsilon b \psi h_C \varphi \sqrt{2g(H_0 - \psi h_C)} \tag{8-21}$$

淹没式

$$v = \varphi \sqrt{2g(H_0 - h)} \tag{8-22}$$

$$Q = \varepsilon b h \varphi \sqrt{2g(H_0 - h)} \tag{8-23}$$

式中，ε、φ 分别为小桥的侧向收缩系数和流速系数，一般与小桥进口形式有关，其实验值列于表 8-3 中。

表 8-3　小桥的侧向收缩系数和流速系数

桥　台　形　状	侧向收缩系数 ε	流速系数 φ
单孔、有锥体填土(锥体护坡)	0.90	0.90
单孔、有八字翼墙	0.85	0.90
多孔或无锥体填土,多孔或桥台伸出锥体之外	0.80	0.85
拱脚浸水的拱桥	0.75	0.80

2. 小桥孔径的水力计算原则

在小桥孔径水力计算中,设计流量 Q 系由水文计算决定。当水流以此流量 Q 流经小桥时,应保证桥下不发生冲刷,即要求桥孔流速 v 不超过桥下铺砌材料或天然土壤的不冲刷允许流速 v';同时,桥前壅水水位 H 不大于规定的允许壅水水位 H',该值一般由路肩高程及桥梁梁底高程决定。

在设计中,其程序一般是从允许流速 v' 出发设计小桥孔径 b,同时考虑标准孔径 B①,使 $B \geqslant b$,然后再校核桥前壅水水位 H;也可以从允许壅水水位 H' 出发设计小桥孔径 b,同时考虑标准孔径 B,然后再校核桥孔流速 v。总之,在设计中,应考虑 v'、B 及 H' 三个因素。

由于小桥过水的淹没标准是 $h \geqslant 1.3h_C$,因此,必须建立 v'、B 及 H' 与 h_C 的关系。下面以矩形过水断面的小桥孔为例,讨论 v、H 及 b 等水力要素与 h_C 的关系。

设桥下过水断面宽度为 b,当水流发生侧向收缩时,有效水流宽度为 εb,则临界水深 h_C 与流量 Q 的关系为

$$h_C = \sqrt[3]{\frac{\alpha Q^2}{g(\varepsilon b)^2}} \tag{8-24}$$

在临界水深 h_C 的过水断面上的流速为临界流速 v_C,存在 $Q = v_C A_C = v_C \varepsilon b h_C$ 的关系,将其代入上式可得

$$h_C = \frac{\alpha v_C^2}{g}$$

当以允许流速 v' 进行设计时,考虑到自由式小桥的桥下水深为 $h_1 = \psi h_C$,则根据恒定总流的连续性方程,有

$$Q = v_C\,\varepsilon\,b\,h_C = v'\varepsilon\,b\,\psi\,h_C$$

即

$$v_C = \psi v'$$

因此可得桥下临界水深 h_C 与允许流速 v' 的关系为

$$h_C = \frac{\alpha v_C^2}{g} = \frac{\alpha\,\psi^2\,v'^2}{g} \tag{8-25}$$

将 $Q = m\,\varepsilon\,b\sqrt{2g}H_0^{1.5}$ 代入式(8-24)可得桥下临界水深与壅水水深的关系

$$h_C = \sqrt[3]{2\alpha m^2}\,H_0 \tag{8-26}$$

---

① 在交通土建工程中,尤其是山区和丘陵地区的铁路和公路,由于小桥涵工程的数量较多、建筑密度较大,为了降低制梁成本和便于快速设计、快速施工,小桥孔径通常应选用标准孔径。

当取 $m = 0.34$，$\alpha = 1.0$ 时，则 $h_C = 0.614H_0 \approx (0.8/1.3)H_0$。由此可见，宽顶堰的淹没标准 $\Delta \geqslant 0.8H_0$ 与小桥(涵)过水的淹没标准 $h \geqslant 1.3h_C$ 基本是一致的。

将 $Q = m\varepsilon b\sqrt{2g}H_0^{1.5}$ 与式(8-21)比较，可得流量系数 $m = \varphi \cdot \psi \dfrac{h_C}{H_0}\sqrt{1-\psi\dfrac{h_C}{H_0}}$，故式(8-26)又呈另一形式

$$h_C = \frac{2\alpha\varphi^2\psi^2}{1+2\alpha\varphi^2\psi^3}H_0 \tag{8-27}$$

式(8-24)至式(8-27)即为桥下临界水深 h_C 与 b、v' 及 H 的关系式。

进行设计时，需要根据小桥进口形式选用有关系数。ε 和 φ 的实验值见表8-3。至于动能修正系数 α 可取为1.0。垂向收缩系数 $\psi = h_1/h_C$ 依进口形式而异：对非平滑进口，$\psi = 0.75 \sim 0.80$；对平滑进口，$\psi = 0.80 \sim 0.85$；有的设计方法认为 $\psi = 1.0$。

铁路、公路桥梁的标准孔径一般有4 m、5 m、6 m、8 m、10 m、12 m、16 m、20 m等多种。

【例8-2】 试设计一矩形断面小桥孔径 B。已知河道设计流量(据水文计算得) $Q = 30\ \text{m}^3/\text{s}$，桥前允许壅水水深 $H' = 1.5$ m，桥下铺砌允许流速 $v' = 3.5$ m/s，桥下游水深(据桥下游河段流量-水位关系曲线求得) $h = 1.10$ m，选定小桥进口形式后知 $\varepsilon = 0.85$，$\varphi = 0.90$，$\psi = 0.85$。取动能修正系数 $\alpha = 1.0$。

解

① 从 $v = v'$ 出发进行设计。由式(8-25)得

$$h_C = \frac{\alpha\psi^2 v'^2}{g} = \frac{1.0\times0.85^2\times3.5^2}{9.8} = 0.903\ \text{m}$$

因 $1.3h_C = 1.3\times0.903 = 1.17\ \text{m} > h = 1.10$ m，故此小桥过水为自由式。

由 $Q = v'\varepsilon b\psi h_C$ 得

$$b = \frac{Q}{\varepsilon\psi h_C v'} = \frac{30}{0.85\times0.85\times0.903\times3.5} = 13.14\ \text{m}$$

取标准孔径 $B = 16\ \text{m} > b = 13.14$ m。

② 由于 $B > b$，原自由式可能转变成淹没式，需要再利用式(8-24)计算孔径为 B 时的桥下临界水深 h'_C。

$$h'_C = \sqrt[3]{\frac{\alpha Q^2}{g(\varepsilon B)^2}} = \sqrt[3]{\frac{1.0\times30^2}{9.8\times(0.85\times16)^2}} = 0.792\ \text{m}$$

因 $1.3h'_C = 1.3\times0.792 = 1.03\ \text{m} < h = 1.10$ m，可见此小桥过水已转变为淹没式。

③ 核算桥前壅水水深 H：

桥下流速

$$v = \frac{Q}{\varepsilon Bh} = \frac{30}{0.85\times16\times1.10} = 2.01\ \text{m/s}$$

桥前壅水，由式(8-22)得

$$H < H_0 = \frac{v^2}{2g\varphi^2} + h = \frac{2.01^2}{2 \times 9.8 \times 0.90^2} + 1.10 = 1.35\ \text{m} < H' = 1.5\ \text{m}$$

计算结果表明，采用标准孔径 $B = 16$ m 时，对桥下流速和桥前壅水水深均可满足要求。

至于从 $H = H'$ 出发的设计方法，请读者自行分析。

下面再举一梯形断面小桥孔径的水力计算例题，可注意其中某些计算技巧。

【例 8-3】 试决定一钢筋混凝土小桥的孔径(暂不考虑标准孔径)。该桥设有一直径 $d = 1.0$ m 的圆形中墩，桥下断面为边坡系数 $m = 1.5$ 的梯形。设计流量 $Q = 35\ \text{m}^3/\text{s}$，桥下允许流速 $v' = 3.0$ m/s，侧向收缩系数 $\varepsilon = 0.90$，流速系数 $\varphi = 0.90$，垂向收缩系数 $\psi = 1.0$。

解

① 从 $v = v'$ 出发决定桥下水面宽度 B

由
$$\frac{A_C^3}{B_C} = \frac{\alpha Q^2}{g}$$

得
$$B_C = \frac{A_C^3 g}{\alpha Q^2} = \frac{Qg}{\alpha Q^3/A_C^3} = \frac{Qg}{\alpha v_C^3}$$

$$= \frac{Qg}{\alpha v'^3} = \frac{35 \times 9.8}{1.0 \times 3.0^3} = 12.70\ \text{m}$$

考虑到中墩和侧向收缩的影响，则桥下水面宽度为

$$B = \frac{B_C}{\varepsilon} + d = \frac{12.70}{0.90} + 1.0 = 15.11\ \text{m}$$

② 引入桥下平均临界水深 $\bar{h}_C$

$$\bar{h}_C = \frac{A_C}{B_C} = \frac{\alpha Q^2}{gA_C^2} = \frac{\alpha v_C^2}{g}$$

$$= \frac{\alpha v'^2}{g} = \frac{1.0 \times 3.0^2}{9.8} = 0.918\ \text{m}$$

则由 $A_C = B_C h_C - m h_C^2 = B_C \bar{h}_C$ 可得桥下临界水深

$$h_C = \frac{B_C - \sqrt{B_C^2 - 4mB_C \bar{h}_C}}{2m}$$

$$= \frac{12.70 - \sqrt{12.70^2 - 4 \times 1.5 \times 12.70 \times 0.918}}{2 \times 1.5} = 1.05\ \text{m}$$

由此可知，当桥下游水深 $h \geqslant 1.3 \times 1.05 = 1.37$ m 时才能形成淹没式小桥过水。

③ 当为自由式时，桥下断面底宽 b

$$b = B - 2mh_C = 15.11 - 2 \times 1.5 \times 1.05 = 11.96\ \text{m}$$

如果忽略桥上游行近流速，则桥前壅水水深 H 为

$$H=\frac{\bar{h}_C}{2\varphi^2}+h_C=\frac{0.918}{2\times0.90^2}+1.05=1.62\ \text{m}$$

④ 当为淹没式时(设桥下游水深 $h=1.5$ m)，则桥下平均宽度 $\bar{B}$ 为

$$\bar{B}=\frac{Q}{\varepsilon hv'}+d=\frac{35}{0.90\times1.5\times3.0}+1.0=9.64\ \text{m}$$

故 $$b=\bar{B}-mh=9.64-1.5\times1.5=7.39\ \text{m}$$

如果忽略行近流速，则有

$$H=\frac{v'^2}{2g\varphi^2}+h=\frac{3.0^2}{2\times9.8\times0.90^2}+1.5=2.07\ \text{m}$$

应当指出，梯形断面的桥下流速采用允许流速 v' 是有条件的，而矩形断面则可以说是无条件的。

由 $h_C=\dfrac{B_C-\sqrt{B_C^2-4mB_C\bar{h}_C}}{2m}$ 可知，其中 $B_C^2-4mB_C\bar{h}_C$ 应大于等于零，即

$$B_C\geqslant4m\bar{h}_C=4m\frac{\alpha v'^2}{g}$$

因 $B_C=\dfrac{Qg}{\alpha v'^3}$，将其代入上式，得

$$\frac{Qg}{\alpha v'^3}\geqslant4m\frac{\alpha v'^2}{g}$$

整理得 $$v'\leqslant\sqrt[5]{\frac{Qg^2}{4m\alpha^2}}$$

这就是梯形断面的桥下流速采用允许流速的条件。

§8-7 消力池水力计算

在堰、闸下游，陡坡渠道的尾端、桥涵出口、跌水处等的水流，其流速较高，会严重冲刷河床，危及水工建筑物的安全。为了把引起冲刷的水流能量在比较短的区段内消除，一般可采取工程措施，局部加大下游水深，使远驱式水跃衔接转变为淹没式水跃衔接。在工程实际中，局部加大下游水深的基本方式有：降低护坦以形成消力池[见图 8-14(a)]；在护坦上做消力坎以形成消力池[见图 8-14(b)]；或两者兼有的混合形式[见图 8-14(c)]。下面以降低护坦的消力池为例说明其水力计算方法。

如图 8-15 所示，水流从水工建筑物上流下，在消力池底部形成收缩水深 h_c，其值可由恒定总流的伯努利方程求出

$$E_0 + d = h_c + \frac{\alpha Q^2}{\varphi^2 2gA_c^2}$$

式中，流速系数 $\varphi = 1/\sqrt{1+\zeta}$，$\zeta$ 为水流经水工建筑物的局部阻力系数；A_c 为 c-c 断面的过水面积。

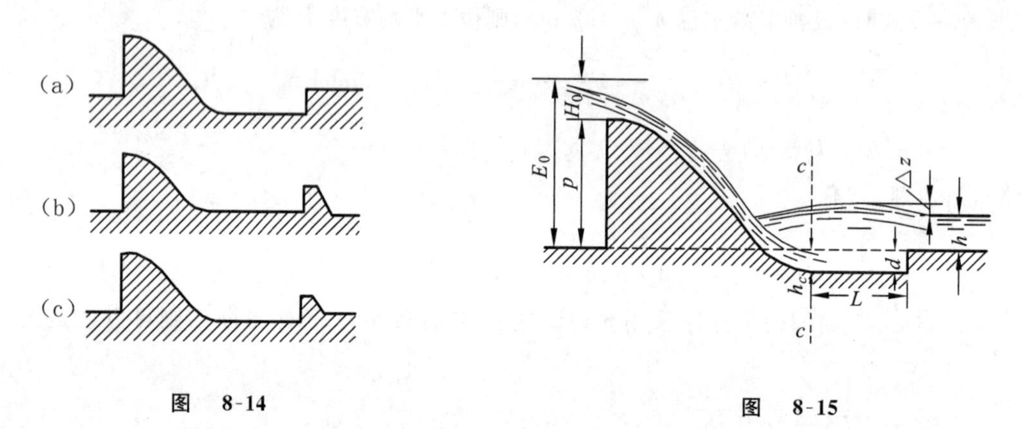

图 8-14　　图 8-15

对于矩形断面，上式可改写成

$$E_0 + d - h_c = \frac{\alpha Q^2}{\varphi^2 2gb^2}\frac{1}{h_c^2} = \frac{\alpha q^2}{\varphi^2 2g}\frac{1}{h_c^2}$$

取 $\alpha = 1.0$，则得

$$h_c = \frac{q}{\varphi\sqrt{2g(E_0 + d - h_c)}} \tag{8-28}$$

式中，$q = Q/b$ 为单宽流量。

消力池水力计算的基本内容是决定护坦降深 d 和消力池长度 L。上述 h_c 则是消力池的上游边界条件。

护坦降深 d 的作用是使图 8-15 中的 c-c 断面处形成淹没式水跃衔接。当护坦降深 d 使消力池中的水深 $h + d + \Delta z$ 大于 h_c 的共轭水深 h_c'' 时，则形成淹没水跃，即

$$\sigma h_c'' = h + d + \Delta z$$

由此可求出护坦降深

$$d = \sigma h_c'' - h - \Delta z \tag{8-29}$$

式中，σ 为保证发生淹没水跃的安全系数，一般取 $\sigma = 1.05 \sim 1.10$；Δz 为水流出消力池的水面降落，其水流现象类似于淹没式宽顶堰，可据恒定总流的伯努利方程求得

$$\Delta z = \frac{q^2}{2g}\left(\frac{1}{\varphi^2 h^2} - \frac{1}{h_c''^2}\right) \tag{8-30}$$

其中，流速系数 φ 值可取 $0.85 \sim 0.95$。

从图 8-15 可见，h_c 及 h_c'' 都与 d 有关，因此式(8-29) 是一高次代数方程，需用迭代法求解。一般可先用一经验公式 $d = 1.25(\bar{h}_c'' - h)$ 估算，其中 $\bar{h}_c''$ 是未降低护坦时的收缩水深 h_c 的共轭水深。然后再用式(8-29) 核算安全系数 σ 是否在 $1.05 \sim 1.10$ 之间。若 $\sigma > 1.10$，可减小 d 再核算；若 $\sigma < 1.05$，应增大 d 再核算。

至于消力池的长度 L 需大于水跃长度。工程实践表明，发生在消力池中的水跃，其长度要比完整水跃段长度短。巴甫洛夫斯基推荐消力池长度采用

$$L = 0.8L_y \tag{8-31}$$

式中，L_y 为完整水跃段长度(参见 §7- 4)。

若修建消力坎形成消力池[见图 8-14(b)]，其水力计算基本内容是决定消力坎高度及消力池长度，其计算原理与降低护坦的消力池相似，在此不再赘述。

【例 8-4】 一实用断面堰如图 8-15 所示。已知堰上水头 $H = 2.96$ m，堰高 $p = 10$ m，流量系数 $m = 0.49$，下游水深 $h = 4.0$ m，消力池出口的流速系数 $\varphi = 0.95$，试判明该堰下游的水流衔接形式，并计算消力池护坦降深 d。

解

① 求实用断面堰单宽流量 q

$$q = m\sqrt{2g}H_0^{1.5} = 0.49 \times \sqrt{2 \times 9.8}H_0^{1.5} = 2.17H_0^{1.5}$$

采用例 8-1 中的迭代法求得 $q = 11.27\ \mathrm{m^3/(s \cdot m)}$，$H_0 = 3.0$ m。

② 求下游收缩水深 h_c：

在未降深前，$d = 0$，则由式(8-28) 得

$$\begin{aligned} h_c &= \frac{q}{\varphi\sqrt{2g(H_0 + p - h_c)}} \\ &= \frac{11.27}{0.95 \times \sqrt{2 \times 9.8 \times (3.0 + 10 - h_c)}} \\ &= \frac{2.68}{\sqrt{13 - h_c}} \end{aligned}$$

用迭代法求解上式可得 $h_c = 0.77$ m，相应的流速

$$v_c = q/h_c = 11.27/0.77 = 14.6\ \mathrm{m/s}$$

可见该流速是很大的。

③ 求 h_c 的共轭水深 $\bar{h}''_c$：

用矩形渠道中完整水跃的计算公式得

$$\bar{h}''_c = 5.43\ \mathrm{m}$$

④ 判别实用断面堰下游水流衔接形式：

因 $\bar{h}''_c = 5.43\ \mathrm{m} > h = 4$ m，根据水面曲线连接理论可知，实用断面堰下游形成远驱式水跃衔接。为了减小防冲段的长度，可设置降低护坦的消力池。

⑤ 求消力池护坦降深 d：

先用经验公式估算 d 的初值

$$d = 1.25(\bar{h}''_c - h) = 1.25 \times (5.43 - 4.0) = 1.79\ \mathrm{m}$$

取 $d = 1.80$ m，则

$$E_0 = H_0 + p + d = 3.0 + 10 + 1.8 = 14.8\ \mathrm{m}$$

于是

$$h_c = \frac{2.68}{\sqrt{14.8 - h_c}}$$

用迭代法求得 $h_c = 0.71$ m。

相应于 h_c 的共轭水深 h''_c 可据矩形渠道完整水跃方程求得 $h''_c = 5.70$ m。

又消力池出口的水面降落

$$\Delta z = \frac{q^2}{2g}\left(\frac{1}{\varphi^2 h^2} - \frac{1}{h_c''^2}\right) = \frac{11.27^2}{2 \times 9.8} \times \left(\frac{1}{0.95^2 \times 4.0^2} - \frac{1}{5.70^2}\right) = 0.25 \text{ m}$$

则

$$\sigma = \frac{h + d + \Delta z}{h_c''} = \frac{4.0 + 1.8 + 0.25}{5.70} = 1.06 \qquad (可)$$

⑥ 求消力池长度 L

$$L = 0.8L_y = 0.8 \times 4.5h_c'' = 0.8 \times 4.5 \times 5.70 = 20.52 \text{ m}$$

习　　题

一、单项选择题

8-1　无压缓流越过障壁产生的局部水力现象称为(　　)。

A. 堰流　　B. 闸流　　C. 水跃　　D. 水跌

8-2　根据堰顶相对堰厚 δ/H,可将堰分为(　　)。

A. 薄壁堰、实用堰和宽顶堰

B. 三角堰、矩形堰和梯形堰

C. 自由式堰和淹没式堰

D. 有侧收缩堰和无侧收缩堰

8-3　用直角三角堰($Q = 1.4H^{2.5}$) 测量流量时,若要求计算流量的精度(dQ/Q) 为 1%,则相应的堰顶水头测读精度(dH/H) 应达到(　　)%。

A. 2.5　　*B*. 1.4　　*C*. 1.0　　*D*. 0.4

8-4　交通土建工程中的小桥涵孔径水力设计采用的是(　　)理论。

A. 薄壁堰流　　B. 实用堰流　　C. 宽顶堰流　　D. 明渠水流

8-5　淹没式小桥过流的桥下水深近似等于(　　)。

A. 桥下游水深　　B. 桥下临界水深

C. 桥下临界水深的 1.3 倍　　D. 桥前作用水头的 0.8 倍

8-6　进行交通土建工程的既有小桥抗洪能力检定时,不需要(　　)。

A. 判断小桥过流状态(淹没与否)　　B. 选择标准孔径

C. 计算桥下流速　　D. 计算桥前壅水水深

二、计算分析题

8-7　一无侧向收缩矩形薄壁堰,已知堰宽 $b = 0.50$ m,堰高 $p = p' = 0.35$ m,堰上水头 $H = 0.40$ m,当下游水深分别为 0.15 m、0.40 m 和 0.55 m 时,求通过的流量各为多少?

8-8　为了量测 $Q = 0.30\ \text{m}^3/\text{s}$ 的流量,水头 H 限制在 0.2 m 以下,堰高 $p = 0.50$ m,试设计完全堰的堰宽 b。

8-9　已知完全堰的堰宽 $b = 1.50$ m,堰高 $p = 0.70$ m,流量 $Q = 0.50\ \text{m}^3/\text{s}$,求堰上水头 H。(提示,先设 $m_0 = 0.42$)

8-10　用三角堰($Q = 1.4H^{2.5}$)量测 $Q = 0.015\ \mathrm{m^3/s}$ 的流量，如果在读取堰上水头时有 1 mm 的误差，求计算流量的相对误差。

8-11　有一堰顶厚度 $\delta = 16$ m 的堰，堰前水头 $H = 2$ m，下游水位高出堰顶高为 $\Delta = 1$ m。如果堰上、下游水位及堰高、堰宽均不变，问当堰顶厚度 δ 分别减小至 8 m 及 4 m 时，堰的过流能力有无变化？为什么？

8-12　试证明对于堰前水头 H 一定的宽顶堰溢流，① 当为理想流体时，堰顶水深 h_1 为临界水深 h_C 时通过能力最大，相应的宽顶堰流量系数 $m = m_{\max} = 0.385$；② 当为实际流体时，堰顶水深 $h_1 = h_C/\varphi^{2/3}$ 时通过能力最大，这里 φ 为宽顶堰进口段的流速系数。

8-13　对于堰前水头 H、堰高 p 一定的无侧收缩自由式宽顶堰流，当堰宽 b 增大 20% 时，其流量将增大多少？

8-14　一直角进口无侧向收缩宽顶堰，堰宽 $b = 4.0$ m，堰高 $p = p' = 0.6$ m，水头 $H = 1.2$ m，堰下游水深 $h = 0.8$ m，求通过的流量 Q。

8-15　设上题的下游水深 $h = 1.70$ m，求流量 Q。

8-16　一直角进口宽顶堰，堰宽 $b = 2$ m，堰高 $p = p' = 1$ m，堰上水头 $H = 2$ m，上游渠宽 $B = 3$ m，边墩为矩形。下游水深 $h = 2.8$ m，求通过的流量 Q。假定行近流速可忽略不计。

8-17　一圆进口无侧向收缩宽顶堰，堰高 $p = p' = 3.40$ m，堰顶水头限制为 0.86 m，通过流量 $Q = 22\ \mathrm{m^3/s}$，求堰宽 b 及非淹没式堰的下游水深 h。

8-18　试证明自由式小桥过水的流量系数 $m = \dfrac{2\alpha\varphi^3\psi^3}{(1 + 2\alpha\varphi^2\psi^3)^{1.5}}$。

8-19　试证明自由式小桥孔径 $b = \dfrac{gQ}{\varepsilon\alpha\psi^3 v'^3}$，此式说明提高桥下允许流速 v' 可大大缩小桥梁孔径。

8-20　试设计一矩形断面小桥孔径 B。已知设计流量 $Q = 15\ \mathrm{m^3/s}$，取碎石单层铺砌加固河床，其允许流速 $v' = 3.5$ m/s，桥前允许壅水高度 $H' = 2.0$ m，桥下游水深 $h = 1.3$ m，取 $\varepsilon = 0.90$，$\varphi = 0.90$，$\psi = 1.0$。

8-21　在上题中，若下游水深 $h = 1.6$ m，再设计孔径 B。

8-22　试编写小桥孔径水力计算程序，并上机计算题 8-20 和题 8-21。

8-23　现有一已建成的喇叭形进口小桥，其孔径 $B = 8$ m，已知 $\varepsilon = 0.90$，$\varphi = 0.90$，$\psi = 0.80$，试核算在可能最大流量 $Q = 40\ \mathrm{m^3/s}$(该桥下游水深 $h = 1.5$ m) 时的桥下流速 v 及桥前壅水水深 H。

8-24　试从 $H = H'$ 出发设计一小桥孔径 B，已知设计流量 $Q = 30\ \mathrm{m^3/s}$，桥前允许壅水水深 $H' = 1.20$ m，桥下铺砌允许流速 $v' = 3.5$ m/s，桥下游水深 $h = 1.0$ m，选定小桥进口形式后知 $\varepsilon = 0.85$，$\varphi = 0.90$，$\psi = 0.80$。

8-25　一钟形进口箱涵(矩形断面涵洞)，已知 $\varepsilon = 0.90$，$\varphi = 0.95$，$\psi = 0.80$，设计流量 $Q = 9\ \mathrm{m^3/s}$，下游水深 $h = 1.60$ m，涵前允许壅水深度 $H' = 1.80$ m，试计算孔径 b(暂不考虑标准孔径)。

8-26　用长度比尺 $\lambda_l = 20$ 对一孔径 $B_{\mathrm{p}} = 16$ m(桥下断面为矩形) 的小桥进行水力特征试验研究。现已测得模型流量 $Q_{\mathrm{m}} = 16.7$ L/s，桥孔侧向收缩系数 $\varepsilon_{\mathrm{m}} = 0.85$，桥前壅水水头(包括行近流速水头)$H_{0\mathrm{m}} = 6.5$ cm，桥下游水深 $h_{\mathrm{m}} = 5.3$ cm，试求相应于 Q_{m} 的原型流量 Q_{p}、桥

下水深 h_{1p} 和桥孔流速系数 φ_p。

8-27　在一矩形断面渠道末端设置一跌坎。已知坎高 $p = 0.80$ m，流量 $Q = 1.05\ m^3/s$，其上游正常水深 $h_0 = 0.30$ m，渠宽 $b = 1.0$ m，求跌水后的收缩水深 h_c。（设跌坎的流速系数 $\varphi = 1.0$）

8-28　在题 8-27 中，若在 h_c 后一段距离处有一涵洞，其涵前壅水水深 $H = 0.50$ m，试设计护坦降深消力池（其流速系数 $\varphi = 0.95$）。设涵洞距跌坎距离适当，本题不考虑其距离问题。

第九章 渗 流

流体在多孔介质中的流动称为渗流。渗流理论除了广泛应用于水利、化工、地质、采矿、给水排水等工程部门外，铁路和公路的路基排水、隧道的防水以及土建工程中的围堰或基坑的排水量和水位降落等设计计算，也都涉及有关渗流问题。

水在岩石或土壤孔隙中的存在状态有：气态水、附着水、薄膜水、毛细水和重力水。重力水在介质中的运动主要受重力作用。本章研究的对象就是重力水在岩石或土壤中的运动规律。水在岩石或土壤孔隙中的流动是渗流中的一个重要组成部分，也称地下水运动。

地下水的运动除了与水的物理性质有关外，岩土的特性对水的渗透性也有很大的影响。一般可将岩土分为：

(1) 均质岩土

渗透性质与渗流场空间点的位置无关，可分为：① 各向同性岩土，其渗透性质与渗流的方向无关，如沙土；② 各向异性岩土，渗透性质与渗流的方向有关，如黄土、沉积岩等。

(2) 非均质岩土

渗透性质与渗流场空间点的位置有关。

以下我们主要着眼于最简单的渗流 —— 均质各向同性岩土中的重力水的恒定流。

§9-1 渗流基本定律

1. 渗流模型

自然土壤颗粒，在形状和大小上相差悬殊，而且颗粒间孔隙形成的通道，在形状、大小和分布上也很不规则。因此，水在土壤间通道中的流动是很复杂的，要详细研究每个孔隙中的流动状况是非常困难的，一般也无此必要。工程中所关心的主要是渗流的宏观平均效果。因此，我们按照工程实际的需要对渗流加以简化：一是不考虑渗流的实际路径，只考虑它的主要流向；二是不考虑土壤颗粒，认为孔隙和土壤颗粒所占的空间之总和均为渗流所充满。

在渗流场中取一与主流方向呈正交的微小面积 ΔA，但其中包含了足够多的孔隙和土壤颗粒，设通过孔隙面积 $m\Delta A$(m 为孔隙率，是孔隙面积与微小面积 ΔA 的比值) 的渗流流量为 ΔQ，则渗流在足够多孔隙中的统计平均流速定义为

$$u' = \frac{\Delta Q}{m\Delta A} \tag{9-1}$$

它表征了渗流在孔隙中的平均运动情况。

但是，在讨论渗流时，为了方便，可把渗流看成是由许多连续的元流所组成的总流，这样渗流参数的表示与土壤孔隙无直接关系。则把

$$u = \frac{\Delta Q}{\Delta A} \tag{9-2}$$

定义为渗流模型流速，简称渗流流速。这是一个虚拟的流速，它与孔隙中的平均流速间的关系是

$$u = mu' \tag{9-3}$$

因为孔隙率 $m < 1.0$，所以 $u < u'$，即渗流模型流速小于真实流速。

这种虚构的渗流，称为渗流模型。由于用渗流模型替代实际渗流，可以将渗流区域中的水流看作是连续介质运动。那么，以前关于流体运动的各种概念，如流线、元流、恒定流、均匀流等仍可适用于渗流。

2. 达西渗流定律

早在1852—1855年间，法国工程师达西（H. Darcy）在沙质土壤中进行了大量的试验研究。图9-1是所用的实验装置。竖直圆筒内充填沙土，圆筒横截面面积为 A，沙层厚度为 l。沙层由金属细网支托。水由稳压箱经水管 A 流入圆筒中，再经沙层由水管 B 流出，其流量由量筒 C 量测。在沙层的上下两端侧面处装有测压管以测量渗流的水头损失，由于渗流的动能很小，可以忽略不计，因此测压管水头差 $H_1 - H_2$ 即为渗流在两断面间的水头损失 h_w。经大量试验后发现以下规律，即著名的达西渗流定律

$$Q = kA\frac{h_w}{l} \quad 或 \quad v = k\frac{h_w}{l} = kJ \tag{9-4}$$

式中，$v = Q/A$，为渗流模型的断面平均流速；k 为渗透系数，它是土壤性质和流体性质综合影响渗流的一个系数，具有流速量纲；J 为流程长度范围内的平均测压管坡度，亦即水力坡度。

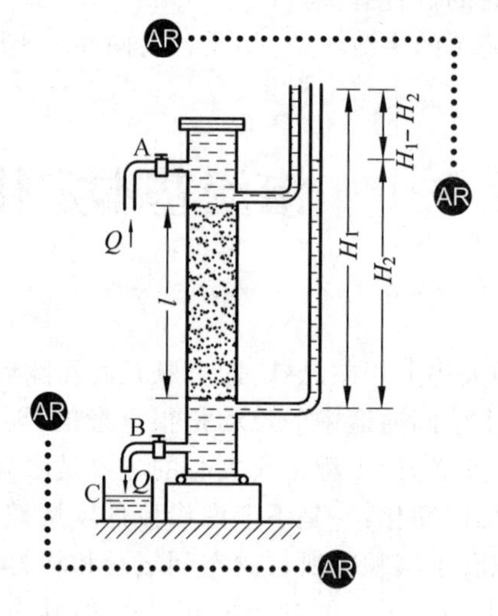

图 9-1

式(9-4)是以断面平均流速 v 来表达的达西定律。为今后分析的需要，将它推广成用渗流流速 u 来表达的关系式。图9-2表示处在两个不透水层中的有压渗流，ab 表示任一元流，在 M 点的测压管坡度为

$$J = -\frac{\mathrm{d}H}{\mathrm{d}s}$$

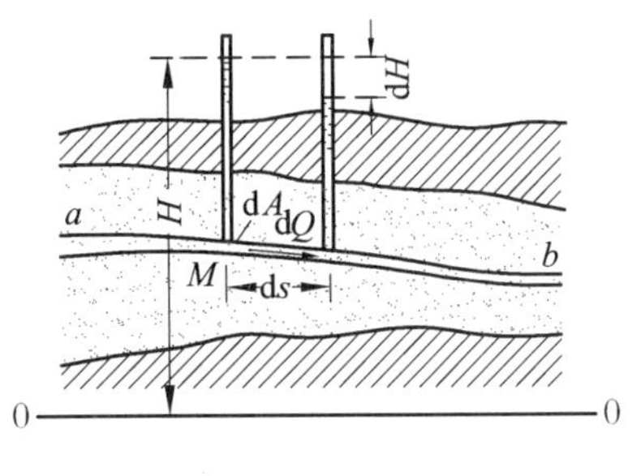

图 9-2

元流的渗流流速为 u,则与式(9-4) 相应有

$$u = kJ \tag{9-5}$$

上述达西定律式(9-4) 或式(9-5) 表明:在某一均质介质的孔隙中,渗流流速与渗流水力坡度的一次方成正比,因此,也称为渗流线性定律。

渗流与管(渠) 流相比较,也可定义雷诺数

$$Re = \frac{vd}{\nu}$$

式中,v 为渗流断面平均流速(cm/s);d 为土壤颗粒有效直径,一般用 d_{10},即筛分时占 10% 的重量土粒所通过的筛孔直径(cm);ν 为水的运动黏度(cm^2/s)。

许多试验结果表明:当 $Re < 1 \sim 10$ 时,达西线性定律是适用的。当 $Re > 1 \sim 10$ 时,J 与 u(或 v) 为非线性关系

$$J = au + bu^2 \tag{9-6}$$

式中,a、b 为实验系数。

本章仅限于研究符合达西定律的渗流,大多数工程的渗流问题,一般可用达西渗流定律来解决。

3. 渗透系数

渗透系数 k 是综合反映多孔介质渗透性质的一个指标,其数值的正确确定对渗流计算有着非常重要的意义。影响渗透系数大小的因素很多,主要取决于多孔介质本身颗粒的形状、大小、分布情况以及水的黏滞性等,要建立计算渗透系数 k 的精确理论公式比较困难,通常可通过试验方法(包括实验室测定法和现场测定法) 或经验估算法来确定 k 值。

(1) 经验公式法

这一方法是根据土壤粒径大小、形状、结构孔隙率和水温等参数所组成的经验公式来估算渗透系数 k。这类公式很多,可用以粗略估计,本书不做介绍。

(2) 实验室方法

目前在实验室中测定渗透系数 k 的仪器种类和实验方法很多,但从实验原理上大体可分为"常水头法"和"变水头法"两种。

常水头实验法就是利用类似于图 9-1 所示的渗流实验装置,并通过式(9-4) 来计算 k 值,因在整个实验过程中保持水头差为一常数,故而称为常水头法。常水头实验适用于测定透水性

大的沙性土的渗透参数。黏性土由于渗透系数很小，渗透水量很少，用这种实验不易准确测定，须改用变水头实验。

变水头试验法就是试验过程中水头差一直随时间而变化，其装置如图 9-3。水从一根直立的带有刻度的玻璃管和 U 形管自下而上流经土样。试验时，将玻璃管充水至需要高度后，开动秒表，测记起始水头差 Δh_1，经时间 t 后，再测记终了水头差 Δh_2，通过建立瞬时达西定律，即可推出渗透系数 k 的表达式(其推导方法留给读者自行完成)。

(3) 现场测定法

实验室方法简单，但不易取得未经挠动的土样。直接在现场利用钻井或原有井做抽水或灌水试验，根据井的产水量公式(见 §9-3) 计算渗透系数 k，这就是渗透系数现场测定方法。此方法对原土体扰动较小，测定数据较为准确，但测定成本较高。

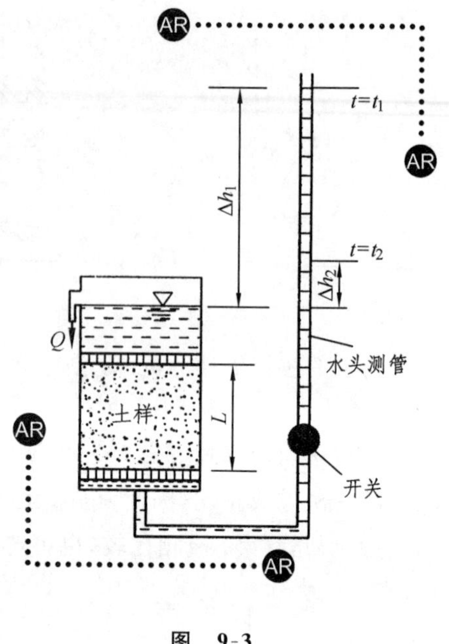

图 9-3

在实际工程中作近似计算时，也可采用表 9-1 中的渗透系数 k 的经验值。

表 9-1 水在土壤中的渗透系数的概值

土壤种类	渗透系数 k(cm/s)	土壤种类	渗透系数 k(cm/s)
黏土	6×10^{-6}	亚黏土	$6\times10^{-6}\sim1\times10^{-4}$
黄土	$3\times10^{-4}\sim6\times10^{-4}$	卵石	$1\times10^{-1}\sim6\times10^{-1}$
细砂	$1\times10^{-3}\sim6\times10^{-6}$	粗砂	$2\times10^{-2}\sim6\times10^{-2}$

§9-2 地下水的均匀流和非均匀流

采用渗流模型后，可用研究管渠水流的方法将渗流分成均匀流和非均匀流。由于渗流服从达西定律，使渗流的均匀流和非均匀流具有明渠均匀流和非均匀流所没有的某些特性。

1. 恒定均匀流和非均匀渐变流流速沿断面均匀分布

在均匀流中，任一断面的测压管坡度(或水力坡度) 都为恒定的常数，又由于断面上的压强为静压分布，即在断面上测压管水头亦为常数，这表明在均匀流区域中的任一点的测压管坡度都为常数。根据达西定律 $u=kJ$，则知均匀渗流为均匀渗流流速场，即均匀流区域中的流速都是相同的。

对于非均匀渐变流，如图 9-4 所示，任取两断面 1-1 和 2-2。在渐变流的断面上压强也符合静水压强分布规律，所以断面 1-1 上各点的测压管水头皆为 H；沿底部流线相距 $\mathrm{d}s$ 的断面 2-2 上各点的测压管水头为 $H+\mathrm{d}H$。由于渐变流流线几乎为平行的直线，可以认为断面 1-1 与断面 2-2 之间，沿一切流线的距离均近似为 $\mathrm{d}s$。当 $\mathrm{d}s$ 趋于零，则得断面 1-1。从而任一过水渐变流断面上各点的测压管坡度

$$J=-\frac{\mathrm{d}H}{\mathrm{d}s}=\text{常数}$$

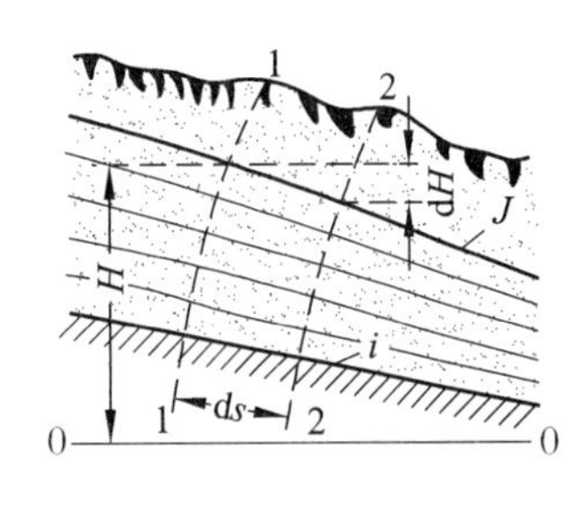

图 9-4

根据达西定律，过水渐变流断面上的各点渗流流速 u 都相等，因而断面平均流速 v 也等于渗流流速 u，即

$$v=u=kJ \tag{9-7}$$

此式称为裘皮幼(J. Dupuit) 公式。

2. 渐变渗流的基本微分方程

考虑无压渗流如图 9-5 所示，取断面 x-x，距起始断面 O-O 沿底坡的距离为 s，其渗流水深为 h，断面底部至基准面的铅垂高度为 z。与明渠流相似，定义其底坡为 $i=-\mathrm{d}z/\mathrm{d}s$，则由裘皮幼公式(9-7)得

$$v=kJ=-k\frac{\mathrm{d}H}{\mathrm{d}s}=k\left(i-\frac{\mathrm{d}h}{\mathrm{d}s}\right)$$

或

$$Q=Av=Ak\left(i-\frac{\mathrm{d}h}{\mathrm{d}s}\right) \tag{9-8}$$

这就是适用于各种底坡渐变渗流的基本微分方程。

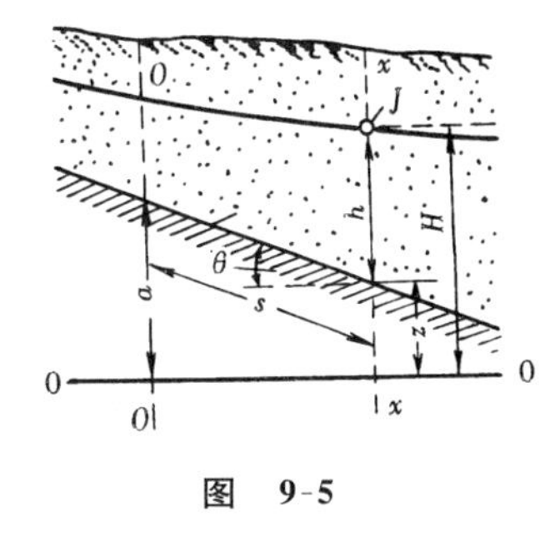

图 9-5

3. 渐变渗流浸润曲线

在无压渗流中，重力水的自由表面称为浸润面。在平面问题中，浸润面为浸润曲线。在许多工程中需要解决浸润曲线问题，以下将从渐变渗流基本微分方程出发对其进行分析和推导。

为了便于对比分析，拟参照明渠流的概念，将均匀渗流的水深 h_0 称为正常水深，并按底坡的情况分为顺坡($i>0$) 渗流、平坡($i=0$) 渗流和逆坡($i<0$) 渗流。

由于渗流速度很小，不存在临界水深，故浸润曲线的类型要比明渠渐变流水面曲线的类型简单。

现分析顺坡($i>0$) 的情况：

均匀渗流的水深 h_0 沿程不变，则有

$$Q=kA_0i \tag{9-9}$$

式中，A_0 为相应于正常水深 h_0 的过水断面面积。

由式(9-8) 和式(9-9)，有

$$kA_0i=Ak\left(i-\frac{\mathrm{d}h}{\mathrm{d}s}\right)$$

即

$$\frac{\mathrm{d}h}{\mathrm{d}s}=i\left(1-\frac{A_0}{A}\right)$$

设渗流区的过水断面是宽度为 b 的宽阔矩形，$A=bh$，$A_0=bh_0$，并令 $\eta=h/h_0$，则上式又可写为

$$\frac{dh}{ds}=i\left(1-\frac{1}{\eta}\right) \tag{9-10}$$

这就是顺坡渗流浸润曲线的微分方程。现以此式对顺坡渗流浸润曲线作定性分析。

在顺坡渗流中可分为 1、2 两区，如图 9-6 所示。

在正常水深线 $N\text{-}N$ 之上 1 区的曲线，$h>h_0$，即 $\eta>1$，由式(9-10) 可知 $dh/ds>0$，浸润曲线的水深是沿流向增加的，为壅水曲线。

当 $h\to h_0$ 时，$\eta\to 1$，则 $dh/ds\to 0$。可见浸润曲线与正常水深线 $N\text{-}N$ 渐近相切。

当 $h\to\infty$ 时，$\eta\to\infty$，则 $dh/ds\to i$。可见浸润曲线在下游与水平线渐近相切。

在正常水深线 $N\text{-}N$ 之下 2 区的曲线，$h<h_0$，即 $\eta<1$，由式(9-10) 可得 $dh/ds<0$，浸润曲线的水深是沿流程减小的，为降水曲线。

当 $h\to h_0$ 时，$\eta\to 1$，则 $dh/ds\to 0$。可见浸润曲线与正常水深线 $N\text{-}N$ 渐近相切。

当 $h\to 0$ 时，$\eta\to 0$，则 $dh/ds\to-\infty$。浸润曲线的切线与底坡线正交。

顺坡渗流的壅水曲线及降水曲线如图 9-6 所示。

再将式(9-10) 改写为

$$i\frac{ds}{h_0}=d\eta+\frac{d\eta}{\eta-1}$$

把上式从断面 1-1 到断面 2-2(图 9-7) 进行积分，得

$$\frac{il}{h_0}=\eta_2-\eta_1+\ln\frac{\eta_2-1}{\eta_1-1} \tag{9-11}$$

式中，$\eta_1=h_1/h_0$；$\eta_2=h_2/h_0$。此式可用于绘制顺坡渗流的浸润曲线和进行渗流场水力计算。

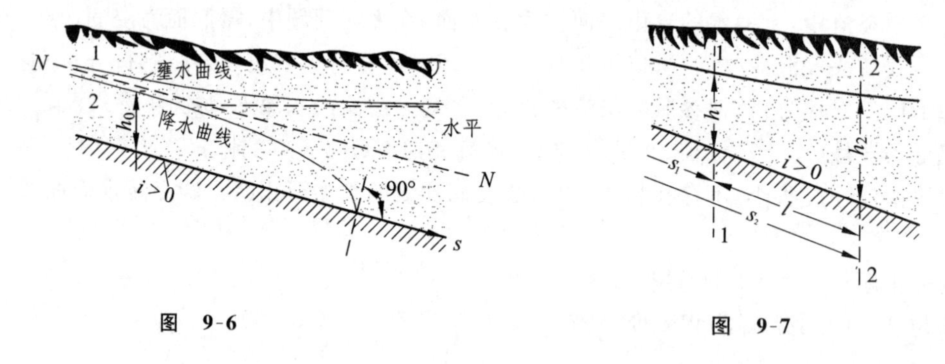

图 9-6　　　　图 9-7

对于平坡($i=0$) 渗流，可由式(9-8) 得浸润曲线的微分形式为

$$\frac{dh}{ds}=-\frac{q}{kh} \tag{9-12}$$

式中，$q=Q/b$，为单宽渗流流量。

因在平坡渗流不可能产生均匀流，故只可能产生一条浸润曲线。与上述同样的方法，可分析出平坡渗透浸润曲线的形式见图 9-8。

对式(9-12)积分,得浸润曲线方程为

$$\frac{2q}{k} l = h_1^2 - h_2^2 \tag{9-13}$$

此式可用以绘制平坡渗流的浸润曲线和进行渗流场水力计算。

逆坡($i < 0$)渗流,不难证明也只可能发生一条浸润曲线,其曲线形式见图 9-9。分析过程和浸润曲线方程,这里不再详述。

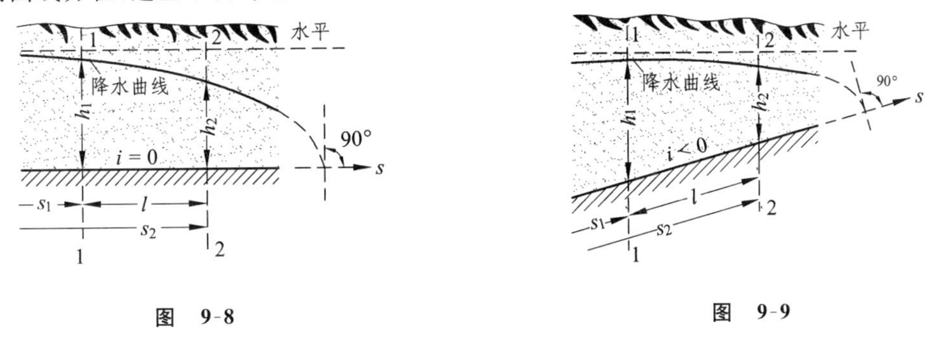

图 9-8　　　　图 9-9

【例 9-1】 一渠道位于河道上方,渠水沿渠岸一侧因土体渗透下渗入河道(图 9-10),若假设渠岸宽度、渗流条件沿程均匀不变,试按以下条件计算 1 000 m 长渠道的渗流量。已知:不透水层坡度 $i = 0.02$,土壤渗透系数 $k = 0.005$ cm/s,渠道与河道相距 $l = 100$ m,渠水在渠岸处的深度 $h_1 = 1.0$ m,渗流在河岸出流处的深度 $h_2 = 1.8$ m。

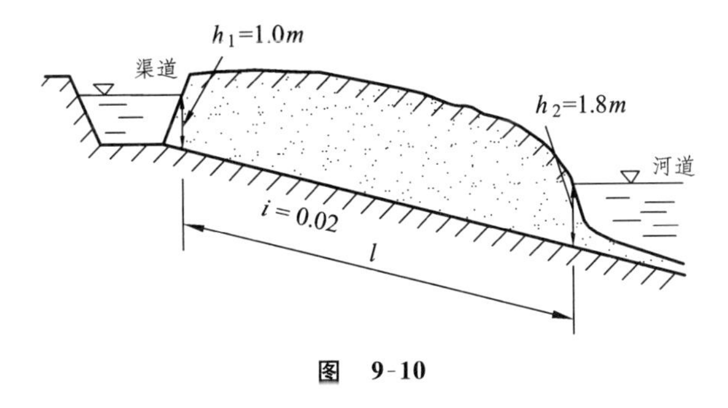

图 9-10

解 根据顺坡渗流的浸润曲线方程(9-11),先计算均匀渗流的水深 h_0。将 $\eta_1 = h_1/h_0$,$\eta_2 = h_2/h_0$ 代入式(9-11),则方程变为

$$il - h_2 + h_1 = h_0 \ln \frac{h_2 - h_0}{h_1 - h_0}$$

代入数值

$$h_0 \ln \frac{1.8 - h_0}{1.0 - h_0} = 0.02 \times 100 - 1.8 + 1.0 = 1.20$$

试算得 $h_0 = 0.781$ m。

根据达西公式和均匀渗流的条件有

$$v_0 = ki = 0.005 \times 0.02 = 0.000\,1 \text{ cm/s}$$

则 1 000 m 渠道渗流流量为

$$Q = A_0 v_0 = h_0 L v_0$$
$$= 0.781 \times 1\,000 \times 1.0 \times 10^{-6}$$
$$= 0.781 \times 10^{-3}\ \text{m}^3/\text{s} = 0.781\ \text{L/s}$$

§9-3 集水廊道和井

集水廊道和井，在给水工程上是吸取地下水源的构筑物，应用甚广。从这些构筑物中抽水，会使附近的天然地下水位降落，也起着地下水排水的作用。

1. 集水廊道

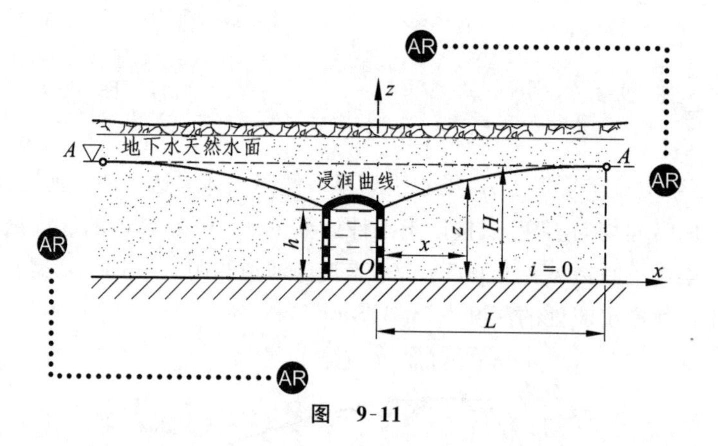

图 9-11

设有一集水廊道，横断面为矩形，廊道底位于水平不透水层上(见图 9-11)。底坡 $i = 0$，由式(9-8)得

$$Q = bhk\left(0 - \frac{\mathrm{d}h}{\mathrm{d}s}\right)$$

其中，h 为浸润水深。

由于在 zOx 坐标系中，x 坐标方向与流向相反，$\mathrm{d}h/\mathrm{d}s = -\mathrm{d}z/\mathrm{d}x$ 则上式可写成

$$q = kz\frac{\mathrm{d}z}{\mathrm{d}x}$$

式中，$q = Q/b$ 是集水廊道单位长度上自一侧渗入的流量，简称为单宽流量。将上式分离变量后积分，并注意到：当 $x = 0$ 时，$z = h$(此处 h 为集水廊道水深，见图 9-11)，得集水廊道浸润曲线方程

$$z^2 - h^2 = \frac{2q}{k}x \tag{9-14}$$

式(9-14) 即为式(9-13)。如图 9-11 所示，随着 x 增加，地下水位的降落越小，设在 $x = L$ 处，降落值 $H - z \approx 0$，$x \geqslant L$ 的地区天然地下水位不受影响，则称 L 是集水廊道的影响范围。将 $x = L$，$z = H$ 这一条件代入式(9-14)，得集水廊道自一侧单宽渗流量(或称产水量)为

$$q = \frac{k(H^2 - h^2)}{2L} \tag{9-15}$$

2. 潜水井(无压井)

具有自由水面的地下水称为无压地下水或潜水。在潜水层中修建的井称为潜水井或无压井,用来吸取无压地下水。若井底深达不透水层则称这种井为完全井,完全井中的水是由井壁渗入的。若井底未达不透水层,则称这种井为不完全井。

图 9-12 表示一完全潜水井,井底位于水平不透水层上,其含水层厚度为 H,未抽水前地下水的天然水面为 A-A。当从井中抽水,井中和四周附近地下水位降低,在含水层中形成了以井中心竖直轴线为对称轴的浸润漏斗面。

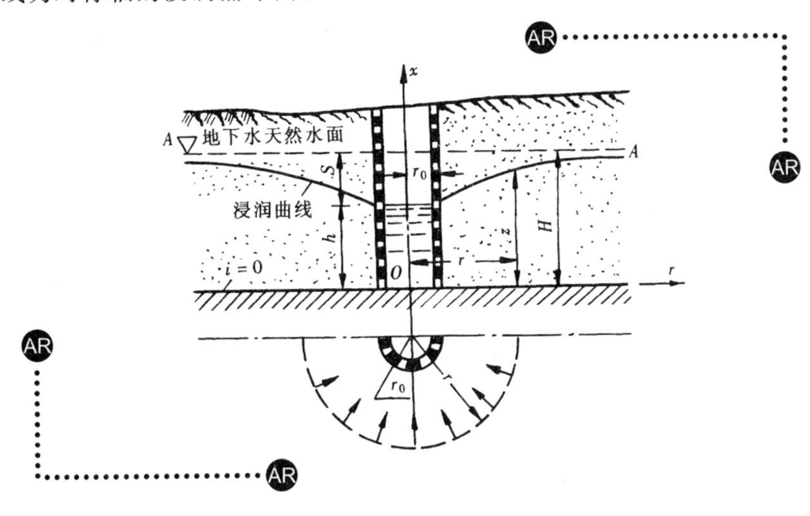

图 9-12

在离井中心 r 处渗流的浸润面上点的高程为 z,而过水断面为一与井同轴的圆柱面,其面积为 $A=2\pi rz$,又设渗流为渐变流,则过水断面上各点的水力坡度皆为 $J=\mathrm{d}z/\mathrm{d}r$,应用式(9-7),则经此渐变流圆柱面的渗流流量为

$$Q=Av=2\pi rzk\frac{\mathrm{d}z}{\mathrm{d}r}$$

分离变量得

$$z\mathrm{d}z=\frac{Q}{2\pi k}\frac{\mathrm{d}r}{r}$$

对上式积分,并注意到当 $r=r_0$ 时,$z=h$(井中水深,见图 9-12),则可求得潜水井周围的浸润曲线方程为

$$z^2-h^2=\frac{Q}{\pi k}\ln\frac{r}{r_0} \tag{9-16}$$

为了计算井的产水量 Q,引入井的影响半径 R 的概念:在浸润漏斗上,有半径 $r=R$ 的一个圆,在 R 范围以外,浸润漏斗的下降 $(H-z)$ 趋于零,即天然地下水位不受影响,距离 R 就称为井的影响半径。将 $r=R$,$z=H$ 这个条件代入式(9-16)得

$$Q=\pi k\frac{(H^2-h^2)}{\ln(R/r_0)} \tag{9-17}$$

此式为潜水井产水量公式，又称为裘皮幼产水量公式。

对于一定的产水量Q，地下水面的相应最大降落$S=H-h$，称为水位降深。可将式(9-17)改写为

$$Q=2\pi\frac{kHS}{\ln(R/r_0)}\left(1-\frac{S}{2H}\right) \tag{9-18}$$

当$S/2H\ll 1$时，可简化为

$$Q=2\pi\frac{kHS}{\ln(R/r_0)} \tag{9-19}$$

式(9-18)与式(9-17)相比，其优点是以易量测的S代替不易量测的h。

影响半径R的值，可由抽水试验测定。在近似计算时可由下列经验公式估算

$$R=3\,000S\sqrt{k} \tag{9-20}$$

式中，井中水位降深S以m计；渗透系数k以m/s计；影响半径R以m计。

不完全井的产水量不仅来自井壁四周，而且来自井底。不完全井的产水量一般由经验公式确定，此处从略。

【例 9-2】 有一潜水完全井，含水层厚度为8 m，其渗透系数为0.001 5 m/s，井的半径为0.5 m，抽水时井中水深5 m，试估算井的产水量。

解 最大降落深度为

$$S=H-h=8-5=3\text{ m}$$

由式(9-20)得井的影响半径

$$R=3\,000\,S\sqrt{k}=3\,000\times 3\sqrt{0.001\,5}=348.6\text{ m}$$

取$R=350$ m，由式(9-17)求得产水量为

$$\begin{aligned}Q&=\pi k\frac{(H^2-h^2)}{\ln(R/r_0)}\\&=\pi\times 0.001\,5\frac{(8^2-5^2)}{\ln(350/0.5)}\\&=0.028\text{ m}^3/\text{s}\end{aligned}$$

3. 自流井(承压井)

如含水层位于两不透水层之间，其中渗流场的压强大于大气压。这样的含水层称为自流层或称承压层，由自流层供水的井称为自流井(也称承压井)，如图9-13所示。

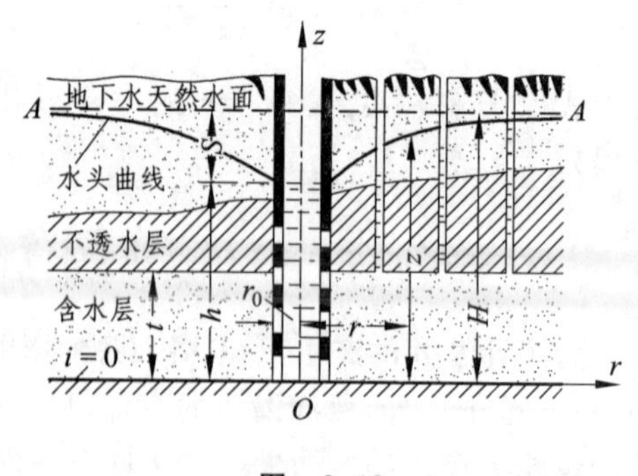

图 9-13

此处的讨论仅考虑最简单情况，即底层与覆盖层均为水平，两层间的距离t为一定值，且井为完全井，凿井穿过覆盖在含水层下的不透水层时，地下水位将升到高度H(图9-13中的A-A平面)。若从井中抽水，井中水深由H降至h，在井外的测压管水头线将下降形成轴对称的漏斗形降落曲面。

现取到井轴为 r 的过水断面来分析，其高度为 t，面积为 $2\pi rt$，断面上各点的水力坡度为 $\mathrm{d}z/\mathrm{d}r$，根据裘皮幼公式(9-7)得

$$Q = Av = 2\pi rt\,k\,\frac{\mathrm{d}z}{\mathrm{d}r}$$

式中，z 为相应于 r 点的测压管水头。

分离变量后积分，并注意到 $r = r_0$ 时，$z = h$，则得自流井周围的测压管水头曲线方程为

$$z - h = \frac{Q}{2\pi tk}\ln\frac{r}{r_0} \tag{9-21}$$

同样引入影响半径 R 的概念，设 $r = R$ 时 $z = H$，由上式得自流完全井的产水量计算公式为

$$Q = \frac{2\pi kt(H-h)}{\ln(R/r_0)} = \frac{2\pi ktS}{\ln(R/r_0)} \tag{9-22}$$

或

$$S = \frac{Q\ln(R/r_0)}{2\pi kt} \tag{9-23}$$

式中，R 为影响半径；S 为井中水位降深。

【例 9-3】 有一完全自流井(图 9-14)，半径 $r_0 = 100$ mm，含水层厚度 $t = 7.5$ m，在离井中心 20 米处钻一观测井。现做抽水试验，当抽水至稳定时，抽水量 $Q = 0.035\,6\mathrm{m}^3/\mathrm{s}$，井中水位降深 $S = 4$ m，而观测井中水位降深 $S_1 = 1.5$ m，试求该井的影响半径 R 及含水层渗透系数 k。

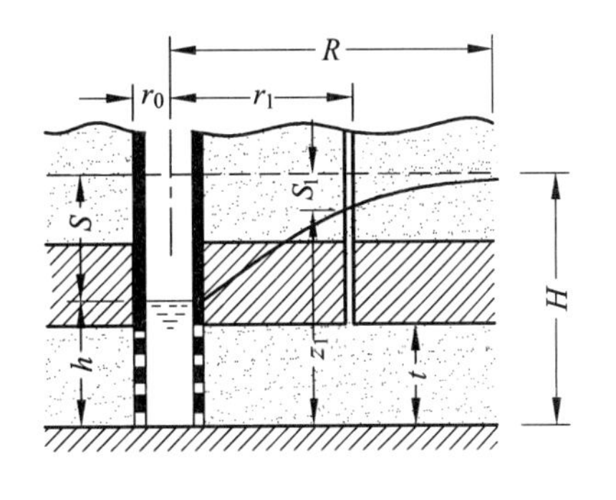

图 9-14

解 将 $z - h = S$，$r = R$ 代入式(9-21)，有

$$S = \frac{Q}{2\pi tk}\ln\frac{R}{r_0}$$

再将 $r = r_1$，$z = H - S_1$ 代入式(9-21)，注意到 $H - h = S$，则又得

$$S - S_1 = \frac{Q}{2\pi tk}\ln\frac{r_1}{r_0}$$

由以上两式有

$$\frac{S}{S - S_1} = \frac{\ln R - \ln r_0}{\ln r_1 - \ln r_0}$$

于是

$$\ln R = \frac{S}{S - S_1}(\ln r_1 - \ln r_0) + \ln r_0$$

$$= \frac{4}{4 - 1.5}(\ln 20 - \ln 0.1) + \ln 0.1 = 6.174\,7$$

因此，井的影响半径 $R \approx 480$ m。

由式(9-23)得渗透系数

$$k = \frac{Q\ln(R/r_0)}{2\pi tS} = \frac{0.035\,6 \times \ln(480/0.1)}{2\pi \times 7.5 \times 4} = 0.001\,6\mathrm{m/s}$$

4. 大口井

大口井是井径较大、井深较小的集水井，是集取浅层地下水的一种井。大口井井径大致在 2 ～ 10 m，常用的大约为 3 ～ 5 m。大口井一般是不完全井，井底产水量是总产水量的一个组成部分。

关于大口井的渗流形式有两种假定，一种是假设过水断面是半球面[图 9-15(a)]，另一种是假设过水断面是椭球面[图 9-15(b)]。前者适用于含水层厚度很大的情况，实践证明，当含水层比井的半径大 8 ～ 10 倍以上时，这种假设比较接近于实际。后一种假设适用于含水层厚度较小的情况。

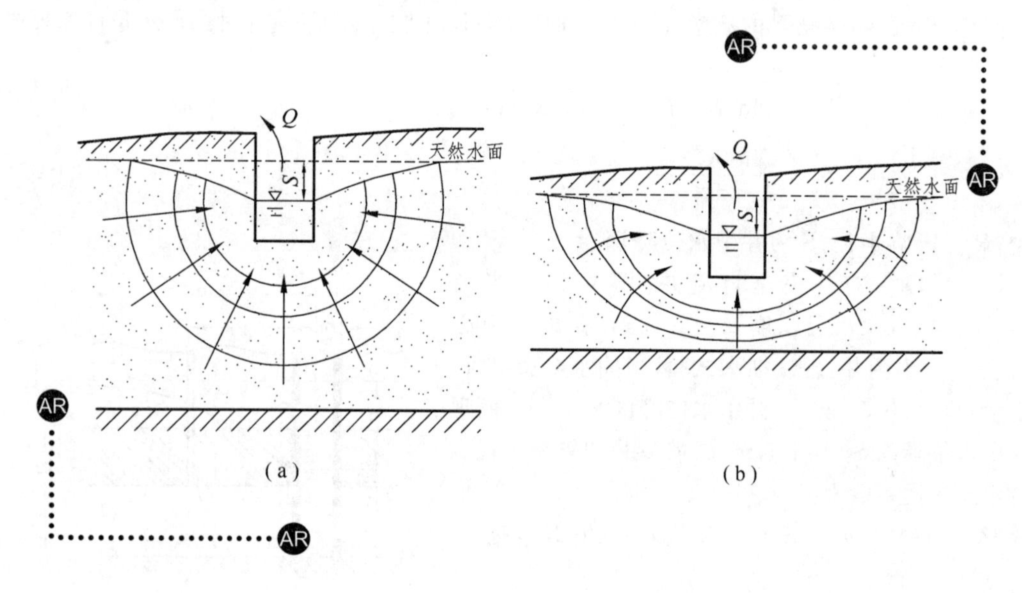

图 9-15

对于渗流过水断面为半球面的大口井，其产水量公式近似为

$$Q = 2\pi k r_0 S \tag{9-24}$$

式中，r_0 为大口井井半径。

对渗流过水断面为椭球面的大口井，其产水量公式近似为

$$Q = 4 k r_0 S \tag{9-25}$$

实际使用中，由于对含水层厚度缺乏了解时，公式的选择就比较困难，计算结果可能有很大出入，故工程上多利用实测的 Q-S 关系曲线推求产水量。

§9-4 井　　群

无论是给水工程中吸取地下水，或是在土建施工中为了基坑开挖时降低地下水位，常常在一个区域打多个井同时抽水，当这些井之间的距离不是很大时，井与井之间的地下水流相互产生影响，这种同时工作的许多井称为井群，如图 9-16 所示。

因为井群中井与井之间相互影响，在井群区地下水流及其浸润面非常复杂。解决这一问题的方法，是利用势流叠加原理(参见本书 §3-9)。

为了便于研究，我们引入流速势 φ，根据势流理论，单井渗流可以看作是势流中的点汇，点汇的势函数 $\varphi = (Q/2\pi)\ln r + c$ 或 $d\varphi = (Q/2\pi)dr/r$，与前一节单井的讨论相比较，可以分别给出单井渗流的流速势：

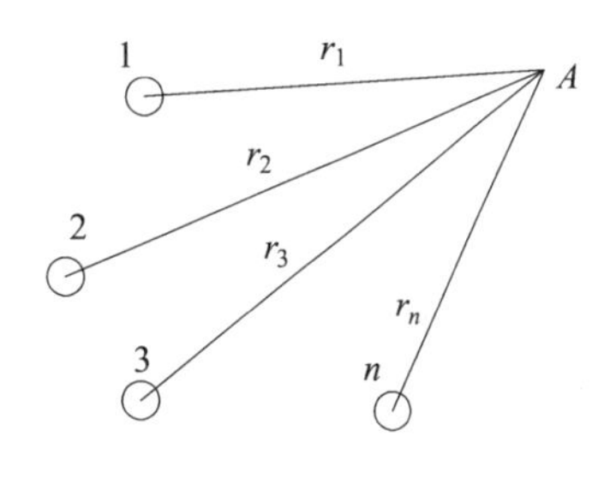

图 9-16

潜水井 $\varphi = \frac{1}{2}kz^2$ 或 $d\varphi = kz\,dz$

自流井 $\varphi = ktz$ 或 $d\varphi = kt\,dz$

如图 9-16 所示，有 n 个完全潜水井组成的井群，根据式(9-16) 知，第 i 个单井的流速势为

$$\varphi_i = \frac{1}{2}kz_i^2 = \frac{Q}{2\pi}\ln\frac{r_i}{r_0} + c \tag{9-26}$$

根据势流叠加原理，当 n 个井同时工作时，渗流区域中任一点(图 9-16 中 A 点) 流速势 φ 值为各井单独作用时在该点的 φ_i 值之和，即

$$\varphi = \sum\varphi_i = \sum_{i=1}^{n}\frac{Q_i}{2\pi}\ln r_i + \sum_{i=1}^{n}c_i = \sum\frac{Q_i}{2\pi}\ln r_i + C \tag{9-27}$$

式中，r_i 为该点距第 i 井井轴的距离；C 为常数，由井群影响范围决定。

现考虑各井产水量相同的情况，即

$$\sum_{i=1}^{n}Q_i = nQ = Q_0 \tag{9-28}$$

式中，Q_0 为井群的总产水量。

设井群的影响半径为 R，由于各单井之间的距离不太大，所以可取各井的影响半径 $R_1 \approx R_2 \approx \cdots = R$，而对应的 $z = H$，$\varphi = kH^2/2$，则常数 C 为

$$C = \frac{1}{2}kH^2 - \frac{Q_0}{2\pi}\ln R$$

代入式(9-27)，并注意 $\varphi = \frac{1}{2}kz^2$，则得井群浸润面方程

$$z^2 = H^2 - \frac{Q_0}{\pi k}\left[\ln R - \frac{1}{n}\ln(r_1 \cdot r_2 \cdot \cdots \cdot r_n)\right] \tag{9-29}$$

式中，R 为井群的影响半径，可近似采用以下公式计算

$$R = 575S\sqrt{kH} \tag{9-30}$$

式中，S 为井群中心的水位降深；H 为含水层厚度；k 为渗透系数。

对于自流井井群，可以仿照以上讨论方法推出测压管水头线方程(推导过程可留给读者练习) 为

$$z = H - \frac{Q_0}{2\pi kt}\left[\ln R - \frac{1}{n}\ln(r_1 \cdot r_2 \cdot \cdots \cdot r_n)\right] \tag{9-31}$$

式中，t 为含水层厚度；H 为自流含水层未抽水前地下水测压管水面至不透水底板的高度；R 为自流井井群影响半径。

【例 9-4】 为了降低基坑中的地下水位，在长方形基坑的周围布置 8 个完全潜水井，如图 9-17 所示。各井的半径均为 $r_0 = 100$ mm，各井抽水量相同，总抽水量为 $Q_0 = 100$ L/s，潜水含水层厚度 $H = 10$ m，渗透系数 $k = 0.001$ m/s，井群影响半径为 500 m。求基坑中心 O 点的地下水位降深。

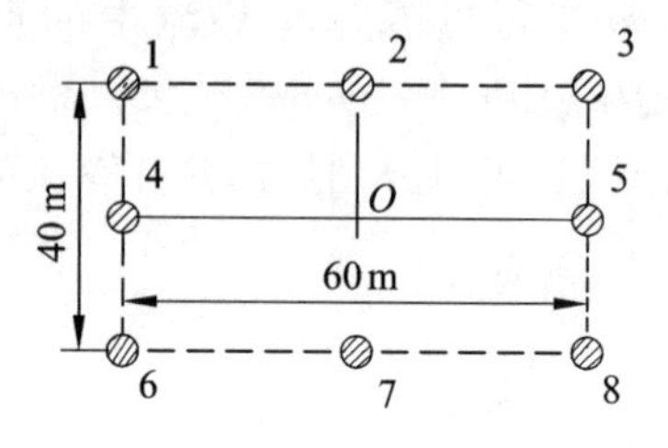

图 9-17

解 计算各井到 O 点的距离

$$r_1 = r_3 = r_6 = r_8 = \sqrt{30^2 + 20^2} = 36 \text{ m}$$

$$r_2 = r_7 = 20 \text{ m}, \quad r_4 = r_5 = 30 \text{ m}$$

由井群的计算公式(9-29) 可求出 O 点地下水位

$$z^2 = H^2 - \frac{Q_0}{k\pi}\left[\ln R - \frac{1}{n}\ln(r_1 \cdot r_2 \cdots \cdot r_n)\right]$$

$$= 10^2 - \frac{0.1}{0.001 \times \pi}\left[\ln 500 - \frac{1}{8}\ln(30^2 \times 20^2 \times 36^4)\right]$$

$$= 10^2 - 89.88$$

$$= 10.12 \text{ m}^2$$

所以

$$z_0 = 3.18 \text{ m}$$

O 点处地下水位降落值

$$S = H - z_0 = 10 - 3.18 = 6.82 \text{ m}$$

*§ 9-5 流网及其在渗流计算中的应用

前两节在讨论集水廊道、井及井群等简单的渗流问题时，都是把渗流过水断面看成是渐变流断面，断面上各点渗流流速都相等，即可用裘皮幼公式(9-7) 来进行分析。但是工程上常遇到较复杂的情况，例如有板桩的混凝土坝坝基和闸基渗流，需要确定通过基础土壤的渗流流量、渗流作用于底板的压力等。由于这些渗流流线弯曲程度很大而成为急变流(见图 9-18)，因此不能采用渐变流的假设来处理，而应当寻求更为普遍的解法。

1. 渗流微分方程

对于三元渗流问题，设 H 为渗流场任一点的测压管水头，在恒定渗流中 $H = H(x,y,z)$，则在三元渗流场中的渗流速度可根据达西定律式(9-5) 表达如下

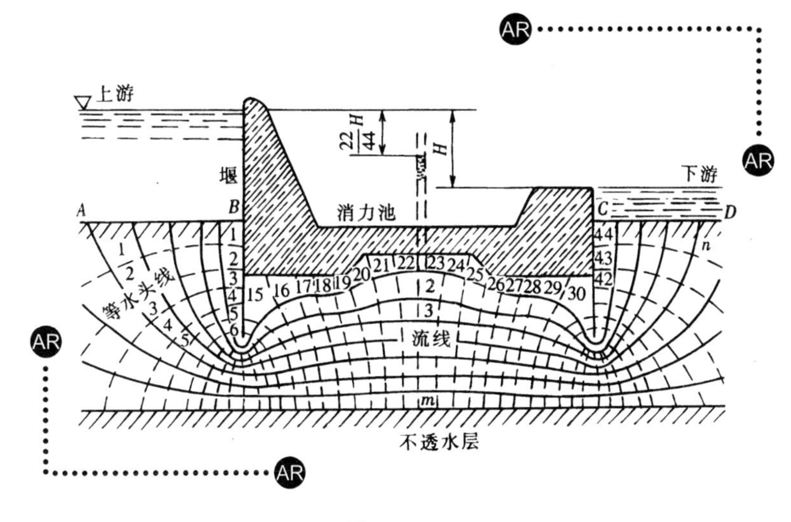

图 9-18

$$u_x = -k\frac{\partial H}{\partial x}$$

$$u_y = -k\frac{\partial H}{\partial y}$$

$$u_z = -k\frac{\partial H}{\partial z}$$

在均质各向同性土壤中,渗透系数 k 是常数,因此可令 $\varphi = -kH$,则上式又可写成

$$\left.\begin{aligned} u_x &= \frac{\partial(-kH)}{\partial x} = \frac{\partial \varphi}{\partial x} \\ u_y &= \frac{\partial(-kH)}{\partial y} = \frac{\partial \varphi}{\partial y} \\ u_z &= \frac{\partial(-kH)}{\partial z} = \frac{\partial \varphi}{\partial z} \end{aligned}\right\} \tag{9-32}$$

由§3-9 知道,满足式(9-32)的流动称为无旋流或势流,而函数 φ 称为流速势。这说明服从达西定律的渗流是具有流速势 $\varphi = -kH$ 的势流。第三章已讲过的不可压缩流体连续性方程为

$$\frac{\partial u_x}{\partial x} + \frac{\partial u_y}{\partial y} + \frac{\partial u_z}{\partial z} = 0$$

将式(9-32)代入上式得

$$\frac{\partial^2 \varphi}{\partial x^2} + \frac{\partial^2 \varphi}{\partial y^2} + \frac{\partial^2 \varphi}{\partial z^2} = 0 \tag{9-33}$$

或

$$\frac{\partial^2 H}{\partial x^2} + \frac{\partial^2 H}{\partial y^2} + \frac{\partial^2 H}{\partial z^2} = 0 \tag{9-34}$$

即渗流流速势 φ 或水头 H 均满足拉普拉斯方程。

对于简化的平面渗流，式(9-33) 和式(9-34) 又写为

$$\frac{\partial^2 \varphi}{\partial x^2}+\frac{\partial^2 \varphi}{\partial z^2}=0 \tag{9-35}$$

或

$$\frac{\partial^2 H}{\partial x^2}+\frac{\partial^2 H}{\partial z^2}=0 \tag{9-36}$$

2. 渗流问题的解法概述

(1) 解析法

理论上讲在一定的边界条件下求出以上拉普拉斯方程的解 φ 或 H，再根据式(9-32) 可求得 u，或由 $H=z+p/\gamma$，可求得 p，则渗流问题就得到解决。

但是，求解严格的解析解常有困难，且能解的空间渗流问题极为有限。当简化为平面渗流问题时，可以采用复变函数理论中的保角变换法等求解。

(2) 数值解法

实践证明上述解析法仅适用于边界条件简单且规则的渗流场，对于复杂的边界条件可以采用数值解法。其中常用的有：有限差分法、有限元素法等，可参见“计算流体力学” 方面的书籍。

(3) 图解法

平面渗流的另一类近似解法就是图解法，也称流网法。下面将详细说明。

3. 流网法

由 §3-9 知道，平面无旋流(或称势流) 存在速度势 φ 和流函数 ψ，等势线与等流函数线正交形成流网，由 $\varphi=-kH$ 知道，在均质各向同性土壤中，渗透系数 k 为常数，则流网图可看成是由等水头线与流线正交组成(见图 9-19)。

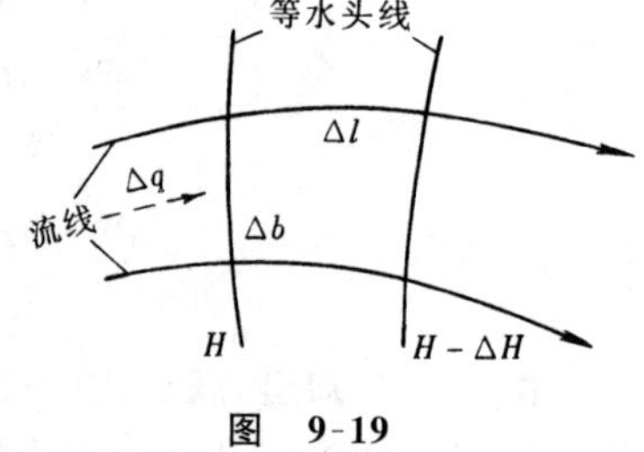

图 9-19

(1) 流网绘制

用流网法解渗流问题，首先要在渗流区绘出流网。实际上，流网的网格都画成近似的正方形(大多为曲边正方形)，即每一个网格，其相邻流线的距离和相邻等水头线的距离都近似相等，且交角是直角。

流网的绘制方法常有手描法和实验方法，实验方法最常用的是水电比拟法。关于实验方法绘制流网在此不做介绍，而手绘法在工程中应用广泛，故在此对其绘制方法做一些介绍。

图 9-18 表示一个水工建筑物基底下土壤渗流的情况。其流网的绘制方法如下：

① 首先根据渗流的边界条件，确定边界流线及边界等势线，例如图中的上、下游透水边界 AB 和 CD，由于该边界上各点的测压管水头值 $H=z+p/\gamma$ 相等，故应为等势线。建筑物地下轮廓线和渗流区域的底部不透水边界各为一条边界流线。

② 依照边界流线的变化趋势大致画出流线而形成流带，然后再将已绘出的流带划分成许多尽可能近于曲线正方形的网格。

③ 检验步骤 ② 中划分的网格是否都接近于曲边正方形，方法是用两条彼此正交又与网格对边正交的曲线，分每一网格为四个小网格。如果这些小网格本身都接近于曲边正方形，则

步骤 ② 中的划分是可用的，否则应重新划分。

④ 经过步骤 ③ 的检验，便可把各网格的等水头线延伸到第 2 流带，再按流网的特性绘出第 2 流带下界的流线，如果这一流线不连续光滑，应调整上一流带的下界流线，使这里的流线光滑连续，并保证各网格接近于曲边正方形。

⑤ 如此类推，从某一流带到相邻的另一流带，如果最后流带的下界流线，恰好与不透水层线重合，就得到了正确的流网，否则须参照最后不重合的程度，做必要的调整。

上述绘制流网的方法，要求有一定的经验和直观能力，只有多实践才能熟练掌握。另外，随着计算机的进步，按照流网绘制的原则可以开发计算机辅助绘制流网以及渗流的计算软件，从而减轻手描法的繁琐工作量，加快渗流计算的工作进程。

渗流场的流网正确绘出后，即可利用流网进行有关的渗流计算。

(2) 渗流流速的计算

如图 9-18 所示，若需计算渗流区中各网格内的渗流流速，可以由流网图确定网格的流线长 Δl，流网中任意相邻两条等势线间的水头差均相等，若流网中的等势线条数为 m(包括边界等势线)，上下游水位差为 H，则任意相邻两条等势线间的水头差为

$$\Delta H = \frac{H}{m-1} \tag{9-37}$$

根据达西定律，某一网格处的渗流流速为

$$u = kJ = k\frac{\Delta H}{\Delta l} = \frac{kH}{(m-1)\Delta l} \tag{9-38}$$

(3) 渗流流量的计算

由流网的性质知，任意相邻两条流线之间通过的渗流量 Δq 相等，若全部流线(包括边界流线)的数目为 n 条，那么通过整个建筑基础下的单宽渗流量应为

$$q = (n-1)\Delta q \tag{9-39}$$

为了求出任意两条流线间渗流量 Δq，可由流网图中确定两流线的间距(即网格的过水断面宽度)Δb，则

$$\Delta q = u\Delta b$$

将式(9-38)代入上式得

$$\Delta q = \frac{kH}{(m-1)\Delta l}\Delta b \tag{9-40}$$

再将(9-40)式代入式(9-39)得

$$q = kH\frac{n-1}{m-1}\frac{\Delta b}{\Delta l} \tag{9-41}$$

这样，在已知渗透系数 k 的情况下，只要计算出流网的 m 和 n，量出任意网格的平均流线长度 Δl 及平均过水断面宽度 Δb，便可求得渗流流量。一般来说，网格尺寸愈小，计算精度愈高。

(4) 水工建筑物基底渗流浮托力的计算

计算渗流作用于基底的浮托力，需要求出沿基底压强的分布，用每一个小单元上的压强乘单元面积，将各小单元上的力向铅垂面投影并叠加，即可得浮托力大小。实际计算中可利用流网图绘出基底线上的测压管线来求得，下面给予简单说明。

如图 9-18 所示，由于上下游水位之差为 H，若沿基底共有 m_1 条等水头线，前面说过流网中任意相邻的两条等水头线间的水头之差均相等，即 $\Delta H = H/(m_1-1)$，则第 i 条等水头线的基底处测压管水面低于上游水面 $(i-1)H/(m_1-1)$。依此规律，即可绘出基底上所有等水头线处的测压管水头线，并形成基底测压管水头，而基底线与测压管水头线之间的面积即为单位长度基底所受总浮托力的大小，合力作用点通过该面积的形心。

习　　题

一、单项选择题

9-1　下列有关渗流模型的表述，其正确的说法是(　　)。

A. 渗流模型是实际地下水流的虚构

B. 渗流模型流速大于真实流速

C. 渗流模型流速等于土壤孔隙流速

D. 渗流模型认为渗流场中的水流是非连续介质运动

9-2　渗流系数 k 的单位和量纲分别为(　　)。

A. kg/s，MT^{-1}　　B. cm/s，LT^{-1}　　C. cm^3/s，L^3T^{-1}　　D. kg/m^3，ML^{-3}

9-3　许多试验结果表明，当 $Re < 1 \sim 10$ 时，渗流符合达西定律，即(　　)。

A. $J = au + bu^2$　　B. $u = k\sqrt{RJ}$　　C. $u = k\sqrt{2gH}$　　D. $u = -k\dfrac{\mathrm{d}H}{\mathrm{d}l}$

9-4　从集水廊道取水时，地下浸润曲线的水深沿流程(　　)。

A. 趋为零　　B. 不变　　C. 减小　　D. 增加

9-5　完全潜水井的产水量公式 $Q = \pi k \dfrac{(H^2 - h^2)}{\ln(R/r_0)}$，其中 R 代表(　　)。

A. 单井的半径　　B. 影响半径

C. 含水层厚度　　D. 井群中心的水位降深

二、计算分析题

9-6　在实验室中用实验装置(见图 9-1)测定土样的渗透系数 k。已知圆管直径 $D = 20$ cm，两测压管间距 $l = 40$ cm，两测压管水头差 $H_1 - H_2 = 20$ cm，测得渗流流量 $Q = 100$ mL/min。试求 渗透系数 k。

9-7　圆柱形过滤罐如图所示，其直径 $d = 1.5$ m，内装滤料的渗透系数 $k = 0.01$ cm/s，滤层厚度1.2 m，若要求每小时处理水量为 0.93 m^3，求水头 H。

9-8　已知渐变渗流浸润曲线在某一过水断面上的坡度为0.005，渗透系数为0.004 m/s，求过水断面上的点渗流流速及断面平均渗流流速。

9-9　用变水头法测定渗透系数 k，如图所示，设出流水位不变，水从直径 $D = 20$ cm 的圆筒供给，无补给水，经 10 min 后，筒中水位下降 14 cm，起始水头 $H = 60$ cm，装填土样的圆管直径 $d = 12$ cm，长 $L = 40$ cm，试求渗透系数 k。

9-10　一水平、不透水层上的渗流层，宽 800 m。渗透系数为 0.000 3 m/s，在沿渗流方向相距 1 000 m 的两个观测井中，分别测得水深为 8 m 及 6 m，求渗流流量 Q。

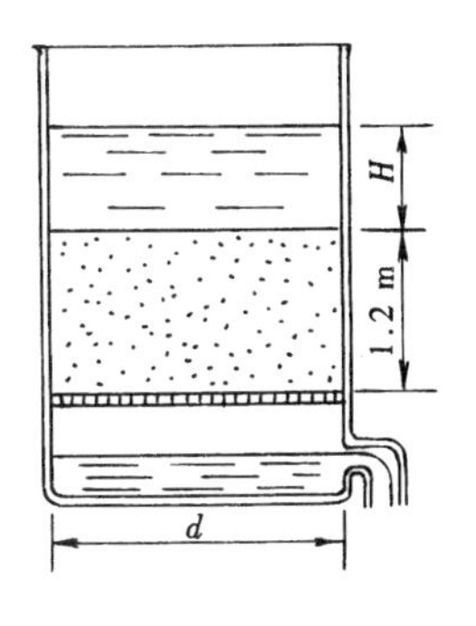

题　9-7 图

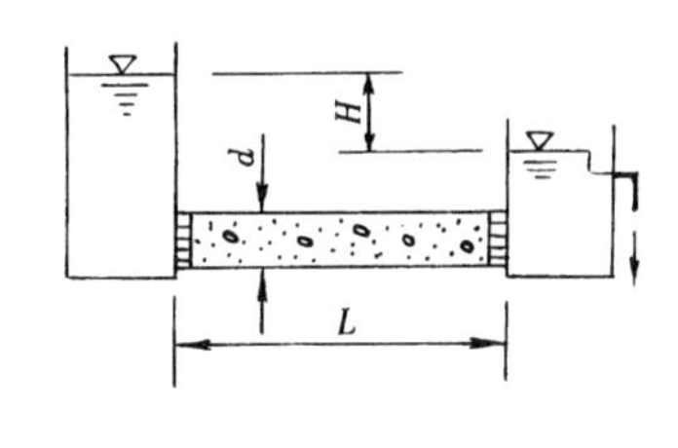

题　9-9 图

9-11　如图所示在地下水渗流方向布置两钻井 1 和 2，相距 800 m，测得钻井 1 水面高程 19.62 m，井底高程 15.80 m，井 2 水面高程 9.40 m，井底高程 7.60 m，渗透系数 $k = 0.009$ cm/s，求单宽渗流流量 q。

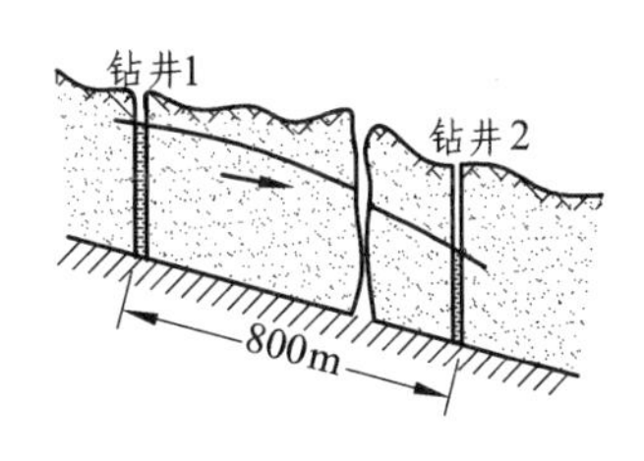

题　9-11 图

9-12　某铁路路堑为了降低地下水位，在路堑侧边埋置集水廊道(称为渗沟)，排泄地下水。已知含水层厚度 $H = 3$ m，渗沟中水深 $h = 0.3$ m，含水层渗透系数 $k = 0.002\,5$ cm/s，平均水力坡度 $J = 0.02$，试计算流入长度 100 m 渗沟的单侧流量。

9-13　某工地以地下潜水层为给水水源，钻探测知含水层为沙加卵石层，含水层厚度 $H = 6$ m，渗透系数 $k = 0.001\,2$ m/s，现打一完全井，井的半径 $r_0 = 0.15$ m，影响半径 $R = 300$ m，求井中水位降深 $S = 3$ m 时的产水量。

9-14　一承压含水层，其厚度 $t = 15$ m，渗透系数 $k = 0.02$ cm/s，影响半径 $R = 500$ m，现打一井通过含水层直到不透水层，井半径 $r_0 = 0.1$ m，求当抽水量 $Q = 35\ m^3/h$ 时井中水位降深 S。

9-15　如图所示，一完全自流井的半径 $r_0 = 0.1$ m，含水层厚度 $t = 5$ m，在离井中心 $r_1 = 10$ m 处钻一观测井。在未抽水前，测得地下水的水深 $H = 12$ m，现抽水流量 $Q = 36\ m^3/h$，井中水位降深 $S_0 = 2$ m，观测井中水位降深 $S_1 = 1$ m，试求含水层的渗透系数 k 及影响半径 R。

9-16　试用达西渗流定律推导潜水渗水井的计算公式(见题 9-16 图)。

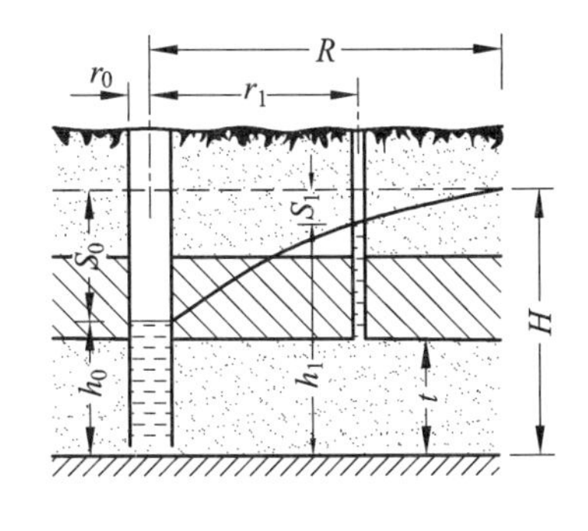

题　9-15 图

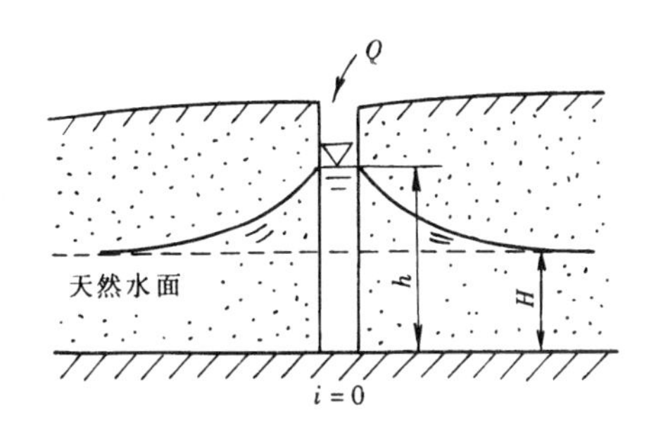

题　9-16 图

9-17　如图所示基坑排水，采用相同半径($r_0 = 0.10$ m)的6个完全井，布置成圆形井群，圆的半径 $r = 30$ m。抽水前井中水深 $H = 10$ m，含水层的渗透系数 $k = 0.001$ m/s，为了使基坑中心水位降落 $S = 4$ m，试求总抽水量应为多少(假定6个井抽水量相同)。

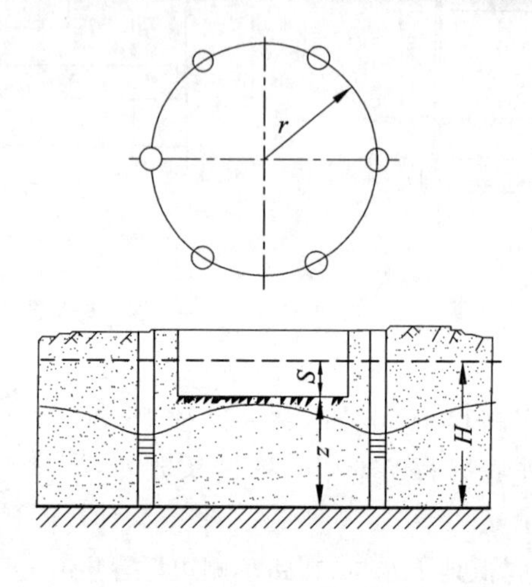

题　9-17 图

第十章　可压缩气体的一元恒定流动

在前面各章讨论流体运动时，除个别情况（如水击问题）外，流体均被视为不可压缩的。这对一般情况下的液体流动和流速、压强均不大的气体流动来说是完全允许的。但是，当气流速度较高，所受压强较大时，气体的密度将发生显著变化，从而引起气流运动形态和运动参数的变化，在这种情况下，必须考虑气体的压缩性，否则将导致错误的结果。一般来说，可压缩流体的运动比不可压缩流体的运动要复杂得多。研究可压缩气体的运动时，除了前面介绍的流体力学知识外，还要用到热力学的一般知识。

可压缩气体动力学理论在通风、燃气、环保以及公路、铁路等土建工程设计中的应用日趋广泛，如输气工程设计、高速公（铁）路隧道洞型设计等均需用到这方面的知识。本章仅介绍一元可压缩气流的基础知识和可压缩气体在等截面管道中的恒定流动。

§10-1　音速与马赫数

在讨论可压缩气体流动的基本规律之前，先介绍两个可压缩气流的基本概念。

1. 音　速

音速是微弱扰动在可压缩介质中的传播速度，它是气体动力学中非常重要的概念。下面用活塞－管道模型来说明微弱扰动在可压缩介质中的传播机理，并推导扰动波传播速度（即音速）的计算公式。

如图 10-1(a) 所示，一条等截面的长管内充满静止状态的可压缩流体，管内左端装有一活塞。设某一时刻，活塞由静止突然以微小速度 $\mathrm{d}v$ 向右运动，则紧贴活塞右侧的流体也将随之以微小速度 $\mathrm{d}v$ 向右运动，并产生一个压缩的微弱扰动，向右运动的流体又推动其右侧的流体向右运动，并产生微小的压强增量，如此继续下去。这个过程是以（压力）波的形式且以波速 a 向右传播，这就是微弱扰动的传播过程。通常把波速 a 称为音速。在微弱扰动波波面通过以前的流体处于静止状态，其压强和密度分别为 p 和 ρ，属未受扰动区；而在波面通过以后，流体的速度、压强和密度分别增加到 $\mathrm{d}v$、$p+\mathrm{d}p$ 和 $\rho+\mathrm{d}\rho$，属受扰动区。微弱扰动波波面就是受扰动区和未受扰动区的分界面。

管内流体的扰动运动对静止观测者来讲是非恒定的。为了分析方便起见，取与波面一起运动的坐标系，将非恒定问题转化为恒定问题，并取波面左右无限近的断面1-1、2-2为控制面，如图10-1(b)所示。设管道断面积为A，则由连续性方程

$$\rho a A=(\rho+\mathrm{d}\rho)(a-\mathrm{d}v)A$$

展开并忽略二阶微量后可得

$$\frac{\mathrm{d}\rho}{\rho}=\frac{\mathrm{d}v}{a} \tag{10-1}$$

再对控制体列动量方程(忽略黏性影响)

$$pA-(p+\mathrm{d}p)A=\rho a A[(a-\mathrm{d}v)-a]$$

整理后可得

$$\mathrm{d}p=\rho a\,\mathrm{d}v \tag{10-2}$$

由式(10-1)、(10-2)消去$\mathrm{d}v$可得

$$a=\sqrt{\frac{\mathrm{d}p}{\mathrm{d}\rho}} \tag{10-3}$$

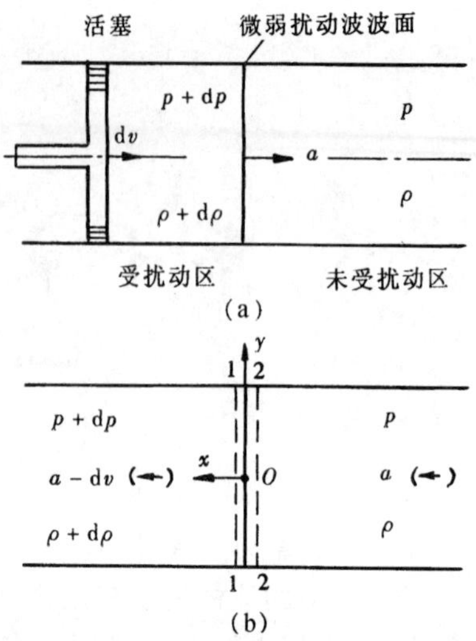

活塞　微弱扰动波波面
受扰动区　未受扰动区
(a)
(b)

图　10-1

这就是音速公式的微分形式。由于该式仅是根据连续性方程和动量方程推导出来的，所以它既适用于微弱扰动的气体，也适用于液体，甚至强扰动的液体如水击波(为什么？请读者自行分析)。从式(10-3)可以看出，当不同的流体受到相同的$\mathrm{d}p$作用时，压缩性小(密度变化$\mathrm{d}\rho$小)的音速大；反之，压缩性大的则音速小。因此，音速可以作为衡量流体压缩性的一个指标。

物理学的实验证明，对于气体，微弱扰动的传播只伴随有极其微弱的热交换，因而可以近似地将微弱扰动的传播过程视为等熵过程。于是，应用等熵过程关系式

$$\frac{p}{\rho^k}=C\ (\text{常数}) \tag{10-4}$$

和理想气体状态方程[式(1-11)]

$$\frac{p}{\rho}=RT$$

则式(10-3)成为

$$a=\sqrt{k\frac{p}{\rho}}=\sqrt{kRT} \tag{10-5}$$

式中，k为气体的绝热指数；R为气体常数[如对于常压下的空气，$k=1.4$，$R=287\ \mathrm{J/(kg\cdot K)}$]；$T$为气体的绝对温度。此式即为适用于气流的音速计算公式。

【例10-1】　常压下当空气温度为15℃时，其音速为多大？

解　当空气温度为15℃时，绝对温度$T=273+15=288\ \mathrm{K}$，则由式(10-5)得音速

$$a=\sqrt{kRT}=\sqrt{1.4\times 287\times 288}=340\ \mathrm{m/s}$$

2. 马赫数

在气体动力学中，常用气流本身的速度v和音速a的比值作为表征气流运动的一个参数，称为马赫数，用Ma来表示，即

$$Ma = \frac{v}{a} \tag{10-6}$$

当马赫数小于或大于 1 时，扰动在气流中的传播情况将大不相同。为了说明这种差别，现讨论以不同速度运动的扰动点源所发出的微弱扰动传播图形，如图 10-2 所示。图中实线圆表示微弱扰动波波面的位置，数字 -1、-2 等表示 n 秒钟前运动的扰动点源所在位置，例如“-1”表示 1s 前扰动点源所在位置，0 表示扰动点源当前位置。

① 扰动点源不动的情况[图 10-2(a)]，$v=0$，$Ma=0$，此时微弱扰动向各方向传播到整个空间，波面是同心球面。

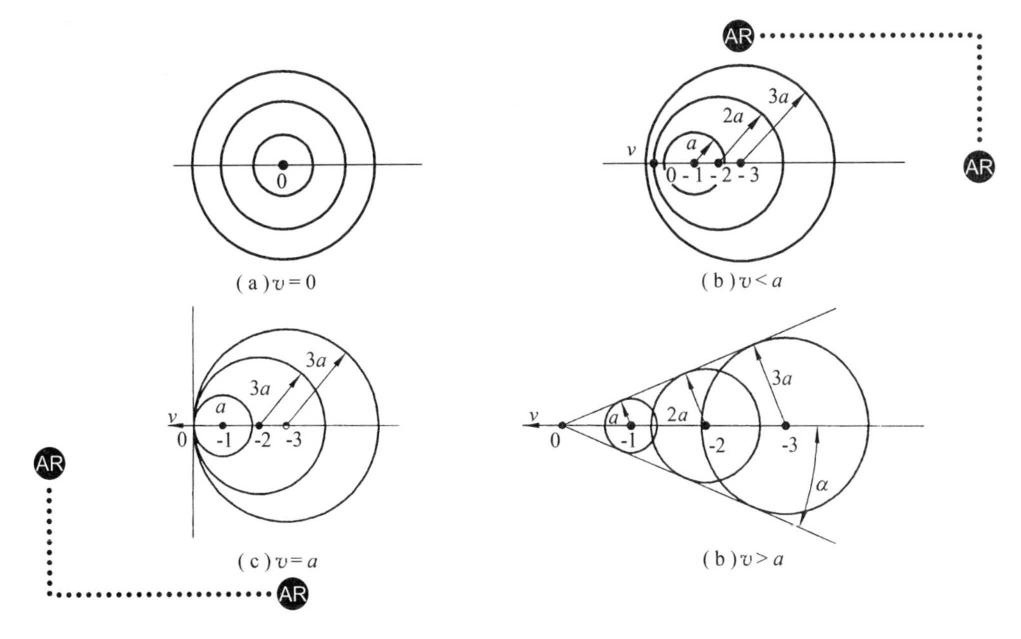

(a) $v=0$　　(b) $v<a$

(c) $v=a$　　(b) $v>a$

图 10-2

② 扰动点源的速度 v 小于音速 a[图 10-2(b)]，即 $Ma<1$，称为亚音速流。此时扰动仍能向各个方向传播到整个空间，但在扰动点源运动方向上传播得慢，而在扰动点源运动的反方向上传播得快。

③ 扰动点源的速度 v 等于音速 a[图 10-2(c)]，即 $Ma=1$，称为临界(音速)流或跨音速流。此时在扰动点源运动方向，所有微弱扰动的波面叠合形成一个平面，扰动只能在以此面划分的半空间内传播。

④ 扰动点源的速度 v 大于音速 a[图 10-2(d)]，即 $Ma>1$，称为超音速流。此时所有微弱扰动的波面叠合成一个圆锥面，称为马赫锥，马赫锥的母线就是微弱扰动波的边界线，马赫锥顶角的一半称为马赫角 α，显然

$$\sin\alpha = \frac{a}{v} = \frac{1}{Ma} \tag{10-7}$$

马赫锥外面的气体不受扰动的影响，扰动波的影响仅局限于马赫锥内部，即微弱扰动波不能传播到马赫锥的外部。例如，当飞机作超音速飞行时，马赫锥以飞机为顶点并随飞机前进，锥面前面的空气是不受影响的。所以，即使看见飞机飞过了头顶，也听不到飞机发出的声音，只有

人进入了马赫锥以后，才能听见其声音。由此可见，陆上的交通车辆不应以超音速行驶，否则交通事故将多得不堪设想。

【例 10-2】 如图 10-3 所示，飞机在 A 点上空 $h=2\ 000$ m 处以速度 $v=1\ 836$ km/h 飞行，空气温度 $t=15$ ℃，试求 A 点要过多长时间 t 才能听到飞机声音？

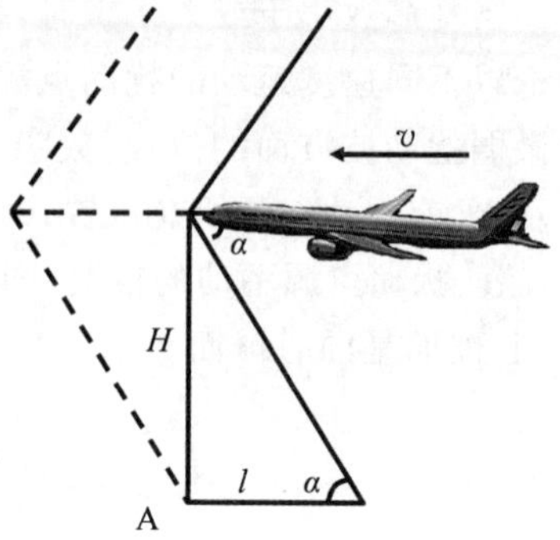

解 据【例 10-1】计算结果可知当地音速

$$a=\sqrt{kRT}=340 \text{ m/s}$$

飞机飞行速度

$$v=\frac{1\ 836\times 1\ 000}{3\ 600}=510 \text{ m/s}$$

图 10-3

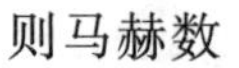

则马赫数

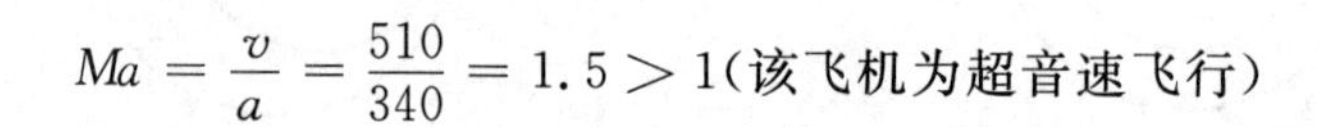

$$Ma=\frac{v}{a}=\frac{510}{340}=1.5>1\text{（该飞机为超音速飞行）}$$

马赫角

$$\alpha=\arcsin\frac{1}{Ma}=41.8°$$

因

$$\tan\alpha=\frac{H}{l}=\frac{H}{vt}$$

故 A 点听到飞机声音的时间

$$t=\frac{H}{v\tan\alpha}=\frac{2\ 000}{510\tan 41.8°}=4.39 \text{ s}$$

§10-2 理想气体一元恒定流动的基本方程

研究气体在管道中的流动时，我们所关心的主要是断面平均运动参数的变化，因此可以将这类流动作为一元流动来处理。如果流动气体的黏性很小，以致可忽略其影响，则可按理想气体（即完全遵守理想气体状态方程的气体）来考虑。本节将讨论理想气体作一元恒定流动时所遵循的基本方程。

1. 连续性方程

沿流动方向取一管状流段为控制体，如图 10-4 所示。由质量守恒定律可得

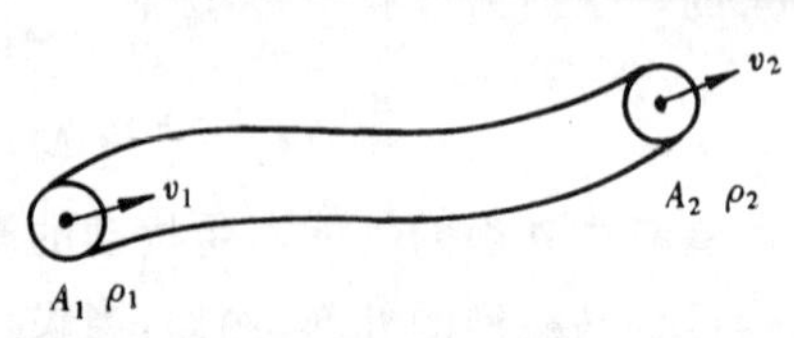

图 10-4

$$
\left.\begin{aligned}
&\rho_1 v_1 A_1 = \rho_2 v_2 A_2 = Q_m \\
\text{或}\qquad &Q_m = \rho v A = \text{常数}
\end{aligned}\right\}
\tag{10-8}
$$

式中，Q_m 为质量流量。上式即为可压缩气体一元恒定流动的连续性方程。为了反映断面变化、流速变化与密度变化三者之间的关系，对上式进行微分，可得连续性微分方程

$$
\frac{\mathrm{d}\rho}{\rho} + \frac{\mathrm{d}v}{v} + \frac{\mathrm{d}A}{A} = 0 \tag{10-9}
$$

2. 运动方程

沿流动方向取长为 $\mathrm{d}s$ 的管状流段为控制体，如图 10-5 所示。对于理想气体，不考虑黏性阻力，且重力的作用可以忽略。于是，在流动方向 s 上应用牛顿第二运动定律

$$
pA - (p + \mathrm{d}p)A = \rho A \,\mathrm{d}s \frac{\mathrm{d}v}{\mathrm{d}t}
$$

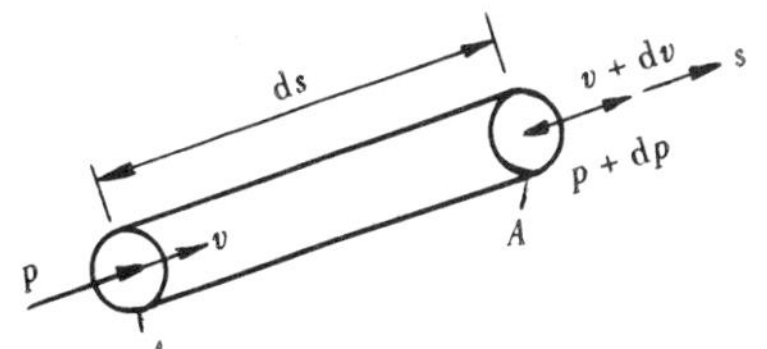

图 10-5

整理上式，并考虑到 $\mathrm{d}s/\mathrm{d}t = v$，可得

$$
\frac{\mathrm{d}p}{\rho} + v\mathrm{d}v = 0 \tag{10-10}
$$

上式即为理想可压缩气体一元恒定流动的运动方程，又称欧拉方程。运动方程的积分，取决于压强与密度之间的变化关系，与气流的热力学过程有关。

3. 能量方程

将运动方程积分可得理想气体一元恒定流动的能量方程（即伯努利方程）。

对式（10-10）积分得

$$
\int \frac{1}{\rho}\mathrm{d}p + \frac{v^2}{2} = C \quad (\text{常数}) \tag{10-11}
$$

对于可压缩气体，由于 $\rho \neq$ 常数，上式中第一项的积分需补充与热力学过程有关的气体状态方程，现分别叙述如下。

（1）等温流动

由热力学知，等温流动系指气体在温度不变条件下的流动。如输气管道内外热交换非常充分时，可以认为气体温度沿流程不变，作为等温流动来处理。此时状态方程 $p/\rho = RT$（常数），将其代入式（10-11）积分可得等温流动的能量方程

$$
RT\ln p + \frac{v^2}{2} = C \quad (\text{常数}) \tag{10-12}
$$

对沿流程的任意两个断面，上式可写为

$$
\left.\begin{aligned}
&RT\ln p_1 + \frac{v_1^2}{2} = RT\ln p_2 + \frac{v_2^2}{2} \\
\text{或}\qquad &RT\ln\frac{p_1}{p_2} = \frac{v_2^2 - v_1^2}{2}
\end{aligned}\right\}
\tag{10-13}
$$

(2) 绝热流动

由热力学知，与外界无热量交换的流动过程称为绝热过程，在无能量损失时，称为等熵过程。因此，理想气体的绝热流动即为等熵流动。如管道内的气体流动，当管道不导热，管内外无热量交换，或管内外温差很小时，即可视为绝热流动。又如气体经喷管的流动，由于所需时间很短，气体和管壁的热交换可以忽略不计，可把喷管中气体的流动作为绝热流动来处理。因此，绝热流动的研究对解决工程实际问题具有十分重要的意义。

将理想气体绝热流动即等熵流动的状态方程 $p/\rho^k = C$(常数) 代入式(10-11) 积分，可得绝热流动的能量方程

$$\frac{k}{k-1}\frac{p}{\rho}+\frac{v^2}{2}=C \text{（常数）} \tag{10-14}$$

对沿流程的任意两个断面，上式可写为

$$\frac{k}{k-1}\frac{p_1}{\rho_1}+\frac{v_1^2}{2}=\frac{k}{k-1}\frac{p_2}{\rho_2}+\frac{v_2^2}{2} \tag{10-15}$$

【例 10-3】 为了降低输出煤气的浓度，采用高压空气通过喷嘴高速喷入使与煤气充分混合，如图 10-6 所示。在 1,2 两断面测得高压空气参数为：$p_1 = 1\ 200$ kPa，$p_2 = 1\ 000$ kPa，$v_1 = 100$ m/s，$t_1 = 27$℃。空气的绝热指数 $k = 1.4$，气体常数 $R = 287$ J/(kg·K)。试求喷嘴出口流速 v_2。

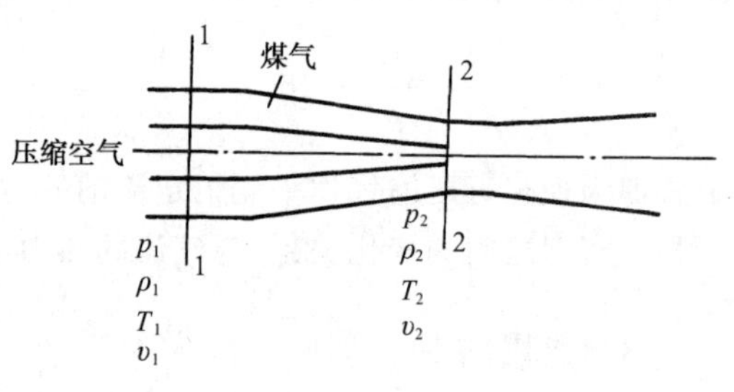

图 10-6

解 因喷管内流速较高，气流来不及与外界进行热量交换，又喷嘴较短，能量损失可忽略不计，故可按等熵流动处理。将 k 代入式(10-15)，可得

$$v_2=\sqrt{7\left(\frac{p_1}{\rho_1}-\frac{p_2}{\rho_2}\right)+v_1^2}$$

式中，$p_1/\rho_1 = RT_1 = 287\times(273+27) = 86\ 100\ \mathrm{m^2/s^2}$

又由 $p_1/\rho_1^k = p_2/\rho_2^k$ 可得

$$\frac{p_2}{\rho_2}=\frac{p_1}{\rho_1}\left(\frac{p_2}{p_1}\right)^{(k-1)/k}=86\ 100\times\left(\frac{1\ 000}{1\ 200}\right)^{(1.4-1)/1.4}=81\ 730\ \mathrm{m^2/s^2}$$

故 $$v_2=\sqrt{7(86\ 100-81\ 730)+100^2}=201\ \mathrm{m/s}$$

§10-3 滞止参数

设想在流动过程中的某一断面，气流的速度以无摩擦的绝热过程降低至零，该断面的气流状态称为滞止状态，相应的气流参数称为滞止参数。如从大容器或广阔空间流入管道的气流，由于容器或空间断面相对于管道断面要大得多，因此可近似认为容器或空间中的气流速度为

零，气流参数可认为是滞止参数。又如气体绕过物体流动时，驻点的速度为零，驻点处的流动参数可认为是滞止参数。为便于与其他状态的参数区分，滞止参数通常用下标“0”标志，如 p_0、ρ_0、T_0、a_0 等分别表示滞止压强、滞止密度、滞止温度、滞止音速等。

断面的滞止参数可根据能量方程及有关断面参数求得。对滞止断面和沿流程任意断面，能量方程式(10-14)可写为

$$\frac{k}{k-1}\frac{p_0}{\rho_0}=\frac{k}{k-1}\frac{p}{\rho}+\frac{v^2}{2} \tag{10-16a}$$

或

$$\frac{k}{k-1}RT_0=\frac{k}{k-1}RT+\frac{v^2}{2} \tag{10-16b}$$

若以当地音速 $a=\sqrt{kRT}$ 和滞止音速 $a_0=\sqrt{kRT_0}$ 代入式(10-16b)，则得

$$\frac{a_0^2}{k-1}=\frac{a^2}{k-1}+\frac{v^2}{2} \tag{10-16c}$$

为便于分析计算，习惯上常将滞止参数与当地参数之比表示为马赫数 Ma 的函数。由式(10-16b)可得

$$\frac{T_0}{T}=1+\frac{k-1}{2}\frac{v^2}{kRT}=1+\frac{k-1}{2}\frac{v^2}{a^2}=1+\frac{k-1}{2}Ma^2 \tag{10-17}$$

根据绝热状态方程和理想气体状态方程不难导得

$$\left.\begin{aligned}\frac{p_0}{p}&=\left(\frac{T_0}{T}\right)^{k/(k-1)}=\left(1+\frac{k-1}{2}Ma^2\right)^{k/(k-1)}\\ \frac{\rho_0}{\rho}&=\left(\frac{T_0}{T}\right)^{1/(k-1)}=\left(1+\frac{k-1}{2}Ma^2\right)^{1/(k-1)}\\ \frac{a_0}{a}&=\left(\frac{T_0}{T}\right)^{1/2}=\left(1+\frac{k-1}{2}Ma^2\right)^{1/2}\end{aligned}\right\} \tag{10-18}$$

上式表示了各参数随马赫数 Ma 变化的关系。由式(10-18)可以看出，气体的密度随着马赫数的增大而减小。也就是说，气体的压缩性随 Ma 的增大而增大，因此马赫数也是判别压缩性影响程度的指标。至于 Ma 大至多少需考虑压缩性，这需视具体工程问题对计算精度的要求而定。例如对包括通风、煤气、环保以及公(铁)路在内的土建工程，通常将不计气体压缩性的 Ma 的最大限值取为 0.2，即当 $Ma\leqslant 0.2$ 时，气流按不可压缩流体处理，其计算精度已足以满足工程要求。

【例 10-4】 设气流的速度 $v=70$ m/s，温度 $T=293$ K，绝热指数 $k=1.4$，求其密度相对于滞止状态时的变化率。

解 据题设条件可得音速

$$a=\sqrt{kRT}=\sqrt{1.4\times 287\times 293}=343.1\ \text{m/s}$$

马赫数

$$Ma=\frac{v}{a}=\frac{70}{343.1}=0.204$$

代入式(10-18)得

$$\frac{\rho_0}{\rho}=\left(1+\frac{k-1}{2}Ma^2\right)^{1/(k-1)}=\left(1+\frac{1.4-1}{2}\times 0.204^2\right)^{1/(1.4-1)}=1.0209$$

故密度相对于滞止状态的变化率

$$\frac{\rho_0-\rho}{\rho_0}=1-\frac{\rho}{\rho_0}=1-\frac{1}{1.0209}=0.0205$$

由此可见,当气流速度由 70 m/s 变化为零时,其密度由 ρ 变化为 ρ_0 只不过增大约 2%。这就是通常所说的气流速度小于 70 m/s 时,可以作为不可压缩流体计算的依据所在。

§10-4　可压缩气体在等截面管道中的恒定流动

在实际工程中,经常遇到可压缩气体如煤气、天然气以及高压蒸汽等在管道中的输送问题。本节仅讨论可压缩气体在等截面管道中的流动规律及有关计算方法。

可压缩气体沿等截面顺直管道流动时,由于摩擦阻力的存在,各断面的压强、密度等将发生改变,从而使气流的速度也沿程发生变化。因此,研究此类问题时必须计及气流的摩擦阻力。现将计算沿程损失的达西公式应用到 $\mathrm{d}s$ 微段上,可得单位质量气体在微段 $\mathrm{d}s$ 上的沿程损失

$$\mathrm{d}(gh_{\mathrm{f}})=\lambda\frac{\mathrm{d}s}{d}\frac{v^2}{2} \tag{10-19}$$

将式(10-19)代到理想可压缩气体一元恒定流动的运动方程式(10-10)中,便得到实际可压缩气体一元恒定流动的运动方程

$$\frac{\mathrm{d}p}{\rho}+v\mathrm{d}v+\frac{\lambda}{2d}v^2\mathrm{d}s=0 \tag{10-20}$$

上式各项同除以 v^2,并考虑可压缩气体的连续性方程 $Q_{\mathrm{m}}=\rho vA$,则式(10-20)成为

$$\frac{\rho A^2\mathrm{d}p}{Q_m^2}+\frac{\mathrm{d}v}{v}+\frac{\lambda}{2d}\mathrm{d}s=0 \tag{10-21}$$

式中,λ 为气流的沿程阻力系数,由第五章的讨论可知,$\lambda=f(Re,\Delta/d)$。对于同一等截面等温管道,λ 为常数(请读者自行分析);而对绝热管道,由于温度沿程变化,因而 λ 一般为变数,但在实用上仍可近似采用不可压缩流体的 λ 值代入计算,因此仍可作为常数考虑。

下面分别就等温管流和绝热管流两种情况讨论对式(10-21)的积分运算。

1. 等温管流

在气体输送过程中,当管内气体与外界进行充分的热交换,使气流基本上保持与周围环境相同的温度,这种流动可作为等温过程来处理。等温过程的温度 $T=$ 常数,由理想气体状态方程 $p/\rho=RT$ 得 $\rho=p/RT$,代入式(10-21)得

$$\frac{A^2}{RTQ_m^2}p\,\mathrm{d}p+\frac{\mathrm{d}v}{v}+\frac{\lambda}{2d}\mathrm{d}s=0$$

将上式对图 10-7 所示的相距 l 的 1-1、2-2 两断面进行积分

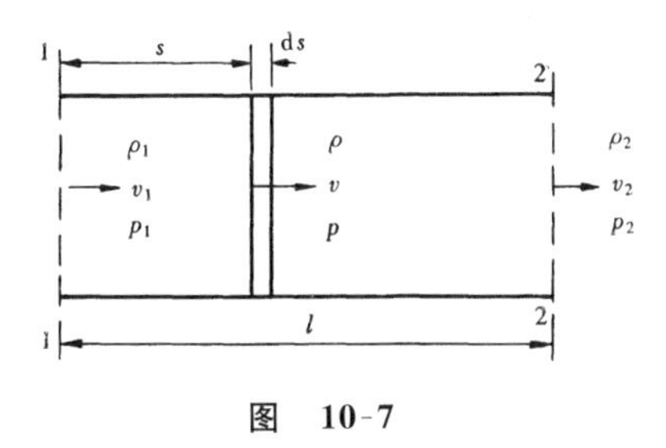

图 10-7

$$\frac{A^2}{RTQ_m^2}\int_{p_1}^{p_2} p\mathrm{d}p+\int_{v_1}^{v_2}\frac{\mathrm{d}v}{v}+\frac{\lambda}{2d}\int_0^l \mathrm{d}s=0$$

可得

$$p_1^2-p_2^2=\frac{RTQ_m^2}{A^2}\left(2\ln\frac{v_2}{v_1}+\lambda\frac{l}{d}\right) \quad (10\text{-}22)$$

考虑到等截面管流的连续性方程 $\rho_1 v_1=\rho_2 v_2$ 和 $p/\rho=RT$（常数），有 $v_2/v_1=\rho_1/\rho_2=p_1/p_2$，则上式又可写成

$$p_1^2-p_2^2=\frac{RTQ_m^2}{A^2}\left(2\ln\frac{p_1}{p_2}+\lambda\frac{l}{d}\right) \quad (10\text{-}23)$$

若管道较长，且气流速度 v_1、v_2 变化不大时，$2\ln(v_2/v_1)$ 或 $2\ln(p_1/p_2)\ll \lambda l/d$，对数项可忽略不计，上式可简化为

$$p_1^2-p_2^2=\frac{RT\lambda lQ_m^2}{A^2 d} \quad (10\text{-}24)$$

考虑到 $Q_m=\rho_1 v_1 A$ 和 $p_1=\rho_1 RT$，式(10-24) 可改写为

$$p_2=p_1\sqrt{1-\frac{\lambda l v_1^2}{RTd}} \quad (10\text{-}25)$$

由式(10-24) 还可导得质量流量公式为

$$Q_m=A\sqrt{\frac{d}{RT\lambda l}(p_1^2-p_2^2)}=\frac{\pi}{4}d^{5/2}\sqrt{\frac{p_1^2-p_2^2}{RT\lambda l}} \quad (10\text{-}26)$$

以上各式即为等温管流的基本计算公式，可用于等温管流压强、流量、流速及管径等的计算。

尚需指出，在应用等温管流基本公式计算压强、流量时，应检验出口断面的马赫数 Ma 值。如果 $Ma<\sqrt{1/k}$，可直接按公式计算；如果 $Ma>\sqrt{1/k}$，则实际流动只能按 $Ma=\sqrt{1/k}$ 代入计算。也就是说，只有当出口的 $Ma\leqslant\sqrt{1/k}$ 时，计算才是有效的①。以 $Ma=\sqrt{1/k}$ 求得的管长称为等温管流的最大管长，如实际管长超过最大管长，则必须减小管长，否则将使进口断面的流速受到阻滞。

【例 10-5】 已知某输气管道长 $l=100$ km，管径 $d=300$ mm，起始断面压强 $p_1=4\ 905$ kPa，管道末端压强 $p_2=2\ 455$ kPa，管内温度 $t=15$℃，气体常数 $R=343$ J/(kg·K)，绝热指数 $k=1.37$，沿程阻力系数 $\lambda=0.015$，求通过的质量流量 Q_m。

解 将各已知量代入式(10-26) 得

$$Q_m=\frac{\pi}{4}\times 0.3^{5/2}\times\sqrt{\frac{4\ 905\ 000^2-2\ 455\ 000^2}{343\times(273+15)\times 0.015\times 100\ 000}}=13.51\ \text{kg/s}$$

① 参见 周谟仁主编：流体力学·泵与风机(第二版)．中国建筑工业出版社 1985 年版。

检验管道末端的 Ma

$$a=\sqrt{kRT}=\sqrt{1.37\times 343\times (273+15)}=367.88\ \mathrm{m/s}$$

$$\rho_2=\frac{p_2}{RT}=\frac{2\ 455\ 000}{343\times 288}=24.85\ \mathrm{kg/m^3}$$

$$v_2=\frac{Q_m}{\rho_2 A}=\frac{13.51}{24.85\times (\pi/4)\times 0.3^2}=7.69\ \mathrm{m/s}$$

$$Ma_2=\frac{v_2}{a}=\frac{7.69}{367.88}=0.021<\sqrt{\frac{1}{k}}=0.854\qquad \text{(计算有效)}$$

2. 绝热管流

在气体输送过程中，当管道有良好的保温隔热层，或因管长较短，管内气体与周围环境基本上没有热交换，气体摩擦阻力所产生的热量全部作为内能保留在气体中，因此气体能量的总和保持不变，这种流动可作为绝热管流来处理。

将绝热过程状态方程 $p/\rho^k=C$(常数) 代入式(10-21) 得

$$\frac{A^2C^{-1/k}}{Q_{\mathrm{m}}^2}p^{1/k}\mathrm{d}p+\frac{\mathrm{d}v}{v}+\frac{\lambda}{2d}\mathrm{d}s=0$$

类似于等温管流的讨论，对如图 10-6 所示的相距 l 的 1-1、2-2 两断面进行积分

$$\frac{A^2C^{-1/k}}{Q_{\mathrm{m}}^2}\int_{p_1}^{p_2}p^{1/k}\mathrm{d}p+\int_{v_1}^{v_2}\frac{\mathrm{d}v}{v}+\frac{\lambda}{2d}\int_0^l\mathrm{d}s=0$$

可得

$$p_1^{(k+1)/k}-p_2^{(k+1)/k}=\frac{k+1}{k}\frac{Q_m^2}{A^2C^{-1/k}}\left(\ln\frac{v_2}{v_1}+\lambda\frac{l}{2d}\right)\tag{10-27}$$

考虑到等截面管流的连续性方程 $\rho_1v_1=\rho_2v_2$ 和 $p_1/\rho_1^k=p_2/\rho_2^k$，有 $v_2/v_1=\rho_1/\rho_2=(p_1/p_2)^{1/k}$，则上式又可写成

$$p_1^{(k+1)/k}-p_2^{(k+1)/k}=\frac{k+1}{k}\frac{Q_m^2}{A^2C^{-1/k}}\left(\frac{1}{k}\ln\frac{p_1}{p_2}+\lambda\frac{l}{2d}\right)\tag{10-28}$$

同样的，当 v_1、v_2 变化不大时，对数项可忽略不计，则上式可以简化为

$$p_1^{(k+1)/k}-p_2^{(k+1)/k}=\frac{k+1}{k}\frac{p_1^{1/k}}{\rho_1}\frac{\lambda lQ_m^2}{2dA^2}\tag{10-29}$$

由式(10-29) 可导得质量流量公式为

$$\begin{aligned}Q_m&=A\sqrt{\frac{2k}{k+1}\frac{d\rho_1}{\lambda lp_1^{1/k}}(p_1^{(k+1)/k}-p_2^{(k+1)/k})}\\&=\frac{\pi}{4}d^{5/2}\sqrt{\frac{2k}{k+1}\frac{\rho_1}{\lambda lp_1^{1/k}}(p_1^{(k+1)/k}-p_2^{(k+1)/k})}\end{aligned}\tag{10-30}$$

以上各式即为绝热管流的基本计算公式。与等温管流类似，在应用绝热管流基本公式计算压

强、流量时，应检验出口断面的马赫数 Ma 值。如果 $Ma < 1$ 时，可直接按公式计算，如果 $Ma > 1$ 时，则只能按 $Ma = 1$ 代入计算。以 $Ma = 1$ 求得的管长称为绝热管流的最大管长。如果实际管长小于最大管长，流动可以实现，反之，则必须减小管长，否则将使进口断面流速受到阻滞。

【例 10-6】 设有一绝热良好的水平管道输送空气。已知管径 $d = 100$ mm，沿程阻力系数 $\lambda = 0.016$，绝热指数 $k = 1.4$，进口处绝对压强 $p_1 = 10^6\ \text{N/m}^2$、温度 $T_1 = 293$ K、流速 $v_1 = 30$ m/s，求输送距离 $l = 200$ m 处的压强 p_2。

解 将 $Q_m = \rho_1 v_1 A$ 和 $\rho_1 = p_1/RT_1$ 代入式(10-29)并整理得

$$p_2 = p_1\left(1-\frac{k+1}{2k}\frac{\lambda l v_1^2}{dRT_1}\right)^{k/(k+1)}$$

代入各已知量

$$p_2 = 10^6\times\left(1-\frac{1.4+1}{2\times1.4}\times\frac{0.016\times200\times30^2}{0.1\times287\times293}\right)^{\frac{1.4}{1.4+1}} = 816\ 508.6\ \text{Pa}$$

检验 $l = 200$ m 处的马赫数 Ma_2：

由 $p_1/\rho_1^k = p_2/\rho_2^k$ 得

$$\frac{\rho_1}{\rho_2} = \left(\frac{p_1}{p_2}\right)^{1/k} = \left(\frac{1\ 000\ 000}{816\ 508.6}\right)^{1/1.4} = 1.224\ 7^{1/1.4} = 1.156$$

故

$$v_2 = \left(\frac{\rho_1}{\rho_2}\right)v_1 = 1.156\times30 = 34.67\ \text{m/s}$$

$$T_2 = \left(\frac{p_2}{p_1}\right)\left(\frac{\rho_1}{\rho_2}\right)T_1 - \left(\frac{p_1}{p_2}\right)^{(1-k)/k}T_1 = 1.224\ 7^{(1-1.4)/1.4}\times293 = 276.51\ \text{K}$$

$$a_2 = \sqrt{kRT_2} = \sqrt{1.4\times287\times276.51} = 333.32\ \text{m/s}$$

$$Ma_2 = \frac{v_2}{a_2} = \frac{34.67}{333.32} = 0.104 < 1 \qquad (\text{计算有效})$$

习　　题

一、单项选择题

10-1 下列关于音速的说法中，不正确的是(　　)。

A. 音速是微弱扰动在可压缩介质中的传播速度

B. 音速公式的微分形式 $a = \sqrt{\mathrm{d}p/\mathrm{d}\rho}$ 仅适用于微弱扰动的气体

C. 微弱扰动气流中的音速与其绝对温度有关

D. 流体的可压缩性越大，音速越小

10-2 在相同温度情况下，下列流体介质中音速最大的是(　　)。

A. 空气　　B. 二氧化碳　　C. 天然气　　D. 水

10-3 理想气体的(　　)称为等熵流动。

A. 等温流动　　B. 绝热流动　　C. 等速流动　　D. 等压流动

10-4　滞止参数是指(　　)处的参数。

A. 气流速度为零　　　　　　B. 气流速度最大

C. 过流断面最小　　　　　　D. 气流速度与音速相等

10-5　下列关于马赫数的说法中，不正确的是(　　)。

A. 气流速度与相应的音速之比称为马赫数

B. 气体的密度随着马赫数的增大而减小

C. 气体的压缩性随着马赫数的增大而增大

D. 土建工程中通常将不计气体压缩性的马赫数的最大值取为 0.5

二、计算分析题

10-6　已知位于海平面上和大气同温层的干燥空气的气温分别为20℃和−55℃，试求其音速。

10-7　已知某隧道中空气的温度为20℃，隧道长 $l = 3\ 000$ m，问当一列车驶入隧道进口端时，其隧道出口端处的空气在几秒钟后才发生流动？

10-8　试用可压缩气体一元恒定流的连续性方程式(10-9)和运动方程式(10-10)证明：

(1) 亚音速流($Ma < 1$)时，气体流速 v 随过流面积 A 的增大而减小，而超音速流($Ma > 1$)时，v 却随 A 的增大而增大；

(2) 亚音速流时，单位面积上的质量流量 ρv 随气流速度 v 的增大而增大，而超音速流时，ρv 却随 v 的增大而减小。

10-9　某绝热状态气流的马赫数 $Ma = 0.6$，并已知其滞止压强 $p_0 = 4\ 905$ kPa，温度 $t_0 = 20$℃，试求滞止音速 a_0、当地音速 a、当地速度 v 和气流的绝对压强 p。

10-10　已知模型试验中空气流的温度为15℃，驻点 S 的温度为40℃ 如图所示，流动可视为绝热过程，试求空气流的马赫数和速度以及驻点压强比空气流压强增大的百分数。

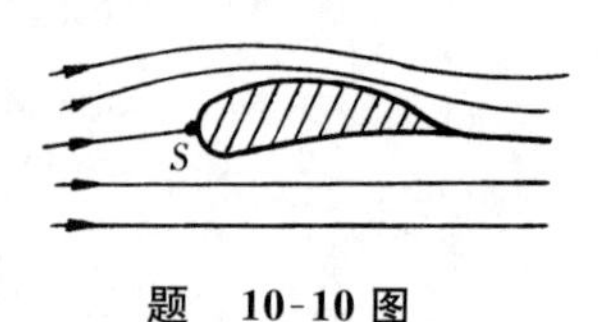

题　10-10 图

10-11　一直径 $d = 260$ mm 的等温输气管道，在某断面处测得压强 $p_1 = 3\ 630$ kPa，温度 $t = 5$℃，已知气体常数 $R = 360$ J/(kg·K)，绝热指数 $k = 1.37$，沿程阻力系数 $\lambda = 0.015$，试求将6.6 kg/s流量的气体输送至140 km远处末端的压强 p_2。

10-12　已知一天然气输送管道，长 $l = 50$ km，管径 $d = 250$ mm，起始断面压强 $p_1 = 3\ 433.5$ kPa，末端压强 $p_2 = 98$ kPa，管内温度均为15℃，气体常数 $R = 409$ J/(kg·K)，绝热指数 $k = 1.30$，沿程阻力系数 $\lambda = 0.014$，试求质量流量 Q_m。

10-13　已知一绝热良好的空气输送管道，管径 $d = 100$ mm，起始端空气温度 $t_1 = 16$℃，压强 $p_1 = 98$ kPa，马赫数 $Ma_1 = 0.3$，压强比 $p_1/p_2 = 3.0$，管道平均沿程阻力系数 $\lambda = 0.017\ 5$，试求管长 l，并判断是否为可能的最大管长。

附录Ⅰ　本书常用的国际单位与工程单位对照表*

物理量	国际单位制		工程单位制	
	量　纲	单位名称、符号及换算	量　纲	单位名称、符号及换算
长　度	L	米(m)，厘米(cm)	L	米(m)，厘米(cm)
时　间	T	秒(s)，时(h)	T	秒(s)，时(h)
质　量	M	千克(公斤)(kg) 1 公斤＝0.102 工程单位	$FL^{-1}T^{2}$	工程单位 1 工程单位＝9.8 公斤
力	MLT^{-2}	牛顿(牛)(N) 1N＝0.102 kgf	F	公斤力(kgf) 1 kgf＝9.8 N
压　强 应　力	$ML^{-1}T^{-2}$	帕斯卡(帕)(Pa) 1 Pa＝1 N/m^2 1 bar＝10^5 Pa 1 bar＝1.02 kgf/cm^2	FL^{-2}	公斤力/米^2(kgf/m^2) 公斤力/厘米^2(kgf/cm^2) 1 kgf/m^2＝9.8 Pa 1 kgf/cm^2＝0.98 bar＝98 kPa
功能热	$ML^{2}T^{-2}$	焦耳(J) 1 J＝1 N·m＝1 W·s 1 J＝0.238 8 cal	FL	公斤力·米 (kgf·m) 卡(cal)，千卡(kcal) 1 cal＝4.187 J 1 kgf·m＝9.8 J
功　率	$ML^{2}T^{-3}$	1 瓦(W)＝1 焦/秒(J/s) 1 W ＝0.102 kgf·m/s ＝0.238 8 cal/s	FLT^{-1}	公斤力·米/秒(kgf·m/s) 1 kgf·m/s＝9.8 J/s＝9.8 W
动力黏度	$ML^{-1}T^{-1}$	1 帕秒(Pa·s)＝10 泊 1 Pa·s＝0.102 kgf·s/m^2	FTL^{-2}	公斤力· 秒/米^2(kgf·s/m^2) 1 kgf·s/m^2＝9.8 Pa·s
运动黏度	$L^{2}T^{-1}$	米^2/秒(m^2/s) 1 m^2/s＝10^4 St(斯)	$L^{2}T^{-1}$	米^2/秒(m^2/s)

注：国际单位制是我国法定单位的基础，正式场合均应使用法定单位。

附录Ⅱ　各种粗糙面的粗糙系数 n

等级	槽　壁　种　类	n	$1/n$
1	涂覆珐琅或釉质的表面;精细刨光而拼合良好的木板	0.009	111.1
2	刨光的木板;纯粹水泥的粉饰面	0.010	100.0
3	水泥(含 1/3 细沙)粉饰面;新的陶土;安装和接合良好的铸铁管和钢管	0.011	90.9
4	未刨的木板,但拼合良好;在正常情况下内无显著积垢的给水管;极洁净的排水管;极好的混凝土面	0.012	83.3
5	琢石砌体;极好的砖砌体;正常情况下的排水管;略微污染的给水管;非完全精密拼合的、未刨的木板	0.013	76.9
6	“污染”的给水管和排水管;一般的砖砌体;一般情况下渠道的混凝土面	0.014	71.4
7	粗糙的砖砌体,未琢磨的石砌体,有未经修饰的表面,石块安置平整;污垢极重的排水管	0.015	66.7
8	普通块石砌体,其状况良好者;旧破砖砌体;较粗糙的混凝土;光滑的开凿得极好的崖岸	0.017	58.8
9	覆有坚厚淤泥层的渠槽;用致密黄土和致密卵石做成而为整片淤泥薄层所覆盖的良好渠槽	0.018	55.6
10	很粗糙的块石砌体;用大块石的干砌体;卵石铺筑面;纯由岩中开筑的渠槽;由黄土、致密卵石和致密泥土做成而为淤泥薄层所覆盖的渠槽(正常情况)	0.020	50.0
11	尖角的大块乱石铺筑,表面经过普通处理的崖石渠槽;致密黏土渠槽;由黄土、卵石和泥土做成而非为整片的(有些地方断裂的)淤泥薄层所覆盖的渠槽;大型渠槽受到中等以上的养护者	0.022 5	44.4
12	大型土渠受到中等养护的;小型土渠受到良好养护的;在有利条件下的小河和溪涧(自由流动无淤塞和显著水草等)	0.025	40.0
13	中等条件以下的大渠道;中等条件的小渠槽	0.027 5	36.4
14	条件较坏的渠道和小河(例如有些地方有水草和乱石或显著的茂草,有局部的坍坡等)	0.030	33.3
15	条件很坏的渠道和小河,断面不规则,严重地受到石块和水草的阻塞等	0.035	28.6
16	条件特别坏的渠道和小河(沿河有崩崖巨石、绵密的树根、深潭、坍崖等)	0.040	25.0

习题答案

第一章

1-1 C　1-2 D　1-3 D　1-4 A　1-5 C　1-6 A

1-7 $\rho = 734.7\ \text{kg/m}^3$

1-8 $\Delta p = 1.1 \times 10^7\ \text{Pa}$

1-9 $\Delta V = 0.0679\ \text{m}^3$

1-10 $\dfrac{\Delta\mu}{\mu} = 3.5\%$

1-11 $\mu = 4 \times 10^{-3}\ \text{N} \cdot \text{s/m}^2$

1-12 $\dfrac{\text{d}u}{\text{d}y} = 50\ 1/\text{s}$

1-13 $M = \dfrac{\pi\mu\omega d^4}{32\delta}$

1-14 ① $a = 0, b = \dfrac{2u_{\max}}{h}, c = -\dfrac{u_{\max}}{h^2}$

第二章

2-1 B　2-2 B　2-3 C　2-4 D　2-5 A　2-6 A

2-7 $p_0 = 14.7\ \text{kPa}$

2-8 $p_0 = -4\,900\ \text{Pa}, p_0' = 93\,100\ \text{Pa}$

2-9 $\rho = 768.7\ \text{kg/m}^3$

2-10 $p_v = 9\,800\ \text{Pa}, h_v = 1\ \text{m}$

2-11 $\gamma = 5.25\ \text{N/m}^3$

2-12 $p_0 = 252.5\ \text{kPa}$

2-14 $F_A = 7\,020\ \text{N}$

2-15 $P = 352.8\ \text{kN}; N = 274.4\ \text{kN}$

2-18 $p_A = 11.27\ \text{kPa}$

2-19 $n = 178.3\ \text{r/min}$

2-20 $p_A = 1\,019.43\ \text{kPa}$

2-22 $T = 84.8\ \text{kN}$

2-23 $P = 45.72\ \text{kN}$

2-24 $x = 0.8\ \text{m}$

2-28 $P = 45.6\ \text{kN}$

2-29 (1)$\Delta H = 2.52\ \text{m}$;(2)$P = 77.59\ \text{kN}(\leftarrow)$

2-30 $P_x = 29.25\ \text{kN}(\leftarrow); P_z = 2.57\ \text{kN}(\downarrow)$

2-31 $T = \dfrac{1}{n}\gamma\pi R^2(H + R/3)$

2-32 $P = P_z = 228.6\ \text{kN}$

2-33 $G = 76.44\ \text{kN}$;稳定

2-34 $P = P_z = 398.2\ \text{kN}$

第三章

3-1 D　3-2 D　3-3 C　3-4 A　3-5 D　3-6 A

3-7 $\boldsymbol{a} = 34\boldsymbol{i} + 3\boldsymbol{j} + 11\boldsymbol{k}$

3-9 $x^2 + y^2 =$ 常数

3-10 $a = \dfrac{1}{2}, b = 1$

3-11 $u_z = (d - 2a)xz + \dfrac{1}{2}ez^2$

3-13 $Q = 0.212$ L/s, $v = 7.5$ cm/s

3-14 $v_1 = 0.02$ m/s

3-15 $v_1 = 8.04$ m/s, $v_8 = 6.98$ m/s

3-17 $p_B = 147.98$ kPa

3-18 $Q = 102$ L/s

3-19 $A \rightarrow B, h_w = 2.565$ m

3-20 $1 \rightarrow 2, h_w = 3.89$ m

3-21 $Q = 50.9$ L/s

3-22 $p_2 = 44.1$ kPa

3-23 $p_{vA} = 61.0$ kPa

3-24 $d_1 = 100$ mm

3-25 $H = 1.23$ m

3-26 $h = 0.24$ m

3-27 $Q = 1.5\ m^3/s$

3-28 $Q = 6.0\ m^3/s$

3-29 $F = 1\ 968$ N, $Q_1 = 25.05$ L/s, $Q_2 = 8.35$ L/s

3-30 $F = 456$ N, $\theta = 30°$

3-31 $F = 384.2$ kN

3-32 $F_x = 3.80$ kN(→); $F_z = 3.42$ kN(↑)

3-33 $F = 462$ N

3-34 $h_1/h_2 = 2$

3-35 $Q = 0.296\ m^3/s$

3-36 $F = 51.62$ kN

3-37 $h_2 = 1.76$ m, $F = 24.5$ kN

3-38 $h_2 = 2.84$ m, $F_{max} = 48.75$ kN

3-39 $M = 2\rho Ahv^2$

3-40 (1) 无旋流;(2) 有旋流

3-41 $\psi = 2xy + y$

3-42 无旋，$\varphi = \frac{1}{2}(x^2 - y^2) - 3x - 2y$

3-43 (1) $\boldsymbol{u} = 2x\boldsymbol{i} - 2y\boldsymbol{j}$，驻点(0,0)； (2) $\psi = 2xy$； (3) $p = p_0 - 2\rho(x^2 + y^2)$

第 四 章

4-1 B 4-2 D 4-3 D 4-4 B 4-5 C 4-6 A

4-16 $Q_p = 537\ m^3/s, F_p = 2\ 400$ kN

4-17 $Q_m = 0.76$ L/s, $Q_m = 11.25$ L/s

4-18 $H_m = 0.56$ m; $v_p = 15.5$ m/s, $Q_p = 175\ m^3/s$; $F_p = 1\ 937.5$ kN

4-19 $h_m = 1.0$ m, $F_p = 14.7$ N

4-20 $v_m = 5.44$ m/s, $T_p = 304.5$ N

4-21 $n = 39.2$ r/s, $P = 229.7$ W

第 五 章

5-1 A 5-2 A 5-3 C 5-4 B 5-5 B 5-6 C

5-7 $Re_1/Re_2 = 2$

5-8 $Re = 7\ 895$，紊流

5-9 $Re = 50\ 495$，紊流；$Q \leqslant 182.4\ cm^3/s$

5-10 $\tau_0 = 3.92$ Pa; $\tau = 1.96$ Pa; $h_f = 0.8$ m

5-11 $Re = 2\ 126$，层流；$u_{max} = 0.566$ m/s; $h_f = 0.822$ m; $\tau_0 = 0.259$ Pa; $r = 53$ mm

5-12 $\nu = 0.54\ cm^2/s$

5-13 $d = 1.94$ cm

5-15 $\tau_0 = 16.86$ Pa, $\tau_{0.5r_0} = 8.43$ Pa, $\tau_{r=0} = 0$; $\tau_{黏} = 0.004\ 9$ Pa, $\tau_{紊} = 8.43$ Pa; $\kappa = 0.283, \kappa = 0.4$

5-16 $\delta_l = 0.013\ 4$ cm; $\delta_l = 0.013\ 4$ cm $\delta_l = 0.01$ cm;

5-17 $\lambda = 0.032\ 7$; $h_f = 2.78$ m

5-18 $\lambda = 0.030\ 1, h_f = 10.25$ m, $\Delta p = 100.5$ kPa; $\lambda = 0.028\ 5$, $h_f = 9.7$ m, $\Delta p = 95.1$ kPa[10℃ 时用舍维列夫公式；15℃ 时采用式(5-41)]

5-19 $l = 413\ 6$ m[采用式(5-41)]

5-20 $Q = 84.8$ L/s[采用式(5-35)]

5-21 水力粗糙管流动；$h_f = 7.54 \times 10^{-3}$ cm [采用式(5-35)]

5-22 $v = 1.42$ m/s

5-23 $\lambda/Re = 4.65 \times 10^{-7}$

5-24 $Q = 66.3$ L/s[采用式(5-35)]

5-25 $Re = 2\,521\,782$，紊流；$h_f = 109.1$ m；

$u = 2.3\lg(0.15 - r) + 11.94$[采用式(5-41)]

5-26 $v = \frac{1}{2}(v_1 + v_2)$ 时 h_j 最小，$h_j = \frac{1}{4g}(v_1 - v_2)^2$；

$h_j/h_{j1} = 1/2$

5-27 $Q = 2.15$ L/s

5-28 $Q = 2.4$ L/s

5-29 $h_p = 7.65$ cm

5-30 $\lambda = 0.0272$；$\zeta_1 = 0.34$；$\zeta_2 = 1.723$

5-31 $\zeta = 0.5$[与$(v_1 - v_2)$对应的系数]

5-32 $\zeta = 0.77$

5-33 $\upsilon = 1.62$ cm^2/s

5-34 $D = 131$ N

5-35 $D = 4.21 \times 10^{-3}$ N；$C_D = 0.5$；$Re = 4\,584$

第 六 章

6-1 C　　6-2 A　　6-3 D　　6-4 B　　6-5 D　　6-6 C

6-7 $\varepsilon = 0.64$，$\mu = 0.62$，$\varphi = 0.97$，$\zeta_0 = 0.06$

6-8 $H_2 = 1.896$ m，$Q_1 = Q_2 = 3.6$ L/s

6-9 $t = 394$ s

6-10 $d = 1.2$ m，$\frac{p_v}{\gamma} = 4.5$ mH$_2$O

6-11 $t = 8.13$ min

6-12 $t = \dfrac{4D^2 l}{3\mu A\sqrt{2gD}}$

6-13 $p_1 = 118.4$ kPa

6-14 $\Delta H = 0.57$ m

6-15 $D = 220$ mm，$p'_A = 61.4$ kPa(绝对压强)

6-16 $d = 100$ mm，$\frac{p_{Av}}{\gamma} = 4.26$ mH$_2$O

6-17 $d = 0.8$ m

6-18 $Q = 1.19$ L/s，$\frac{p_v}{\gamma} = 1.77$ mH$_2$O

6-19 $H = 41.2$ m

6-20 $d = 450$ mm

6-21 $H = 38.14$ m

6-22 $H = 10.2$ m

6-23 $Q_1/Q_2 = 5.657$

6-24 $Q = 65$ L/s

6-25 $h_{wA-D} = 93.48$ m，$d_3 = 400$ mm

6-26 $Q_1 = 57.6$ L/s，$Q_2 = Q_3 = 42.4$ L/s，

$h_{fAB} = 9.18$ m

6-27 $Q_1 = 28.6$ L/s，$Q_2 = 8.4$ L/s，$H = 33.4$ m

6-28 AB 段：200 mm(600 m)

150 mm(200 m)

BC 段：150 mm

BD 段：100 mm

6-29 $B \to C$ $Q_{BC} = 28.97$ L/s

$C \to D$ $Q_{CD} = 3.97$ L/s

$B \to D$ $Q_{BD} = 16.03$ L/s

$H = 40.5$ m

6-30 (1) $Q = 11.18$ L/s；(2) $N_x = 5.56$ kW

6-31 $H = 72.76$ m，$N_x = 6.66$ kW

6-32 $a_1 = 1\,344.7$ m/s，$a_2 = 1\,242.8$ m/s

$p_{h钢} = 2\,017$ kPa，$p_{h铸} = 1\,864.2$ kPa

第 七 章

7-1 C　　7-2 C　　7-3 C　　7-4 B　　7-5 B　　7-6 A

7-7 $C = 48.74$ m$^{1/2}$/s

7-8 $Q = 0.466$ m^3/s；$Q = 0.424$ m^3/s

7-9 $h_0 = 0.85$ m

7-10 $n = 0.064$

7-11 (1)$i = 0.396‰$;(2)$\lambda_i = 0.215$

7-12 $b = 0.51$ m,$h_0 = 0.62$ m

7-13 $b = 1.34$ m,$h_0 = 0.67$ m

7-14 $b = 1.33$ m,$h_0 = 2.18$ m,$i = 0.000\ 357$

7-15 $b = 4.15$ m,$h_0 = 0.42$ m

7-16 $h_0 = 1.16$ m,$i = 1.0 \times 10^{-3}$

7-17 $h_0 = 1.15$ m

7-18 $\Delta h_0 = 0.29$ m

7-19 $b = 0.77$ m

7-20 $\nabla_2 = 119.87$ m,$Q_1 = 45\ m^3/s$,$Q_2 = 355\ m^3/s$

7-21 $Q = 1.78\ m^3/s$,$v = 2.81$ m/s

7-22 $i = 1.05\%$

7-23 $d = 500$ mm

7-24 $h_0 = 172$ mm

7-26 $Q = 284.12\ m^3/s$

7-27 $e_2 = 1.5$ m

7-28 $e_C = \frac{3}{2}h_C$

7-29 $h_C = 1.07$ m

7-30 $Q = 63.3\ m^3/s$

7-31 $h_C = 0.616$ m,$i_C = 6.92‰$

7-32 $i_C = 0.022\ 8 < i$,为急流

7-33 $i_C = 0.004\ 93 > i$,缓流

7-34 $h_C = 0.766\ m < h_0 = 2$ m,缓流

$i_C = 4.33 \times 10^{-3} > i = 2.89 \times 10^{-4}$,缓流

$Fr = 0.237 < 1$,缓流

$v = 1\ m/s < v_C = 2.61$ m/s,缓流

7-35 $h'' = 2h'$

7-36 $h'' = 1.58$ m,$l = 28.44$ m,$\Delta h_w = 1.12$ m

7-37 $h'' = 1.43\ m < h_{02}$,水跃发生在上游,

7-40 (1)$Q = 0.284\ m^3/s$

(2)$h = h_C = 0.20$ m

(3)$q_p = 31.78\ m^2/s$

7-42 $h_C = 0.95$ m;$h_0 = 2.06$ cm

$l = \sum_{i=1}^{5}\Delta l_i = 10.97$ km

7-44 M_1 型曲线;$h_1 = 3.28$ m

第 八 章

8-1 A　8-2 A　8-3 D　8-4 C　8-5 A　8-6 B

8-7 $h = 0.15$ m时,$Q = 0.267\ m^3/s$

$h = 0.40$ m时,$Q = 0.267\ m^3/s$

$h = 0.55$ m时,$Q = 0.248\ m^3/s$

8-8 $b = 1.77$ m

8-9 $H = 0.31$ m

8-10 $dQ/Q = 1.5\%$

8-13 $dQ/Q = 20\%$

8-14 $Q = 8.96\ m^3/s$

8-15 $Q = 8.33\ m^3/s$

8-16 $Q = 6.94\ m^3/s$

8-17 $b = 17.20$ m,$h = 4.09$ m

8-20 $B = 4$ m

8-21 $B = 5$ m

8-22 $v = 4.74$ m/s,$H = 2.59$ m

8-24 $B = 20$ m

8-25 $b = 3.32$ m

8-26 $Q_p = 29.87\ m^3/s$,$h_{1p} = 1.06$ m

$\varphi_p = 0.95$

8-27 $h_c = 0.191$ m

8-28 $d = 45$ cm

第 九 章

9-1 A　9-2 B　9-3 D　9-4 C　9-5 B

9-6 $k = 0.010\ 6$ cm/s

9-7 $H = 0.55$ m

9-8 $u = 2 \times 10^{-5}$ cm/s,$v = 2 \times 10^{-5}$ cm/s

9-9 $k = 0.049$ cm/s

9-10 $Q = 3.36$ L/s

9-11 $q = 0.318\ m^3/(d \cdot m)$

9-12 $Q = 0.297\ \text{m}^3/\text{h}$

9-13 $Q = 13.4\ \text{L/s}$

9-14 $S = 4.39\ \text{m}$

9-15 $k = 1.465 \times 10^{-3}\ \text{m/s}, R = 999\ \text{m}$

9-17 $Q = 98.7\ \text{L/s}$

第 十 章

10-1 B 10-2 D 10-3 B 10-4 A 10-5 D

10-6 $a_{20℃} = 343.1\ \text{m/s}, a_{55℃} = 296.0\ \text{m/s}$

10-7 $t = 8.7\ \text{s}$

10-9 $a_0 = 343.1\ \text{m/s}, a = 331.4\ \text{m/s}$;

$v = 198.8\ \text{m/s}, p = 3845.5\ \text{kPa}$

10-10 $Ma = 0.66, v = 224.1\ \text{m/s}$,

$(p_0 - p)/p = 34\%$

10-11 $p_2 = 820.3\ \text{kPa}$

10-12 $Q_m = 9.27\ \text{kg/s}$

10-13 $l = 44.9\ \text{m}$ 小于最大管长

参考文献

[1] 西南交通大学水力学教研室编. 水力学[M]. 3版. 北京:高等教育出版社,1983.
[2] 禹华谦. 工程流体力学[M]. 3版. 北京:高等教育出版社,2017.
[3] 黄儒钦. 水力学教程[M]. 4版. 成都:西南交通大学出版社,2013.
[4] 毛根海. 应用流体力学[M]. 北京:高等教育出版社,2006.
[5] 董曾楠,余常昭. 水力学 [M]. 4版. 北京:高等教育出版社,1995.
[6] 吴持恭. 水力学[M]. 5版. 北京:高等教育出版社,2016.
[7] 闻德荪. 工程流体力学(水力学)[M]. 3版. 北京:高等教育出版社,2010.
[8] Streeter V L,Wylie E B,Bedford K W. Fluid Mechanics[M]. Ninth Edition. 北京:清华大学出版社,2003.
[9] Francis J R D,Minton P. Civil Engineering Hydraulics[M]. London:Edward Arnold Ltd.,1984.
[10] Finnemore E J,Franzini J B. Fluid Mechanics with Engineering Application[M]. Tenth Edition. 北京:清华大学出版社,2003.
[11] 夏震寰. 现代水力学(一)[M]. 北京:高等教育出版社,1990.
[12] 蔡曾基. 流体力学. 泵与风机[M]. 4版. 北京:中国建筑工业出版社,1999.
[13] 张长高. 水动力学[M]. 北京:高等教育出版社,1993.
[14] 杜广生. 工程流体力学[M]. 北京:中国电力出版社,2005.
[15] 左东启. 模型试验的理论与方法[M]. 北京:水利电力出版社,1984.
[16] 禹华谦. 工程流体力学新型习题集[M]. 2版. 天津:天津大学出版社,2008.
[17] 禹华谦,罗忠贤. 流体力学简明教程[M]. 2版. 天津:天津大学出版社,2019.
[18] 李炜. 水力计算手册[M]. 2版. 北京:中国水利水电出版社,2006.